PECEM

20 anos de pesquisas em Ensino de Ciências e Educação Matemática

Conselho Editorial da Editora Livraria da Física

Amílcar Pinto Martins - Universidade Aberta de Portugal

Arthur Belford Powell - Rutgers University, Newark, USA

Carlos Aldemir Farias da Silva - Universidade Federal do Pará

Emmánuel Lizcano Fernandes - UNED, Madri

Iran Abreu Mendes - Universidade Federal do Pará

José D'Assunção Barros - Universidade Federal Rural do Rio de Janeiro

Luis Radford - Universidade Laurentienne, Canadá

Manoel de Campos Almeida - Pontifícia Universidade Católica do Paraná

Maria Aparecida Viggiani Bicudo - Universidade Estadual Paulista - UNESP/Rio Claro

Maria da Conceição Xavier de Almeida - Universidade Federal do Rio Grande do Norte

Maria do Socorro de Sousa - Universidade Federal do Ceará

Maria Luisa Oliveras - Universidade de Granada, Espanha

Maria Marly de Oliveira - Universidade Federal Rural de Pernambuco

Raquel Gonçalves-Maia - Universidade de Lisboa

Teresa Vergani - Universidade Aberta de Portugal

Mariana A. Bologna Soares de Andrade
Fabiele Cristiane Dias Broietti

Organizadoras

PECEM

20 anos de pesquisas em Ensino de Ciências e Educação Matemática

2022

Copyright © 2022 As organizadoras
1ª Edição

Direção editorial: José Roberto Marinho

Capa: Fabrício Ribeiro
Projeto gráfico e diagramação: Fabrício Ribeiro

Edição revisada segundo o Novo Acordo Ortográfico da Língua Portuguesa

Dados Internacionais de Catalogação na publicação (CIP)
(Câmara Brasileira do Livro, SP, Brasil)

Andrade, Mariana A. Bologna Soares de
PECEM : 20 anos de pesquisas em ensino de ciênciase educação matemática / Mariana A. Bologna Soares de Andrade, Fabiele Cristiane Dias Broietti. – São Paulo, SP: Livraria da Física, 2022.

Bibliografia
ISBN 978-65-5563-272-9

1. Ciências - Estudo e ensino 2. Educação matemática 3. Matemática - Estudo e ensino 4. Professores - Formação 5. Programa de Ensino de Ciências e Educação Matemática (PECEM) I. Broietti, Fabiele Cristiane Dias. II. Título.

22-133645 CDD-507

Índices para catálogo sistemático:
1. Ciências e matemática: Estudo e ensino 507

Eliete Marques da Silva - Bibliotecária - CRB-8/9380

Todos os direitos reservados. Nenhuma parte desta obra poderá ser reproduzida sejam quais forem os meios empregados sem a permissão da Editora.
Aos infratores aplicam-se as sanções previstas nos artigos 102, 104, 106 e 107 da Lei Nº 9.610, de 19 de fevereiro de 1998

Editora Livraria da Física
www.livrariadafisica.com.br

Agradecimento
À CAPES, CNPq e Fundação Araucária
pelo apoio às pesquisas desenvolvidas no PECEM.
Agradecimento especial à CAPES por subsidiar a produção desta obra.

SUMÁRIO

Apresentação 11
    Mariana A. B. S. de Andrade, Fabiele Cristiane Dias Broietti

Prefácio I 13
    Dário Fiorentini

Prefácio II 17
    Marco Antonio Moreira

APRESENTAÇÃO DO PECEM

Capítulo 1 | Programa de Ensino de Ciências e Educação Matemática (PECEM/UEL) 2001-2021 21
    Sergio de Mello Arruda, Lourdes Maria Werle de Almeida, Irinéa de Lourdes Batista, Marcia Cristina de Costa Trindade Cyrino, Angela Marta Pereira das Dores Savioli, Mariana Aparecida Bologna Soares de Andrade

CONSTRUÇÃO DO CONHECIMENTO EM ENSINO DE CIÊNCIAS E MATEMÁTICA

Capítulo 2 | Aprendizagem em atividades de modelagem matemática: o caso da geometria 43
    Lourdes Maria Werle de Almeida, Dirceu dos Santos Brito

Capítulo 3 | Avaliação como Prática de Investigação (alguns apontamentos) 71
    Regina Luzia Corio de Buriasco, Pamela Emanueli Alves Ferreira, Andréia Büttner Ciani

Capítulo 4 | Educação científica e convergências com a literacia em saúde: reflexões para a formação do indivíduo 97
    Andreia de Freitas Zômpero, Amâncio António de Sousa Carvalho, Bruna Lauana Crivelaro

Capítulo 5 | Equívocos conceituais e Procedimentais influenciados por *affordances* negativos no processo de aprendizagem em química 121
    Ana Paula Hilário Gregório, Carlos Eduardo Laburú

FORMAÇÃO DE PROFESSORES EM CIÊNCIAS E MATEMÁTICA

Capítulo 6 | A Colaboração na formação de professores que ensinam matemática: aprendizagem docente em Comunidades de Prática 151
    Márcia Cristina de Costa Trindade Cyrino

Capítulo 7 | Os saberes docentes de futuros professores de física em um contexto de inovação curricular 173
    Marcelo Alves Barros, Carlos Eduardo Laburú, Paulo Sérgio de Camargo Filho

Capítulo 8 | Percepções de acadêmicos em química sobre aspectos da atividade docente: uma análise a partir da matriz do professor 191
    Juliana Marciotto Jacob, Fabiele Cristiane Dias Broietti

Capítulo 9 | Pesquisas desenvolvidas a partir de escritas reflexivas de futuros professores de matemática: uma síntese 217
    Edilaine Regina dos Santos, Bruno Rodrigo Teixeira

Capítulo 10 | Tendências e perspectivas da formação de professores de ciências 229
    Joseana Stecca Farezim Knapp, Álvaro Lorencini Júnior

Capítulo 11 | Uma proposta de unidade didática para o ensino da física de plasmas na formação inicial de professores 245
    Lígia Ayumi Kikuchi, Irinéa de Lourdes Batista

HISTÓRIA E FILOSOFIA DA CIÊNCIA E DA MATEMÁTICA

Capítulo 12 | Apontamentos teóricos e históricos do ensino por investigação 287
    Paulo Venâncio de Souza, Mariana A. Bologna Soares de Andrade

Capítulo 13 | Mapeando políticas ambientais no Facebook: o caso das discussões em torno da expressão "ir passando a boiada" 317
    Leonardo Wilezelek Soares de Melo, Moisés Alves de Oliveira

GRUPOS DE PESQUISAS DO PECEM

Capítulo 14 | Duas décadas de Educim: uma história das pesquisas realizadas 345
  Marinez Meneghello Passos, Sergio de Mello Arruda, Fabiele Cristiane Dias Broietti

Capítulo 15 | Doze anos de pesquisas do GEPPMat: um breve panorama de suas teses e dissertações 377
  Geraldo Aparecido Polegatti, Angela Marta Pereira das Dores Savioli

Biografia dos autores 405

APRESENTAÇÃO

O Programa de Pós-graduação em Ensino de Ciências e Educação Matemática – PECEM - da Universidade Estadual de Londrina - UEL- completa em 2022 vinte anos de existência e uma história de pioneirismo, avanços, referência e novas perspectivas na área de Ensino.

O PECEM iniciou suas atividades oficialmente no ano de 2002, por meio do trabalho coletivo de professores com já reconhecida atuação na área de Ensino (à época denominada de Ensino de Ciências), período em que ainda havia poucos programas nesta área no Brasil. No Paraná, o PECEM foi pioneiro no que se refere a programas de pós-graduação do Ensino, contribuindo na formação de novos pesquisadores que atuam em diversas universidades da região, do país e de outros países.

Ao longo dos vintes anos de existência, o PECEM foi avançando de conceito nas avaliações da CAPES. Inicia com o conceito 3, no triênio seguinte conquista o conceito 4, atinge o conceito 5 no triênio posterior, na avaliação quadrienal subsequente obteve o conceito 6 e, no quadriênio (2013-2016), alcança o conceito 7 (conceito de excelência).

Nos dias que antecederam a finalização deste livro – setembro de 2022 – recebemos o resultado da avaliação quadrienal (2017-2020) e o PECEM permaneceu com o conceito 7, considerada a maior nota nas avaliações da CAPES. Assim, o programa se mantém como uma referência nacional da área de Ensino.

Os docentes, orientadores no PECEM, estão inseridos em uma ou mais das três linhas de pesquisa que originam a produção intelectual de alto impacto em nível nacional e internacional. A produção reflete-se em referência teórica e metodológica para outros pesquisadores em diferentes regiões do país.

Neste sentido, a elaboração deste livro levou em consideração não apenas o momento presente do programa, mas todas as pessoas, docentes, discentes e egressos que transformaram o PECEM neste programa tão expressivo.

Na presente obra – **PECEM: 20 anos de pesquisas em Ensino de Ciências e Educação Matemática** - buscou-se, por meio de resultados de pesquisas, apresentar o trabalho deste programa referência na área de Ensino.

Para refletir essa história, o livro está organizado em quatro unidades. As três primeiras unidades apresentam textos relacionados às três linhas de pesquisa do PECEM – **Construção do Conhecimento em Ciências e Matemática; Formação de Professores em Ciências e Matemática** e; **História e Filosofia da Ciência e da Matemática** –. A quarta unidade do livro – **Grupos de Pesquisa do PECEM** –, compreende dois capítulos nos quais os autores, apresentam direcionamentos investigativos por meio da história dos seus grupos de pesquisa.

Os grupos de pesquisa do PECEM têm papel fundamental nas atividades do Programa, uma vez que nestes grupos ocorre o centro de articulação entre orientadores, orientandos, egressos, alunos de graduação e pesquisadores externos. São nesses espaços integradores que a criação, a expansão e a disseminação da produção científica do PECEM ocorrem. Além disso, para tornar este livro ainda mais representativo da história do PECEM, neste marco comemorativo, foram convidados para a autoria de capítulos, docentes que não estão mais credenciados, mas que continuam acompanhando o desenvolvimento do programa por meio de parcerias acadêmicas.

Por fim, consideramos primordial salientar que este livro demonstra o princípio mais basilar do PECEM – a ideia do trabalho coletivo –, um coletivo de professores que ao longo desses 20 anos vem conduzindo de forma comprometida pesquisas, orientações e parcerias para um bem comum, resultando em uma produção científica de qualidade e busca constante de novas perspectivas na área de Ensino de Ciências e Educação Matemática.

As organizadoras

PREFÁCIO I

Foi com grande satisfação que recebi o convite para prefaciar esta obra comemorativa dos 20 anos do Programa de Ensino de Ciências e Educação Matemática (PECEM) da UEL. Um Programa do qual tive o privilégio, em 2001, de ser um dos consultores externos indicados pela Área 46 da CAPES, para assessorar e avaliar a proposta de Mestrado em elaboração por um grupo jovem e promissor de pesquisadores do Ensino de Ciências e da Educação Matemática da UEL.

Lembro que nossas conversas com o grupo proponente da Proposta foram muito ricas e meu parecer favorável não foi devido apenas ao fato de ser o primeiro Programa de Mestrado em Ensino de Ciências e matemática do Paraná, mas por este possuir uma estrutura curricular de curso que tinha a pesquisa e a formação do pesquisador como eixos organizadores. Além disso, contava com a participação efetiva de três grupos experientes e qualificados de pesquisa e com plenas condições de oferecer disciplinas e seminários de pesquisa que poderiam proporcionar apoio teórico-metodológico aos projetos de pesquisa não só para os mestrandos, mas também para os docentes.

Acompanhei com carinho e admiração a evolução do PECEM mediante participação em bancas de qualificação ou defesa de dissertações e teses do programa. Ademais, tive a honra, em 2007, de ministrar a aula inaugural do curso de doutorado. Com a implementação do curso de doutorado, ficou visível o salto de qualidade do programa, superando nossas expectativas iniciais, pois as avaliações sucessivas da CAPES, o fizeram passar gradativamente, em apenas uma década, da nota 4 (em 2007) para a nota máxima 7 (em 2017), sendo o primeiro e, até hoje, o único programa da área 46 a atingir esta nota e este nível de excelência.

Os autores do capítulo introdutório deste livro – que exerceram a coordenação do PECEM ao longo de seus vinte anos de existência – apresentam nove hipóteses possíveis sobre as razões que levaram um programa pequeno como o PECEM a ser reconhecido como um programa de excelência pela CAPES. Uma das hipóteses faz referência ao fato de ser um programa *enxuto*, com pequeno número de docentes que se destacam por possuírem larga experiência em atividades típicas do Ensino de Ciências e matemática, de formação de professores, de desenvolvimento de projetos de extensão e de pesquisa. Embora concorde com esta hipótese, eu destacaria o fato de serem todos os docentes altamente comprometidos e engajados com as atividades de pós-graduação, com a pesquisa e com a formação de pesquisadores e, sobretudo, com uma produção bibliográfica qualificada, sendo o PECEM o programa da Área de Ensino da CAPES com maior pontuação média anual por docente (233 pontos), relativa ao quadriênio 2013-2016, se comparada com outros programas. Reafirma isso o fato de 50% dos docentes permanentes serem bolsistas produtividade (CNPq ou Fundação Araucária).

São também bastante plausíveis outras hipóteses apontadas como relevantes para o sucesso do programa, tais como: União da equipe docente, embora composta por docentes de vários departamentos da UEL; a rotatividade ou alternância da coordenação do PECEM, variando os grupos de pesquisa ou os departamentos de origem; o cumprimento rigoroso dos prazos de integralização de curso dos estudantes; etc. Entretanto, tendo por base o que nos apresentam os demais capítulos deste livro, organizado por Linha de Pesquisa do PECEM, eu acrescentaria outra hipótese: a relevância e o papel atuante e fundamental dos grupos de pesquisa vinculados ao Programa na concepção, fundamentação teórica e metodológica e análise dos projetos de pesquisa de docentes e discentes do PECEM, bem como a qualidade acadêmica de seus produtos em forma de dissertações, teses, artigos ou capítulos de livro.

Neste livro, portanto, o leitor tem a oportunidade de conhecer boa parte da riqueza e dos estudos produzidos no âmbito do PECEM, bem como suas contribuições e sua abrangência e consistência teórica, sendo muitos deles reconhecidos internacionalmente ou produzidos em parceria com pesquisadores do exterior. Na linha de pesquisa "**Construção do Conhecimento em Ensino de Ciências e Matemática**", o leitor pode conhecer quatro estudos sobre: "Avaliação como prática de investigação" (GEPEMA); Aprendizagem no contexto da Modelagem Matemática; Educação Científica e literacia em saúde; os *affordances* negativos na aprendizagem em química. Na linha "**Formação de professores em Ciências e Matemática**", o leitor pode conhecer seis estudos sobre: A aprendizagem e identidade docente em comunidades de prática (GEPEFOPEM); saberes docentes de professores de Física; Percepções de acadêmicos em química sobre a atividade docente; Pesquisas a partir de escritas reflexivas de futuros professores de matemática; Tendências sobre o ensino da Física de Plasmas na formação inicial de professores. Além disso, há mais dois estudos relativos à linha **"História e Filosofia da Ciência e da Matemática"** e finaliza com dois **estudos de revisão de pesquisas** produzidas pelos grupos de pesquisa GEPPMat e EDUCIM.

Parabéns a todos que colaboraram pelo sucesso do PECEM/UEL.

Prof. Dr. Dario Fiorentini (FE/Unicamp)

PREFÁCIO II

Livros fazem parte da educação, em todos os níveis, em todas as áreas, nas mais diversas estratégias de ensino e aprendizagem, tradicionais ou digitais, presenciais ou remotas. Apesar dessa amplitude vou focalizar o Ensino de Ciências e a Educação Matemática. É para mim uma honra fazer o prefácio de um livro que pode contribuir muito nessa área.

Embora seja bem conhecido no ensino da Física, tenho também formação em Matemática e fui professor nessa disciplina, no Ensino Médio, durante cinco anos. Isso me deixa à vontade para prefaciar este livro.

Mas o que tenho a dizer vai muito além de tópicos de Ensino de Ciências e Educação Matemática nele abordados, pois é um documento histórico nessa área, um relato de vinte anos (2001-2021) de um Programa em Ensino de Ciências e Educação Matemática (PECEM) da Universidade Estadual de Londrina (UEL),

Começou como um pequeno programa de Mestrado, em uma universidade sem forte tradição de pesquisa e pós-graduação, chegou ao doutorado em 2006 e hoje é o único programa nota 7, no Brasil, na Área de Ensino na CAPES, segundo a última avaliação quadrienal. É um resultado excelente, fruto de um trabalho intenso de docentes que acreditaram na proposta inicial do PECEM e a ela se dedicaram.

No PECEM já foram formados muitos Mestres e Doutores em Ensino de Ciências e Educação Matemática. Atividades acadêmicas foram desenvolvidas em nível regional, nacional e internacional. Certamente foram também produzidas muitas publicações como resultados naturais das pesquisas feitas em Ensino de Ciências e Educação Matemática. No entanto, a formação de professores, em nível de pós-graduação, sempre foi um objetivo predominante.

Fiquei emocionado ao ler o relato desses vinte anos do PECEM porque como Coordenador da Área de Ensino de Ciências e Matemática, hoje Área de Ensino, de 2000 a 2007, de certa forma participei da criação desse Programa, pois indiquei consultores para a proposta inicial e visitei a UEL para avaliar as condições de oferecer um doutorado, as quais foram satisfatórias. Como disse antes, hoje me sinto emocionado com o sucesso do PECEM, o qual pode ser tomado como exemplo para outros programas de pós-graduação em Ensino de Ciências e Educação Matemática.

Mas além da descrição do desempenho do PECEM ao longo de vinte anos, este livro inclui vários capítulos que podem contribuir para a prática docente nessa área. Por exemplo, temas como modelagem matemática, avaliação como prática de investigação, equívocos conceituais e procedimentais na aprendizagem em ciências, formação de futuros professores em ciências e Educação Matemática, unidade didática. Esses e outros temas são muito bem abordados nos vários capítulos que constituem este livro que certamente será uma referência bibliográfica na pós-graduação em Ensino de Ciências e Educação Matemática nos próximos anos.

Prof. Dr. Marco Antonio Moreira

APRESENTAÇÃO DO PECEM

Capítulo 1

PROGRAMA EM ENSINO DE CIÊNCIAS E EDUCAÇÃO MATEMÁTICA (PECEM/UEL): 2001-2022

Sergio de Mello Arruda
Universidade Estadual de Londrina – UEL
E-mail: sergioarruda@uel.br

Lourdes Maria Werle de Almeida
Universidade Estadual de Londrina – UEL
E-mail: lourdes@uel.br

Irinéa de Lourdes Batista
Universidade Estadual de Londrina – UEL
E-mail: irinea2009@gmail.com

Marcia Cristina de Costa Trindade Cyrino
Universidade Estadual de Londrina – UEL
E-mail: marciacyrino@uel.br

Angela Marta Pereira das Dores Savioli
Universidade Estadual de Londrina – UEL
E-mail: angelamartasavioli@gmail.com

Mariana Aparecida Bologna Soares de Andrade
Universidade Estadual de Londrina – UEL
E-mail: mariana.bologna@gmail.com

Introdução

Este capítulo tem como objetivo fazer um relato histórico do Programa em Ensino de Ciências e Educação Matemática da Universidade Estadual de Londrina (PECEM/UEL), desde sua concepção (em 2001), até os dias atuais (2022). Para tanto, foram convidados para participar da elaboração do capítulo, todos os docentes que exerceram a coordenação do Programa nos vinte anos de sua existência. Cada um deles escreveu um breve relato dos pontos considerados mais importantes do(s) período(s) em que se encontravam à frente do Programa.

Coordenaram o PECEM os seguintes docentes:

Quadro 1: Coordenadores do PECEM 2002-2021

NOME	DEPTO	PERÍODO
Sergio de Mello Arruda	Física	2002-2004
Lourdes Maria Werle de Almeida	Matemática	2005-2007
Irinéa de Lourdes Batista	Física	2007-2009 2012-2017
Marcia Cristina da Costa Trindade Cyrino	Matemática	2009-2012 2013 (três meses)
Angela Marta Pereira das Dores Savioli	Matemática	2017-2019
Mariana Aparecida Bologna Soares de Andrade	Biologia Geral	2019 - atual

Fonte: os autores

Além do objetivo mencionado, há também uma questão que nos surpreende. Desde sua implantação, ainda como Mestrado, o PECEM demonstrou uma evolução constante até chegar à nota máxima da área de Ensino, conforme mostrado no Quadro 2:

Quadro 2: Evolução das notas do PECEM

Ano	Nota
2002	3 (início do Mestrado)
2005	4 (1ª avaliação)
2007	4 (início do Doutorado)
2010	5
2013	6
2017	7

Fonte: os autores

Na avaliação quadrienal de 2017 da área de Ensino (CAPES), a distribuição das notas pelos Programas avaliados foi representada pela Figura 1:

Figura 1: Avaliação da área de Ensino - 2017

Avaliação 2017: 140 Programas

Nota	
7	1
6	5
5	19
4	49
3	63

Fonte: CAPES, Relatório de Avaliação (Ensino), 2017, p.6[1]

Como podemos ver, em 2017 o PECEM foi o único PPG nota 7 da área de Ensino. Também foi o único Programa de Pós-Graduação (PPG) nota 7 da UEL e um dos três PPG nota 7 do Estado do Paraná (um da UEL e dois da Universidade Federal do Paraná). Considerando que a avaliação do último quadriênio (2017-2022) ainda não foi realizada, podemos afirmar que até o presente momento o PECEM continua a ser o único Programa com nota 7 da área de Ensino.

Com base nessas informações, colocamos a seguinte questão: *Por que um Programa pequeno, de uma universidade de porte médio, sem uma tradição de pesquisa e Pós-Graduação comparável com as maiores universidades do Brasil, acabou se tornando o primeiro e único Programa nota 7 da área de Ensino na última avaliação quadrienal da CAPES?*

Provavelmente, não há uma resposta única para tal questão, mas nas próximas seções deste capítulo, apresentaremos algumas hipóteses que podem fornecer alguma explicação para tal realização.

---

1   Disponível em https://www.gov.br/capes/pt-br/centrais-de-conteudo/documentos/avaliacao/relatorio_quadrienal_ensino.pdf

A elaboração do projeto de Mestrado e os anos iniciais[2] (2001-2004)

Embora as primeiras reuniões de docentes da UEL, visando à criação de um Mestrado que congregasse as áreas de Ciências e Matemática (posteriormente denominado Mestrado em Ensino de Ciências e Educação Matemática – MECEM) tenham sido realizadas em finais do ano 2000, o projeto foi estruturado e encaminhado para a apreciação interna e à área de Ensino de Ciências e Matemática (atualmente, denominada Área 46- Ensino, CAPES-ES), no ano de 2001.

Antes de ser encaminhado à CAPES, o projeto foi avaliado por dois consultores externos, ou seja, os professores Dario Fiorentini e Deise Vianna (indicados pelo Representante da Área 46 na CAPES, na época o professor Marco Antonio Moreira), que opinaram favoravelmente à proposta, conforme parecer a seguir:

> A proposta de implantação do Programa de Ensino de Ciências e Educação Matemática, na UEL, acontece em momento oportuno no país, com necessidade de melhoria no quadro de professores das diferentes áreas científicas [...]. Por este ser o primeiro Programa de Mestrado do Estado do Paraná, voltado especificamente para a área de Ensino de Ciências e Matemática, ele adquire importância estratégica no Estado, sobretudo porque atende a uma demanda crescente das outras universidades do Estado por pesquisadores nesta área (Parecer Prof. Dario Fiorentini, 09/07/2001).

Logo após o parecer altamente favorável dos consultores, o projeto passou pelas instâncias internas da UEL e foi encaminhado à CAPES em 15/09/2001.

Conforme exposto na Proposta de Programa enviada à CAPES[3], o Mestrado em Ensino de Ciências e Educação Matemática que propúnhamos, era uma "consequência natural" do amadurecimento de três grupos de pesquisa da Universidade Estadual de Londrina (Ensino de Ciências, Educação

---

2 As informações contidas nesta seção foram extraídas de vários documentos digitais como textos, atas, e-mails, etc., trocados entre membros do grupo, administração da UEL, consultores da CAPES e outros.

3 Documento Sistema Nacional de Pós-Graduação (SNPG) – Proposta de Programa – Versão Final (10/08/2001).

Matemática e História e Filosofia da Ciência), que realizavam já há vários anos diversas atividades de ensino, pesquisa e extensão, principalmente em cursos *Lato Sensu* (Quadro 3) e projetos (Quadro 4).

Quadro 3: Cursos *Lato Sensu*

Cursos *Lato Sensu*	Ano de implantação
Especialização em Física para o Novo Ensino Médio	1988
Especialização em Educação Matemática	1992
Especialização em História e Filosofia da Ciência	1999

Fonte: os autores

Quadro 4: Projetos

Projetos	Órgão de financiamento	Vigência
Projeto de Pesquisa e Estudo para Melhoria do Ensino de Matemática	MEC	1982-1990
Integração do Ensino de Geometria, Desenho Geométrico e Geometria Descritiva nos 1º, 2º e 3º graus	CAPES/SPEC	1987-1989
RENOP – Rede de Disseminação em Educação Científica do Norte do Paraná	CAPES/SPEC	1991-1997
Conhecimento e Linguagem: as Contribuições da Ciência Cognitiva para Novas Abordagens da Educação Científica		1997-1999
PRÓ-CIÊNCIAS	CAPES	1997-2000
Museu de Ciência e Tecnologia	VITAE/CNPq/UEL	2000-atual

Fonte: os autores

Depois de ter sido recomendado pela área de Ensino de Ciências e Matemática, a proposta foi aprovada pelo CTC/CAPES em 17/12/2001. A partir dessa data, as reuniões do grupo tiveram como objetivo geral definir os procedimentos para a seleção da primeira turma do MECEM.

As aulas iniciaram-se em março de 2002, com 9 docentes, pertencentes a 5 Departamentos da UEL:

Quadro 5: docentes do PECEM em 2002

Nome	Departamento
Álvaro Lorencini Jr.	Biologia Geral
Carlos E. Laburú	Física
Eduardo S. O. Barra	Filosofia
Francisco A. Queiroz	História
Irinéa L. Batista	Física
Lourdes M. W. Almeida	Matemática
Marie-Claire R. Póla	Matemática
Regina L. C. Buriasco	Matemática
Sergio M. Arruda	Física

Fonte: os autores

No período de 2002 a 2004, os professores Marcelo Alves Barros (Física), Marcos Rodrigues da Silva (Filosofia), Rute Helena Trevisan (Física), Márcia Cristina de C. T. Cyrino (Matemática) e Rosana de Figueiredo Salvi (Geociências) foram credenciados como professores do MECEM. Nesse mesmo período os professores Marcelo Alves Barros e Francisco Queiroz deixam de pertencer ao programa.

Nos anos iniciais (2002-2005), a relação dos candidatos inscritos/selecionados para cada ano foram as seguintes: 90/15 (2002); 91/15 (2003); 63/20 (2004); 76/15 (2005)[4].

Com relação às avaliações da CAPES, não fomos avaliados em 2003 porque ainda não tínhamos formado qualquer turma. A nota inicial (3) foi repetida para o período seguinte. A 1ª avaliação do PECEM (nível Mestrado) ocorreu, de fato, em 2005, cobrindo os anos 2003-2004. O parecer do Comitê elevou a nota do Programa para 4, permitindo a abertura de um Doutorado.

Do MECEM para o PECEM

O resultado da avaliação da CAPES no ano 2005, a coesão do grupo de docentes, bem como a consolidação de grupos e projetos de pesquisa, fez com que se iniciasse a estruturação do programa para incluir o Doutorado.

O grupo de docentes formado por Álvaro Lorencini Jr., Carlos E. Laburú, Irinéa L. Batista, Márcia Cristina de C. T. Cyrino, Regina L. C. Buriasco

---

4 Em 2002 e 2003 o Programa oferecia 15 vagas/ano, que aumentaram para 20, em 2004, devido ao aumento no número de docentes no programa.

e Rosana Salvi e a coordenação do programa, então sob a responsabilidade da professora Lourdes M. W. Almeida, deu início à estruturação do projeto visando criar o Doutorado.

O Mestrado em Ensino de Ciências e Educação Matemática (MECEM) já se tornara referência não apenas no Paraná, mas também em outras regiões do Brasil. Com os alunos das primeiras turmas de Mestrado com suas pesquisas concluídas e a falta de programas de Doutorado, à época, no Paraná, fomentou-se também a demanda por um programa que incluísse o Doutorado.

Os resultados dos projetos de pesquisa no âmbito do programa, associados a outros projetos de pesquisa do Centro de Ciências Exatas (CCE) da UEL, viabilizaram a construção de um prédio exclusivo para os programas de pós-graduação desse centro de estudos. Ao então MECEM, coube um espaço que inclui sala de aula, sala para reuniões de estudo e pesquisa, laboratório de alunos, estando todos equipados com recursos tecnológicos modernos e importantes para colaborar com o desenvolvimento das pesquisas realizadas no âmbito do programa.

Além disso, o programa também passou a ter, a partir de então, a sua página de *internet* que com clareza e transparência, tornou-se um mecanismo eficaz para disseminar as pesquisas, os eventos, as ações de formação de recursos humanos, bem como a divulgação dos processos de seleção que atingiram, então, uma população de diferentes regiões brasileiras.

A estrutura do projeto de Doutorado elaborado no decorrer do ano de 2005 e submetido **à** CAPES em 2006, inclui três áreas de concentração: Ensino de Ciências, Educação Matemática e História e Filosofia da Ciência. Também três linhas de pesquisa foram definidas: A construção do conhecimento em Ciências e Matemática; A formação de professores em Ciências e Matemática; História e Filosofia da Ciência e da Matemática.

Para incrementar o corpo docente foram convidados os professores Antonio Vicente Marafioti Garnica e Alberto Villani como professores colaboradores no programa. Além disso, o professor Marco Antonio Moreira atuou como auditor, vindo pessoalmente a Londrina para discutir a proposta de Doutorado e conhecer, entre outros aspectos, o espaço físico da UEL que englobaria as atividades do Doutorado.

No decorrer do ano 2006 a proposta foi avaliada pela CAPES e a criação de Doutorado aprovado para início no ano 2007. Estaria assim criado o primeiro programa de Doutorado do Paraná, alocado a então área 46, da CAPES. No final do ano 2006, foi aberta a primeira seleção do programa incluindo o Doutorado. Por recomendação da CAPES, cinco vagas de Doutorado foram abertas e cinco alunos ingressaram no Doutorado em 2007, ficando sob orientação dos professores Carlos E. Laburú, Irinéa L. Batista, Sergio M. Arruda, Regina L. C. Buriasco e Lourdes M. W. de Almeida.

No dia 31 de março de 2011 ocorreu a primeira defesa de Doutorado. Gradualmente, nos anos seguintes, esse número de vagas foi crescendo, na medida em que os demais docentes do programa foram também assumindo orientações de alunos de Doutorado. Na primeira avaliação da CAPES relativa aos programas de pós-graduação, o PECEM obteve nota 5.

Corpo docente, corpo discente e egressos do PECEM

Outro ponto a se destacar a partir da criação do curso de Doutorado, foi o estabelecimento de uma política de credenciamento de docentes para o Mestrado e para o Doutorado pela comissão coordenadora, conforme orientação da CAPES. Nessa política, estabelecemos critérios de experiência prévia em orientação e produtividade científica, de acordo com os documentos da então área de Ensino de Ciências e Matemática, proporcionais à avaliação recebida pela CAPES. Mantivemos também docentes colaboradores em quantidade proporcional ao corpo docente permanente. Adicionado a isso, uma política de abertura de vagas para novos discentes, para Mestrado e Doutorado, proporcionais à quantidade de docentes permanentes do programa.

No período de 2005 a 2011, foram credenciados ao PECEM os professores Moisés Alves de Oliveira (Química), Ângela Marta das Dores Savioli (Matemática), Verônica Bender Haydu (Psicologia), Marinez Meneghello Passos (Matemática). Nesse mesmo período, os professores Marcelo Alves Barros, Marie Claire Póla e Rute Helena Trevisan deixaram o PECEM.

Nesse período, os departamentos de Matemática e de Física permaneciam como proponentes do programa, sendo que docentes dos departamentos de Biologia, Geociências, Química, Psicologia e Filosofia faziam parte do corpo de docentes permanentes, permitindo uma orientação qualificada nessas áreas do conhecimento.

O credenciamento de docentes no PECEM segue a política estabelecida de produtividade prévia a esse credenciamento, estabelecendo uma curva de senioridade com equilíbrio entre novas colaborações com as previamente estabelecidas por docentes do programa.

Muitos docentes do PECEM (em alguns períodos chegou a mais de 50%) são bolsistas de produtividade em pesquisa do CNPq, nível 2 e 1, e outros com bolsa da Fundação Araucária (Produtividade e Sênior).

Dentre os quesitos de avaliação da Capes, o atendimento aos diferentes componentes da área de Ensino de Ciências e Educação Matemática sempre foi um aspecto relevante, tendo foco na formação de recursos humanos com alta qualidade. Após cada processo de avaliação, reavaliamos nossas políticas e aprimoramos nosso programa por meio de novos balizamentos, estímulos ao corpo docente e discente, em busca de atingirmos a realização do que essas avaliações demandavam, para alcançarmos um programa de excelência.

O PECEM, por meio de seu investimento na formação de professores na área de Ensino de Ciências e Educação Matemática, contribuiu para a capacitação de professores que atuam no quadro educacional do Estado do Paraná e também de outros estados. A maioria dos discentes do PECEM atuam como professores da Educação Básica e do Ensino Superior.

A inserção regional e nacional de recursos humanos egressos do PECEM em Universidades Federais, Estaduais e particulares, em Institutos Federais e Educação Básica, nucleou novos grupos de pesquisas e de programas *Stricto sensu* na área de Ensino e de Educação.

Atualmente, alguns egressos do PECEM são coordenadores de programas de Pós-Graduação na área de Ensino, como no Programa de Pós-Graduação em Educação Matemática da UNESP de Rio Claro; Programa de Pós-Graduação em Ensino de Matemática – PPGMAT – Cornélio Procópio/PR e Londrina/PR; Programa de Pós-Graduação em Ensino da UENP – Cornélio Procópio, UNESPAR – Campo Mourão, UTFPR – Londrina; Programa de Pós-Graduação em Ensino de Ciências Humanas, Sociais e da Natureza – PPGEN – Londrina, dentre outros.

Com a disseminação das Instituições de Ensino Superior públicas pelo território brasileiro, aumentou a necessidade de ações interinstitucionais para a qualificação de docentes de regiões distantes dos "centros de excelência", a partir de Programas de Pós-Graduação *Stricto sensu* em nível de Doutorado – DINTER. A partir de 2012, o PECEM iniciou a construção de um Projeto de DINTER com o Instituto Federal de Educação, Ciência e Tecnologia de Goiás – IFG, com o objetivo de qualificar parte do corpo docente dos cursos de Licenciatura em Matemática, Física, Química e Biologia do IFG campus de Goiânia, Jataí, Inhumas, Uruaçu, Itumbiara, Luziânia, Formosa, Anápolis, Aparecida de Goiânia e Cidade de Goiás, contribuindo para a verticalização das atividades de pesquisa, para a formação de recursos humanos e para o aprimoramento do ensino em seus diferentes níveis.

Durante o DINTER buscamos fortalecer, a partir desse Convênio, as relações interinstitucionais entre a UEL, como promotora, e o IFG, como receptora, na busca da consolidação dos Grupos de Pesquisa (e suas respectivas pesquisas), qualificando a formação docente e efetivando a iniciação científica.

A formação de recursos humanos por meio desse convênio contribuiu para a consolidação do Programa de Pós-Graduação em Educação Científica e Matemática (Mestrado Profissional) na Instituição Receptora junto à CAPES; e para a consolidação da interiorização dos cursos de licenciatura e bacharelado em Matemática, Física, Química e Biologia nos municípios de Goiânia, Jataí, Inhumas, Uruaçu, Itumbiara, Luziânia, Formosa, Anápolis, Aparecida de Goiânia e Cidade de Goiás, promovidos pelo IFG.

Foram defendidas, por meio do DINTER, 10 teses de Doutorado de professores do IFG entre os anos de 2017 a 2020. Estes egressos consolidaram seus grupos de pesquisa no IFG qualificando a formação docente e efetivando a Iniciação Científica, além de estarem atuando em disciplinas de graduação presencial e EAD do IFG, coordenando projetos de PIBID e Residência Pedagógica.

No âmbito internacional, o PECEM realizou nucleação em Universidades da África e da Ásia, por meio do doutoramento de docentes da Universidade de Licungo e da Universidade Pedagógica – Delegação de Montepures, ambas de Moçambique; e da Universidade Nacional Timor Lorosa'e (Timor Leste), alguns com financiamento do CNPq, apoiado no âmbito, por exemplo, do Programa de Estudantes - Convênio de Pós-Graduação – PEC-PG.

Alguns de nossos discentes desenvolveram parte de seu Doutorado no exterior (Doutorado sanduíche), com bolsas do Programa PDSE-CAPES e também de projetos como "Rede de Cooperação UEL/UL na elaboração e utilização de recursos multimídias na formação de professores de Matemática", no Edital de Bolsa de Pesquisador Visitante Especial - PVE (linha 2).

Docentes do PECEM supervisionaram vários estágios de pós-doutoramento, financiados pelo Programa Nacional de Pós-Doutorado (PNPD/CAPES), e por projetos individuais.

Projetos, Produção Científica, Financiamentos e envolvimento do PECEM com as políticas de pós-graduação

Desde a criação no ano 2001, com o curso de Mestrado e sua consolidação com a criação do Doutorado, o programa PECEM vem se pautando em critérios de caráter científico, técnico e de funcionalidade de um programa de pós-graduação de destaque. Merecem atenção, nesse contexto, o bom desempenho em práticas inovadoras de formação de recursos humanos em pesquisa e produção de conhecimentos na área e a atuação ou formação de redes inovadoras de pesquisa e pós-graduação regionais, nacionais e internacionais, mostrando a efetiva cooperação entre pesquisadores.

Essas práticas têm, desde a criação do Mestrado e da aprovação do Doutorado, possibilitado a obtenção de recursos seja sob a forma de bolsas de Mestrado e de Doutorado, seja sob a forma de custeio de pesquisas e jornadas nacionais e internacionais junto a órgãos de fomento como CAPES, CNPq e Fundação Araucária – Apoio ao Desenvolvimento Científico e Tecnológico do Paraná e Superintendência Geral de Ciência, Tecnologia e Ensino Superior do Paraná – SETI.

No âmbito **regional**, o compromisso solidário do programa se concretizou por meio do envolvimento de docentes do PECEM com o Programa de Desenvolvimento Educacional (PDE), que visava à formação continuada de professores da Educação Básica da rede pública de ensino do Paraná. O PDE tinha como objetivo uma real integração entre formação de graduação e formação continuada, e uma ressonância na reflexão pedagógica crítica produzida nas Instituições Públicas de Ensino Superior do Paraná. Os professores da Educação Básica eram afastados por um ano de suas atividades na rede pública de ensino para participar de atividades nas universidades e elaborar um projeto a ser desenvolvido, na escola, no segundo ano de capacitação.

O PECEM também realizou capacitação de docentes de outras Instituições Públicas de Ensino Superior do Estado do Paraná por meio do programa "Apoio à Capacitação Docente das Instituições Estaduais de Ensino Superior - PCD-IEES", financiado pela Fundação Araucária em parceria com a SETI - Secretaria de Estado da Ciência, Tecnologia e Ensino, com bolsas de estudo e auxílio financeiro à instituição promotora (PECEM/UEL) e às instituições receptoras (UNIOESTE, UENP, FECILCAM, FAFIPA, FAFIUV). Esse programa tinha como objetivo a "melhoria das atividades de ensino, pesquisa e extensão nas Instituições de Ensino Superior Públicas do Paraná, apoiando os esforços institucionais de capacitação e aprimoramento da qualificação de seus docentes".

Docentes do PECEM também estiveram envolvidos em projetos do Programa Universidade sem Fronteiras (USF), subprograma de apoio às Licenciaturas, financiados pela SETI-PR. Nesses projetos estiveram envolvidos alunos e professores da Educação Básica, estudantes de graduação, profissionais recém-formados, representantes dos Núcleos Regionais de Ensino/PR, e professores universitários.

No âmbito **nacional**, docentes, discentes e egressos do PECEM participaram do Projeto Condigital - MEC na produção de conteúdos educacionais digitais multimídia na área de matemática, destinados a constituir parte de um amplo portal educacional para os professores, além de serem utilizados nas diversas plataformas, de modo a subsidiar a prática docente no Ensino Médio e contribuir para a melhoria e a modernização dos processos de ensino e de aprendizagem na rede pública. Foram produzidos Simuladores, Experimentos de Ensino, Audiovisuais, e Áudio envolvendo conteúdos de Matemática do Ensino Médio.

Além desse projeto, podemos citar outros, como o Pró-matemática (convênio Brasil-França), o Museu Itinerante de Ciências (proposta de articulação museu-escola do Museu de Ciência e Tecnologia de Londrina); o projeto Educação Matemática de professores que ensinam Matemática, do Programa Observatório da Educação (CAPES); o encontro Conversando com Cientista.

Os diferentes projetos dos quais o PECEM participou buscavam estimular o pensamento crítico e a análise dos problemas na área da educação, reafirmando o compromisso do Ensino Superior com a sociedade em geral.

A relação com a graduação também está sempre presente entre os docentes do PECEM e os cursos da UEL. O professor Sergio de Mello Arruda foi o primeiro coordenador Institucional do PIBID, na UEL, e desde então todos os docentes do PECEM já foram ou estão na coordenação de núcleos de PIBID e Residência Pedagógica. Além da participação nesses projetos institucionais, os professores do PECEM mantêm atividades semanais ou quinzenais dos seus grupos de pesquisa que envolvem, além dos pós-graduandos, estudantes de graduação.

Consolidar uma boa relação entre quantidade de docentes, de discentes e de produtividade de qualidade em formação de recursos humanos e publicações acadêmicas em livros, periódicos e eventos da área bem avaliados, permitiu que o PECEM se consagrasse nas sucessivas avaliações do programa.

Em 2009, fomos um dos poucos programas da grande área de Ciências Humanas que conseguiram aprovação no edital de infraestrutura Pró-Equipamentos da CAPES, bem como aprovamos na FINEP um projeto de laboratório multiusuários para uso dos programas *Stricto sensu* da Área de Humanas da Universidade Estadual de Londrina.

O PECEM sempre buscou excelência, inovação e colaboração com a área da CAPES. Em 2012, tivemos um ano de grande transformação com a área deixando de ser Ensino de Ciências e Matemática para o que se denominou área de Ensino, destinada a receber propostas de Ensino de Ciências e Matemática e de todas áreas de conhecimento. Foi um processo bastante conturbado na CAPES, no qual os programas mais consolidados de então desempenharam um papel primordial para a caracterização epistemológica, metodológica, científica e administrativa dessa nova área.

Para acompanhar e preservar a tradição de pesquisa já estabelecida, foi formado o chamado FORCECEM, fórum dos programas de Ensino de Ciências e Educação Matemática, e no final de 2012, a coordenação do PECEM foi chamada a coordenar esse fórum nacional.

O bom resultado dessas ações, a qualidade da publicação científica das pesquisas desenvolvidas, os recursos humanos formados, a infraestrutura obtida e nossas políticas de pós-graduação são reflexos de gestões estabelecidas a partir das decisões de uma comissão coordenadora com representantes de todos Departamentos participantes do PECEM.

Para o desenvolvimento dessa política, investimos no planejamento, consolidação e consecução de atividades, como:

- Investimentos contínuos na inserção internacional[5], com aumento significativo de publicações nos extratos A1 e A2 do Qualis/CAPES, sempre buscando a coprodução com discentes, e intercâmbios docentes e discentes com universidades de outros países, com destaque nas missões de bolsas sanduíche de nossos estudantes de Doutorado e missões de pesquisas docentes nos Estados Unidos, na Argentina, na França, no Chile e em Portugal;

- Incrementos constantes na infraestrutura tecnológica para a pesquisa de docentes e discentes, e em verbas do programa para participação com apresentação de trabalhos em eventos nacionais e internacionais;

- Estímulos para vindas de pesquisadores e pesquisadoras variados para bancas de avaliação de Mestrado e Doutorado, bem como um equilíbrio na distribuição de estudantes no corpo docente, o que nos proporcionou uma boa constante de tempo médio ideal na formação de mestres e doutores para a Área;

- Manutenção e atualização da página de internet do programa, buscando dar visibilidade e acesso a todas informações, em especial ao processo de seleção para ingresso discente no programa e às teses e dissertações concluídas;

- Realização da Primeira Escola de Estudos Avançados da Associação Brasileira de Pesquisa em Educação em Ciências, realizada na UEL, com comissão organizadora formada por pesquisadoras e pesquisadores de todos estados da Região Sul e convidados especiais;

- Contribuições com missões para CAPES em processos de APCN, no desenvolvimento e aprimoramento da política acadêmica da área de Ensino, que se refletiu no aprimoramento do Qualis Periódicos, Eventos e Livros, bem como nos documentos de área;

- Processo contínuo de autoavaliação do programa. A coordenação do PECEM constantemente estabelece momentos para que docentes, discentes e egressos do programa apresentem considerações acerca das

---

5   Mais detalhes serão apresentados na próxima seção.

atividades, orientações, infraestrutura e produção do programa. Os resultados dessas análises também fazem parte do planejamento estratégico do programa[6].

Assim, o compromisso de docentes e discentes com essas políticas se refletiu na obtenção da nota 6, em 2013, quando tivemos reconhecido nosso processo de excelência internacional na área de Ensino. Neste ano ingressou no programa a professora Mariana Aparecida Bologna Soares de Andrade, do Departamento de Biologia Geral da UEL, e no ano 2015 ocorreu o credenciamento da professora Fabiele Cristiane Dias Broietti, do Departamento de Química da UEL.

Em 2017, como podemos observar no exemplo do gráfico a seguir, o PECEM consolidou sua posição de excelência nacional e internacional em sua produção científica na área, em análise comparada com outros programas *Stricto sensu*.

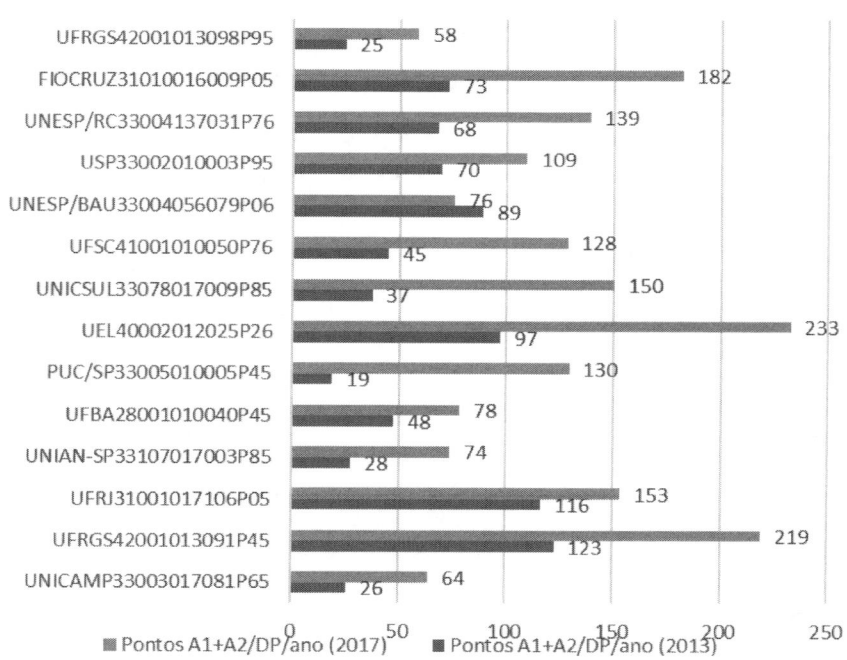

Fonte: Coordenação da área de Ensino da CAPES.

---

6 A partir de 2020 foi instituída uma comissão de autoavaliação do PECEM que intensificou o processo de coleta de dados e análise de informações entre os membros do programa. Tal comissão trabalha seguindo o plano institucional de avaliação da Pós-Graduação da UEL.

Diante desses dados e outros complementares, a área de Ensino indicou o PECEM para nota 7 na avaliação quadrienal de 2017, o que foi consolidado pelo CTC-ES da CAPES, tornando nosso programa o único a obter a avaliação máxima na área de Ensino.

Neste período credenciaram-se no programa os professores Bruno Rodrigo Teixeira, Edilaine Regina dos Santos e Pamela Emanueli Alves Ferreira, do Departamento de Matemática; Andreia de Freitas Zômpero, do Departamento de Biologia Geral; Marcelo Maia Cirino, do Departamento de Química, e Paulo Sergio Camargo Filho, da UTFPR- Londrina. Pediram descredenciamento do Programa a professora Veronica Bender Hayder e Marcos Rodrigo da Silva, ambos para se dedicarem apenas a um programa de pós-graduação.

Atingir esse mérito foi uma realização conquistada pelo engajamento e comprometimento coletivo de nossos docentes e discentes com os planejamentos da comissão coordenadora, na busca de contribuirmos com a área de Ensino e com a Ciência brasileira.

Internacionalização

O PECEM busca consolidar sua internacionalização por meio de diferentes ações individuais e coletivas dos seus docentes e discentes.

A internacionalização se intensificou a partir de 2008, quando tivemos o início de bancas de Doutorado com membros de outros países, e com o afastamento de docentes do PECEM para pós-doutoramento no exterior (Portugal e Estados Unidos).

No ano 2012, no programa PNPG, o PECEM enviou o primeiro discente a realizar uma bolsa sanduíche de Doutorado na Universidade de Massachussetz/USA, iniciando a fase de internacionalização na formação de recursos humanos. Destaca-se que esse primeiro bolsista também foi o primeiro professor da Educação Básica do Brasil liberado oficialmente pela Secretaria da Educação do Estado do Paraná, fato sempre dificultado a professores efetivos de carreira pública, conforme destacado pela DAV-Diretoria de Avaliação da CAPES. Cabe relatar que o sucesso desse fato se deu pelo protagonismo característico do PECEM em superar obstáculos a partir de ações bem fundamentadas cientificamente e em boas políticas de formação de recursos humanos.

Também em 2012 iniciamos colaborações de nossos docentes em pesquisas realizadas na França, Portugal, Argentina, Chile, e outros pesquisadores e Instituições dos Estados Unidos, estabelecendo intercâmbios internacionais. Estas relações intensificaram a produção internacional do PECEM.

Atrelada ao foco em diferentes âmbitos de ações de internacionalização, após o término do DINTER com o IFG, o PECEM abriu espaço para mais um projeto de nucleação. Por meio da relação estabelecida pelas orientações de Doutorado com universidades de Moçambique, o PECEM propôs, em 2020, dois PCI internacionais (Projeto de Cooperação entre Instituições para Qualificação), um em nível de Mestrado e um em nível de Doutorado. A partir de 2020 a CAPES mudou o que antes era denominado DINTER para PCI. Os projetos de PCI foram o resultado da articulação do Professor Geraldo Vernijo Deixa, egresso de Doutorado do PECEM, e dos professores do PECEM que, desde a conclusão do Doutorado do referido egresso, mantiveram contato com a Universidade Pedagógica de Moçambique. Esta Universidade sofreu um processo de desmembramento em Universidades menores, ficando o professor Geraldo como docente da atual UNILICUNGO que fica na cidade de Quelimane. O professor Geraldo, após o término do Doutorado, retornou para Moçambique e continuou suas atividades de ensino na graduação e foi um dos proponentes do Programa de Pós-Graduação em Ensino, da Instituição. O programa iniciou suas atividades em 2018, e desde esse período o professor Geraldo é o coordenador do programa.

Com a proposição do programa, a demanda para que docentes da UNILICUNGO vinculados a cursos de licenciatura pudessem ser incorporados à pós-graduação motivou o desenvolvimento dos PCI com o PECEM. Assim, com a aprovação dos dois projetos, o PECEM está no momento orientando três professores da UNILICUNGO em nível de Mestrado e 12 professores em nível de Doutorado provenientes das licenciaturas em Ciências Biológicas, Física, Matemática e Química. Por meio desses projetos, o PECEM está articulando mais uma nucleação de programa de pós-graduação na área de Ensino e Ciências e Educação Matemática, mas agora em um país do continente africano.

Perfil do Egresso

O objetivo do programa, estabelecido desde o APCN de Mestrado foi a formação de professores/pesquisadores na área de Ensino de Ciências e Educação Matemática para atuarem nos diferentes níveis de ensino e desenvolverem pesquisas que levem a uma maior compreensão a respeito da elaboração e construção dos saberes docentes em Ciências e Matemática. Nesse sentido, o perfil dos egressos do PECEM vem evidenciando a excelência na formação dos profissionais que são o foco do programa.

Os egressos do PECEM têm atuado como professores da Educação Básica; professores do Ensino Superior; coordenadores de programas de formação de professores; nucleadores, professores e coordenadores de programas de pós-graduação *Stricto sensu*; coordenadores de área nos Núcleos Regionais de Ensino; cargos de gestão em diferentes instituições (públicas e privadas) em diferentes estados da Federação e no exterior. Desse modo, o PECEM tem preparado profissionais bem-sucedidos e atuantes, com considerável reconhecimento em suas atuações profissionais e como investigadores.

Ao longo desses 20 anos o PECEM teve 157 dissertações e 138 teses defendidas (parte dos estudantes de Mestrado também fizeram Doutorado no PECEM), todas relacionadas a uma das três linhas de pesquisa do programa. Recebeu estudantes de todas as regiões do país e de outros países. Atualmente, é possível quantificar que o PECEM possui cerca de 47 egressos atuando em universidades públicas e/ou privadas do estado do Paraná, 18 egressos atuando em universidades de outros estados, 23 atuando em institutos federais e 45 atuando como professores da educação básica. Dos egressos que atuam em universidades, cerca de 30 já atuam em programas de pós-graduação Stricto e Lato sensu.

Considerações finais

Queremos nessa seção final retomar a questão apresentada na Introdução do capítulo, ou seja: *Por que um Programa pequeno, de uma universidade de porte médio, sem uma tradição de pesquisa e Pós-Graduação comparável com as maiores universidades do Brasil, acabou se tornando o primeiro e único Programa nota 7 da área de Ensino na última avaliação quadrienal da CAPES?*

Temos algumas hipóteses que poderiam fornecer respostas à questão levantada:

(i) Corpo docente. O PECEM continuamente foi um Programa enxuto, com um pequeno número de docentes, cada um com larga experiência em atividades típicas da área (formação de professores, projetos, etc.). Os docentes ininterruptamente mantiveram contato com pesquisadores e grupos de outras universidades do Brasil e do exterior;

(ii) Abertura da proposta. A proposta inicial do Programa era relativamente aberta, ou seja, deixava os docentes livres para proporem as disciplinas que interessavam a cada um. O Programa nunca foi engessado;

(iii) União da equipe. Apesar de composta por docentes de vários Departamentos (Física, Matemática, Biologia, Filosofia, Química, Geografia, etc.), a equipe sempre foi unida, trabalhando focada na pesquisa em ensino (Ensino de Ciências, educação matemática), sem divergências sérias entre seus membros;

(iv) Alternância da coordenação. A coordenação do Programa não ficou restrita a uma pessoa. Sempre houve alternância na coordenação. Inicialmente entre o Departamento de Física e o de Matemática (eram os departamentos proponentes) e agora, mais recentemente, com o Departamento de Biologia Geral;

(v) Produção bibliográfica. Ao longo dos anos os docentes do grupo foram aumentando cada vez mais sua produção bibliográfica, com ampla participação de discentes nas publicações;

(vi) O programa sempre teve o cuidado e a preocupação de que os alunos concluíssem seus trabalhos de pesquisa (dissertações e teses) nos prazos estabelecidos pela CAPES. De fato, defender a dissertação de Mestrado em vinte e quatro meses e a tese de Doutorado em 48 meses é uma meta colocada pelo orientador para seus alunos e há um esforço mútuo e um trabalho colaborativo entre ambos para que essa meta seja alcançada;

(vii) O corpo docente do programa não sofreu muitas alterações no decorrer do tempo. Isso fez com que o desenvolvimento profissional e a produção científica de cada docente, em particular, refletissem em resultados positivos para o programa. Atualmente, por exemplo, cerca de 50% dos docentes permanentes do programa são bolsistas de produtividade (ou do CNPq ou da Fundação Araucária). Além disso, no programa não há a cultura de uma ampliação do corpo docente com professores colaboradores. Estes, que existem no programa em pequena quantidade, estão alinhados com as práticas de pesquisa e produtividade do programa;

(viii) O número de alunos por orientador segue orientações da CAPES, de modo que apenas em casos excepcionais um docente acumula mais de dez orientações, entre Mestrado e Doutorado, ao mesmo tempo.

(ix) O programa, por meio de projetos de docentes e de coordenações de diferentes órgãos de fomento, obteve sucesso contínuo na ampliação da infraestrutura necessária à realização de pesquisas e ao suporte acadêmico aos nossos discentes.

O relato do percurso dos vinte anos do PECEM e algumas das hipóteses apresentadas permitem reflexões acerca da construção e continuidade da produção na área de Ensino de Ciências, bem como do reconhecimento da excelência das ações do programa. Este relato evidencia aspectos tanto do histórico do programa, dos relatórios apresentados à CAPES, da memória dos professores e dos relatórios de avaliação apresentados pela CAPES nos resultados das avaliações.

CONSTRUÇÃO DO CONHECIMENTO EM ENSINO DE CIÊNCIAS E MATEMÁTICA

Capítulo 2
APRENDIZAGEM EM ATIVIDADES DE MODELAGEM MATEMÁTICA: O CASO DA GEOMETRIA

Lourdes Maria Werle de Almeida
Universidade Estadual de Londrina – UEL
E-mail: lourdes@uel.br

Dirceu dos Santos Brito
Universidade Estadual de Londrina
E-mail: dirbrito@gmail.com

Alguns pressupostos teóricos: Modelagem Matemática na Educação Matemática e a aprendizagem

A *matematização da realidade* já vem sendo objeto de interesse há longa data. Para Pitágoras (570 a.C.- 497 a.C.), por exemplo, e os que se alinham ao seu pensamento, os princípios da matemática são os princípios das coisas da natureza, da realidade. Galileu Galilei (1564-1642), um dos primeiros pensadores modernos, afirmou que as leis da natureza são matemáticas de modo que o universo está escrito em linguagem matemática e sem visualizá-la se vagueia em um labirinto escuro na busca pela compreensão dos fenômenos.

Edmund Husserl (1859-1938), matemático e filósofo alemão, caracterizou dois níveis de matematização da realidade. Um deles decorre da arte da medição, cuja idealização dá origem à geometria. Para Husserl (2012), a *arte da medição empírica*, com função objetivadora empírico-prática, foi idealizada e visa associar a procedimentos práticos um interesse teórico. Nesse nível, a matematização se dá de maneira direta e como um modo de expressar uma compreensão acerca de qualidades espaço-temporais dos objetos tais como tamanho, posição, movimento.

Um segundo nível de matematização visa mensurar outras qualidades sensíveis dos objetos e, segundo Husserl (2012), requer assumir uma *hipótese de causalidade universal*, ou seja, pressupor relações causais entre as qualidades objetivas ligadas a pura ocorrência no mundo e as qualidades sensíveis dos objetos como, por exemplo, som, cor, odor e suas gradações próprias.

Segundo Husserl (2012), essa matematização indireta do mundo, que se trata de uma objetivação metódica do mundo intuível, fornece fórmulas numéricas gerais. As fórmulas exprimem conexões causais gerais, leis da natureza, leis de dependências reais, por meio de dependências funcionais expressas por valores numéricos.

Sob uma perspectiva mais pragmática, Roux (2013) se refere à aplicação de conceitos, procedimentos, relações ou métodos matemáticos a objetos, ou eventos da realidade ou de outras áreas de conhecimento como sendo exemplos de matematização. Jablonka e Gellert (2007) sugerem que a matematização se refere a um processo em que algo se associa mais matemática do que havia lhe sido associado até então.

No que se refere à área de Educação Matemática, a referência à matematização foi se configurando, principalmente, a partir das ideias do educador Hans Freudenthal que considerava que em "seus princípios iniciais, matemática significa matematizar a realidade" (FREUDENTHAL, 1968, p. 7). Para esse autor o ensino da matemática deveria ser mediado pela exibição de vínculos da matemática com a realidade.

Segundo Blum (2002), aprender matemática é essencial e esta aprendizagem pode ser mediada por questões extramatemáticas associadas ao mundo fora da escola:

> [...] todos os seres humanos devem aprender matemática, pois ela fornece meios para a compreensão do mundo que nos rodeia, para lidar com os problemas do cotidiano ou visando à preparação para futuras profissões. Ao lidar com a questão de como os indivíduos obtêm conhecimento matemático, é fundamental considerar o papel das relações com a realidade, especialmente a relevância da aprendizagem que leva em consideração os contextos específicos (BLUM, 2002, p. 151).

Ideias como a de Freudenthal e a de Blum foram encontrando resposta e respaldo em ideias de diferentes professores e educadores, de modo que a busca por possibilidades para *matematizar* nas aulas de matemática vem merecendo atenção em diferentes linhas de estudo e de pesquisa na área de Educação Matemática e, em particular na área de Modelagem Matemática.

A modelagem matemática vem sendo reconhecida como uma atividade que é orientada pela busca de uma solução, por meio da matemática, para um problema cuja origem é uma situação da realidade. Entender assim a modelagem matemática nos leva a corroborar a ideia de que "a modelagem consiste na arte de transformar problemas da realidade em problemas matemáticos e resolvê-los, interpretando suas soluções na linguagem do mundo real" (BASSANEZI, 2002, p. 16).

Esse entendimento para modelagem matemática permite também pensar sobre como se dá a relação entre matemática e realidade nessas atividades, considerando o que alguns autores referem como realidade quando se trata de modelagem matemática de uma situação real. Particularmente, consideramos aqui dois autores, Galbraith, (2015) e Sriraman e Lesh (2006).

Segundo Galbraith (2015, p.341) o que se entende por realidade se vincula com a ideia de que "no nosso mundo existem coisas que geram problemas e alguns desses problemas podem ser abordados de forma produtiva com o uso da matemática". A modelagem matemática como meio para resolver esses problemas então se associa uma *relação* que inclui um domínio de interesse extramatemático, E, um domínio matemático, M, e um mapeamento do domínio extramatemático feito a partir do domínio matemático (Figura 1)

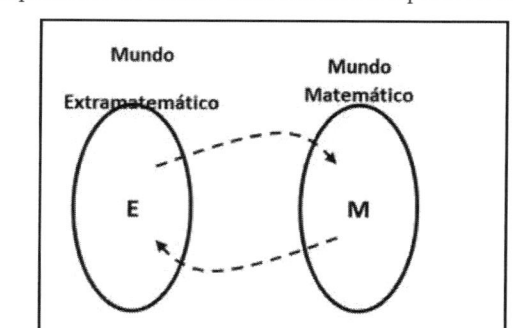

Figura 1: O mapeamento do mundo extramatemático a partir do mundo matemático

Fonte: Adaptado de Niss et al. 2007

Considerando essa relação, se define um ciclo de modelagem que inclui objetos, relações, especificidades do domínio E identificados e selecionados como relevantes para os propósitos de uma situação da realidade e são então mapeados e traduzidos em objetos, relações, símbolos do domínio M. Decisões matemáticas, manipulações, inferências e resultados obtidos em M são reconvertidos, traduzidos de volta, em E, isto é, são interpretados como conclusões em E. Esses movimentos de conversão e de reconversão podem ser repetidos muitas vezes, dependendo da validação e avaliação dos resultados, até que as conclusões resultantes em E, relativas aos objetivos da modelagem, sejam consideradas satisfatórias.

É justamente esse processo de conversão e de reconversão entre M e E orientado por atos intencionais, referidos aqui por A, que produz um modelo matemático. Assim, o modelo matemático se constitui pela tripla (E, A, M), conforme sugerem Niss e Blum (2020). O modelo matemático, portanto, para além de uma estrutura matemática (como uma função ou uma equação, por exemplo), é um modelo de algo reconhecido no domínio da realidade e é construído mediante elementos do domínio da matemática, conforme apontam Almeida, Silva e Vertuan (2016). Assim constituído, o modelo matemático é um indicativo de uma matematização do mundo por meio de uma objetivação metódica do mundo intuível, conforme pontua Husserl (2012).

Quando essa dinâmica de construir modelos e resolver problemas da realidade é incluída nas aulas de matemática, todavia, subprocessos da conversão e da reconversão são fundamentais e os ciclos de modelagem matemática passam a incluir ações e procedimentos dos estudantes bem como processos cognitivos associados, conforme sugere, por exemplo, o ciclo que apresentamos na Figura 2.

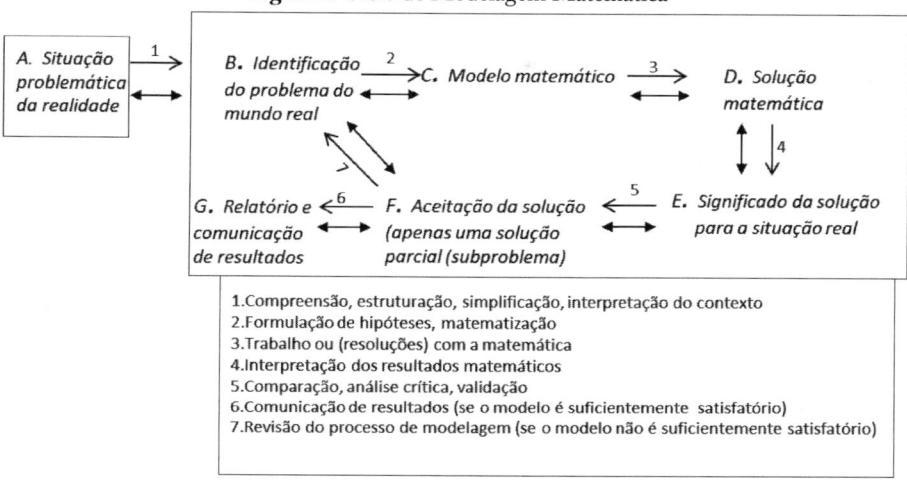

Figura 2: Ciclo de Modelagem Matemática

```
A. Situação          1    B. Identificação    2    C. Modelo matemático    3    D. Solução
problemática  <———>  do problema do   <———>                          <———>       matemática
da realidade              mundo real
                                                                                      ↕ ↓ 4
                          G. Relatório e  <—6—  F. Aceitação da solução  <—5—  E. Significado da solução
                          comunicação     <———> (apenas uma solução      <———> para a situação real
                          de resultados         parcial (subproblema)

1. Compreensão, estruturação, simplificação, interpretação do contexto
2. Formulação de hipóteses, matematização
3. Trabalho ou (resoluções) com a matemática
4. Interpretação dos resultados matemáticos
5. Comparação, análise crítica, validação
6. Comunicação de resultados (se o modelo é suficientemente satisfatório)
7. Revisão do processo de modelagem (se o modelo não é suficientemente satisfatório)
```

Fonte: Adaptado de Galbraith (2012)

A segunda referência à realidade em atividades de modelagem matemática que aqui consideramos é Sriraman e Lesh (2006). Esses autores, referem-se a sistemas complexos para caracterizar essa realidade e sugerem que esses são sistemas da vida real e acontecem em situações cotidianas. Há também sistemas conceituais utilizados para delimitar esses sistemas da vida real abordados nas atividades de modelagem matemática. Assim, a formulação de hipóteses, as simplificações, a matematização e a análise crítica de resultados indicados no ciclo proposto por Galbraith (2012) (Figura 2), também fazem parte da interlocução entre realidade e matemática considerando a realidade como caracterizada em Sriraman e Lesh (2006).

Ao introduzir atividades de modelagem matemática na sala de aula vislumbrando essa interlocução entre matemática e realidade, por um lado, as ações indicadas nos ciclos de modelagem podem se tornar um desafio para estudantes (e para professores) familiarizados com práticas de sala de aula em que aquilo que não diz respeito à matemática não é considerado na proposição de um problema, conforme sugere D'Ambrosio (1994).

Entretanto, como sugerem Almeida e Vertuan (2014), aspectos relevantes em uma atividade de modelagem residem nas iniciativas e nas ações dos estudantes, na dinâmica estabelecida pelo professor e pelos estudantes para lidar com a situação bem como nas condições de que estes dispõem para investigar a situação da realidade, podendo alinhar-se inclusive com diferentes perspectivas, conforme sugerem Kaiser e Sriraman (2006) e Blum (2015), por exemplo. Portanto, na sala de aula podem se constituir distintas práticas de modelagem matemática considerando interesses do professor e especificidades da situação investigada. Burkhard (2018), neste sentido, faz uma retomada histórica sinalizando como diferentes práticas de modelagem matemática na sala de aula foram conduzidas nas últimas décadas e que repercussões algumas delas tiveram para os estudantes ou para o meio em que foram desenvolvidas.

Por outro lado, as ações do ciclo de modelagem são também meios de aprendizagem dos estudantes na atividade de modelagem matemática uma vez que, quando esse ciclo se completa mediante a construção de um modelo matemático, o modelador alcança uma compreensão sobre o tema investigado. Um *modelo matemático* é, neste sentido, um modo de expressar uma compreensão sobre o tema investigado e sua *validação* é a avaliação dessa compreensão e que leva a reiniciar ou não ciclo de modelagem. Assim, identificar particularidades das ações dos estudantes nesses ciclos, como sugere o trabalho de Ferri (2006), ou identificar bloqueios dos estudantes nas transições entre as diferentes etapas, como fazem Galbraith e Stillman (2006), são indicativos do quê os estudantes podem ter aprendido em atividades de modelagem.

Entretanto, como caracterizar ou como evidenciar aprendizagem em atividades de modelagem matemática? As discussões relativas à aprendizagem têm se orientado por diferentes bases epistemológicas e filosóficas. Segundo Cunha (2007), o significado etimológico do verbo *aprender* tem origem do latim *apprehendere*, que diz respeito ao significado de apoderar-se, tomar posse, agarrar algo e mantê-lo preso junto a si. No latim, entretanto, essa apreensão remete tanto à ação de agarrar as coisas com as mãos quanto à de *agarrá-las com a mente*, de modo que aprender, na sua origem etimológica, incorpora os significados de aprender com o corpo ou com a mente. Aprender com a mente, ou aprender intelectualmente como se poderia dizer, equivale a conhecer algo mediante a apreensão do seu significado conceitual.

Relativamente à aprendizagem em Matemática, D'Amore (2007), sugere que ela inclui um conjunto de modificações de comportamento decorrentes de uma situação na sala de aula envolvendo professor e alunos. O autor também pondera que as condições que podem determinar a aprendizagem estão vinculadas às práticas pedagógicas da sala de aula. Neste sentido, a problematização relativa à aprendizagem em atividades de modelagem matemática está vinculada a investigação da aprendizagem proporcionada pela matematização de situações-problema oriundas da realidade, de modo que essa aprendizagem agrega aspectos cognitivos, sociais e culturais e que extrapolam o domínio da matemática.

Precisamos entender o que os estudantes podem aprender em atividades de modelagem e como essa aprendizagem se dá. Relativamente ao o que pode ser aprendido Kaiser (2020) e Wess et al. (2021) sugerem que as reflexões em relação ao podem se categorizar em duas correntes: (a) aquela em que o foco é a formação matemática dos alunos que vai acontecendo na medida em que eles desenvolvem habilidades para criar ou interpretar relações entre Matemática e realidade; (b) aquela em que se dá ênfase às habilidades dos alunos para usar a Matemática na proposição e resolução de problemas da realidade. Todavia, é preciso reconhecer que, embora no desenvolvimento de atividades de modelagem possa se dar mais ênfase a um aspecto do que a outro, é indissociável a aprendizagem relativa à Matemática e àquela relativa à sua aplicação em um problema da realidade.

A questão acerca de como essa aprendizagem se dá é investigada no presente capítulo considerando, particularmente, o caso da aprendizagem da geometria em atividades de modelagem matemática.

Sobre aprendizagem da geometria

Como os estudantes aprendem geometria na escola? Esta questão, embora formulada de forma enfática e definitiva, costuma gerar respostas diversas. Em parte, isto pode ocorrer porque o próprio termo *geometria* é empregado de maneira ambígua. Segundo Usiskin (1998), falta clareza sobre o objeto de estudo da geometria, pois "nem os geômetras concordam quanto à natureza de sua matéria" (1998, p.32). A falta de clareza sobre o que a geometria estuda se reflete na compreensão ambígua acerca de como se dá a sua aprendizagem porque não se estabelece de maneira rigorosa o que se entende por geometria. Mas, o que é geometria?

Uma resposta antiga a esta pergunta, segundo Hardy (1925), é que a geometria é a ciência do espaço. Reforça esse sentido da geometria a presença abundante de formas geométricas na natureza, artes, artesanato, arquitetura e indústria. Mas, o surgimento das geometrias não euclidianas e a convicção de que a relação entre geometria e espaço físico possui um caráter convencional, enfraqueceu essa definição. Além disso, a própria palavra espaço é ambígua, pois ora é entendida como o espaço físico, como o ambiente em que as coisas se dispõem, ora é entendida como espaço cognitivo, como estrutura mental que permite organizar as experiências perceptivas ou visuais. A ideia kantiana de que o espaço não deriva da experiência perceptiva, mas é uma condição a priori para que essa experiência ocorra, se vincula a essa ideia de espaço cognitivo.

Outro modo de entender a geometria é caracterizá-la como um modo de pensar ligado essencialmente à visualização. Segundo Atiyah (2003) a geometria é menos um ramo da matemática do que uma maneira de pensar que se propaga por toda a matemática. A geometria, segundo esse autor, é a parte da matemática na qual o pensamento dominante é o visual, assim como a álgebra é aquela parte na qual o raciocínio sequencial é o predominante. A construção de figuras e de desenhos, o uso de objetos da geometria como veículo para representar conceitos cuja origem não é visual ou física reforçam essa ideia da geometria como visualização.

Um terceiro modo de entender a geometria é o que considera como espaço um domínio de entidades abstratas e formais, de modo que a geometria é a teoria matemática dessas entidades. Neste caso, é mais adequado falar em geometrias, pois dependendo das propriedades consideradas desse espaço tem-se geometrias distintas. Argumentando em favor dessa visão, Hardy (1925) afirma que o geômetra puro se interessa mais pelas propriedades que um espaço possui do que pelo que ele realmente é ou representa. Pontos, retas e planos não são tomados pelo geômetra como objetos espaciais, mas como um sistema de entidades formais sujeitas a certas relações lógicas. O sistema que interessa ao geômetra é expresso pelos axiomas da sua geometria. São os axiomas que caracterizam os sistemas e não as propriedades espaciais dos objetos geométricos. A forma tradicional de apresentação da geometria nos livros didáticos, enfatizando definições, teoremas e demonstrações baseadas no raciocínio dedutivo reforçam essa visão da "geometria como uma coleção de sistemas lógicos" (HARDY, 1925, p.22).

Em vista dessa multiplicidade de sentidos que a geometria revela, tentar entender como se dá sua aprendizagem parece ser uma tarefa inglória. Uma saída para esse impasse é, ao invés de buscar uma definição cabal, admitir, como faz Usiskin (1998), que essa multiplicidade de sentidos é uma característica fundamental da geometria e que, no limite, ousamos afirmar que ela é uma coleção de objetos, conceitos ou modos de pensar que servem de modelos para investigar diversos temas.

Em síntese, a geometria se mostra como um estudo do mundo real ou do espaço físico porque modelos geométricos permitem expressar uma compreensão acerca da mensuração e relações espaciais dos objetos físicos. A geometria está vinculada à visualização porque possui modelos que possibilitam alcançar uma compreensão visual de objetos que não são originalmente visuais. Por fim, a geometria é o estudo de espaços abstratos e formais, gerados no interior da própria matemática, porque o geômetra pode construir modelos a partir dessas entidades abstratas e formais. Esta compreensão multifacetada da geometria parece mais adequada para se discutir como a questão da aprendizagem geométrica se dá em atividades de modelagem matemática.

A metodologia

Para investigar como se dá a aprendizagem dos alunos em atividades de modelagem matemática, no presente capítulo, usamos uma abordagem fenomenológica. Segundo esta abordagem, é preciso assumir a importância ontológica e epistemológica do *ir-a-coisa-mesma*, isto é, assumir que, para compreender um fenômeno, é preciso ir a ele mesmo "sem teorias sobre sua explicação causal e tão livre quanto possível, de pressupostos e de preconceitos" (BICUDO, 1994, p. 15). Ir-a-coisa-mesma significa deixar que o fenômeno se mostre por si mesmo àquele que intencionalmente o interroga.

Considerar como dado da realidade unicamente aquilo tal como é dado à percepção requer um movimento de redução. Reduzir, em sentido fenomenológico, significa suspender os juízos prévios ou pressuposições e descrever aquilo que se mostra, exatamente como se mostra, sem recair em explicações, construções ou interpretações, prevalecendo a evidência intuitiva (GIORGI ,2014).

A abordagem fenomenológica, todavia, não se detém em descrições de individualidades, de singularidades da experiência vivida por um sujeito, mas "visa mostrar as estruturas em que a experiência relatada se dá, deixando transparecer, nessa descrição, as suas estruturas universais" (BICUDO, 2011, p. 46).

Esse movimento que busca transcender o que está individualmente descrito e avançar em direção à estrutura do fenômeno é conhecido como redução à essência. É por conta desse movimento que Merleau-Ponty (2014) define a fenomenologia como "o estudo das essências, e todos os problemas, segundo ela, resumem-se em definir essências". Essência diz do sentido fundamental que se mantém mais duradouramente num determinado contexto e sem o qual o fenômeno não poderia se apresentar tal como ele é. Essência é uma "identidade constante que contém as variações que um fenômeno é capaz de sofrer e que as limita" (GIORGI, 2014, p.395).

A investigação, relatada no presente capítulo, relativa ao fenômeno *aprendizagem em atividades de modelagem matemática*, incorpora três características da investigação fenomenológica: a descrição, a redução e a busca das essências. Essas características estão expressas no texto em dois movimentos sucessivos de análise: a análise ideográfica e a análise nomotética. A análise ideográfica refere-se, segundo Bicudo (2011, p.58), "ao emprego de ideogramas, ou seja, de expressões e ideias por meio de símbolos" e busca dar visibilidade às ideias expressas nas descrições, destacando dessas descrições sínteses articuladas ou unidades significativas que dizem do que foi interrogado. Já a análise nomotética diz do movimento de reduções sucessivas que busca a transcendência dos aspectos individuais das unidades significativas, obtidas na análise ideográfica, mediante a identificação das grandes convergências ou núcleos de ideias que revelam a estrutura do fenômeno.

Apresentando os dados

Nossas deliberações sobre a aprendizagem da geometria se fundamentam no desenvolvimento de atividades de modelagem matemática desenvolvidas por estudantes de duas turmas do 9º ano do Ensino Fundamental e detalhadas em Brito (2018). Cada uma dessas turmas manteve em média a frequência de 34 estudantes e as aulas, 5 por semana, eram ministradas por um dos autores deste capítulo. Em cada aula, os estudantes eram organizados em pequenos grupos que trabalhavam investigando o tema proposto sob orientação do professor.

Dois instrumentos de coleta de dados foram utilizados: a filmagem da atuação dos estudantes no desenvolvimento da atividade; um relato individual no qual os estudantes produziram um texto escrito a partir do enunciado "tente se lembrar das coisas que você aprendeu na atividade de modelagem e descreva, o mais detalhadamente que você puder, as situações nas quais essa aprendizagem ocorreu para você".

Três atividades de modelagem matemática foram desenvolvidas. Na primeira os estudantes investigaram a condição de equilíbrio de uma lata de refrigerante que permanece apoiada sobre sua borda quando contém uma quantidade ideal de líquido. Na segunda, os estudantes abordaram os diferentes tipos de amarrações de cadarços de tênis. Na terceira atividade o tema investigado foi a construção de uma escola polo para receber estudantes de Ensino Médio.

Referimo-nos aqui à atividade que tinha como temática a condição de equilíbrio de uma lata de refrigerante. Essa atividade foi inspirada num experimento didático sugerido por Alsina (2005) e discutido mais detalhadamente por Mason (2001). A atividade consiste em investigar por que uma lata de refrigerante fica em equilíbrio, apoiada sobre sua borda numa superfície horizontal, quando seu conteúdo líquido está situado num intervalo de, aproximadamente, 50 ml e 200 ml. A exploração dessa questão visa investigar com os estudantes as condições de equilíbrio de estruturas inclinadas, empregando, para isto, o conceito de centro geométrico. Portanto, ideias sobre centro de gravidade e centro geométrico constituem o que deve ser aprendido nessa atividade.

A exploração dessa questão levou os estudantes, organizados em grupos, à investigação das condições de equilíbrio de estruturas inclinadas e à aprendizagem do conceito de centro geométrico, pois perceberam que a condição de equilíbrio da lata, assim como de qualquer estrutura inclinada, é que a linha vertical que passa pelo seu centro de gravidade, passe também pela borda sobre a qual a lata está apoiada. A compreensão desse conceito permitiu aos estudantes mostrar que, entre 50 ml e 200 ml, o centro de gravidade da lata está efetivamente na mesma direção vertical da borda da lata, conforme ilustra a figura 3.

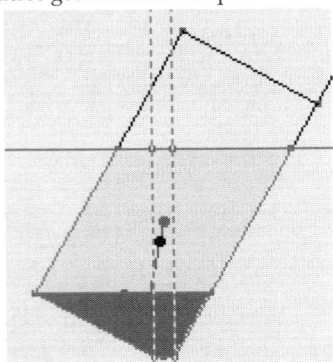

Figura 3: Corte vertical e centros geométricos nas quantidades máxima e mínima do líquido

Fonte: Adaptado de MASON (2001)

Resolver esse problema exige, portanto, determinar o centro de gravidade da lata nas quantidades máximas e mínimas em que ela fica em equilíbrio.

O encaminhamento na sala de aula iniciou-se com considerações gerais, feitas pelo professor sobre a presença de estruturas inclinadas na arquitetura, na natureza e na indústria, e, em seguida, os estudantes foram organizados em grupos de 4 a 6 membros, recebendo cada grupo uma folha de papel A4 pautada. Cada grupo recebeu também uma lata com refrigerante, uma proveta graduada e uma régua para efetuar as medidas. As questões levantadas com os estudantes para serem investigadas foram: (i) Quais são as quantidades, máxima e mínima, de líquido com as quais a lata permanece em equilíbrio, apoiada sobre sua borda? e (ii) Por que somente nessa faixa de valores, entre a quantidade mínima e máxima, a lata permanece em equilíbrio?

Diante dessa proposta, os estudantes realizaram a identificação e exploração "ingênua" do problema mediante a observação, experimentação e descrição informal do equilíbrio da lata. Efetuaram também as medidas para responder à questão (i) e elaboram uma explicação para responder à questão (ii). Essas atividades duraram cerca de duas aulas de 50 minutos cada.

Em seguida, os estudantes foram convidados a fazer simplificações e a construção de um modelo que simulasse uma lata inclinada em equilíbrio. Utilizando as medidas já obtidas os estudantes construíram uma representação plana do corte vertical da lata inclinada. Essas atividades, por sua vez, duraram cerca de 1 aula de 50 minutos cada e estão expressas nas imagens da figura 5.

Figura 5: (esquerda) medições da lata e (direita) construção da representação do corte vertical

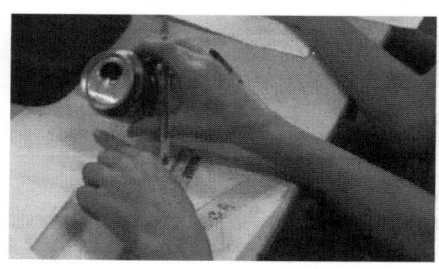

Fonte: Dados da pesquisa

Seguiu-se a essas atividades, a atividade de matematização, ou seja, a investigação de métodos experimentais e analíticos para a obtenção do centro geométrico e centro de gravidade de triângulos, quadrados, retângulos, paralelogramos, círculos e trapézios recortados de papel cartolina. O método experimental, neste caso, consistiu em obter o centro de gravidade com um fio de prumo, ou seja, um barbante, amarrado numa ponta com um peso, determina a direção vertical da força gravitacional. Escolhendo alguns pontos próximos da extremidade das figuras, os estudantes usaram o fio de prumo para determinar eixos que se cruzam no centro de gravidade. Essas atividades foram realizadas em uma aula de 50 minutos e estão expressas nas imagens da figura 6.

Figura 6: Obtenção experimental do centro geométrico de figuras

Fonte: Dados da pesquisa

Depois disso, os estudantes foram convidados a discutir a resolução do problema propriamente dito. Isto ocorreu com a construção dos centros de gravidade da parte com líquido do corte transversal da lata inclinada, nas quantidades máxima e mínima, e a verificação de que a vertical que passa por esses pontos passa na extremidade do segmento que representa a borda sobre a qual a lata está apoiada. Essas atividades duraram uma aula de 50 minutos e estão expressas nas imagens da figura 7.

Figura 7: Obtenção do centroide da figura e explicação do equilíbrio da lata

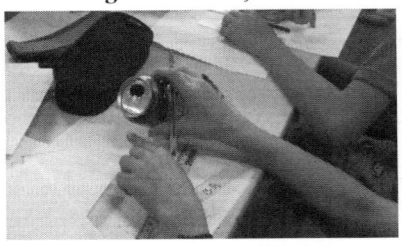

Fonte: Dados da pesquisa

Sabemos que quando a lata está totalmente cheia ou totalmente vazia, o seu centro de gravidade pode ser aproximado pelo seu centro geométrico. Porém, quando retiramos líquido da lata cheia ou quando colocamos líquido na lata vazia, seu centro de gravidade *desce*, ficando abaixo do seu centro geométrico, até atingir uma altura mínima quando então volta a subir. A complexidade envolvida nesse *deslocamento* do centro de gravidade da lata exige simplificações e a construção de um modelo que simule essa situação. Supondo-se que a lata possa ser aproximada por um cilindro reto de base quadrada, isto é, supondo-se que podemos ignorar a circularidade da lata e a concavidade de sua base, um modelo que possibilita a simulação desse *deslocamento* do centro de gravidade pode construído fazendo um corte vertical no cilindro de base quadrada, conforme realizado pelos alunos (Figura 7).

Figura 7: Construções representando as quantidades máxima e mínima de líquido

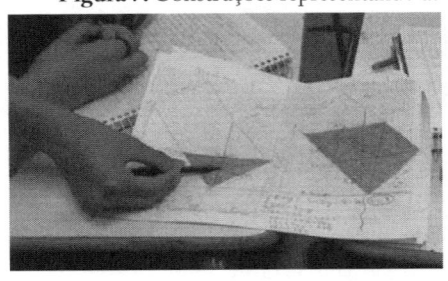

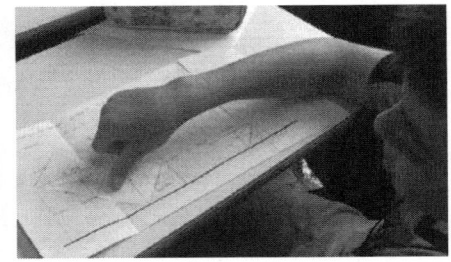

Fonte: dados da pesquisa

Efetuando as medidas da lata, do ângulo de inclinação e da altura da água é possível construir uma representação bidimensional do corte vertical da lata que possibilita uma aproximação do seu centro de gravidade nas quantidades máximas e mínimas de líquido em que ela fica em equilíbrio. Essa aproximação pode ser dada pelo centro geométrico da parte da figura com líquido, ou seja, ignorando-se a parte vazia da lata. Assim, na quantidade mínima, a parte com líquido é representada por um triângulo, cujo centro de gravidade pode ser obtido pelo seu baricentro.

Na quantidade máxima, a parte com líquido é dada por um trapézio retângulo, cujo centro de gravidade pode ser obtido decompondo-se o trapézio em um retângulo e um triângulo, nos quais é construído o centro de gravidade de cada um, separadamente. Em seguida, traça-se um segmento que une esses dois centros de gravidade. O centro de gravidade do trapézio será o ponto que divide esse segmento de forma proporcional à área do triângulo e do retângulo que o compõe. Consequentemente, o centro de gravidade do trapézio é um ponto deslocado em relação ao ponto médio do segmento, em direção à parte de maior área, ou seja, o retângulo.

Finalmente, a interpretação da solução ocorreu com a elaboração e apresentação de uma explicação do porquê a lata fica em equilíbrio somente numa faixa de quantidades de líquido e uma avaliação de como as construções geométricas elaboradas foram coerentes com essa explicação. Essa atividade durou também 1 aula de 50 minutos e está expressa nas imagens da figura 8. Neste caso, a parte ocupada pelo líquido tem a forma de um trapézio retângulo , retângulo em e . Este trapézio pode ser decomposto, formando o retângulo e o triângulo . Construindo as medianas do triângulo e as diagonais do retângulo , obtemos, respectivamente, os centros geométricos G_1 e G_2 dessas figuras[1].

---

1 É possível demonstrar que o centro geométrico do trapézio ABCD, indicado por X, pertence ao segmento G1G2, dividindo em dois de modo que $\overline{XG_2}$ · área $(ABED) = \overline{XG_1}$ · área (CDE). Sabendo que o valor de $\overline{G_1G_2} = \overline{XG_2} + \overline{XG_1}$ pode ser obtido com o uso de uma régua e que a área $(ABED)$ e a área (CDE) podem ser calculadas diretamente a partir das figuras, então utilizando $\overline{XG_2}$ · área $(ABED) = \overline{XG_1}$ · área (CDE), podemos calcular e $\overline{XG_1}$ e $\overline{XG_2}$, com isso, determinar a localização de X.

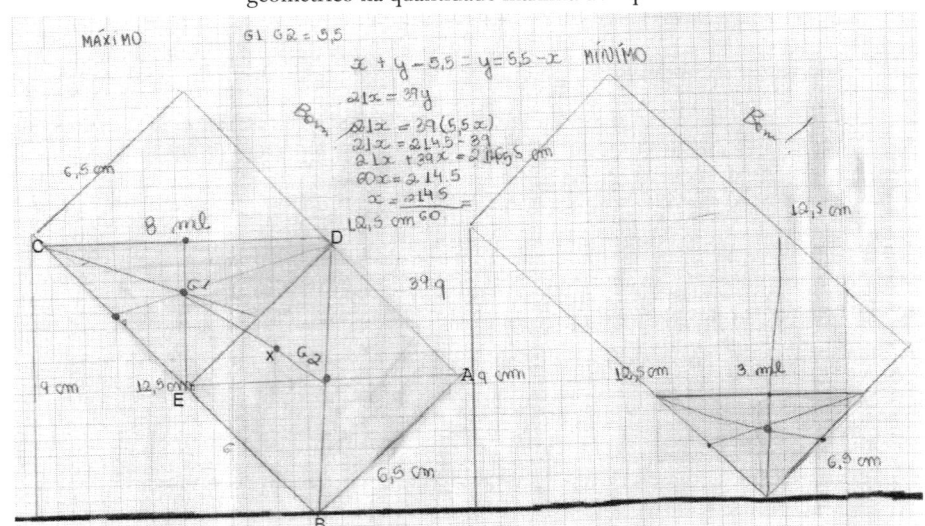

Figura 8: Construção efetuada para obter o centro geométrico na quantidade máxima de líquido

Fonte: Dados da pesquisa

Uma interpretação da construção dessa *aproximação* do centro de gravidade pelo centro geométrico da parte com líquido da lata é que, se a linha vertical que passa por esse centro geométrico passar também pela borda sobre a qual a lata está apoiada, então ela permanece em equilíbrio. Noutras palavras, as retas verticais que passam pelos centros geométricos, nas quantidades máximas e mínimas em que a lata fica em equilíbrio, passam também pela extremidade do segmento que representa a borda sobre a qual a lata está apoiada.

Para colocar o foco na aprendizagem de geometria, apresentamos e analisamos ações de estudantes procurando expressar sua compreensão sobre as condições de equilíbrio da lata utilizando a noção de gravidade. Um dos grupos, após conseguir determinar experimentalmente as quantidades máxima e mínima de líquido com as quais a lata de refrigerante fica em equilíbrio, trabalhou na elaboração de uma explicação para o fato de que o equilíbrio acontece somente entre essas quantidades. Sem conseguir uma explicação satisfatória, o grupo decidiu chamar o professor para pedir ajuda conforme ilustra o Quadro 1.

Quadro 1: Interações para estudar as condições de equilíbrio da lata

Professor: Então, por que a latinha fica em equilíbrio... aí nesse intervalo?

Estudante 1: Eu acho que... é porque... quando tem bastante água..., ela passa acima... do nível de equilíbrio e quando tem pouca água, fica abaixo do nível de equilíbrio. (Estudante 1 fala, procurando com dificuldade as palavras, estende a mão aberta virada para baixo para acentuar a palavra nível, levanta e abaixa a mão, respectivamente, na pronúncia de acima e abaixo

Fonte: Dados da Pesquisa

Ao utilizar gestos e empregar intuitivamente as noções de altura, nível da água e de nível de equilíbrio, os estudantes procuram expressar sua compreensão relativa às condições de equilíbrio da lata sem ainda lançar mão da noção de centro de gravidade. Na continuidade do diálogo como os alunos (Quadro 3) o professor apresenta um exemplo e o aluno parece perceber uma possibilidade de compreender as condições de equilíbrio dos objetos, utilizando a ideia de centro de gravidade do caderno.

A interação nesse momento faz com que os estudantes comecem a compreender que as condições de equilíbrio dos objetos dependem da distribuição simétrica dos seus pesos em relação ao ponto de apoio. O professor retoma a discussão sobre a experiência em que a lata fica em equilíbrio, conforme indica o Quadro 3.

Quadro 2: Percebendo a condição de equilíbrio

Professor: É... tem a ver com isso, mas pensa no seguinte: se você pegar um objeto, como um caderno ou um livro, para você colocar em equilíbrio, apoiado no dedo, você precisa colocar o dedo onde?
Estudante 1: No meio do livro ou do caderno! (Estudante 1 expressa reposicionando seu corpo na direção do professor e enfatizando a palavra *meio*).
Professor: E, por que, se você apoiar o dedo aqui na ponta, o caderno não fica em equilíbrio?
Estudante 1: ...porque é mais pesado daquele lado, ali! (Estudante 1 enfatiza a pronúncia de ali com um gesto de indicação com o dedo)
Estudante 2: Professor! Professor! O Lucas consegue equilibrar o livro, girando na ponta do dedo! Mostra aí, Lucas! (Estudante 2 fala com convicção e entusiasmo, enfatizando a palavra girando com o gesto de girar o dedo indicador)
Professor: Beleza, Lucas! Então, vamos lá ... para que o Lucas mantenha o caderno em equilíbrio, ele precisa manter o dedo no centro do caderno. Por que... no centro?
Estudante 1: (...) porque ele manja do bagulho ... porque ele divide o peso do caderno no centro. (Estudante 1 gesticula para enfatizar a palavra divide).

Fonte: dados da pesquisa

APRENDIZAGEM EM ATIVIDADES DE MODELAGEM MATEMÁTICA: O CASO DA GEOMETRIA

Quadro 3: Estudante 2 explica as condições de equilíbrio

Professor: Então, no caso da água, por que só nessa quantidade ... nesse intervalo, a lata fica em equilíbrio?

Estudante 2: ... porque fica dividido? (dá ênfase a palavra *dividido*).

Professor: O quê ... que fica dividido?

Estudante 2: A lata fica em equilíbrio porque o peso fica dividido! É porque o peso da água fica dividido... o que tem de peso de um lado, tem que ser a mesma coisa do outro. (Estudante 2 enfatiza a pronúncia de um lado e do outro, gesticulando a mão para um lado e para outro lado)

Professor: Mas o peso da água fica dividido onde ..., aí na lata?

Estudante 2: ...ó, porque tem quantidades iguais dos dois lados da lata entre a base, a base da água, tipo aqui ó, aqui ... aqui é a base...e tem quantidades iguais de água aqui e aqui ó... então passando desse nível mais ou menos aqui, ó... que é nesse nível... ele já começa a desequilibrar a lata... porque não são mais quantidades iguais.

Fonte: dados da pesquisa

Os diálogos do Quadro 3 indicam que as ideias desenvolvidas anteriormente são retomadas e rearticuladas pelo estudante, mostrando a realização de uma síntese da compreensão do grupo sobre as condições de equilíbrio da lata.

Os estudantes evidenciaram duas compreensões para as condições de equilíbrio. A primeira é expressa na fala do Estudante 1 que usa a ideia de *nível de equilíbrio* para se referir a altura do nível da água nas quantidades máxima e mínima em que a lata fica em equilíbrio. Assim, ele entende que há dois níveis de equilíbrio. Quando a lata tem muita água e o nível dessa água fica acima do nível de equilíbrio, então a lata cai. E, quando a lata tem pouca água e o nível dessa água fica abaixo do nível de equilíbrio, então a lata cai.

A segunda compreensão é expressa também na fala do Estudante 1 indicando que a assimetria do peso é a causa do desequilíbrio do livro apoiado no dedo. Com isso, ele percebe a possibilidade de vincular a ideia de equilíbrio à distribuição simétrica do peso. Essa ideia é utilizada explicitamente pelo Estudante 2 quando, utilizando gestos, indica na imagem da lata, a linha que passa pela base de apoio e afirma que ela divide o peso em duas partes iguais.

Assim, a sequência de diálogos dos estudantes mostra duas mudanças na compreensão dos estudantes sobre as condições de equilíbrio de um objeto. Uma é a percepção de que essas condições de equilíbrio dependem da distribuição simétrica do peso do objeto em relação ao ponto de apoio. Essa compreensão é expressa na experiência com o livro. Mas, a noção de peso que os estudantes empregam é intuitiva, ou seja, o equilíbrio não é percebido como resultado de anulação de forças. Assim, uma segunda mudança se dá quando utilizam a noção de peso para explicar o equilíbrio da lata e eles recorrem à simetria física da lata ou à simetria da área da imagem representada no papel. Os gestos empregados nessa explicação mostram que compreensão do equilíbrio encaminha para uma abordagem geométrica. Com isso, os estudantes manifestam a aprendizagem da geometria como desdobramento de uma compreensão prévia que direciona a investigação na modelagem matemática para uma abordagem geométrica e evidenciam que aprendem geometria por meio da relação e/outro/nós, especificamente estabelecida na atividade de modelagem.

No que se refere aos dados obtidos com os textos produzidos em relação à questão: tente se lembrar das coisas que você aprendeu nessa atividade e descreva, o mais detalhadamente que você puder, as situações nas quais essa aprendizagem ocorreu para você, consideramos o exemplo de uma estudante de outro grupo ao descrever como aprendeu a noção de centro geométrico na atividade de modelagem matemática. Neste caso, conforme indica a figura 9, a estudante refere-se a diálogos entre professor e os estudantes sobre o significado de centro geométrico. Num desses diálogos foi discutido como obter o centro geométrico de triângulos e quadriláteros utilizando uma régua. Em outro foi discutido como obter o centro geométrico de uma figura qualquer recortada em papel cartolina utilizando um fio de prumo.

Figura 9. Recorte de um relato de estudante sobre sua aprendizagem geométrica

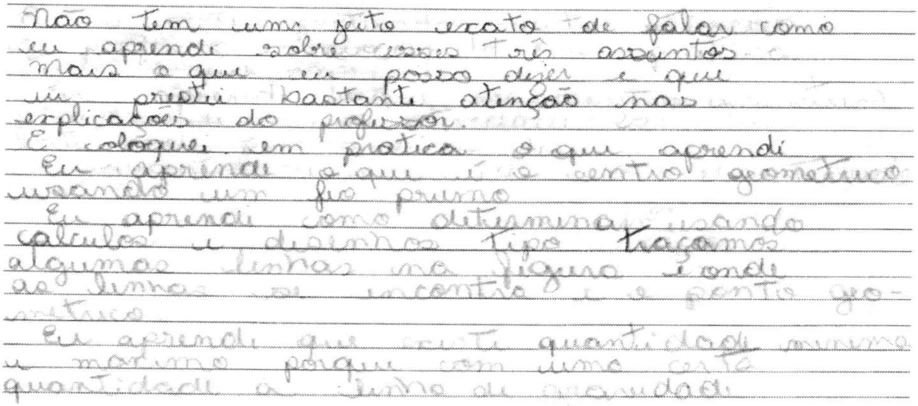

> Não tem um jeito exato de falar como eu aprendi sobre esses três assuntos mais o que eu posso dizer é que eu prestei bastante atenção nas explicações do professor.
> E coloquei em prática o que aprendi.
> Eu aprendi o que é centro geométrico usando um fio prumo
> Eu aprendi como determinar usando cálculos e desenhos tipo traçamos algumas linhas na figura e onde as linhas se encontra é o ponto geométrico
> Eu aprendi que tem quantidade mínima e máxima porque com uma certa quantidade a linha se arrebenta.

Fonte: Dados da pesquisa

Neste recorte a estudante diz que não é possível descrever precisamente como aprendeu, mas o que ela pode perceber é que teve que estar muito atenta às orientações do professor e teve que colocar em prática o que aprendeu. Aprendeu o que é centro geométrico usando um fio de prumo, aprendeu como determinar o centro geométrico usando cálculos e efetuando construções. Esse fragmento evidencia que a estudante percebe que sua aprendizagem geométrica se deu colocando em prática orientações do professor e como resultado das ações de realizar experiências exploratórias com o fio de prumo e efetuar cálculos e construções. Em síntese, a estudante percebe que sua aprendizagem da geometria se dá articulando outras aprendizagens, colocando em prática conhecimentos e efetuando construções e experimentos.

Resultados

A análise ideográfica realizada para as três atividades de modelagem dos estudantes (equilíbrio da latinha de refrigerante; diferentes tipos de amarrações de cadarços de tênis; construção de uma escola para receber estudantes) forneceu unidades significativas que, mediante a análise nomotética, nos levam a estruturar três núcleos de ideias que explicitam a estrutura do fenômeno (como os estudantes aprendem geometria em atividades de modelagem matemática): (i) articulando a temática da atividade e a geometria; (ii) construindo estratégias, aplicando técnicas e elaborando procedimentos e (iii) estabelecendo relações interpessoais específicas.

O primeiro núcleo de ideias, articulando a temática da atividade e a geometria, diz do modo como os estudantes aprendem geometria ao estabelecer conexões de natureza epistemológica entre a geometria e o tema investigado na modelagem matemática. Mais precisamente, as conexões entre geometria e tema investigado incluem: (i) a presença de um espaço real e local, isto é, um espaço com um conjunto de objetos concretos e manipuláveis que servem como suporte material para a visualização de entidades e relações geométricas; (ii) um conjunto de artefatos (instrumentos de desenho/software) que permitem realizar construções (de figuras, esquemas, diagramas e representações) e (iii) um quadro teórico de referência apoiado em definições e propriedades que possibilitam justificar/validar/explicar o uso de técnicas, procedimentos e relações geométricas. As unidades significativas deste núcleo de ideias revelam que as conexões entre p tema da atividade e a geometria incorporam a utilização de gestos corporais, percepções visuais, instrumentos de construção, objetos físicos, figuras, diagramas, experimentações e mensurações para visualizar propriedades de um conceito geométrico, elaborar construções e justificar ou explicar a validade dessas propriedades.

O segundo núcleo de ideias, construindo estratégias, aplicando técnicas e elaborando procedimentos, diz do modo como a presença da geometria numa atividade de modelagem particulariza e confere um estilo próprio ao processo de modelagem. Uma boa atividade de modelagem é, essencialmente, uma obra aberta, no sentido de que as técnicas, as estratégias e os procedimentos para investigação do tema, construção do modelo, resolução do problema e validação, não estão inteiramente dadas desde o início, mas são construídos, escolhidos pelos estudantes e aplicados para a solução do problema na medida em que eles identificam as exigências específicas impostas pelo problema. Se o problema demanda uma abordagem geométrica, como no caso do estudo das condições de equilíbrio da lata de refrigerante, então os estudantes se deparam com a necessidade de entender como a geometria pode ser utilizada para simplificar o problema, construir um modelo, obter propriedades desse modelo que possibilitem a solução do problema e a validação desse modelo. Em síntese, se um tema demanda a utilização de conhecimentos em geometria, então demanda também a construção de estratégias, escolha e aplicação de técnicas e a elaboração de procedimentos específicos para investigar esse tema.

As unidades significativas desse núcleo de ideias evidenciam que os estudantes aprendem geometria em atividades de modelagem porque aprendem a utilizar gestos corporais, conceitos (de matemática, de física, etc), experimentações, instrumentos, reformulações, ressignificação de conceitos, formulação de palpites, etc, como estratégias, técnicas e procedimentos específicos para encaminhar o desenvolvimento da atividade com geometria.

O terceiro núcleo de ideias, estabelecendo relações interpessoais específicas, diz das relações interpessoais estabelecidas especificamente numa atividade de modelagem com geometria. Em atividades de modelagem matemática, como já dissemos, os estudantes não possuem o domínio completo de todo o processo da investigação de um tema. É necessário que eles recorram a outras pessoas para elaborar estratégias, resolver impasses, superar obstáculos, discutir suas ideias, desenvolver insights e avaliar a qualidade do seu próprio trabalho. No caso das atividades que envolvem geometria, observamos que os estudantes recorrem aos colegas e ao professor em muitas situações. Por exemplo, para saber como começar a investigação, para saber se suas medições estão corretas, para saber como identificar o conceito geométrico envolvido, para aprender como realizar uma construção, para avaliar se a solução do problema está adequada, etc. A presença do professor funciona como um elemento de ligação entre conhecimento geométrico, procedimentos de investigação do tema e soluções obtidas pelos estudantes. É o modo específico como as relações interpessoais são estabelecidas na atividade de modelagem que possibilitam que os estudantes percebam conexões entre a geometria e o tema investigado e percebam conexões entre a geometria e a construção de estratégias, aplicação de técnicas e elaboração de procedimentos que tornam a investigação do tema bem-sucedida.

As unidades significativas identificadas para esse núcleo de ideias sinalizam que os estudantes aprendem geometria quando estabelecem relações interpessoais nas quais conseguem compartilhar aspectos da cultura geométrica e do modo de encaminhar a investigação na modelagem matemática. Assim, quando os estudantes obtêm orientações do professor ou colega para realizar a construção, estabelecer uma relação direta e individual com o tema, perceber que o uso da geometria não é neutro, os estudantes estão compartilhando entre si e com o professor um traço cultural da geometria escolar e da modelagem que favorece a aprendizagem geométrica.

Considerações finais

As teorizações sobre a aprendizagem em atividades de modelagem matemática, embora ainda incipientes na área, são relevantes para professores e pesquisadores da área de Modelagem Matemática na Educação Matemática.

Se por um lado pesquisas como as de Kaiser (2020) e Wess et al. (2021), por exemplo, sugerem o que pode ser aprendido com atividades desse tipo, vislumbrar como os estudantes aprendem quando desenvolvem atividades de modelagem pode contribuir no planejamento e efetivação da inclusão dessas atividades nas aulas de matemática.

A investigação sob uma perspectiva fenomenológica realizada no presente capítulo procura explicitar como o fenômeno *aprendizagem da geometria em atividades de modelagem matemática* se mostra quando indagado de maneira direta e ausente de pressupostos. O texto descreve como se mostra a aprendizagem da geometria nas atividades de modelagem desenvolvidas e nas quais situações da realidade foram matematizadas pelos estudantes mediante uma coleção de objetos, conceitos e modos de pensar que proporcionaram a investigação dos temas propostos nestas atividades.

Nossa análise se centra no fenômeno da aprendizagem do ponto de vista dos fundamentos, isto é, não adotando um modelo teórico único e esquemático da aprendizagem, mas buscando explicitar condições que se alinham com o que D'Amore (2007) chama de uma *epistemologia da aprendizagem.*

A partir dessa perspectiva que, ao procurar evidenciar como os estudantes aprendem geometria em atividades de modelagem matemática, explicitamos que eles aprendem geometria quando: conseguem estabelecer conexões entre o tema investigado e conceitos e propriedades geométricas; quando são instados a construir estratégias, aplicar técnicas e elaborar procedimentos; e quando estabelecem um tipo específico de relação interpessoal de modo a compartilhar aspectos da cultura geométrica e da modelagem matemática.

Assim, se no estudo de Girnat e Eichler (2011) os professores investigados parecem não estar alinhados com a ideia de que em atividades de modelagem matemática os conhecimentos geométricos podem ser associados à construção de modelos matemáticos, a presente pesquisa permite ponderar que podemos considerar uma estrutura conceitual que explica a aprendizagem de geometria na modelagem matemática, considerando a articulação entre geometria, tema da investigação e relações interpessoais em consonância com o que se propõe em Brito e Almeida (2021).

Referências

ALMEIDA, L. M. W., SILVA, K. A. P. & VERTUAN, R. E. **Modelagem Matemática na Educação Básica**. São Paulo: Contexto, 2016.

ALMEIDA, L. M. W. e VERTUAN, R. E. Modelagem Matemática na Educação Matemática. In: L. M. W. Almeida & K. A. P. Silva (Eds). **Modelagem Matemática em Foco** (p. 1-21). Editora Ciência Moderna Ltda, 2014.

ALSINA C. Los secretos geométricos en diseño y arquitectura (pp. 339-352). En M. I. Marrero y J. Rocha (coord.). **Horizontes matemáticos**. La Laguna. Servicio de Publicaciones de la Universidad de la Laguna, 2005.

ATIYAH, M. What is geometry? In C. Pritchard (Ed.), **The changing shape of geometry. Celebrating a century of geometry and geometry teaching** (pp. 24-29). London: Cambridge University Press, 2003.

BASSANEZI, R. C. **Ensino-aprendizagem com Modelagem Matemática**. São Paulo: Contexto, 2002.

BICUDO, M. A. V. A pesquisa qualitativa olhada para além de seus procedimentos. In: BICUDO, M. A. V. (Org.). **Pesquisa Qualitativa segundo a visão fenomenológica**. 1 ed. São Paulo: Cortez, 2011. p. 7-28.

BICUDO, M. A. V; ESPOSITO, V. H. C. Sobre a fenomenologia. **Pesquisa qualitativa em educação**. Piracicaba: Unimep, p. 15-22, 1994.

BLUM, W. Icmi study 14: applications and modeling in mathematics education – discussion document. **Educational Studies in Mathematics** 51: 149–171, 2002.

BLUM, W. Quality teaching of mathematical modelling: What do we know, what can we do? In S. J. Cho (Ed.), **Proceedings of the 12th International Congress on Mathematical Education** (Vol. 1, pp. 73–96). New York: Springer, 2015.

BRITO, D. S. e ALMEIDA, L. M. W. Práticas de modelagem matemática e dimensões da aprendizagem da geometria. **Actualidades Investigativas en Educación,** 21(1), 1-29, 2021.

BRITO, D. S. **Aprender geometria em práticas de modelagem matemática: uma compreensão fenomenológica.** Tese de Doutorado, Programa de Pós Graduação em Ensino de Ciências e Educação Matemática, UEL, Londrina, PR, 2018.

BURKHARDT, H. Ways to teach modelling- a 50 year study. **ZDM,** 50(1), 61-75, 2018.

CUNHA, A. G. da. **Dicionário etimológico da língua portuguesa.** 3 ed. Rio de Janeiro: Lexikon, 2007.

D'AMBROSIO, U. On environmental mathematics education. **ZDM,** 94(6), 171-174, 1994.

D'AMORE, B.. **Elementos de didática da matemática.** Editora Livraria da Física, 2007.

FERRI, R. B.Theoretical and empirical differentiations of phases in the modelling process. **ZDM,** v. 38, n. 2, p. 86-95, 2006.

FREUDENTHAL, H. Why to teach mathematics so as to be useful. **Educational Studies in Mathematics,** v.1, n. ½, Mai p. 3-8, 1968.

GALBRAITH, P. Models of Modelling: Genres, Purposes or Perspectives. **Journal of Mathematical Modelling and application,** Blumenau, v. 1, n. 5, p. 3-16, 2012.

GALBRAITH, P. Modelling, education, and the epistemic fallacy. In G.A. Stillman, W. Blum & M.S. Biembengut (Eds.), **Mathematical modelling in education research and practice – cultural, social and cognitive influences,** 339–348, Heidelberg: Springer, 2015.

GALBRAITH, P. Modelling, education, and the epistemic fallacy. In G.A. Stillman, W. Blum & M.S. Biembengut (Eds.), **Mathematical modelling in education research and practice – cultural, social and cognitive influences,** 339–348, Heidelberg: Springer, 2015.

GALBRAITH, P.; STILLMAN, G. A framework for identifying student blockages during transitions in the modelling process. **ZDM,** v. 38, n. 2, p. 143-162, 2006.

GIORGI, A. Sobre o método fenomenológico utilizado como modo de pesquisa qualitativa nas ciências humanas: teoria, prática e avaliação. POUPART, Jean. et al.

A pesquisa qualitativa: enfoques epistemológicos e metodológicos. Trad. Ana Cristina Nasser, v. 2, p. 386-409, 4° Edição, 2014.

GIRNAT, B.; EICHLER,A. Secondary teachers' beliefs on modelling in geometry and stochastics. In: **Trends in teaching and learning of mathematical modelling**. Springer, Dordrecht, p. 75-84, 2011.

GRIGORAŞ, R.; GARCIA, F. J.; HALVERSCHEID, S. Examining mathematising activities in modelling tasks with a hidden mathematical character. In: **Trends in teaching and learning of mathematical modelling**. Springer Netherlands, p. 85-95, 2011.

HARDY, G. H. What is geometry?. **The Mathematical Gazette**, v. 12, n. 175, p. 309-316, 1925.

HUSSERL, E. **A crise das ciências europeias e a fenomenologia transcendental** (DF Ferrer, Trad.). Rio de Janeiro, RJ: Forense Universitária, 2012.

JABLONKA, E. & GELLERT, U. Mathematisation - Demathematisation. In: U. Gellert &E. Jablonka (Eds), **Mathematisation and Demathematisation**, (pp. 1-19). Sense Publishers. Rotterdam, The Netherlands, 2007.

KAISER, G. e BRAND, S. Modelling competencies: past development and further perspectives. In G.A. Stillman, W. Blum & M.S. Biembengut (Eds.), **Mathematical modelling in education research and practice – cultural, social and cognitive influences,** 129–149, Heidelberg: Springer, 2015.

KAISER, G.& SRIRAMAN, B. A global survey of international perspectives on modelling in mathematics education. **ZDM**, v. 38, n. 3, p. 302-310, 2006.

KAISER, G. Mathematical Modelling and Applications in Education. In: **Encyclopedia of Mathematics Education**. Lerman, S. (ed.). Springer, p. 553-561, 2020.

MASON, J. (2001). Modelling Modelling: Where is the Centre of Gravity of-for-when Teaching Modelling? **Modelling and Mathematics Education,** 39–61. doi:10.1533/9780857099655.1.39.

MERLEAU-PONTY, M. **Fenomenologia da percepção** (C. Moura, Trad.). São Paulo: Martins Fontes. 2014. (Texto original publicado em 1945)

NISS, M.; BLUM, W.; GALBRAITH, P. L. Introduction. In.: BLUM, W.; GALBRAITH, P. L.; HENN, H-W.; NISS, M. (Orgs.). **Modelling and Applications in Mathematics Education**. The 14 ICMI Study. New York: Springer, p. 3-32, 2007.

NISS, M. & BLUM, W. **The Learning and Teaching of Mathematical Modelling.** London: Routledge, 2020.

ROUX, S. Forms of Mathematization. Disponível em: http://www.brill.com/sites/default/files/ftp/downloads/ESM-Volume-15-Issue-4-5-Introduction.pdf. Impresso em dezembro de 2013.

SRIRAMAN, B. e LESH, R. A. Modeling conceptions revisited. **ZDM,** v. 38, n. 3, p. 247-254, 2006.

USISKIN, Z. **Van Hiele Levels and Achievement in Secondary School Geometry.** CDASSG Project. 1982.

WESS, R.; SILLER, H. S; KLOCK, H. & GREFRATH, G. Measuring professional Competence for the Teaching of Mathematical Modelling: a test instrument. 2021. https://doi.org/ 10.1007/978-3-030-78071-5.

Capítulo 3
AVALIAÇÃO COMO PRÁTICA DE INVESTIGAÇÃO (ALGUNS APONTAMENTOS)[1]

Regina Luzia Corio de Buriasco
Universidade Estadual de Londrina – UEL
E-mail: reginaburiasco@gmail.com

Pamela Emanueli Alves Ferreira
Universidade Estadual de Londrina – UEL
E-mail: pam@uel.br

Andréia Büttner Ciani
Universidade Estadual do Oeste do Paraná
E-mail: andbciani@gmail.com

Introdução

Ainda hoje, nas escolas, a execução do rito de avaliar – aplicar uma prova ou um teste escrito e converter as resoluções e respostas de cada estudante a um valor numérico – parece ser considerado suficiente para fazer acreditar que se cumpriu o esperado desse mito: medir e classificar de maneira precisa os alunos. Estabelecer um distanciamento entre a ideia do mito/rito de avaliar e a ideia da avaliação da aprendizagem é uma das propostas que as autoras tomam como central à prática que pretendem discutir.

Da avaliação: apontamentos

O substantivo avaliação, no plano dos enunciados (daquilo que está escrito), remete a uma sutil diversidade de significados, por exemplo: julgamento; apreciação; determinação do valor de um bem; determinação da

---

[1] Adaptação de um artigo publicado como título Avaliação como Prática de Investigação (alguns apontamentos), no BOLEMA, v. 22 n. 33 (2009), Universidade Estadual Paulista Júlio de Mesquita Filho, Rio Claro, Brasil.

quantidade de; apreciação ou conjectura sobre condições, extensão, intensidade, qualidade etc. de algo. Também pode ser entendida como "sem valor" se for tomado um aspecto vindo da epistemologia da palavra (*a valere*).

No âmbito educacional, Hadji (1994, p.185) considera que a avaliação é uma operação "em que se cruzam as palavras e as coisas, essências e existências, concretiza-se sempre num discurso. O avaliador é um 'homem de palavras'".

Segundo Sacristán (1998), a avaliação sofre várias influências que nem sempre podem ser desconsideradas e, pelo contrário, fazem o processo de avaliar ficar com uma ou outra "aparência", assumindo determinadas funções, de acordo com o tipo de influência que age sobre ela e sobre os profissionais que dela se utilizam. Também para Buriasco (2002), a avaliação como parte integrante das atividades escolares possui várias funções. Uma delas tem sido pouco evidenciada – a avaliação como reguladora dos processos de ensino e de aprendizagem. Nesse sentido, Hadji (1994, p.31) afirma que "o ato de avaliação, é um ato de 'leitura' de uma realidade observável, que aqui se realiza com uma grelha predeterminada, e leva a procurar, no seio dessa realidade, os sinais que dão o testemunho da presença dos traços desejados". E mais, afirma que o resultado a ser encontrado pelo ato de avaliar depende do significado essencial presente no ato de ensinar (HADJI, 2001), dois processos indissociáveis.

Na escola, a ação mais frequentemente associada ao termo avaliação é a aplicação de uma prova escrita, materializando o mito de avaliar, constituindo-se em um rito (BARLOW, 2006). Um mito da avaliação é a crença na precisão da nota, pois ela se expressa por um valor numérico exato. No entanto, via de regra, negligencia-se que o quantitativo advém do qualitativo, e, no caso da avaliação, a nota atribuída não emerge de maneira pura e unívoca dos instrumentos utilizados, mas é produzida pelo professor, que, para fazê-lo, pode se valer de instrumentos. Por fim, o rito de avaliar se constitui numa prática que confere uma validade ilusória ao mito da possibilidade do exercício da precisão e da justiça.

Outra característica do mito/rito da avaliação escolar diz respeito à avaliação pela falta. Nessa perspectiva de avaliação, o professor parte de um ponto no qual ele gostaria que o aluno estivesse (ou imagina que o aluno esteja) sem considerar o aluno real. O professor leva em conta apenas os ruídos que o aluno real emite, considerando as expectativas que criou de um aluno ideal, portanto, imaginário, que se supõe estar em algum lugar, mas que, na verdade, constitui-se em um "fantasma".

Esse "fantasma" acompanha a avaliação que tem acontecido em boa parte das salas de aula, talvez porque se ignora que a percepção das coisas é imperfeita, porque não se é capaz de captar a realidade; porque também não se contenta com o próprio ser, a partir de uma ideia de perfeição possível e, por essa razão, julga-se. Parece haver uma necessidade de se situar em relação à perfeição. A interpretação ocorre porque se quer ter uma visão de conjunto que vai além das impressões imediatas. Segundo Luckesi (1996, p.166), a "avaliação é uma forma de tomar consciência sobre o significado da ação na construção do desejo que lhe deu origem".

Sendo assim, a avaliação da aprendizagem deveria fazer aparecer "o significado do ensino", se o desejo de origem for a aprendizagem do estudante. Além disso, se avaliar parece significar a ação de "fazer aparecer o valor de um indivíduo ou objeto", a avaliação da aprendizagem deveria "fazer aparecer o valor da aprendizagem". Em outras palavras, deveria prestar-se a investigar indícios da potencialidade do "estudante de explicar, de aprender, de compreender e enfrentar criticamente situações novas", ao invés de se limitar à dicotomia correto/incorreto decorrente do julgamento das informações coletadas por meio dos instrumentos utilizados.

Considera-se que o essencial da avaliação não reside na atribuição de valor, mas na ação de 'fazer aparecer o valor'. A etimologia constituída da palavra aponta que, pelo menos à primeira vista, a 'avaliação' parece "significar a ação de fazer aparecer o valor de um indivíduo ou objeto" (BARLOW, 2006, p.12). Segundo Houaiss (2001), a 'ação', sufixo da palavra avaliação (do latim *evolutio, onis*), envolve a ideia de movimento, processo, enredo, prática. É nesse sentido que a avaliação da aprendizagem escolar está sendo entendida, como processo, como prática que busca respostas de como se dão os processos com ela envolvidos. Nessa perspectiva, o que se busca com a avaliação da aprendizagem escolar é interrogar o que é diretamente observável, percorrer caminhos, compreender processos, seguir vestígios e, com isso, inferir o que não é diretamente observável, ou seja, investigar (FERREIRA, 2009). Daí, adotar a perspectiva de avaliação da aprendizagem escolar como prática de investigação.

Da avaliação como prática de investigação: apontamentos

Segundo a Enciclopédia Brasileira Mérito (1967, p.78), algumas definições para a palavra 'prática' podem ser "experiência, uso ou hábito de qualquer ciência ou arte"; "saber resultante de experiência"; "aplicação de princípios ou regras"; "execução de alguma coisa concebida ou projetada". Dentre as definições dadas pelo dicionário Houaiss (2001), 'prática' pode ser entendida como ato ou efeito de fazer (algo), ação, execução, realização, exercício, execução de alguma coisa que se planejou, execução rotineira de alguma atividade. Segundo a Enciclopédia Universal Ilustrada Europeo -Americana (1922, p.1171), a palavra prática pode ser entendida como "exercício de qualquer arte ou faculdade, conforme suas regras" ou ainda

> [...] é a tradução castelhana do nome substantivo latino e grego práxis, do qual se deriva o adjetivo prático, que se aplica a muitas atividades, hábitos ou conhecimentos como as proposições, aos juízos, à ciência, à filosofia, etc. Prática, pois substantivamente tomada, significa sempre alguma atividade ou operação, e é convenção de todos os filósofos escolásticos chamar de prática as operações de natureza racional (tradução nossa).

Investigação, segundo a Enciclopédia Brasileira Mérito (1967, p.282), é o "ato ou efeito de investigar; indagação minuciosa; pesquisa, busca, inquirição; sindicância". Dentre as definições do dicionário Houaiss (2001, CD-ROM), investigação é uma "averiguação sistemática de algo; ato de esquadrinhar, de perscrutar minuciosa e rigorosamente". É possível encontrar, ainda, em Houaiss (2001, CD-ROM), os elementos que compõem a palavra investigação: **in** (de movimento para dentro, valor intensivo, direção, tendência), **vestig** (seguir no rastro, ir à pista, buscar com cuidado, esquadrinhar, procurar), **ação** (movimento, processo, obra, atuação, desempenho, execução). Segundo o dicionário etimológico Bueno (1967), 'investigação' tem origem no latim *investigationem* e pode ser entendida como pesquisa, busca de vestígios, procura de esclarecimentos, de informes que esclareçam casos obscuros. Segundo a Enciclopédia Universal Ilustrada Europeo-Americana (1922),

> [...] a investigação constitui o trabalho natural do homem da ciência. Os modernos distinguem a lógica que investiga da lógica que demonstra; a

primeira compreende os métodos do descobrimento, e a segunda, as de ordenação sistemática. A verdadeira investigação se propõe aumentar a esfera de nossos conhecimentos ou buscar o desconhecido por meio do conhecido, servindo-se dos dados experimentais e das leis e princípios da razão (p.1890, tradução nossa).

Assim, do levantamento dos verbetes apresentados e brevemente discutidos, constitui-se o que aqui se entende por "avaliação como prática de investigação": um processo de buscar conhecer ou, pelo menos, obter esclarecimentos, informes sobre o desconhecido por meio de um conjunto de ações previamente projetadas e/ou planejadas, processo no qual se procura seguir rastros, vestígios, esquadrinhar, ir à pista do que é observável, conhecido.

Assumir a avaliação da aprendizagem escolar como prática de investigação implica colocar-se em uma atitude investigativa, o que exige, por parte do professor, o reconhecimento da existência de uma multiplicidade de caminhos que podem ser percorridos pelos estudantes, a admissão de que, tal como eles, está em constante processo de elaboração de conhecimento. Sob essa perspectiva, a avaliação é, então, realizada como uma prática que possibilita ao professor a busca de desvelar o processo de aprendizagem dos estudantes, bem como acompanhar e participar dele (ESTEBAN, 2003; BURIASCO, 2004; PEREGO, 2005; PEREGO; BURIASCO, 2008; BURIASCO; FERREIRA; CIANI, 2009; PIRES, 2013; SANTOS, E., 2014; MENDES, 2014; PEDROCHI JR, 2018; SILVA, 2018; SOUZA, 2018).

Levando em conta a impossibilidade de atribuir valor quantitativo único e preciso à aprendizagem, intrínseca ao sujeito, a avaliação, como prática de investigação, mostra-se como alternativa por meio da qual se pode buscar informações sobre como o sujeito (aluno ou professor) mobiliza seu repertório na elaboração de conhecimento. De acordo com Esteban (2003), o professor ao avaliar é avaliado, coloca-se em contato com um movimento permanente de elaboração de conhecimento e desconhecimento. Ao investigar percursos peculiares de seus alunos, sabe que confronta também os seus próprios conhecimentos e desconhecimentos. Ainda segundo essa mesma autora, a avaliação como prática de investigação se configura pelo reconhecimento dos múltiplos saberes, lógicas e valores que permeiam a tessitura do conhecimento. Nesse sentido, a avaliação vai sendo constituída como um processo que indaga os resultados apresentados, os trajetos percorridos, os percursos previstos, as relações estabelecidas entre as pessoas, saberes, informações, fatos, contextos (ESTEBAN, 2000, p.11).

Em uma avaliação assim praticada, enfatizam-se os caminhos percorridos, reconhece-se e valoriza-se a diversidade deles na construção de soluções para as tarefas, abre-se espaço para as diferenças entre os estudantes e para as muitas interpretações de uma mesma situação.

A avaliação, aqui concebida como necessária, contribui com a formação dos estudantes, de modo a ser tomada por eles como uma orientação para a sua aprendizagem, e não como uma "meta", um fim a ser alcançado. As tarefas propostas em qualquer situação, avaliativa ou não, devem servir para estimulá-los a pensar, refletir, criticar, levantar hipóteses, compreender e correlacionar conteúdo. Assim, a avaliação da aprendizagem escolar, ao interpor os processos de ensino e de aprendizagem, não pode ser feita de modo a apenas classificar os estudantes.

Praticar a avaliação como investigação requer uma mudança do olhar que comumente se lhe atribui. Diferente de uma perspectiva que procura reduzir os processos às respostas encontradas, a avaliação como prática de investigação busca dar respostas aos processos de ensino e de aprendizagem e, nessa função, o foco não está em encontrar as respostas, mas, antes, em interrogar os meios, as trajetórias, os caminhos percorridos que as originaram. Essa não limitação a classificar as respostas como corretas ou incorretas tende a romper com a ideia de que os resultados matemáticos fornecidos pelos estudantes, em suas tarefas, são sempre exatos, precisos, quando não imutáveis. A interrogação das trajetórias destina-se a encontrar indícios da ação, a investigar, analisar e discutir como os estudantes lidam com determinado problema, ou seja, como o interpretam, que estratégias utilizam para resolvê-lo, como expressam matematicamente suas ideias. Interrogar o caminho busca, por fim, levantar características do que é observável, dos procedimentos matemáticos utilizados na condução de sua estratégia. Além disso, ao assumir uma atitude de constante investigação na avaliação da aprendizagem do estudante, o professor pode ter uma visão mais abrangente do seu próprio processo de aprendizagem.

De acordo com as intenções e com os instrumentos utilizados em uma avaliação como prática de investigação, também importa ter em consideração o objetivo com o qual um determinado instrumento avaliativo é utilizado, o que ele pode revelar, a maneira pela qual serão analisadas as informações oriundas dele. A multiplicidade de instrumentos ou recursos existentes que se apresentam como alternativas para o processo de avaliação matemática pode permitir examinar aspectos tais como estratégias e procedimentos utilizados, hipóteses levantadas, recursos escolhidos pelos alunos (BURIASCO, 2002).

Devido à variedade de aspectos que pode fazer parte dos processos de ensino e de aprendizagem, considera-se que não faz sentido utilizar apenas um instrumento para realizar a avaliação. Entretanto, em aulas de matemática, a prova escrita tem sido comumente utilizada como principal e, em alguns casos, único instrumento de avaliação. Embora a prova escrita, por si só, não dê conta de oferecer todas as respostas necessárias aos processos de ensino e de aprendizagem, o equívoco mais flagrante não é tomar a prova escrita como único meio de avaliação, mas, sim, deixar de olhá-la como um meio pelo qual se podem obter informações de como se tem desenvolvido o processo de aprendizagem dos estudantes.

Ao assumir uma atitude investigativa, o professor pode questionar-se a respeito de qual matemática os seus estudantes estão aprendendo; que entendimentos estão tendo do que está sendo trabalhado em sala de aula e do que já sabem; que dificuldades encontram e o que pode ser feito para auxiliá-los na superação delas. Desse modo, a avaliação deixa de ser uma prática apenas realizada sobre o estudante e passa a ser realizada também sobre e para o professor. A avaliação, ao ser impregnada da ideia de investigação, deixa de ser tomada como a etapa final de um ciclo e passa a ser realizada constantemente durante todo o processo de ensino e de aprendizagem, de modo a orientar tanto o professor, quanto o estudante. Além disso, deixa de ser vista como um elemento de ameaça e punição e passa a ser uma oportunidade de aprendizagem.

Da análise da produção escrita: apontamentos

A palavra 'análise', segundo o dicionário Houaiss (2001, CD-ROM), tem origem grega que pode ser entendida como "separação de um todo em seus elementos ou partes componentes"; "estudo pormenorizado de cada parte de um todo, para conhecer melhor sua natureza, suas funções, relações, causas etc."; "exame, processo ou método com que se descreve, caracteriza e compreende algo (um texto, uma obra de arte etc.), para proporcionar uma avaliação crítica".

Todas essas definições parecem indicar ações que possibilitam inferir formas de os estudantes procederem na execução das estratégias adotadas/elaboradas; reconhecer possíveis dificuldades enfrentadas; identificar como utilizam algum conhecimento matemático; fazer inferências a partir das interpretações feitas; ter indícios do que os estudantes mostram saber; perceber relações que os estudantes estabelecem com as informações do enunciado; enfim, conhecer de que forma lidam com tarefas de matemática, sejam elas rotineiras ou não.

Segundo Buriasco (2004), ao analisar uma produção escrita, é possível discorrer sobre as respostas dadas, indagar-se de sua configuração, procurar encontrar quais relações as constituem. A produção escrita não deixa de ser uma forma de comunicação e, como tal, deve receber atenção especial por parte dos professores, uma vez que, frequentemente, essa é uma das únicas formas de diálogo existente entre professores e estudantes. Essa mesma autora afirma, ainda, que a produção escrita dos alunos se mostra como uma alternativa para interrogar-se sobre os processos de ensino e de aprendizagem. Entretanto, é preciso reconhecer que a análise da produção escrita por si só também não dá conta de todos os aspectos da avaliação. A sugestão é que ela venha acompanhada de alternativas, como, por exemplo, entrevistas, discussões e explorações coletivas, em sala de aula, a respeito de uma ou mais produções.

Além de contribuir para pensar na produção individual do estudante, a análise da produção escrita pode servir também para um olhar mais abrangente a respeito de um conjunto de produções que apresentam características comuns. Diversos trabalhos de participantes do GEPEMA[2], grupo que estuda a produção escrita de professores e estudantes em matemática, juntamente com a avaliação como prática de investigação e oportunidade de aprendizagem e o erro, têm sido feitos nessa perspectiva (BURIASCO, 1999, 2004; NAGY-SILVA, 2005; PEREGO, 2005; SEGURA, 2005; PEREGO, 2006; NEGRÃO DE LIMA, 2006; ALVES, 2006; DALTO, 2007; VIOLA DOS SANTOS, 2007; CELESTE, 2008; SANTOS, 2008; ALMEIDA, 2009; FERREIRA, 2009; PRESTES, 2015; FORSTER, 2016; BARRETO, 2018; INNOCENTI, 2020; OLIVEIRA, 2021).

Alguns dos pontos que podem indicar uma análise da produção escrita são as dificuldades de 'interpretação' relacionadas à linguagem utilizada no

---

2   GEPEMA - Grupo de Estudos e Pesquisa em Educação Matemática e Avaliação - Universidade Estadual de Londrina.< http://www.uel.br/grupo-estudo/gepema/>

enunciado da tarefa, ao conteúdo matemático envolvido, a ambos, ou a outros aspectos; as informações presentes no enunciado fazerem ou não parte do conjunto de circunstâncias que tornam a tarefa acessível aos estudantes; a estratégia utilizada pelo estudante para lidar com a tarefa; os procedimentos que utilizou para executar a estratégia.

Parte desses aspectos pode ser vista com uma leitura das produções escritas dos estudantes, buscando o que podem evidenciar, que pistas dão da relação com o enunciado e com os contextos envolvidos nos processos de resolução e mobilização de conceitos matemáticos. No trabalho de Santos (2008), a autora identifica, por meio da produção escrita de estudantes do Ensino Médio em tarefas não-rotineiras, relações que estabeleceram entre o contexto em que a tarefa é apresentada com outros contextos (pessoais, escolares) ou outras informações, mostrando que, muitas vezes, essas relações podem influenciar a resolução do estudante.

Acredita-se que uma prova escrita, na perspectiva da avaliação como prática de investigação, deve conter tarefas que possibilitem ao estudante trabalhar com as informações do enunciado do seu próprio "jeito" para buscar não somente resolver a tarefa, mas também produzir conhecimento matemático a partir dela, proporcionar resoluções a partir das quais o professor possa investigar as maneiras como os enunciados foram interpretados, as estratégias que foram elaboradas e quais procedimentos foram utilizados para resolvê-la, o que, em muitos casos, são resultantes de processos sistemáticos, tanto sintáticos como semânticos, que eles próprios constroem (VIOLA DOS SANTOS, 2007, p.22).

Ao se adotar a análise da produção escrita como prática de investigação assume-se um olhar às maneiras de lidar. Nessa perspectiva, o que existe é a análise das maneiras de lidar, e, nela, o 'erro' é apenas um julgamento, uma das formas de caracterizar as 'maneiras de lidar' dos estudantes. O que se pode dizer que existe, de fato, são as maneiras com as quais os estudantes lidam com as tarefas, maneiras essas que nem sempre são tão acessíveis ou visíveis, de modo a serem, portanto, suscetíveis a algum julgamento. Muitas vezes, uma produção é caracterizada como incorreta quando posta à luz apenas do referente do professor. Hadji (1994, p.34) coloca que, do ponto de vista do grau de segurança com o qual se afirma o que se afirma, o juízo de avaliação é problemático. Não exprime nem uma realidade, tal como ela é de maneira certa (juízo assertórico), nem uma verdade necessária que não pode ser de outro modo senão como é (juízo apodíctico).

A análise da produção escrita, sob o olhar das maneiras de lidar, pode permitir interrogar-se a respeito dos processos nos quais os alunos se envolvem ao resolver um problema, independentemente das respostas apresentadas. Em vez de se limitar à identificação de que uma tarefa, quando resolvida pelo estudante, apresenta resolução diferente da considerada correta, indaga-se: qual foi a tarefa que ele de fato resolveu? Dalto (2007), em sua dissertação, fez esse tipo de análise, fazendo inferências sobre os problemas propostos e os problemas resolvidos pelos alunos. Para ele, o problema proposto é aquele que se esperava que fosse resolvido pelo estudante, e o problema resolvido é aquele que o estudante de fato resolveu como resultado da interpretação que fez do problema proposto (DALTO, 2007).

Questionar as resoluções dos estudantes, suas maneiras de lidar, as relações estabelecidas com os contextos das tarefas propostas são inferências dos possíveis processos de produção dos estudantes por meio do que é observável, nesse caso, a produção escrita.

Para Buriasco (2004), a análise da produção escrita dos alunos configura-se como uma alternativa na busca de passar da avaliação do rendimento para a avaliação da aprendizagem nas aulas de matemática, tendo como perspectiva o diálogo relativo às investigações, que tanto o professor quanto seus alunos fazem a respeito do conhecimento matemático durante o processo de aprender e ensinar matemática na escola. Por conseguinte, a avaliação da aprendizagem matemática é vista como um processo de investigação que busca analisar e discutir o registro dos processos, recursos e estratégias utilizados pelos alunos ao se relacionarem com a matemática. Essa prática pode propiciar ao professor um olhar mais refinado sobre o envolvimento dos estudantes com a matemática ao lidarem com as tarefas propostas, bem como pode ajudar a perceber a multiplicidade de processos que os estudantes possam ter desenvolvido, a reconhecer que as resoluções do tipo escolar não são as únicas possíveis, e, ao aceitar a diversidade, explorar os modos particulares dos estudantes de elaborarem suas justificativas, suas explicações, seus argumentos, ou seja, de dar respostas com suas próprias palavras.

Contudo, para desenvolver uma avaliação que propicie uma visão mais detalhada da atividade matemática, os estudantes precisam ter a oportunidade de realizar tarefas que sejam possíveis de serem resolvidas por eles, além de serem acessíveis e convidativas (VAN DEN HEUVEL-PANHUIZEN, 2005). Por conseguinte, pensar em um tipo de avaliação que leve em conta as formas peculiares dos estudantes de produzirem significados para as tarefas que lhes são apresentadas põe em jogo pensar em que tipos de instrumento são capazes de fornecer informações relevantes sobre a aprendizagem e em como devem ser formulados. A hipótese é a de que o trabalho com tarefas que apresentem contextos diversificados, atrativos, com situações que possam ser realizáveis pelos estudantes, pode oportunizar um contato mais íntimo com a matemática de modo que tenham a possibilidade de matematizar.

Dos contextos das tarefas matemáticas: apontamentos

Uma grande dificuldade, nas aulas de matemática, é fazer com que os estudantes se envolvam com as tarefas propostas pelos professores. Uma das razões para a falta de envolvimento pode ser o fato de muitas delas apresentarem situações artificiais que, quase sempre, ficam restritas a um único conteúdo, sugerindo uma mesma dinâmica para conduzir a resolução. Com isso, dificilmente os estudantes conseguem estabelecer relações entre o que aprendem na escola com o que podem fazer fora dela, uma vez que o conteúdo matemático parece ser aplicado somente às situações propostas nos livros didáticos.

Na perspectiva de Educação Matemática aqui adotada, a proposta é a de trabalhar com tarefas que possam propiciar mais fortemente que os estudantes produzam conhecimento a partir de situações já conhecidas, familiares ou imagináveis, com as quais possam produzir significado e, então, aprender matemática.

Alguns pesquisadores da Educação Matemática têm dedicado seus estudos à tentativa de conectar a matemática estudada, na sala de aula, àquela do cotidiano, "da vida", como é o caso de, entre outros, os da área da Modelagem Matemática como recurso pedagógico, (BASSANEZI, 1990, 1994, 2002; BLUM; NISS, 1991; BARBOSA, 1999, 2001; NISS, 2001; ALMEIDA;

DIAS, 2004; ALMEIDA; BRITO, 2005) e da área da Educação Matemática Crítica (SKOVSMOSE, 2000, 2001, 2005, 2007, 2008; SKOVSMOSE; VALERO, 2002).

Nessa direção, encontra-se o movimento chamado Educação Matemática Realística, tomado como abordagem para o ensino, preconizado por Hans Freudenthal, que defende a ideia da matemática como uma atividade humana (FREUDENTHAL, 1991; TREFFERS, 1987; DE LANGE, 1987; VAN DEN HEUVEL-PANHUIZEN, 1996; GRAVEMEIJER; DOORMAN, 1999; ZULKARDI, 1999; KWON, 2002). Nele, o termo *Realistic* tem origem no verbo neerlandês *zich REALISE-ren* e pode assumir o significado de "imaginar", o que sugere que os contextos ou situações nos quais os alunos se envolvem não precisam ser autenticamente "reais", mas precisam ser imagináveis, realizáveis, concebíveis na mente dos estudantes (VAN DEN HEUVEL-PANHUIZEN, 2005). Os autores em consonância com essa abordagem consideram que a aprendizagem deve ser concebida na realidade a partir da matematização de situações que possibilitem aos estudantes "re-inventar" a matemática (FREUDENTHAL, 1991, GRAVEMEIJER; DOORMAN, 1999; KWON, 2002; KROESBERGEN, 2003; VAN DEN HEUVEL-PANHUIZEN, 2003).

Freudenthal chamou de matematização a atividade de organizar matematicamente a "realidade" (VAN DEN HEUVEL-PANHUIZEN, 2003). Para Freudenthal (1991), aprender matemática deveria ter origem no "fazer" matemática, sendo a matematização o núcleo da Educação Matemática. Treffers (1987, p.51-52, tradução nossa) descreveu a matematização como uma atividade organizada que se refere

> à essência da atividade matemática, à linha que atravessa toda Educação Matemática voltada para a aquisição de conhecimento factual, à aprendizagem de conceitos, à obtenção de habilidades e ao uso da linguagem e de outras organizações, às habilidades na resolução de problemas que estão, ou não, em um contexto matemático.

O conceito de matematização foi inicialmente introduzido por Freudenthal e, mais tarde, reformulado por Treffers (1987), que a caracterizou como sendo composta por duas componentes: a "matematização horizontal" e a "matematização vertical". Treffers (1987) conceitua a "matematização horizontal" com uma tentativa de esquematizar a tarefa matematicamente, ou seja, a matematização horizontal consiste em esquematizar o que se considera necessário para que seja possível abordar a tarefa por meios matemáticos, seja pela formação de um modelo, da esquematização, ou da simbolização. A tarefa que acompanha e está relacionada ao processo matemático, a sua solução, a generalização da solução e a posterior formalização pode ser descrita como uma "matematização vertical".

A autora Van den Heuvel Panhuizen (1998, p.3) também faz uma descrição:

> [...] na matematização horizontal, os alunos são confrontados com ferramentas matemáticas que podem ajudar a organizar e resolver um problema localizado em uma situação da vida real. A matematização vertical é o processo de reorganização dentro do próprio sistema matemático, como, por exemplo, encontrar atalhos e descobrir as conexões entre os conceitos e estratégias e então, aplicar essas descobertas.

Essas ideias estão fortemente relacionadas ao conceito de matematização progressiva, que é o processo pelo qual os estudantes elaboram ou reelaboram uma (nova) matemática, matematizando tanto horizontal quanto verticalmente.

De Lange (1999, p.18) aponta algumas das atividades, nas quais se reconhece matematização:

- identificar as especificidades matemáticas em um contexto geral;
- esquematizar;
- descobrir relações e regularidades;
- visualizar e formular uma tarefa realística de diferentes formas;
- traduzir uma tarefa realística em um problema matemático;
- reconhecer similaridades em diferentes tarefas;
- representar uma relação em uma fórmula;
- provar regularidades;
- refinar e ajustar modelos;

- combinar e integrar modelos;
- generalizar.

Segundo Freudenthal (1991), as duas componentes não são totalmente distintas, pois, embora a matematização horizontal envolva a ida do "mundo real" para o "mundo dos símbolos" e a matematização vertical envolva o movimento no interior do "mundo dos símbolos", isso não significa que há um claro ponto de corte que promova a distinção entre os dois "mundos". Ele ainda salienta que as duas formas de matematização são de igual valor. Treffers (1987) também admite que essa distinção entre a componente horizontal e a vertical é um tanto artificial dado o fato de que elas podem estar fortemente inter-relacionadas.

Os resultados das pesquisas do GEPEMA mostram que estudantes e professores parecem saber lidar com a matemática envolvida em questões rotineiras e revelam que a maior dificuldade apresentada pode estar atrelada à interpretação que fazem do enunciado da tarefa. Uma hipótese para essa ocorrência é de que a matemática tem sido trabalhada nas escolas meramente como um conjunto de fórmulas, definições, conceitos, teoremas, propriedades que servem apenas para a resolução de problemas do tipo escolar e pouca atenção tem sido dada às outras situações, dentro ou fora da escola, em que a matemática é útil. A sugestão é que sejam propostas tarefas com as quais os estudantes possam se envolver no processo de matematização, de modo que, sempre que possível, sejam indissociáveis. Para isso, é preciso levar em consideração os contextos específicos das tarefas propostas aos estudantes e a possibilidade de matematização que oferecem.

Estudos têm tido como pano de fundo interpretar de que modos os contextos das tarefas matemáticas influenciam na maneira como estudantes as resolvem (FREUDENTHAL, 1991; DE LANGE, 1987; COOPER, 1992; BOALER, 1993; MACK, 1993; VAN DEN HEUVEL-PANHUIZEN, 1996, 2005; BUTTS, 1997; COOPER; HARRIES 2002, 2003; D'AMBROSIO, 2004; KASTBERG et all., 2005; FERREIRA, 2013; FERREIRA; BURIASCO, 2015; FORSTER, 2020; PRESTES, 2021). Esses estudos indicam que o contexto no qual uma tarefa é apresentada exerce um importante papel, podendo, por vezes, determinar o sucesso ou não na sua resolução.

Para Van den Heuvel-Panhuizen (2005), deve ser dada importância ao papel que os contextos dos problemas desempenham na atividade matemática dos estudantes, uma vez que eles podem oferecer oportunidades de matematização. Para essa autora, é considerada um boa tarefa de contexto aquela que pode ser "imaginável", "realizável", "concebível" na mente de quem se propõe a resolvê-la e não apenas apresentar aspectos da "vida real", os quais, por vezes, podem não ser da "realidade" de quem vai resolvê-los. Por esse motivo, os contextos podem, mas não necessariamente, apresentar situações da vida real, bem como do mundo da fantasia ou, até mesmo, serem circunscritos por aspectos estritamente matemáticos. Contudo, não é possível dizer, *a priori*, qual seria uma boa tarefa de contexto, dado que essa caracterização depende da relação que o "resolvedor" em potencial estabelece com o enunciado. Por conseguinte, o fato de o enunciado de um problema matemático estar situado em algum contexto do cotidiano do estudante não garante que ele possa aprender algo ao resolvê-lo. É preciso pensar em que tipos de oportunidades o contexto pode oferecer.

O contexto de uma tarefa utilizado para uma avaliação da aprendizagem escolar dos estudantes em matemática, segundo Van den Heuvel Panhuizen (2005), para além de tornar as situações facilmente reconhecíveis e imagináveis, também é desejável que

- possa aumentar a acessibilidade por meio do seu elemento motivacional, isso pode incluir, por exemplo, a apresentação de figuras, o tratamento de um tema polêmico ou que está na moda, fatos do interesse da comunidade local;

- permita maior liberdade na forma como abordar o problema, de modo a possibilitar aos estudantes desenvolver diversos tipos de estratégias e, com isso, mais oportunidades de mostrar o que sabem.

No que diz respeito às possibilidades de matematização, De Lange (1987, p.76) considera

- Contexto de Terceira Ordem aquele que possibilita um "processo de matematização conceitual", este tipo de contexto serve para "introduzir ou desenvolver um conceito ou modelo matemático";

- Contexto de Segunda Ordem o que confronta o estudante com uma situação realística e dele é esperado que encontre ferramentas matemáticas para organizar, estruturar e resolver a tarefa;
- Contexto de Primeira Ordem aquele que apresenta operações matemáticas "textualmente embaladas", no qual uma simples tradução do enunciado para uma linguagem matemática é suficiente.

Esta última definição vai ao encontro dos chamados "problemas de palavras", que são frequentemente considerados como sinônimos de "problemas de contexto", embora haja uma grande diferença entre os dois (VAN DEN HEUVEL PANHUIZEN, 2005). A distinção entre eles é a de que, embora ambos apresentem um texto com aspectos "realísticos", nos "problemas de palavras", o contexto não é muito essencial, sendo, por vezes, tão artificial que a "realidade" apresentada não está frequentemente em sintonia com as "reais" experiências dos estudantes. Portanto, não é apenas importante que o enunciado de uma tarefa traga consigo um texto com aspectos da "vida real", é preciso que ele provoque nos estudantes uma disposição efetiva para lidar com ele, para que possa reconhecer a utilidade da matemática que aprende na escola em situações diversas, seja dentro ou fora da escola. De acordo com Freudenthal (apud VAN DEN HEUVEL PANHUIZEN, 2005), em lugar de iniciar o estudo de algum tema de matemática com definições ou abstrações para serem aplicadas "mais tarde", deve-se começar com contextos ricos que demandem organização matemática, contextos que possam ser matematizados.

Considerações

Muitas informações podem ser obtidas a partir de uma análise interpretativa da produção escrita dos estudantes. Contudo, é preciso considerar que, mediante essa análise, as informações da aprendizagem dos estudantes devem ser vistas apenas como uma das amostras possíveis. Desse modo, não se pode afirmar que um estudante não sabe determinado conteúdo pelo fato de não se ter obtido alguma informação sobre ele em sua produção escrita. Somente pode-se dizer algo a respeito do que o estudante fez, e não do que deixou de fazer. Além disso, segundo Buriasco (2004), apenas a compreensão do enunciado não garante que o aluno saiba agir, ou seja, resolver a tarefa. Ele pode compreender a "situação" proposta no enunciado, no entanto, não é capaz de, naquele momento, encontrar ou elaborar uma estratégia de ação para sua resolução. Além de compreender, o aluno precisa interpretar o enunciado para conseguir buscar uma estratégia que resolva a tarefa proposta por ele, considerando que a interpretação está diretamente ligada à ação.

Na Educação Matemática, o potencial da análise da produção escrita como elemento importante na avaliação da aprendizagem também é destacado por Van den Heuvel-Panhuizen (1996). Segundo essa autora, de modo geral, a produção escrita do estudante pode refletir, de um lado, a sua aprendizagem; de outro, a atuação do professor. Além disso, a autora destaca que por mais que as informações obtidas sejam meras impressões, aliadas à observação constante dos estudantes durante as atividades, a interpretação dessas observações e a reflexão sobre elas podem fornecer um "retrato" dos processos de ensino e de aprendizagem. Desse ponto de vista, durante o processo de formação do estudante, o professor, por meio de uma avaliação investigativa, pode obter vários "retratos" de um mesmo processo, em tempos e condições diferentes. Tais retratos possibilitarão que ele questione qual matemática os estudantes estão aprendendo, que entendimento estão tendo do que é trabalhado em sala de aula, quais dificuldades estão apresentando, bem como o que pode ser feito para que essas dificuldades sejam superadas por eles.

Considerando os apontamentos aqui apresentados no que diz respeito à avaliação, à análise da produção escrita como prática de investigação, aos aspectos relacionados ao tipo de tarefa que se utiliza para efetivar a avaliação da aprendizagem (matematização, contexto), buscou-se apresentar uma possibilidade de tomar a avaliação como prática de investigação. Até porque a avaliação nunca é um todo acabado, mas uma das múltiplas possibilidades para explicar um fenômeno, analisar suas causas, estabelecer prováveis consequências e sugerir elementos para uma discussão posterior, acompanhada de tomada de decisões, que considerem as condições que geraram os fenômenos analisados criticamente (VIANNA, 1997).

A natureza educativa da avaliação escolar como prática de investigação implica em exercê-la ao longo de toda a ação de formação e tê-la como parte dos processos de ensino e de aprendizagem. Sendo prática de investigação com a função de implementar esses mesmos processos, torna-se uma oportunidade de aprendizagem e pode fazer emergir informações que subsidiem decisões necessárias no processo educativo. Nessa perspectiva, vão-se estabelecendo práticas dialógicas que propiciem aos professores e alunos refletirem a respeito do trabalho que ali se realiza como parte da produção da vida social dos envolvidos e, com isso, uma prática social.

Essa avaliação permeada por uma dimensão reflexiva, uma prática de investigação, pode se constituir em um procedimento mais democrático, ao oportunizar uma regulação dos processos pedagógicos no sentido de favorecer a inclusão de todos e, assim, estar em sintonia com a busca de uma escola de qualidade para todos.

Como prática de investigação, a avaliação se apresenta em uma ótica de aceitação da diferença para, por meio do conhecido, dar visibilidade ao desconhecido. Em lugar de respostas prontas e acabadas, têm-se respostas sendo construídas, corretas ou incorretas, dando chance a outros questionamentos que inicialmente não estavam presentes (BURIASCO; FERREIRA; PEDROCHI JR, 2014).

Nessa perspectiva, o professor e seus alunos poderão ser parceiros nas trajetórias que constituíram, criando diferentes oportunidades para aprendizagem, ainda que comportem momentos de instabilidade, reflexão, confirmação, características essas presentes em toda investigação. Tornar possível essa parceria na busca de aprender matemática na escola significa, segundo Buriasco (2004), considerar que educar pela matemática é um ato de opção, compromisso e solidariedade.

Referências

AÇÃO. In: HOUAISS, A. **Dicionário Eletrônico da Língua Portuguesa**. Rio de Janeiro: Objetiva, 2001. CD-ROM.

ALMEIDA, L. M. W; DIAS, M. R. Um estudo sobre o uso da Modelagem Matemática como estratégia de ensino e aprendizagem. **BOLEMA** - Boletim de Educação Matemática, Rio Claro, n. 22, p. 19-35, 2004.

ALMEIDA, L. M. W; e BRITO, D. O conceito de função em situações de Modelagem Matemática. **Zetetiké**, Campinas, v.12, n.23 jan/jun , 42-61, 2005.

ALMEIDA, V. L. C. de. **Questões não-rotineiras**: a produção escrita de alunos da graduação em Matemática. 2009. Dissertação (Mestrado em Ensino de Ciências e Educação Matemática) – Universidade Estadual de Londrina, Londrina, 2009.

ALVES, R. M. F. **Estudo da produção escrita de alunos do Ensino Médio em questões de matemática**. 2006. Dissertação (Mestrado em Ensino de Ciências e Educação Matemática) – Universidade Estadual de Londrina, Londrina, 2006.

ANÁLISE. In: HOUAISS, A. **Dicionário Eletrônico da Língua Portuguesa**. Rio de Janeiro: Objetiva, 2001. CD-ROM.

BARBOSA, J. C. O que pensam os professores sobre a modelagem matemática? **Zetetiké**, Campinas, v. 7, n. 11, p. 67-85, 1999.

BARBOSA, J. C. Modelagem na Educação Matemática: contribuições para o debate teórico. In: REUNIÃO ANUAL DA ANPED, 24., 2001, Caxambu. **Anais**... Rio Janeiro: ANPED, 2001. 1 CD-ROM.

BARLOW, M. **Avaliação escolar**: mitos e realidades. Porto Alegre: Artmed, 2006.

BARRETTO, A. C.. **Procedimentos da análise da produção escrita em matemática no contexto do GEPEMA**: um olhar para dentro. 2018. 116f. Dissertação (Mestrado em Ensino de Ciências e Educação Matemática) - Universidade Estadual de Londrina, Londrina, 2018

BASSANEZI, R. C. Modelagem como metodologia de ensino de matemática. In: **Actas** de la Séptima Conferencia Interamericana sobre Educacíon Matemática. Paris: UNESCO, p. 130-155, 1990.

BASSANEZI, R. C. Modeling as a teaching-learning strategy. **For the learning of mathematics**, Vancouver, v. 14, n. 2, p. 31-35, 1994.

BASSANEZI, R. C. **Ensino-aprendizagem com modelagem matemática**. São Paulo: Editora Contexto, 2002.

BLUM, W., NISS, M. Applied mathematical problem solving, modelling, applications, and links to other subjects – state, trends and issues in mathematics instruction. **Educational Studies in Mathematics**, Dordrecht, v. 22, n. 1, p. 37-68, 1991.

BOALER, J. The role of contexts in the Mathematics Classroom: do they make mathematics more real? **For the Learning of Mathematics**, v. 13, n.2, p.12-17, 1993. Disponível em: <http://www.sussex.ac.uk/education/documents/boaler_19_-_role_and_contexts_in_maths_classroom.pdf >. Acesso em: 28 out. 2008.

BRASIL. Secretaria de Educação Fundamental. **Parâmetros Curriculares Nacionais**. Matemática: ensino de quinta a oitava séries. Brasília, 1998.

BRASIL. Ministério da Educação. **Base Nacional Comum Curricular**. Brasília, 2018.

BURIASCO, R. L. C. de. **Avaliação em Matemática**: um estudo das respostas de alunos e professores. 1999. Tese (Doutorado em Educação) – Universidade Estadual Paulista, Marília. 1999.

BURIASCO, R. L. C. de. Sobre Avaliação em Matemática: uma reflexão. **Educação em Revista**. Belo Horizonte, n.36, p. 255-263, dez. 2002.

BURIASCO, R. L. C. de. Análise da Produção Escrita: a busca do conhecimento escondido. In: XII ENDIPE - Encontro Nacional de Didática e Prática de Ensino, 2004, v.3, Curitiba. **Anais**... Curitiba: Champagnat, 2004. p. 243-251.

BURIASCO, R. L. C.; FERREIRA, P. E. A.; CIANI, A. B. Avaliação como prática de investigação (alguns apontamentos). **BOLEMA** - Boletim de Educação Matemática, UNESP - Rio Claro, v. 22, n. 33, p. 69-96, 2009.

BURIASCO, R. L. C.; FERREIRA, P. E. A.; PEDROCHI JR. O. Aspectos da avaliação da aprendizagem escolar como prática de investigação. In: Regina Luzia Corio de Buriasco. (Org.). **GEPEMA**: espaço e contexto de aprendizagem. 1ed. Curitiba: CRV, 2014, v., p. 13-31

BUTTS, T. Formulando problemas adequadamente. In: KRULIK, S. e REYS, R. E. **A Resolução de Problemas na Matemática Escolar**. São Paulo: Atual, 1997.

CELESTE, L. B. **A Produção Escrita de alunos do Ensino Fundamental em questões de matemática do PISA**. 2008. Dissertação (Mestrado em Ensino de Ciências e Educação Matemática) – Universidade Estadual de Londrina, Londrina. 2008.

COOPER, B. Testing National Curriculum Mathematics: some critical comments on the treatment of 'real' context in mathematics. **The curriculum Journal**, v.3, p.231-243, 1992.

COOPER B.; HARRIES, T. Children´s responses to constrasting 'realistic mathematics problems: Just How realistic are children ready to be?. **Educational Studies in Mathematics**, v.49, p.1-23, 2002.

COOPER, B.; HARRIES, T. Children's use of realistic considerations in problem solving: some English Evidence. **Journal of Mathematical Behavior**, v. 22, p. 451-465, 2003.

D'AMBROSIO, B. S et al. Beyond Reading Graphs: Student Reasoning With Data. In: KLOOSTERMAN, P; LESTER, F. K (Eds). **Results and Interpretations of the 1990 through 2000 Mathematics Assessment of the National Assessment of Educational Progress**. Reston, NCTM, 2004.

DALTO, J. O. **A produção escrita em matemática**: análise interpretativa da questão discursiva de matemática comum à 8ª série do ensino fundamental e a 3ª série do ensino médio da AVA/2002. 2007. Dissertação (Mestrado em Ensino de Ciências e Educação Matemática) – Universidade Estadual de Londrina, Londrina. 2007.

DE LANGE, J. **Mathematics, Insight and Meaning**. Utrecht: OW &OC, 1987.

DE LANGE, J. **Framework for classroom assessment in mathematics**. Madison: WCER, 1999.

ESTEBAN, M. T (Org.). **Avaliar**: ato tecido pelas imprecisões do cotidiano. In: 23ª Reunião Anual da ANPED. Caxambu, 2000. Disponível em: <http://168.96.200.17/ar/libros/anped/0611T.PDF > Acesso em: 12 ago. 2008.

ESTEBAN, M. T (Org.). **O que sabe quem erra? Reflexões sobre avaliação e fracasso escolar**. 3.ed. Rio de Janeiro: DP&A, 2002.

ESTEBAN, M. T. Ser professora: avaliar e ser avaliada. In: ESTEBAN, M. T (Org.). **Escola, currículo e avaliação**. 1.ed. São Paulo: Cortez, v.5, p. 13-37, 2003.

FERREIRA, P. E. A. **Análise da produção escrita de professores da Educação Básica em questões não-rotineiras de matemática**. 2009. 166f. Dissertação (Programa de Pós-Graduação em Ensino de Ciências e Educação Matemática) – Universidade Estadual de Londrina, Londrina, 2009.

FERREIRA, P. E. A. **Enunciados de Tarefas de Matemática: um estudo sob a perspectiva da Educação Matemática Realística**. 2013. 121f. Tese (Programa de Pós-Graduação em Ensino de Ciências e Educação Matemática) – Universidade Estadual de Londrina, Londrina, 2013.

FERREIRA, P. E. A ; BURIASCO, R. L. C.. Enunciados de Tarefas de Matemática Baseados na Perspectiva da Educação Matemática Realística. Boletim de Educação Matemática. **BOLEMA**, v. 29, p. 452-472, 2015.

FORSTER, C.. **A utilização da prova-escrita-com-cola como recurso à aprendizagem**. 2016. 123f. Dissertação (Programa de Pós-Graduação em Ensino de Ciências e Educação Matemática) - Universidade Estadual de Londrina, Londrina, 2016.

FORSTER, C.. **Um olhar realístico para tarefas de função afim em livros didáticos**. 2020. 112f. Tese (Programa de Pós-Graduação em Ensino de Ciências e Educação Matemática) – Universidade Estadual de Londrina, Londrina, 2020.

FREUDENTAL, H. **Revisiting Mathematics Education**. Netherlands: Kluwer Academic Publishers, 1991.

GIMÉNEZ, J. **La evaluación en matemáticas**: una integración de perspectivas. Madrid: Sínteses, 1997.

GRAVEMEIJER, K.; DOORMAN, M. Context Problems in Realistic Mathematics Education: A Calculus Course as an Example. **Educational Studies in Mathematics**, v. 39, n.1, p.111-129, jan. 1999.

HADJI, Charles. **A avaliação, regras do jogo**. 4.ed. Portugal: Porto, 1994.

HADJI, Charles. **Avaliação Desmistificada**. Porto Alegre: ARTMED, 2001.

IN. In: HOUAISS, A. **Dicionário Eletrônico da Língua Portuguesa**. Rio de Janeiro: Objetiva, 2001. CD-ROM.

INNOCENTI, M. S.. **Prova-escrita-com-cola em aulas de matemática no 8º ano do Ensino Fundamental**. 2020. 78f. Dissertação (Mestrado em Ensino de Ciências e Educação Matemática) – Universidade Estadual de Londrina, Londrina, 2020.

INVESTIGAÇÃO. In: BUENO, F. S. **Grande dicionário etmológico-prosódico da língua portuguesa**. São Paulo: Saraiva, 1965. v.4, p.1979.

INVESTIGAÇÃO. In: **Enciclopédia Brasileira Mérito**. Porto Alegre: Mérito, 1967. v.16, p.282.

INVESTIGAÇÃO. In: **Enciclopédia Universal Ilustrada Europeo-Americana**. Madrid, Rios Rosas: Espasa-Calpe, 1922. t.28, p.1890.

INVESTIGAÇÃO. In: HOUAISS, A. **Dicionário Eletrônico da Língua Portuguesa**. Rio de Janeiro: Objetiva, 2001. CD-ROM.

KASTEBERG, S. et all. Context Matters in assessing student´s mathematical power. **For the Learning Mathematics**, v. 25, n.2, jul. 2005.

KROESBERGEN, E. H. **Mathematics education for low-achieving students: Effects of different instructional principles on multiplication learning**. 2003. Dissertação - Utrecht University. Disponível em: <http://igitur-archive.library.uu.nl/dissertations/2003-0115-145759/inhoud.htm>. Acesso em: 17 jun. 2008.

KWON, Oh N. Conceptualizing the Realistic Mathematics Education Approach in the Teaching and Learning of Ordinary Differential Equations. **Proceedings** of the International Conference on the Teaching of Mathematics. Creta/Grécia, n.2, jul.2002. Disponível em: <http://eric.ed.gov/ERICDocs/data/ericdocs2sql/content_storage_01/0000019b/80/1a/ad/9d.pdf>. Acesso em: 17 jun. 2008.

LUCKESI, C. C.. **Avaliação da aprendizagem escolar**: estudos e posições. 3.ed. São Paulo: Cortez, 1996.

MACK, N. Learning rational numbers with understanding: the case of informal knowledge. In: CARPENTER, T.; FENNEMA, E.; ROMBERG, T. (eds). **Rational numbers**: an integration of research. Hillsdale, NJ, Lawrence Erlbaum Associates, p.85-106, 1993.

MENDES, M. T.. **Utilização da Prova em Fases como recurso para regulação da aprendizagem em aulas de cálculo**. 2014. 275f. Tese de doutorado (Programa de Pós-Graduação em Ensino de Ciências e Educação Matemática) – Universidade Estadual de Londrina, 2014.

NAGY-SILVA, M. C. **Do Observável ao Oculto**: um estudo da produção escrita de alunos da 4ª série em questões de matemática. 2005. Dissertação (Mestrado em Ensino de Ciências e Educação Matemática) – Universidade Estadual de Londrina, Londrina. 2005.

NEGRÃO de LIMA. R. C. **Avaliação em Matemática**: análise da produção escrita de alunos da 4ª série do Ensino Fundamental em questões discursivas. 2006. Dissertação (Mestrado em Educação) – Universidade Estadual de Londrina, Londrina. 2006.

NISS, M. Issues and problems of research on the teaching and learning of applications and modelling. In: MATOS, J. F., HOUSTON, S. K., BLUM, W. et al. **Modelling and mathematics education: applications in science and technology**. Chichester: Ellis Horwood Ltda., 2001.

OLIVEIRA, J. R.. **Oficina de correção de provas escritas de matemática**: um estudo. 2021. 166. Dissertação de mestrado (Pós-graduação em Ensino de Ciências e Educação Matemática) – Universidade Estadual de Londrina, Londrina, 2021.

PEDROCHI JUNIOR, O. A **Avaliação Formativa como Oportunidade de Aprendizagem**: fio condutor da prática pedagógica escolar. 2018. 67 f. Tese (Programa de Pós-Graduação em Ensino de Ciências e Educação Matemática) – Universidade Estadual de Londrina, Londrina, 2018.

PEREGO, S. C. **Questões Abertas de Matemática**: um estudo de registros escritos. 2005. Dissertação (Mestrado em Ensino de Ciências e Educação Matemática) – Universidade Estadual de Londrina, Londrina. 2005.

PEREGO, F. **O que a produção escrita pode revelar? Uma análise de questões de matemática**. 2006. Dissertação (Mestrado em Ensino de Ciências e Educação Matemática) – Universidade Estadual de Londrina, Londrina. 2006.

PEREGO, S.; BURIASCO, R. L. C. de. Um estudo de registros escritos em matemática. **Perspectivas da Educação Matemática**, v.1, n.1, p.55-72, jan/jun. 2008.

PIRES, M. N. M.. **Oportunidade para aprender**: uma Prática da Reinvenção Guiada na Prova em Fases. 2013. 122f. Tese (Programa de Pós-Graduação em Ensino de Ciências e Educação Matemática) – Universidade Estadual de Londrina, Londrina, 2013.

PRÁCTICA. In: **Enciclopédia Universal Ilustrada Europeo-Americana**. Madrid, Rios Rosas: Espasa-Calpe, t.46, p.1170-1171. 1922.

PRÁTICA. In: **Enciclopédia Brasileira Mérito**. Porto Alegre: Mérito, v.16, p.78. 1967.

PRÁTICA. In: HOUAISS, A. **Dicionário Eletrônico da Língua Portuguesa**. Rio de Janeiro: Objetiva, 2001. CD-ROM.

PRESTES, D. B.. **Prova em fases de Matemática**: uma experiência no 5o ano do Ensino Fundamental. 2015. 122f. Dissertação de Mestrado (Programa de Pós Graduação em Ensino de Ciências e Educação Matemática) Universidade Estadual de Londrina, Londrina, 2015.

PRESTES, D. B.. **Um olhar realístico para tarefas de probabilidade e estatística de uma coleção de livros didáticos de matemática do Ensino Fundamental**. 2021. 128f. Tese (Programa de Pós-Graduação em Ensino de Ciências e Educação Matemática) – Universidade Estadual de Londrina, Londrina, 2021.

SACRISTÁN, J. G. A avaliação no ensino. In: SACRISTÁN, J. G; GOMES, A.I.P. **Compreender e transformar o ensino**. 4.ed. Porto Alegre: Artmed, p.295-351. 1998.

SANTOS, E. R. dos. **Estudo da Produção Escrita de Estudantes do Ensino Médio em Questões Discursivas Não Rotineiras de Matemática**. 2008. Dissertação (Mestrado em Ensino de Ciências e Educação Matemática) – Universidade Estadual de Londrina, Londrina. 2008.

SANTOS, E. R. dos. **Análise da produção escrita em matemática**: de estratégia de avaliação a estratégia de ensino. 2014. Tese (Doutorado em Ensino de Ciências e Educação Matemática) – Universidade Estadual de Londrina, Londrina. 2014.

SEGURA, R. O. **Estudo da Produção Escrita de Professores em Questões discursivas de Matemática**. 2005. Dissertação (Mestrado em Educação) – Universidade Estadual de Londrina, Londrina. 2005.

SILVA, G. S.. **Um olhar para os processos de aprendizagem e de ensino por meio de uma trajetória de avaliação**. 2018. 166f. Tese de Doutorado (Pós Graduação em Ensino de Ciências e Educação Matemática) - Universidade Estadual de Londrina, Londrina, 2018.

SKOVSMOSE, O. Cenários para investigação. **BOLEMA**, Rio Claro: v. 13, n. 14, p. 66-91, 2000.

SKOVSMOSE, O. **Educação matemática crítica**: a questão da democracia. Campinas: Papirus Editora. 2001.

SKOVSMOSE, O. **Educação Matemática Crítica**: a questão da democracia. Campinas: Papirus, 2005.

SKOVSMOSE, O. **Educação crítica - incerteza, matemática, responsabilidade**. São Paulo: Editora: Cortez, 2007.

SKOVSMOSE, O. **Desafios da reflexão em Educação Matemática crítica**. Campinas: Papirus, 2008.

SKOVSMOSE, O.; VALERO, P. Quebrando a neutralidade política: o compromisso crítico entre a educação e a democracia. **Quadrante**, vol.11, 1, pp.7-28. 2002.

SOUZA, J. A.. **Cola em Prova Escrita**: de uma conduta discente a uma estratégia docente. 2018. 146 p. Doutorado (Programa de Pós-Graduação em Educação Matemática) – Universidade Federal de Mato Grosso do Sul, Campo Grande, 2018.

TREFFERS, A. **Three Dimensions**: A Model of Goal and Theory Description in Mathematics Instruction – The Wiskobas Project. Dordrecht: Reidel Publishing Company, 1987.

VAN DEN HEUVEL-PANHUIZEN, M. V. D. **Assessment and Realistic Mathematics Education**. Utrecht: CD-ß Press/Freudenthal Institute, Utrecht University. 1996.

VAN DEN HEUVEL-PANHUIZEN, M. V. D. Realistic Mathematics Education: work in progress. In: BREITEIG, T.; BREKKE, G. (Eds.), **Theory into practice in mathematics education**. Kristiansand, Norway: Faculty of Mathematics and Sciences/ Hogskolen I Agder, 1998. p.1-38. Disponível em: <http://www.fi.uu.nl/publicaties/literatuur/4966.pdf>. Acesso em: 12 ago. 2008

VAN DEN HEUVEL-PANHUIZEN, M. V. D. The didactical use of models in realistic mathematics education: An example from a longitudinal trajectory on percentage. **Educational Studies in Mathematics**, v. 54, n.1,p.09-35, nov. 2003.

VAN DEN HEUVEL-PANHUIZEN, M. V. D. The role of contexts in assessment problems in mathematics. **For the Learning Mathematics**, Alberta-Canadá, v.25, n.2, p.2-9, 2005. Disponível em: <http://www.fi.uu.nl/~marjah/documents/01-Heuvel.pdf>. Acesso em: 12 ago. 2008

VESTIG. In: HOUAISS, A. **Dicionário Eletrônico da Língua Portuguesa**. Rio de Janeiro: Objetiva, 2001. CD-ROM.

VIANNA, H. M. **Avaliação Educacional e o Avaliador**. 1997. Tese de Doutorado (Pontifícia Universidade Católica de São Paulo). São Paulo, 1997.

VIOLA DOS SANTOS, J. R. **O que alunos da escola básica mostram saber por meio de sua produção escrita em matemática**. 2007. Dissertação (Mestrado em Ensino de Ciências e Educação Matemática) – Universidade Estadual de Londrina, Londrina. 2007.

ZULKARDI, Z. **How to design lessons based on the realistic approach**. University of Twente, 1999. Disponível em: < http://www.geocities.com/ratuilma/rme.html>. Acesso em: 12 de jul. 2008.

Capítulo 4

EDUCAÇÃO CIENTÍFICA E CONVERGÊNCIAS COM A LITERACIA EM SAÚDE: REFLEXÕES PARA A FORMAÇÃO DO INDIVÍDUO

Andreia de Freitas Zômpero
Universidade Estadual de Londrina – UEL-Brasil
E-mail: E-mail: andreiazomp@uel.br

Amâncio António de Sousa Carvalho
Universidade Trás-os-Montes e Alto Douro-Portugal
E-mail: amancioc@utad.pt

Bruna Lauana Crivelaro
Universidade Estadual de Londrina – UEL-Brasil
E-mail: E-mail: bruna.crivelaro@uel.br

Resumo

As transformações que ocorrem no mundo e na sociedade demandam a formação de pessoas preparadas para os desafios atuais. Assim, os conhecimentos da ciência tornam-se relevantes tanto para a compreensão de fenômenos como para a tomada de decisões, especialmente em situações relativas à saúde individual e coletiva. Para tal finalidade é necessário, além do conhecimento declarativo, também o desenvolvimento de determinadas habilidades para se atingir a literacia tanto em ciência como em saúde. Neste estudo apresentamos reflexões referentes à educação científica e em saúde, bem como sua relevância na formação do indivíduo. Para tanto tecemos algumas discussões sobre o conceito de literacia no intuito de buscar convergências entre esse conceito, educação científica e em saúde, bem como as habilidades implicadas para esses processos. Consideramos que, por meio da educação científica, as pessoas adquirem habilidades específicas que contribuem para a educação e literacia em saúde.

Introdução

Os avanços científicos e tecnológicos da atualidade requerem a formação de indivíduos reflexivos e com capacidade consciente de tomada de decisões com base em conhecimentos da ciência. Aranda (2008) corrobora com essa afirmação e destaca que, além de promover nos alunos a aprendizagem dos conteúdos conceituais básicos que caracterizam cada disciplina, a educação deve estimulá-los a adquirir competências e habilidades relacionadas à atividade científica, além de desenvolver valores e atitudes vinculados à aplicação da ciência para compreender e resolver diversas situações e problemas do cotidiano, como os relacionados à tecnologia, saúde, meio ambiente e consumo.

De acordo com documentos da Organização das Nações Unidas para a Educação, a Ciência e a Cultura (UNESCO, 2015), a educação em ciências é necessária para desenvolver a alfabetização científica em todas as culturas e setores da sociedade, como também proporcionar a capacidade de raciocínio, habilidades e uma apreciação de valores éticos, de modo a contribuir para a participação pública dos cidadãos na tomada de decisões relacionadas com a aplicação de novos conhecimentos. O documento reitera que "os governos devem dar a mais alta prioridade à melhoria da educação científica em todos os níveis" (p.56), sendo a educação científica de importância essencial para o desenvolvimento humano e para que tenhamos pessoas participantes e informadas. Esse conhecimento proporciona enriquecimento educacional, cultural e intelectual e apresenta-se como essencial para vivência na sociedade atual em muitos aspectos, principalmente nas questões que envolvem a promoção da saúde.

Ao longo dos séculos, as sociedades foram acometidas por diferentes tipos de epidemias como peste bubônica, cólera, tuberculose, varíola, gripe espanhola, dengue e mais recentemente a pandemia da COVID-19. Em todas essas situações foi notório a importância dos conhecimentos e avanços da ciência e da tecnologia. Por outro lado, percebe-se também a necessidade de os conhecimentos científicos serem apropriados pela população no intuito de compreender mecanismos de transmissão, prevenção, tratamento e também cuidados com a manutenção da saúde. Assim, observa-se a estreita interseção entre a Educação em Ciências e a Educação em Saúde com potenciais benefícios para a formação do indivíduo. Nesse sentido, a escola bem como os ambientes de educação não-formal têm papel de suprema relevância. Essa afirmação é sustentada por documentos internacionais da *World Health Organization* - WHO (1998) que apontam a escola ser local reconhecidamente apropriado para desenvolver ações para promoção da saúde pelo fato de ser o ambiente prioritário para que os alunos se apropriem dos conhecimentos científicos, desenvolvam habilidades e atitudes conscientes mediante esses conhecimentos para questões que envolvem a saúde.

Dessa maneira, reitera-se que a vinculação da Educação Científica com a Educação em Saúde não se resume a uma apresentação simplista de conteúdos, pressupondo que o processo educacional se resume à veiculação de informações (MOHR, 2002), mas que a relação entre essas duas áreas do conhecimento podem contribuir para uma formação holística da pessoa.

Nosso objetivo nesta escrita é discutir as relações entre a Educação Científica, Educação em Saúde e suas contribuições para a formação dos indivíduos ressaltando aspectos referentes à literacia crítica em saúde.

A seguir tecemos reflexões sobre o termo *Scientific Literacy*, com uma breve apresentação de como essa expressão tem sido utilizada na literatura, bem como suas possíveis relações com a Educação em Saúde.

Literacia científica e suas aproximações com a Educação em Saúde

O termo *Scientific literacy* origina-se nos escritos de Paul Hurd em 1958 em uma publicação intitulada "*Science Literacy: Its Meaning for American Schools*". Desde então começou a fazer parte da literatura relativa à Educação Científica como um dos objetivos a ser alcançado no Ensino de Ciências. Consideramos aqui a Educação Científica como a formação que o estudante adquire a partir dos conhecimentos proporcionados pela área de Ciências da Natureza.

Em sua tradução o termo *literacy* remete à alfabetização e letramento, que são dois vocábulos que apresentam definições distintas na língua portuguesa e controversa para a Educação Científica (LAUGKSCH, 2000). Carvalho (2009); Vieira e Vieira (2013) utilizam em seus estudos o termo "literacia científica". Conforme a primeira autora, a expressão se refere à capacidade de ler e escrever, mas também é associada ao conhecimento, à aprendizagem e à educação. Já para Vieira e Vieira (2013), essa locução tem sido usada com múltiplos significados e interpretações que refletem diferentes quadros de referência sobre a literacia como alfabetização, letramento, compreensão pública da ciência. Ainda conforme os autores, "literacia" é o termo mais usado nos Estados Unidos, enquanto os países anglo-saxões utilizam "compreensão pública da ciência". O termo "alfabetização científica" é adotado pela Organização das Nações Unidas para a Educação, a Ciência e a Cultura (UNESCO) e letramento científico é empregado nos marcos teóricos do Programa Internacional de Avaliação dos Estudantes – PISA (OCDE, 2015).

De acordo com a UNESCO (2010, p. 297), a pessoa alfabetizada é aquela que tem "capacidade de identificar, compreender, interpretar, criar, comunicar, calcular e utilizar materiais impressos e escritos relacionados com contextos variados. Envolve aprendizagens que capacita os indivíduos desenvolverem seus conhecimentos e potencial"

Conforme os marcos teóricos do PISA de Ciências da Natureza, "o letramento científico define-se em termos de capacidades de usar o conhecimento e a informação de forma interativa, ou seja, um entendimento de como o conhecimento de ciência muda a forma como interagimos com o mundo e como ele pode ser usado para atingir objetivos mais amplos" (OCDE, 2015. p.4).

Hazen e Trefil (1991) definem *Scientific literacy* como a compreensão necessária de questões públicas, isto é, fatos, vocabulários, conceitos, história e filosofia. Não é o conhecimento dos especialistas, mas são conhecimentos mais gerais necessários para entender, por exemplo, notícias e fenômenos de natureza científica. Para os autores, os indivíduos necessitam saber como usar os conhecimentos científicos e não necessariamente saber fazer ciência, o que estaria mais relacionado às atividades dos cientistas.

Para Deboer (2000) *Scientific literacy* são conhecimentos que possibilitam aos indivíduos entender o mundo natural e os capacitam para compreender as experiências do cotidiano. Assim, percebe-se que na literatura não há consenso sobre o termo. Um estudo realizado por Laugsch (2000) aponta a diversidade do uso dessa expressão. O autor classifica a utilização desse vocábulo em quatro categorias que considera como grupos de interesse. No quadro 1 organizamos os grupos de interesse mencionados por Laugsch (2000).

Quadro 1 - Grupos de interesse.

Categorias	Definições
Grupo 1 (Educadores em ciência)	Esse grupo é formado por educadores que se preocupam com reformas educacionais relativas aos objetivos da Educação Científica, habilidades e atitudes científicas a serem desenvolvidas pelos alunos, recursos necessários para permitir que os objetivos sejam atingidos e medidas apropriadas para avaliar se os objetivos para Educação Científica foram atingidos.
Grupo 2 (Cientistas sociais e pesquisadores de opinião pública)	Este grupo inclui cientistas sociais e pesquisadores de opinião pública preocupados com questões de ciência e tecnologia. Os campos pertinentes de investigação para esta categoria de pesquisadores estão relacionados com o a base de conhecimento científico do público e as percepções das limitações da ciência e como medir a atitude do público em relação à ciência e tecnologia em geral.
Grupo 3 (Sociólogos e pesquisadores em Educação Científica)	Os interesses deste grupo de pesquisadores relacionam-se em como as pessoas, na vida cotidiana, interpretam e negociam o conhecimento científico e decidem como utilizar esses conhecimentos para uso em situações particulares.
Grupo 4 (Profissionais da educação Informal e não-formal)	Este grupo é formado por profissionais que fornecem oportunidades educacionais e interpretativas para o público em geral se familiarizar melhor com a ciência. Inclui profissionais envolvidos com museus e centros de ciência, jardins botânicos e zoológicos, bem como membros de equipes criativas envolvidas em exposições e mostras de ciências, jornalistas, escritores e pessoal relevante envolvido em programas de rádio e televisão com finalidades de informação científica.

Fonte: Os autores com base em Laugsch (2000) (tradução nossa).

Essa classificação contempla diferentes aspectos relativos à literacia científica, porém, Miller (1983), anteriormente à classificação de Laugsch sugeriu três dimensões para classificar a literacia científica que se refere ao i) entendimento da terminologia e conceitos, ou seja, dos conteúdos científicos; ii) ao entendimento dos processos da ciência, isto é, da natureza da ciência; iii) consciência e entendimento das implicações da ciência e da tecnologia na sociedade.

Ao retomarmos os escritos de Paul Hurd (1998) ele nos coloca o seguinte questionamento: *o que é realmente necessário no currículo de Ciências para preparar os alunos para viver nesta nova era de mudanças?* Segundo o autor, décadas de esforços têm sido empreendidas para identificar as habilidades de pensamento sociais e de ordem superior associada com alfabetização em ciência e tecnologia. Assim, para o referido autor, visando a literacia científica, é necessário pensar em currículos que preparem os alunos para lidar, por exemplo, com as mudanças e menciona conceitos e habilidades necessários aos estudantes como: conhecimentos sobre saúde; meio ambiente, processamento e utilização de informações; resolução de problemas da vida real para tomada de decisão, pensamento prático, julgamentos e ação; compreensão de questões éticas, morais e jurídicas em ciência e tecnologia. Assim, é possível perceber que para Paul Hurd a literacia científica vai além da compreensão de vocabulário e conceitos científicos.

Para sistematizar os estudos sobre as origens e perspectivas para a literacia científica, Carvalho (2009, p.182) enfatiza que:

> O conceito de literacia científica emergiu aquando da necessidade de criar condições para que os cidadãos pudessem compreender e apoiar projectos em ciência e tecnologia. Estas competências passam a ser desenvolvidas no âmbito da educação em ciências, prioritariamente dirigida a crianças em meio escolar, mas também não esquecendo os adultos, tendo em vista a relevância social e cultural da ciência numa sociedade cada vez mais científica e tecnológica.

Numa revisão da literatura proposta por Sasseron e Carvalho (2011), as autoras propõem três eixos básicos para alfabetização científica sendo eles:

1. Compreensão básica de termos, conhecimentos e conceitos científicos fundamentais: refere-se à capacidade de compreender conceitos e aplicar os conhecimentos científicos em seu dia a dia.

2. Compreensão da natureza da ciência e dos fatores éticos e políticos que circundam sua prática: as autoras consideram a necessidade de as pessoas compreenderem que a ciência está em constantes transformações. Assim, esse entendimento contribui para a reflexão e análise de informações e circunstâncias para tomada de decisões.

3. Entendimento das relações existentes entre ciência, tecnologia, sociedade e meio ambiente: conforme as autoras, esse eixo aponta para a necessidade de se compreender as implicações do desenvolvimento científico e tecnológico para a vida humana e para o meio ambiente e, nesse aspecto, necessidade de se compreender as aplicações dos saberes construídos

pelas ciências considerando as ações que podem ser realizadas com base nesses conhecimentos.

A classificação em eixos proposta por Sasseron e Carvalho (2011) contempla para literacia científica o conhecimento de vocábulos, a compreensão da natureza da ciência, bem como de seus processos e também as relações ciência, tecnologia e sociedade.

Nutbeam (2000), ao se referir à *Health Literacy*, organiza a literacia em três níveis e para tal finalidade propõe a seguinte classificação:

1. Literacia básica ou funcional: relaciona-se às competências básicas para a leitura e a escrita para poder entender e aplicar conhecimentos de maneira eficiente em situações do cotidiano.

2. Literacia comunicativa ou interativa: a pessoa apresenta competências cognitivas e de literacia mais avançadas que, em conjunto com competências sociais, lhe permite selecionar informação e dar-lhe significado e aplicá-las nas atividades cotidianas.

3. Literacia crítica: a pessoa tem competências cognitivas e de literacia ainda mais avançadas e, juntamente com competências sociais, é capaz de analisar criticamente a informação que recebe e usar esta informação para exercer maior controle sobre os mais variados acontecimentos nas diversas situações da vida.

Os níveis organizados por Nutbeam (2000) apresentam a literacia de maneira a abranger conhecimento de conceitos, termos, habilidades para selecionar informações, aplicar conhecimentos no cotidiano como, também, analisar criticamente informações para tomada de decisões. Consideramos que essa proposta de organização é mais adequada para atender aos propósitos e refletirmos com mais propriedade sobre as aproximações entre literacia científica e Educação em Saúde que se pretende realizar neste estudo. Elegemos a organização em níveis apresentada por Nutbeam (2000) para fundamentar as discussões sobre literacia. Porém, pelo motivo de a literatura apresentar o termo literacia em saúde, admitimos a necessidade de esclarecer seus distintos conceitos à luz de diferentes autores no intuito de alcançar os objetivos propostos neste estudo.

Educação, literacia em saúde e suas interfaces

Nesta seção, propomo-nos ao desafio de refletir sobres os conceitos de Educação e Literacia em saúde, com a finalidade de estabelecer as relações com a Educação em Saúde.

Iniciamos este desafio com um questionamento: Por que a Educação é tão necessária na formação de um indivíduo e para a sociedade? Os autores Araújo e Araújo (2018) respondem a esta questão afirmando que a Educação é necessária para criar novas gerações capazes de responder aos novos desafios, cada vez mais crescentes, que surgem com o decorrer dos anos.

Por sua vez, Martins *et al.* (2016) ajudam-nos a compreender melhor o porquê da importância da Educação, apresentando-a como uma dimensão que permite aos cidadãos a ascensão social.

Na opinião de Dias e Pinto (2009), pode-se considerar que a Educação exerce uma forte influência nas transformações da sociedade, reforçando a capacidade crítica dos indivíduos e atestando o grau de desenvolvimento de uma sociedade. Quanto mais desenvolvida for, maior a capacidade de análise dos seus cidadãos, o nível de debate e a consciência dos deveres e das responsabilidades, na defesa e na promoção dos direitos humanos e sociais. Assim, a Educação possibilita a modificação da realidade social.

As caraterísticas sociais influenciam a decisão sobre o modelo de Educação a adotar. Casanova (2018) descreve estas características da seguinte maneira: i) Estamos inseridos numa sociedade de informação e conhecimento; ii) Os avanços tecnológicos são constantes, o que dificulta acompanhar as novidades que se produzem em cada momento; iii) As Tecnologias de Informação e Comunicação (TIC) invadiram a privacidade pessoal; iv) Chegou o momento das Tecnologias de Aprendizagem e do Conhecimento (TAC), que são as que na realidade tornam acessível a Educação e a formação da população ao longo da vida; v) O conhecimento do mundo de que todos dispomos, a existência de comunicações generalizadas, faz com que a mobilidade resulte decisiva para a configuração da sociedade em muitos países; vi) Com o decorrer dos anos, mudam as circunstâncias descritas; vii) A existência multicultural caminhando para uma convivência intercultural é uma realidade, em consequência destas condições; viii) A mudança acelerada das situações sociais é permanente. Esta análise das características sociais permite-nos afirmar que todo o nosso mundo está em constante transformação, assim como a ciência e os modelos de Educação, sendo que as novas tecnologias desempenham um papel ativo nestas mudanças.

Conforme Vianna (2008), a Educação, em seu sentido amplo, representa tudo aquilo que pode ser feito para desenvolver o ser humano e, no sentido estrito, representa a instrução e o desenvolvimento de competências e habilidades. O mesmo autor refere, ainda, que as várias perspectivas da Educação estão relacionadas com a maneira como se entende a aprendizagem. Estas perspectivas alicerçam-se nas teorias psicológicas comportamentalista, humanista, psicoconstrutivista e socioconstrutivista.

A Educação na perspectiva comportamentalista caracteriza-se pela transmissão de saberes técnicos e na obtenção da aprendizagem centrada no estímulo e reforço. Implica o ensino de conteúdos pelo professor e aquisição passiva, pelo aluno, de conhecimentos, atitudes e hábitos difundidos pelas sociedades.

Na perspectiva humanista e psicocognitiva, a Educação é compreendida no sentido amplo como um processo de desenvolvimento intelectual do ser humano e no sentido estrito como facilitação da autoconstrução de conhecimentos e atitudes nos alunos pelo professor. O professor não comanda o processo de aprendizagem, sendo um facilitador da atividade do aluno e criando as condições para a sua atuação. Neste processo, o aluno vai construindo gradualmente o conhecimento da realidade, organizando e relacionando o novo conhecimento, com os previamente adquiridos em sua estrutura cognitiva.

A perspectiva sociocognitiva preconiza a aprendizagem com ênfase em aspectos sociais. No sentido estrito, a Educação é vista como um processo de mediação da construção de conhecimentos e atitudes nos alunos. O papel do professor é guiar o aluno na construção do conhecimento.

Nessa perspectiva, o papel do professor consiste em expor um problema ou situação social ligada ao conteúdo, formar grupos de estudo, guiar a aprendizagem, orientar debates para permitir que os alunos possam opinar e, assim, valoriza-se a interação social.

A reflexão, sobre a importância da Educação na formação do indivíduo permite-nos conceber que a sociedade não admite nem incorpora abertamente o que não conhece, devendo para tal compartilhar contextos comuns nos múltiplos âmbitos da vida. Assim, uma opção educativa aceitável é a de que pessoas diferentes se eduquem juntas. A convivência numa sociedade diversa promoverá a coesão social sustentável.

Consideramos que a Educação deve ser vista como um processo que permite a humanização, a socialização e a singularização da pessoa por meio da apropriação da herança cultural. Assim, não é admissível pensar a Educação como um mero processo de transmissão de informações do professor para os alunos.

Quanto à Educação em Saúde, destacamos que na literatura encontram-se diferentes conceitos como Ensino de Saúde, Educação em Saúde e Educação para Saúde. Neste trabalho, adotaremos o termo Educação em Saúde que, de acordo com Mohr (2002), tem uma aproximação às atividades do currículo escolar, portanto, com intenção pedagógica relacionada ao ensino e aprendizagem de algum assunto ou tema relacionado com a saúde individual e coletiva.

Educação em Saúde (ES), conforme Salci *et al.* (2013), está atrelada aos conceitos de Educação e de Saúde. Paes e Paixão (2016) apontam que existe associação entre o acesso à Educação e melhores níveis de saúde e bem-estar, sendo necessária a contribuição da escola. Sem saúde não há Educação, assim como sem Educação não há saúde. A escola tornou-se um espaço essencial para o desenvolvimento do conhecimento compartilhado.

O conceito de ES sofreu alterações do seu significado ao longo do tempo. Assim, a ES designada, inicialmente, por educação sanitária passou a ser definida por Wood (1926), citado por Precioso (1992), como a soma de experiências e impressões que influenciavam favoravelmente os hábitos, atitudes e conhecimentos relacionados com a saúde do indivíduo e da comunidade.

Mais tarde Seppilli (1989), citado por Larrea e Plana (1993), conceitualiza a ES como um processo de comunicação interpessoal para proporcionar informação que desencadeie um exame crítico dos problemas de saúde, que responsabilize os grupos sociais e indivíduos na escolha de comportamentos que influenciem direta ou indiretamente a saúde física e psíquica das pessoas e da comunidade.

Por sua vez, Salci *et al.* (2013) apresentam as concepções tradicional e crítica de ES. A concepção tradicional inclui a transmissão de informação em saúde com a utilização de tecnologias, enquanto as concepções críticas e participativas compreendem a ES como um conjunto de práticas pedagógicas de caráter participativo e emancipatório, tendo como objetivo sensibilizar, conscientizar e mobilizar para o enfrentamento de situações individuais e coletivas que interferem na qualidade de vida, considerando a ES como uma importante ferramenta da Promoção em Saúde. Também partilhamos esta visão, no que diz respeito ao conceito tradicional e crítico, embora consideramos mais adequado referir que as atividades que proporcionam a ES inserem-se na Promoção em Saúde.

No ano seguinte, Falkenberg *et al.* (2014, p. 848) apresentaram uma definição de ES, do Ministério da Saúde do Brasil, como sendo um:

> Processo educativo de construção de conhecimentos em saúde que visa à apropriação temática pela população [...]. Conjunto de práticas do setor que contribui para aumentar a autonomia das pessoas no seu cuidado e no debate com os profissionais e os gestores a fim de alcançar uma atenção de saúde de acordo com suas necessidades.

Esses autores acrescentam ainda que a ES requer o desenvolvimento de um pensamento crítico e reflexivo e propõem ações transformadoras que levam o indivíduo à sua autonomia e emancipação, tornando-o capaz de apresentar propostas e opinar nas decisões em saúde, no autocuidado, no cuidar da sua família e comunidade. Referem, ainda, que o termo Educação para a Saúde pressupõe uma concepção mais verticalizada dos métodos e práticas educativas que remetem para a educação bancária. Ora, com esta última afirmação não podemos concordar, pois a utilização de práticas de educação bancária não se pode relacionar com uma determinada terminologia utilizada, mas, sim, com a perspectiva educacional ou modelo de educação e de ES adotados.

Passamos agora para as discussões pertinentes à Literacia em Saúde (LS) (em Portugal também se utiliza o termo Literacia para a Saúde existindo algum debate acerca desta terminologia). Este é um conceito relativamente recente que emergiu na década de 1970, mas que tem vindo a adquirir uma importância crescente na saúde pública com o passar do tempo. Este fenômeno preocupa-se com a capacidade de os cidadãos responderem assertivamente às exigências, cada vez mais complexas, no âmbito da saúde, numa sociedade em constante transformação (MANCUSO, 2009; SILVA et al., 2020).

A importância desta temática tornou-se visível quando se constatou que os níveis de LS condicionam a forma como os cidadãos são ou não capazes de tomar decisões corretas sobre a sua saúde afetando a sua qualidade de vida, bem como dos que dependem deles. Contudo essa importância não se resume ao plano individual, mas abrange o plano social, tendo implicações nas despesas dos sistemas de saúde (ESPANHA; ÁVILA; MENDES, 2016).

Já no século XXI a Organização Mundial de Saúde (WHO) começou por definir LS como o conjunto de competências cognitivas e sociais que determinam a motivação e a capacidade de os indivíduos para aceder, compreender e usar informação de forma a promover e manter uma boa saúde. Implica a aquisição de conhecimentos, competências pessoais e confiança para agir de forma saudável, através de alterações no estilo de vida e nas condições de vida (WHO, 1998; DIREÇÃO DE SERVIÇOS DE PREVENÇÃO DA DOENÇA E PROMOÇÃO DA SAÚDE & DIVISÃO DA LITERACIA, SAÚDE E BEM ESTAR, 2020).

Saboga-Nunes (2014. p. 95) conceitualizou como "a conscientização da pessoa aprendente e atuante no desenvolvimento das suas capacidades de compreensão, gestão e investimento, favoráveis à promoção da saúde".

Ainda mais recentemente, a LS tem sido definida como a capacidade para lidar com informação sobre saúde, concretamente, o conhecimento dos cidadãos, acesso, compreensão, interpretação, avaliação, aplicação e utilização, promovendo no indivíduo a gestão pessoal do seu estado de saúde, para que este seja capaz de tomar decisões em matéria de cuidados de saúde, prevenção da doença e promoção da saúde, no seu quotidiano, a fim de manter ou melhorar a sua qualidade de vida, em diversas situações, ao longo do ciclo vital (COSTA; SABOGA-NUNES; COSTA, 2016; ESPANHA; ÁVILA; MENDES, 2016).

Nutbeam (2000, 2008) associou o conceito de LS à noção de *empowerment* e de *outcomes* na ES, tendo classificado a LS num sentido de crescente autonomia através de três níveis, conforme já mencionado anteriormente em Literacia funcional (básica), Literacia interativa (comunicativa) e Literacia crítica.

No dizer de Silva *et al.* (2020), a LS enfatiza o caráter dinâmico, progressivo e reflexivo resultante do conhecimento apropriado e gerador de saúde, que envolve um processo contínuo de aprendizagem, na qual o sujeito aprendente também ensina e desenvolve seu potencial de modo a adotar hábitos saudáveis e usufruir de qualidade de vida e bem-estar. Na sua opinião, a comunicação é um elemento essencial na prática da LS e a baixa LS poderá afetar esta interação. O estudo que realizaram durante o período pandêmico da COVID-19 permitiu-lhes concluir que os usuários informados pelos profissionais de saúde obtiveram conhecimento para se protegerem desta infecção.

A LS diferencia-se da ES, uma vez que a ES permite aumentar a consciencialização dos indivíduos sobre os determinantes sociais da saúde, trabalhar atitudes e provocar mudanças de comportamentos menos saudáveis, possibilitando reflexões e ações que promovam estilos de vida mais saudáveis, enquanto a LS é o resultado da ES (NUTBEAM, 2008). Na opinião de Manganello (2008), o conceito de LS distingue-se do conceito de ES porque enquanto a ES visa melhorar o conhecimento sobre saúde, a LS permite a compreensão e a aplicação dos conhecimentos, opinião que consideramos um pouco redutora sobre o papel da ES, uma vez que exclui a componente das atitudes, das competências e dos comportamentos que uma verdadeira ES também deve proporcionar.

Assim, os indivíduos necessitam desenvolver competências sociais e cognitivas que lhes possibilitem a análise crítica da informação adquirida para que consigam realizar uma tomada de decisão responsável e promotora da saúde. Perante a imensidão de informações de que todos dispomos, disponibilizadas das TIC, a capacidade de pensamento crítico defendida por Nutbeam (2000) revela-se fundamental para alcançar a LS crítica. Dessa maneira, o desenvolvimento de determinadas habilidades pelos cidadãos é fundamental para promover a literacia crítica em saúde. Admitimos que a educação científica é uma importante aliada nesse processo. Dessa maneira, na próxima seção buscamos aproximações entre as habilidades cognitivas oportunizadas pela educação científica e suas contribuições para a Educação em Saúde dos indivíduos.

Habilidades cognitivas, literacia científica e em saúde

Antes de estabelecermos as relações entre habilidades cognitivas e literacia em saúde, é necessário discutirmos o conceito de habilidades.

Gatti (1997) compreende por habilidade os tipos de ações e técnicas generalizadas que auxiliam um indivíduo e que transforma sua atitude, quando se depara com situações desafiadoras. Para Mayer e Salovey (1997), habilidade está diretamente relacionada às realizações e ao desempenho da pessoa, envolvendo respostas para um determinado problema ou até mesmo construção de conhecimento a respeito de algum conteúdo. Habilidade é um agente transformador das ações do indivíduo, pois indica facilidade em acessar alguma informação ou experiências de aprendizagem. (PRIMI *et al*, 2001).

Silva (2010) considera a existência de dois tipos principais de habilidades, as motoras e as cognitivas. Segundo a autora, os processos motores envolvem a observação de ações alheias, pois, durante toda nossa vida, mas principalmente na infância, nós vamos nos desenvolvendo à medida que copiamos as ações de nossos semelhantes. Já as cognitivas, de acordo com a autora, então associadas aos processos de interação, comunicação, linguagem e raciocínio, especialmente a partir da segunda infância (quatro a seis anos), a linguagem já se desenvolveu o bastante para permitir, por exemplo, maior interação com os adultos.

Gatti (1997) descreve que as Habilidades Cognitivas proporcionam a estruturação de processos mentais complexos, ligados à construção, desconstrução e reconstrução de estratégias cognitivas.

Em relação à educação e literacia científica, Küll (2018) afirma que as Habilidades Cognitivas para alfabetização científica se baseiam no saber e fazer científico nas dimensões conceitual, procedimental e atitudinal. A autora acrescenta que dessa forma é possível alcançar o desenvolvimento da formação cidadã, da autonomia e do pensamento crítico.

São exemplos de Habilidades Cognitivas para a educação científica: leitura e escrita de informações pertinentes ao cotidiano, observação dos fenômenos ao seu redor, memorização de conceitos, resolução de exercícios, identificação de problemas, proposição de hipóteses para depois buscar confirmá-las ou refutá-las, coleta e análise de dados e informações, discussão, comunicação, atribuição de significado, tomada de decisão. (CARVALHO, 1992; ZOLLER, 1993;2000; 2001), SUART; MARCONDES, 2008, ZOMPERO; LABURU, 2011).

Tratando-se de Habilidades Cognitivas LS. Rubinelli *et al.* (2009), consideram a necessidade de as pessoas saberem contextualizar os conhecimentos e decidirem sobre uma determinada ação após fazerem uma avaliação. Para tal finalidade, a escola e outras instituições formais e não formais de ensino desempenham papel importante no desenvolvimento de Habilidades Cognitivas para a LS por ajudarem crianças e adultos a aprender sobre o impacto das escolhas que fazem e onde encontrar informações confiáveis para apoiar a tomada de decisão (World Health Communication Association, 2011).

De acordo com a UNESCO, a escola auxilia no desenvolvimento da Educação em Saúde. Nesse sentido, a Declaração de Incheon de 2015 (organizada pela Unesco) na Coreia do Sul pretendeu assegurar, entre 2015 e 2030, educação com qualidade e inclusiva, com uma visão humanista. O documento assume que a educação possibilita a promoção de habilidades, valores e atitudes que permitem que os cidadãos levem uma vida saudável, tomem decisões diante das informações as quais tiverem acesso (UNESCO, 2015).

É possível pensarmos então, que o desenvolvimento das Habilidades Cognitivas, proporcionadas pela literacia científica, contribui fortemente para a LS e que ambos os processos ocorrem de maneira dinâmica na formação do estudante. Assim, nossas reflexões, a partir deste momento, envolverão as conexões que se estabelecem entre as Habilidades Cognitivas para literacia científica e LS.

Um dos aspectos que podemos vincular a LS com a científica refere-se que as escolhas realizadas pelas pessoas devem ser fundamentadas em informações confiáveis e, para isso, conforme afirma Hurd (1998), é necessário saber selecionar informações e processá-las para atribuir-lhes significado.

De acordo com o Health Literacy, as habilidades para LS incluem leitura básica, escrita e as capacidades de comunicar e questionar. Outras habilidades funcionais descritas nesse material é reconhecer riscos, classificar as informações conflituantes, tomar decisões relacionadas à saúde e propor mudanças por meio das estruturas comunitárias e políticas para melhorias que atendam às necessidades da população (WORLD HEALTH COMUNICATION ASSOCIATES -WHCA, 2011).

O documento ainda discute sobre as Habilidades Cognitivas para LS que incluem habilidades de coleta e análise de informações. Essas habilidades, segundo o Health Literacy (WHCA, 2011), são usadas para ações relacionadas à saúde, como leitura de rótulos de alimentos, preenchimento de formulários, decifrar as instruções de medicamentos prescritos, bem como a capacidade de compreender informações escritas e orais fornecidas por profissionais de saúde.

No documento, a Literacia é tratada de forma a proporcionar para as pessoas, uma tomada de consciência para melhoria dos comportamentos e escolhas com relação à saúde, para o bem individual e coletivo, gerando maior bem-estar e autonomia. Neste caminho, a LS é conduzida para desenvolver habilidades que possam levar o estudante ao desenvolvimento do pensamento crítico e da autonomia para que seja capaz de estar apto para lidar com diversas situações dispostas na vida social e associadas nestes processos.

Contudo, já temos mais indícios da relação entre as Habilidades Cognitivas para a literacia científica e para a LC. Ambas estão aliadas ao desenvolvimento do pensamento crítico e da autonomia dos sujeitos.

Ao associarmos as habilidades contidas nos três tipos de LS, descritas por Nutbeam (2000) e discutidas anteriormente, podemos averiguar que cada tipo de literacia exige Habilidades Cognitivas distintas, porém complementares. Na literacia funcional/básica, o sujeito precisa ser capaz de ler e escrever, já a literacia interativa/comunicativa associa a informação à comunicação com outras pessoas. Contudo a literacia crítica envolve a avaliação com criticidade para acessar e interpretar as informações e obter maior controle sobre a tomada de decisões em saúde.

Diante disso, é possível compararmos as habilidades científicas, descritas na literatura, com as habilidades em saúde descriminadas por Nutbeam (2000).

Carvalho (2018) identifica algumas habilidades científicas como leitura e escrita sobre o conteúdo, relacionando-o com seu dia a dia. Ao compararmos com as habilidades descritas na literacia funcional ou básica, verificamos semelhanças como a realização de leituras e escritas para o dia a dia.

Quanto às habilidades associadas à literacia comunicativa ou interativa, Carvalho (1992) descreve algo que na LC considera-se como "dar significado à informação". A autora afirma que o sujeito recebe uma informação e realiza um confronto cognitivo ao associá-la com seus conhecimentos prévios. Outra característica em comum é a comunicação, discutida por Zompero e Laburu (2011). Os autores afirmam que nas atividades investigativas, a comunicação das novas informações é crucial e esta pode ocorrer por meio da oralidade ou da escrita.

A literacia crítica, responsável pela análise crítica mediante informação, bem como uso desta sobre as situações da vida, possui relação com as habilidades científicas de coleta e análise de dados e informações, reflexão e tomada de decisões cotidianas diante dos novos conhecimentos.

Dessa forma, sintetizamos por meio do quadro 2, a relação existente entre as habilidades científicas e para saúde descritas na literatura e suas relações com a LC e a LS.

Quadro 2: Habilidades científicas e para saúde necessárias à LC e LS

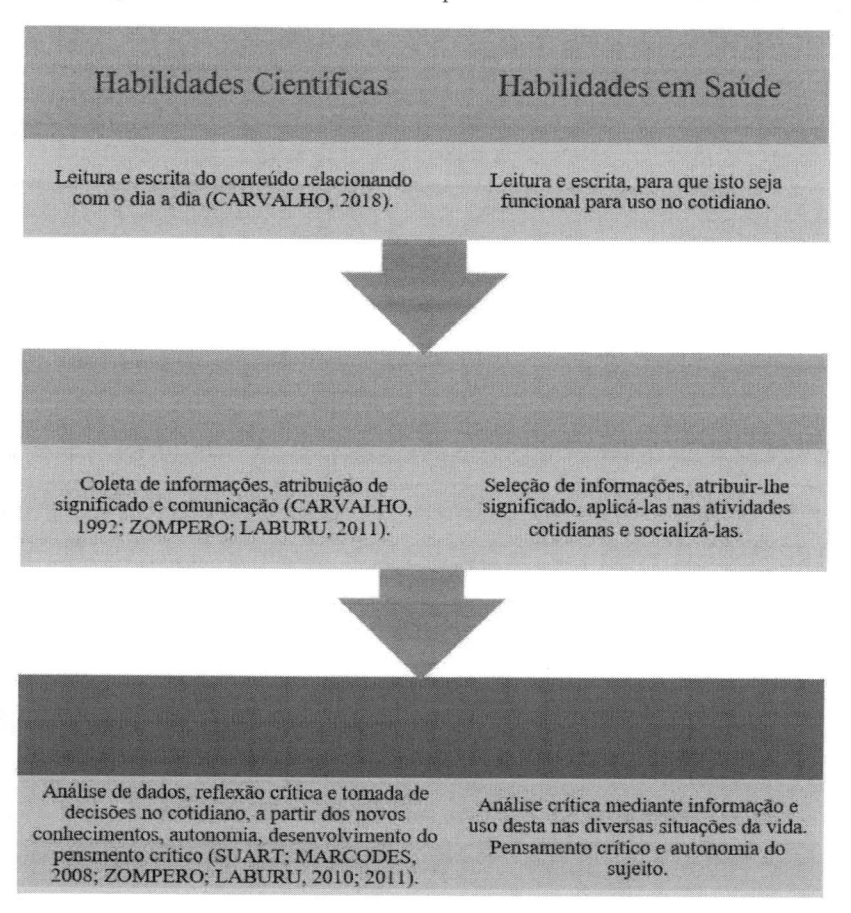

Habilidades Científicas	Habilidades em Saúde
Leitura e escrita do conteúdo relacionando com o dia a dia (CARVALHO, 2018).	Leitura e escrita, para que isto seja funcional para uso no cotidiano.
Coleta de informações, atribuição de significado e comunicação (CARVALHO, 1992; ZOMPERO; LABURU, 2011).	Seleção de informações, atribuir-lhe significado, aplicá-las nas atividades cotidianas e socializá-las.
Análise de dados, reflexão crítica e tomada de decisões no cotidiano, a partir dos novos conhecimentos, autonomia, desenvolvimento do pensamento crítico (SUART; MARCODES, 2008; ZOMPERO; LABURU, 2010; 2011).	Análise crítica mediante informação e uso desta nas diversas situações da vida. Pensamento crítico e autonomia do sujeito.

Fonte: Os autores.

Com isso, é possível percebermos que existe correspondência entre as habilidades para Literacia Científica e para LS ressaltando aqui a literacia crítica. Chamamos a atenção para o desenvolvimento do pensamento crítico e a autonomia, crucial para que o estudante se torne um cidadão consciente.

A educação científica contribui para formação de cidadãos capazes de analisar situações cotidianas e tomar decisões de forma crítica, considerando conhecimentos técnico-científicos (TRIVELATO; TONIDANDEL, 2015). Na LC isso ocorre à medida que a pessoa toma consciência da importância de suas atitudes para levá-la a uma vida saudável, tomando decisões críticas diante das informações acessadas (UNESCO, 2015).

Contudo podemos afirmar que as Habilidades Cognitivas para LC e para LS se relacionam com o desenvolvimento do pensamento crítico e compartilham de habilidades comuns para ocorrência de ambos os processos.

Considerações finais

Nosso objetivo nesta escrita foi discutir as relações que se estabelecem entre a Educação Científica e ES na formação do indivíduo, ressaltando aspectos referentes à literacia. A partir desse objetivo e das reflexões realizadas ao longo deste estudo, é possível tecer algumas considerações. A Educação Científica colabora para que a pessoa tenha acesso à LC. E a tão almejada literacia científica, que na literatura também encontramos com o termo Alfabetização Científica e Letramento Científico, é um dos principais objetivos para a área de Ciências da Natureza para a formação do estudante. Porém é necessário considerar que a literacia é um processo dinâmico e transcende o período de escolaridade. Por isso, neste texto, ao tratarmos das questões pertinentes à literacia não evidenciamos somente o estudante durante sua escolaridade, mas, sim, o indivíduo além da escolaridade. Importante ressaltar que a Educação Científica vincula-se à Literacia e que esta, para que ocorra, depende do desenvolvimento de diferentes Habilidades Cognitivas que vão desde a simples leitura e compreensão de uma informação até a análise crítica e tomada de decisões.

A compreensão de conceitos, teorias e dos processos da ciência, proporcionados pela Educação Científica, tem seus impactos na Educação e LS. Dessa maneira, as habilidades cognitivas proporcionadas pela Educação

Científica contribuem também para ES do indivíduo e, assim, as habilidades cognitivas desenvolvidas em ambos os processos são complementares e permitem a formação cidadã.

Assim, a Educação, a Educação Científica, a Literacia Científica, a Educação em Saúde e a Literacia em Saúde são conceitos intimamente relacionados, contribuindo todos para a emancipação e transformação da pessoa e da sociedade. Essa transformação também atinge os determinantes da saúde e permite ao homem ser mais saudável e optar por um estilo de vida promotor da saúde. Então, sem educação não existe saúde e sem uma boa saúde esse processo de transformação, que se encontra na gênese da educação, fica seriamente comprometido.

Referências

ARANDA, R.C. **Enseñanza y Aprendizaje de Procedimientos Científicos (Contenidos Procedimentales) em la Educación Secundaria Obligatoria: Análisis de la situación, dificultades y perspectivas.** Tese de Doutorado Departamento de Didáctica de las Ciencias Experimentales. Universidad de Murcia, Espanha, 2008

ARAÚJO, Alberto Felipe Ribeiro de Abreu; ARAÚJO, Joaquim Machado. A educação nova e o novismo em educação: O novo como ilusão necessária. **Revista Portuguesa de Educação**, v. 31, n. 2, p. 23-26, 2018. Disponível em: https://revistas.rcaap.pt/rpe/article/view/13719/12993. Acesso em: 19 ago. 2021.

CARVALHO, Anna Maria Pessoa. Construção do conhecimento e Ensino de Ciências . **Em Aberto**, v. 11, n. 55, 1992. Disponível em: https://inep.gov.br. Acesso em 11 out. 2021.

CARVALHO, Anna Maria Pessoa. Fundamentos teóricos e metodológicos do ensino por investigação. **Revista Brasileira de Pesquisa em Educação em Ciências**, Belo Horizonte, Minas Gerais, v. 18, n. 3, p. 765-794, 2018. Disponível em: https://www.periodicos.ufmg.br/index.php/rbpec/article/download/4852/3040/15317. Acesso em 6 out. 2021.

CARVALHO, Graça Simões. Literacia científica: Conceitos e dimensões In: *Azevedo, F. & Sardinha, M.G. (Coord.)* ***Modelos e práticas em literacia***. Lisboa: Lidel, p.179-194, 2009. Disponível em: http://repositorium.sdum.uminho.pt/handle/1822/9695.

CASANOVA, Maria A. Educación inclusiva: Por qué y para qué? **Revista Portuguesa de Educação**, V. 31, número especial, p. 42-54, 2018. Disponível em: https://revistas.rcaap.pt/rpe/article/view/15078. Acesso em: 19 ago. 2021.

COSTA, Alessandra; SABOGA-NUNES, Luiz; COSTA, Luciana. Avaliação do nível de literacia para a saúde numa amostra portuguesa. Observações Boletim Epidemiológico, Lisboa: **Instituto Nacional de Saúde Doutor Ricardo Jorge**, V. 17, 2ª série, p. 38-40, 2016. Disponível em: http://repositorio.insa.pt/bitstream/10400.18/4111/1/Boletim_Epidemiologico_Observacoes_N17_2016_artigo9.pdf. Acesso em: 1 mar. 2018.

DEBOER. George. Scientific literacy: another look at its historical and contemporary meanings and its relationship to science education reform. **Journal of Research in Science Teaching**, Hoboken, v. 37, n. 6, p. 582-601, 2000. Disponível em: https://onlinelibrary.wiley.com/doi/epdf/10.1002/1098-2736%28200008%2937%3A6%3C582%3A%3AAID-TEA5%3E3.0.CO%3B2-L. Acesso em: 18 ago. 2021.

DIREÇÃO DE SERVIÇOS DE PREVENÇÃO DA DOENÇA E PROMOÇÃO DA SAÚDE. DIVISÃO DE LITERACIA, SAÚDE E BEM-ESTAR. **Literacia em saúde e a COVID-19: Plano, Prática e Desafios**. Direção-Geral da Saúde (DGS). Lisboa: 2020. Disponível em: https://www.dgs.pt/a-dgs/direcao-e-organica/direcao-de-servicos-de-prevencao-da-doenca-e-promocao-da-saude/divisao-de-literacia-saude-e-bem-estar.aspx. Acesso em: 18 ago. 2021.

DIAS, Érika; PINTO, Fátima Cunha Ferreira. Educação e sociedade. **Ensaio: aval. Pol. Públ. Educ**, v. 27, n. 104, p. 449-455, 2019. Disponível em: https://www.scielo.br/j/ensaio/a/MGwkqfpsmJsgjDcWdqhZFks/?format=pdf&lang=pt. Acesso em: 19 ago. 2021.

ESPANHA, Rita; ÁVILA, Patrícia; MENDES, Rita Veloso. **Literacia em saúde em Portugal:** relatório síntese. Lisboa: Fundação Calouste Gulbenkian, 2016. Disponível em: https://gulbenkian.pt/wp-content/uploads/2016/05/PGISVersCurtaFCB_FINAL2016.pdf. Acesso em: 17 ago. 2021.

FALKENBERG, Mirian Benites *et al*. Educação em saúde e educação na saúde: Conceitos e implicações para a saúde coletiva. **Ciência & Saúde Coletiva**, v. 19, n. 3, p: 847-852, 2014. Disponível em: https://www.scielo.br/j/csc/a/kCNFQy5zkw4k6ZT9C3VntDm/?lang=pt&format=pdf. Acesso em: 19 ago. 2021.

GATTI, Bernadete. **Habilidades cognitivas e competências sociais**. Santiago: Laboratório Latinoamericano de Avaliação da Qualidade da Avaliação. 1997.

HAZEN, Robert; TREFIL, James. Science Matters. **Achieving scientific literacy**. New York, Anchor Books Doubleday, 1991. Disponível em: https://www.researchgate.net/publication/241283381_Science_Matters_Achieving_Scientific_Literacy. Acesso em: 20 ago. 2021.

HURD, Paul De Hart. Science literacy: Its meaning for American schools. **Educational leadership**, v. 16, n. 1, p. 13-16, 1958. Disponível em: http://edcipr.com/wp-content/uploads/2016/09/Hurd_1958_Science-literacy.pdf. Acesso em 17 ago. 2021.

HURD, Paul DeHart. Scientific literacy: new minds for a changing world. **Science Education,** Malden, MA (USA), John Wiley & Sons, v. 82, n. 3, p. 407-416, 1998. Disponível em: http://www.csun.edu/~balboa/images/480/Hurd%20-%20Science%20Literacy%5B1%5D.pdf. Acesso em 17 ago. 2021.

KÜLL, Cláudia Roberta. **Problematizar situações de ensino e desenvolver habilidades cognitivas:** estudo sobre a importância das folhas para a planta e o ambiente. Orientadora: Profª. Dra. Dulcimeire Ap. Volante Zanon. Dissertação (Pós Graduação profissional em educação) – Universidade Federal de São Carlos, 2018. Disponível em: https://repositorio.ufscar.br/bitstream/handle/ufscar/9990/KULL_Claudia_2018.pdf?sequence=1&isAllowed=y. Acesso em: 11 out. 2020.

LARREA, Cristina Killinger; PLANA, Montse. Antropologia y Educación para la salud. **Rol de enfermeira**, v. 179/180, p. 65 – 69, 1993. Disponível em: https://www.researchgate.net/publication/261993600_Antropologia_y_Educacion_para_la_Salud. Acesso em 25 ago. 2021.

LAUSCHER, Rüdiger. Scientific literacy: A conceptual overview. **Science Education**, v. 84, p. 71-94, 2000. Disponível em: https://onlinelibrary.wiley.com/doi/epdf/10.1002/%28SICI%291098237X%28200001%2984%3A1%3C71%3A%3AAID-SCE6%3E3.0.CO%3B2-C. Acesso 16 ago. 2021.

MANCUSO, Josephine. Assessment and measurement of health literacy: An integrative review of the literature. **Nursing and Health Sciences**, Rockville Pike, v. 11, n.1, p. 77-89, Mar. 2009. Disponível em: https://www.ncbi.nlm.nih.gov/pubmed/19298313. Aceso em: 23 jun. 2018.

MANGANELLO, Jennifer Health literacy and adolescents: a framework and agenda for future research. **Health Educ Res**, v. 23, n. 5, 840-847, 2008. Disponível em: https://pubmed.ncbi.nlm.nih.gov/18024979/. Acesso em: 23 ago. 2021.

MARTINS, Susana da Cruz *et al.* A educação ainda é importante para a mobilidade social? Uma perspetiva das desigualdades educacionais da Europa do sul no contexto europeu. **Revista Portuguesa de Educação,** v. 29, n. 2, p. 281-285, 2016. Disponível em: https://revistas.rcaap.pt/rpe/article/view/7920/7521. Acesso em: 19 de agosto de 2021.

MAYER, John; SALOVEY, Peter. What is emotional intelligence. **Emotional development and emotional intelligence: Educational implications,** v. 3, p. 31, 1997.

MILLER, Jon. D. Scientific literacy: A conceptual and empirical review. **Daedalus**, v. 112, n. 2, p. 29 – 48, 1983. Disponível em: https://edisciplinas.usp.br/pluginfile.php/844760/mod_resource/content/1/MILLER_A_conceptual_overview_review.pdf. Acesso em 22 ago. 2021.

MOHR, Adriana. **A natureza da educação em saúde no ensino fundamental e os professores de ciências**. Tese de Doutorado-Centro de Ciências da Educação, UFSC. Florianópolis: 2002. Disponível em: https://repositorio.ufsc.br/xmlui/handle/123456789/83375. Acesso em 12 fev. 2021.

NUTBEAM, Don. Health literacy as a public health goal: a challenge for contemporary health education and communication strategies into the 21st century. **Health promotion international**, v. 15, n.3, p. 259-267, 2000. Disponível em: https://academic.oup.com/heapro/article/15/3/259/551108. Acesso em 13 mar. 2021.

NUTBEAM, Don. The evolving concept of health literacy. **Social science & medicine**, v. 67, n. 12, p. 2072 - 2078, 2008. Disponível em: https://www.sciencedirect.com/science/article/abs/pii/S0277953608004577. Acesso em: 14 mar. 2021.

PAES, C. C. D. C. PAIXÃO. A importância da abordagem da educação em saúde: revisão de literatura. **Revasf**, v. 6, n. 11, p. 80-90, 2016.

PISA. (2015). **Draft Science Framework**. Paris, 2013. Paris. Disponível em http://www.oecd.org/pisa/pisaproducts/Draft%20PISA%202015%20Science%20Framework%20.pdf. Acesso em: 23 mai. 2020.

PRECIOSO, José Alberto Gomes. Algumas estratégias de âmbito intra e extra-curricular. Para promover e educar para a prática de uma alimentação racional. **Revista Portuguesa de Educação**, v. 2, p. 111 – 128, 1992. Disponível em: https://repositorium.sdum.uminho.pt/bitstream/1822/511/1/1992%2C5%282%29%2C111-128%28JosePrecioso%29.pdf. Acesso em 23 ago. 2021.

PRIMI, Ricardo *et al*. Competências e habilidades cognitivas: diferentes definições dos mesmos construtos. **Psicologia: teoria e pesquisa**, Brasília, v. 17, p. 151-159, 2001. Disponível em: https://www.scielo.br/j/ptp/a/b5tz5SshXNLmnLjRRRKZknN/?lang=pt. 14 out. 2020.

RUBINELLI, Sara. Health literacy beyond knowledge and behaviour: letting the patient be a patient. **Int J Public Health**, v. 54, n. 307, 2009. Disponível em: https://link.springer.com/article/10.1007/s00038-009-0052-8. Acesso em 23 ago. 2021.

SABOGA-NUNES, Luís. Literacia para a saúde e a conscientização da cidadania positiva. **Revista de Enfermagem Referência**, Suplemento ao nº 11, p. 94-99, 2014. Disponível em: https://novaresearch.unl.pt/en/publications/

literacia-para-a-sa%C3%BAde-e-a-conscientiza%C3%A7%C3%A3o-da-cidadania-positiva. Acesso em 19 ago. 2021.

SALCI, Maria *et al.* Educação em saúde e suas perspectivas teóricas: Algumas reflexões. **Texto Contexto Enferm.**, v. 22, n. 1, p. 224-230, 2013. Disponível em: https://www.scielo.br/j/tce/a/VSdJRgcjGyxnhKy8KvZb4vG/?lang=pt&format=pdf. Acesso em: 19 de agosto de 2021

SASSERON, Lúcia Helena; CARVALHO, Anna Maria Pessoa. Construindo argumentação na sala de aula: a presença do ciclo argumentativo, os indicadores de alfabetização científica e o padrão de Toulmin. **Ciência & Educação**, Bauru, São Paulo v. 17, p. 97-114, 2011. Disponível em: https://www.scielo.br/j/ciedu/a/CyDQN97T7XBKkMtNfrXMwbC/?lang=pt&format=html. Acesso em: 13 nov. 2020.

SILVA, Renata Saldanha. **Avaliação do desenvolvimento das habilidades cognitivas e motoras em alunos de educação infantil.** Orientadora: Prof(a) Dra. Carmen Flores-Mendoza. 2010. Dissertação (Pós Graduação em Psicologia do Desenvolvimento Humano) – Universidade Federal de Minas Gerais, Belo Horizonte, 2010. Disponível em: https://repositorio.ufmg.br/handle/1843/VCSA-8CLQEY. Acesso em: 11 out. 2021.

SILVA, Terezinha *et al.* Literacia para a saúde em tempos de COVID-19: Relato de experiência. **Saberes Plurais Educ. Saude**, v. 4, n. 2, p. 37 - 48, 2020. Disponível em: https://seer.ufrgs.br/saberesplurais/article/view/107796/59998. Acesso em: 20 de agosto de 2021.

SUART, Rita de Cássia; MARCONDES, Maria Eunice Ribeiro. **Atividades experimentais investigativas:** habilidades cognitivas manifestadas por alunos do ensino médio. XIV Encontro Nacional de Ensino de Química, Curitiba, Paraná, 2008. Disponível em: http://www.quimica.ufpr.br/eduquim/eneq2008/resumos/R0342-1.pdf. Acesso em: 17 ago. 2020.

TONES, Keith; TILFORD, Sylvia. *Health education: Efectiveness, efficiency and equity.* London: Chapman & Hall, 1994

TRIVELATO, Sílvia L. Frateschi; TONIDANDEL, Sandra M. Rudella. Ensino por investigação: eixos organizadores para sequências de ensino de biologia. **Ensaio Pesquisa em Educação em Ciências,** Belo Horizonte, Minas Gerais, v. 17, n. especial, p. 97-114, 2015. Disponível em: https://www.scielo.br/j/epec/a/VcyLdKDwhT4t6WdWJ8kV9Px/abstract/?lang=pt. Acesso em: 11 out. 2020.

UNESCO, Organização das Nações Unidas para a Educação, a Ciência e a Cultura. **A Declaração de Incheon:** educação 2030. UNESCO Brasil, Brasília, 2015. Disponível em: https://pt.unesco.org/fieldoffice/brasilia/expertise/education-2030-brazil. Acesso em: 3 ago. 2021.

UNESCO, Organização das Nações Unidas para a Educação, a Ciência e a Cultura. **Reaching the marginalized**. Paris: Unesco; Oxford: Oxford University Press, 2010.

VIEIRA, Celina Tenreiro; VIEIRA, Rui Marques. Literacia e pensamento crítico: um referencial para a educação em ciências e em matemática. **Revista Brasileira de Educação**, v. 18, n. 52, p. 163-188, 2013. Disponível em: https://www.scielo.br/j/rbedu/a/GMVMV8cdGj8F4PDTdnpjxgm/abstract/?lang=pt&format=html. Acesso em 25 ago. 2021.

WORLD HEALTH COMUNICATION ASSOCIATES (WHCA). **Health Literacy**: "The Basics" Revised Edition, 2011.

WHO (Geneva, Switzerland). OMS. **The World Health Report 1998**: Life in the 21st century A vision for all.1. ed. Geneva, Switzerland: World Health Organization, 1998. WHO. Disponível em: https://www.who.int/whr/1998/en/whr98_en.pdf. Acesso em: 25 nov. 2020.

ZOLLER, Uri. **Interdisciplinary Systemic HOCS Development** – The Key for Meaningful Oriented Chemical Education, Chemistry Education: Research and Practice in Europe, v. 1, n. 2, p. 189-200, 2000.

ZOLLER, Uri. **Lecture and learning**: Are they compatible? Maybe for LOCS; unlikely for HOCS. Journal of Chemical Education, v. 70 n.3, p. 195-197, 1993.

ZOLLER, Uri. **The challenge for environmental chemistry educators**. Environmental Science and Pollution Research, v. 8, n. 1, p. 1-4, 2001.

ZÔMPERO, Andréia de Freitas; LABURÚ, Carlos Eduardo. As atividades de investigação no Ensino de Ciências na perspectiva da teoria da Aprendizagem Significativa. **Revista electrónica de investigación en educación en ciencias**, v. 5, n. 2, p. 12-19, 2010. Disponível em: https://dialnet.unirioja.es/servlet/articulo?codigo=3672996. Acesso em 21 mai. 2020.

ZÔMPERO, Andreia Freitas; LABURÚ, Carlos Eduardo. Atividades investigativas no Ensino de Ciências : aspectos históricos e diferentes abordagens. **Ensaio Pesquisa em Educação em Ciências,** Belo Horizonte, Minas Gerais, v. 13, n. 3, p. 67-80, 2011. Disponível em: https://www.scielo.br/j/epec/a/LQnxWqSrmzNsrRzHh3KJYbQ/?lang=pt. Acesso em 15 abr. 2020.

Capítulo 5
EQUÍVOCOS CONCEITUAIS E PROCEDIMENTAIS INFLUENCIADOS POR *AFFORDANCES* NEGATIVOS NO PROCESSO DE APRENDIZAGEM EM QUÍMICA

Ana Paula Hilário Gregório
Instituto Federal do Paraná – IFPR
E-mail: ana.gregorio@ifpr.edu.br

Carlos Eduardo Laburú[1]
Universidade Estadual de Londrina
E-mail: laburu@uel.br

Resumo

Este trabalho insere-se na linha de pesquisa que se preocupa com a transposição de referenciais teóricos dos estudos semiológicos para a educação científica. Sob essa perspectiva, o objetivo do estudo buscou identificar os *affordances* negativos dos signos e os equívocos conceituais e procedimentais influenciados por eles na aprendizagem de química dos estudantes. As atividades da pesquisa foram realizadas com aprendizes de nível técnico e superior. Para perscrutar os desvios de interpretação e ação instigados pelos *affordances* negativos, o trabalho se valeu de uma metodologia baseada na descrição da fala e gestos dos discentes durante instrução científica no laboratório didático. Os resultados obtidos permitem refletir a respeito das concepções conceituais distorcidas e procedimentos errôneos dos educandos tendo como base o referencial de *affordances* negativos. Além disso, a contribuição deste capítulo consiste em possibilitar àquele que ensina analisar, antecipar, compreender, direcionar e problematizar os erros de conceitos e de procedimentos estabelecidos pelos estudantes em momentos de instrução científica.

Palavras-Chave: *affordances* negativos, aprendizagem em química, equívocos conceituais e procedimentais, semiologia.

---

[1] Apoio do CNPq, Conselho Nacional de Desenvolvimento Científico e Tecnológico, Brasil (processo 301582/2019-0).

Introdução

Sob a ótica das abordagens construtivistas, pesquisadores da educação científica argumentam que o conceito de *affordances* apresenta contribuições significativas para o processo de ensino e de aprendizagem (FREDLUND; AIREY; LINDER, 2012; HAMMOND, 2010; HOBAN; NIELSEN, 2014; KIRSCHNER, 2002; KOZMA, 2003; KRESS, 2010; PRAIN; TYTLER, 2012; WU; PUNTAMBEKAR, 2012). No entanto, um levantamento bibliográfico em bancos de teses, dissertações e principais periódicos da área de Ensino de Ciências evidencia que a ideia de *affordances* é pouco pesquisada em âmbito nacional (GREGÓRIO; LABURÚ; ZÔMPERO, 2021). Diante disso, tendo como propósito contribuir para o contexto educacional científico, este estudo situa o conceito de *affordances* como foco da investigação.

O termo *affordance* foi cunhado, originalmente, pelo psicólogo ecológico James Jerone Gibson, em 1966, para apontar a relação entre percepção visual e ação. Desse modo, a noção de *affordance* foi desenvolvida para entender como o sistema perceptivo conduz ao comportamento. No entanto, em nosso contexto, agregamos e unificamos conhecimentos teóricos de Volli (2012) e dos autores Laburú, Silva e Zômpero (2017) e Silva e Laburú (2017) que realizam uma transposição desse conceito embasada em referenciais da semiologia para o ensino de física. Por consequência, encaminhamos uma discussão que traz um olhar analítico diferenciado do elemento *affordances* para abordar questões de aprendizagem dos conceitos e procedimentos durante instrução científica de química.

Como aprofundaremos à frente, a*ffordances* negativos são definidos como elementos sugestivos e indutores, intrínsecos aos signos, que convidam os aprendizes ao erro. De maneira geral, são tratados com o significado de reconhecimento imediato, associado a aspectos particulares das representações sígnicas, que induzem os estudantes a frequentes equívocos conceituais e procedimentais. Motivados por essa orientação, analisamos os *affordances* negativos decorrentes da interação dos aprendizes com e sobre objetos físicos, artefatos, instrumentos científicos, atividades experimentais e diversos tipos de representações sígnicas. Tendo isso em foco, o objetivo do trabalho consistiu em identificar os *affordances* negativos dos signos e os equívocos conceituais e procedimentais influenciados por eles na aprendizagem de química dos estudantes.

Para atingir o objetivo proposto, este capítulo está estruturado da seguinte forma: no referencial teórico, iniciamos com uma descrição geral da semiologia, na qual introduzimos elementos teóricos pertinentes e direcionados aos interesses da pesquisa e explicamos o conceito semiótico de "objeto" que guiou a leitura de *affordances* negativos. Seguidamente, situamos e fazemos considerações pontuais a respeito da teoria dos *affordances*. Após essas discussões, detalhamos o percurso teórico metodológico. Na análise e discussão dos dados, examinamos casos de *affordances* negativos e explicitamos suas características. Por último, nas considerações finais são feitas ponderações gerais sobre os resultados obtidos.

Referencial teórico

Noção de objetos sob um olhar semiológico

A semiologia é a ciência geral dos signos. Charles Sanders Peirce (1839 - 1914) e Ferdinand de Saussure (1857 - 1913) são considerados os principais fundadores da moderna semiologia, isso porque as ideias foram lançadas simultaneamente no tempo (FIDALGO, 1998). Desse modo, é importante ressaltar a dupla origem dessa ciência (FIDALGO; GRADIM, 2005). As correntes principais da semiologia contemporânea são duas: a estrutural ou gerativa e a interpretativa. A primeira se reporta às ideias de Saussure e a segunda é desenvolvida, principalmente, sob o respaldo dos escritos de Peirce (VOLLI, 2012). Vale destacar que, utilizamos o termo semiologia equivalente à semiótica para designar a ciência dos signos.

A semiótica, sistematizada pelo norte-americano Peirce, tem por objeto de investigação todos os tipos possíveis de signos. Como disciplina filosófica e teoria científica, dispõe de conceitos e instrumentos que nos permitem descrever, analisar e interpretar a ação do signo (PEIRCE, 2017). Na visão peirceana, qualquer coisa que esteja presente à mente tem natureza sígnica. O universo está permeado de signos. Assim sendo, tudo pode ser um signo, basta alguma coisa estar no lugar de outra, isto é, representando algo, para alguém (SANTAELLA, 2012a; SANTAELLA, 2012b).

A tese fundamental de Peirce é a de que todo pensamento está nos signos e, por isso, a semiótica tem uma aplicação universal, pois abarca tudo o que há ao nosso redor, ou seja, todos os processos sígnicos na natureza e na cultura (FIDALGO; GRADIM, 2005; SANTAELLA, 2018; SANTAELLA; NOTH, 2004). Qualquer coisa que se produz na consciência tem caráter sígnico. Peirce leva a noção de signo tão longe ao ponto de que um signo não necessariamente tenha de ser uma representação mental, mas pode ser uma ação, reação, ou mesmo uma mera emoção ou ainda qualquer tipo de sentimento (SANTAELLA, 2012A; SANTAELLA, 2018). Na concepção de Peirce (2017), o mundo não é feito de coisas de um lado e de signos, de outro, como se as coisas fossem materiais e os signos, imateriais. Um suspiro, um grito, uma música, um perfume, um livro, uma cor, um gesto e todos os fenômenos mais complexos que podemos imaginar, inclusive a imaginação que temos deles, todos funcionam como representações sígnicas (SANTAELLA, 2012b).

Ainda sob a perspectiva desse autor, um signo está sempre encarnado, corporificado em alguma espécie de "coisa" que aparece à nossa mente. Nisso Saussure está de acordo com Peirce quando afirma que toda coisa material é já para nós um signo, isto é, impressão que nós associamos a outra coisa (SAUSSURE, 2006). Ou seja, o signo possui uma materialidade que percebemos com um ou vários dos nossos sentidos, sendo possível vê-lo, senti-lo, ouvi-lo, tocá-lo ou, ainda, saboreá-lo (JOLY, 2004). Essas coisas de que nos apercebemos significam algo diferente e essa é a particularidade que os constituem como signos: "estar lá, presente, para designar ou significar outra coisa ausente" (JOLY, 2004, p. 35).

O signo consiste, inevitavelmente, em pensamento, independentemente de sua natureza, se manifesto por recurso material ou quando se apresenta à mente interior (SANTAELLA, 2018). Peirce (2017, p. 269) afirma que "toda vez que pensamos, temos presente na consciência algum sentimento, imagem, concepção ou outra representação que serve como signo". Essencialmente, signo é aquilo que dá corpo ao pensamento e ao ser externado por meio de emoções, ações involuntárias, condutas, comportamentos, entre outras experiências, produz e transmite significados a outrem (SANTAELLA, 2018). O signo é uma entidade sígnica quando for capaz de exprimir ideias e suscitar no espírito daquele que o recebe uma atitude interpretativa (JOLY, 2004).

Junto às ideias anteriores, conclui-se que tudo pode ser signo, pois a partir do momento em que somos seres socializados, aprendemos a interpretar o mundo que nos rodeia (JOLY, 2004).

A noção de signo para Saussure tem sua gênese em um processo comunicativo em que o emissor transmite uma mensagem ao receptor. Ele batizou de semiologia a ciência da comunicação que estuda os signos na vida social. No entender de Saussure, o signo é um artifício comunicativo que tem a função de representar algo que se pretende comunicar a outro ser (FIDALGO; GRADIM, 2005). Para Saussure, o signo é uma entidade psíquica de duas faces indissociáveis composta pelo significante – imagem acústica – e significado – conceitos. Os dois elementos, significante e significado, são entidades intimamente ligadas e interdependentes. De acordo com Saussure, "significante e significado são inseparáveis como as duas faces de uma folha de papel" (apud VOLLI, 2012, p. 32). Isso significa que sem significante não há significado, e sem significado não existe significante. Por exemplo, certamente existia fumaça para o fogo antes que existissem seres humanos para raciocinar sobre isso. Mas, no momento em que essa relação se instaura, não é mais possível pensar o significante sem o significado. A fumaça pode ser considerada como significante porque tem sentido para alguém, isto é, remete a um significado. E o fogo só é um significado porque há um significante que o evoca (VOLLI, 2012).

Diante do exposto, o que designa os objetos, enquanto signos constitutivos de uma linguagem, é o fato de serem artefatos com a finalidade de significarem, ou seja, há subjacente a todos eles uma intenção significativa. Reconhecer os objetos como entidades semiológicas implica em conhecer os seus significados (FIDALGO; GRADIM, 2005). Por isso, as reflexões que seguem se detêm em discutir como os objetos são interpretados e usados sob o aspecto semiológico.

Ao aprofundar questões sobre a função e a comunicação da função de objetos de uso e arquitetônicos, Eco (2005) afirma que os objetos dizem como ser usados. Para o autor, as formas estimulam ou permitem uma dada função exatamente porque sugerem e, portanto, significa uma possível função (ECO, 2014). Ele alega que as tesouras não apenas cortam, mas dizem como serem manuseadas. A forma de uma cadeira não só permite como induz certas funções possíveis entre as quais a de sentar-se (ECO, 2014). Isso ocorre porque a própria configuração diferencial do objeto traz informações sobre as instruções de uso e são capazes de comunicar uma sintaxe de ação e, dessa forma, o modo como devem ser inseridos em uma prática (ECO, 2005).

Eco (2005) reconhece nos objetos a presença de um significante, observável e descritível, cujo significado, com base em códigos, é a função que ele lhe possibilita. Em síntese, a semiologia reconhece o objeto como signo, em que há presença de um significante cujo significado é a função que ele possibilita (ECO, 2005). Dessa forma, as características do objeto lhe delimitam a natureza de significante – comunicar a função possível – que denota o significado com base num código, mesmo que a função não seja executada nem se deseje executá-la. Portanto, os objetos comunicam até mesmo quando não são usados (ECO, 2005). O fato de uma escada me estimular a subir nada tem a ver com a teoria da comunicação, mas se a escada apresenta determinadas características que lhe delimitam a natureza do significante, então se está diante de um dado semiológico, "independentemente do meu comportamento aparente e até de uma suposta reação mental de minha parte" (ECO, 2005, p. 196). Em outras palavras, uma escada consiste na articulação de alguns elementos morfológicos reconhecíveis, no seu complexo, como "máquina para subir". Se for reconhecida como tal, a escada será usada. Porém, pode ser reconhecida sem ser usada. Isto é, o objeto escada comunica a função possível "subir", sem, contudo, realmente permiti-la. Isso significa que o aspecto comunicacional prevalece sobre o aspecto funcional, e o precede (ECO, 1974).

O princípio de que a configuração do objeto sugere a função significa "que a forma do objeto não só deve possibilitar a função, mas denotá-la tão claramente que a torne, além de manejável, desejável, orientando para os movimentos mais adequados à sua execução" (ECO, 2005, p. 200), conforme o planejamento do objeto. Mas vale ressaltar que a forma do objeto denota a função com base num sistema de expectativas e hábitos adquiridos e, portanto, segundo as precisas convenções culturais do indivíduo. Assim, o que permite o uso dos objetos não são apenas as funções possíveis, mas os significados culturais que os indivíduos dispõem para o uso funcional (ECO, 2005). Em suma, de acordo com Eco (2005), os objetos dizem como ser usados devido às suas características morfológicas. Essa concepção é consonante com a ideia de *affordances* proposta, mais tarde, por Volli (2012), como à frente será explicado.

O conceito de *affordances* negativos

O conceito de *affordance*, inventado pelo psicólogo ecológico James J. Gibson, em 1966, é um neologismo derivado da palavra inglesa *afford*, que significa proporcionar, oferecer e permitir. Em sua obra, *The Ecological Approach to Visual Perception*, publicada em 1979, Gibson, por meio de observações das interações específicas entre animais e o ecossistema, refinou o termo *affordance* para referir-se ao que "o ambiente oferece ao animal, o que ele prevê ou fornece seja para o bem ou mal" (GIBSON, 1986, p. 127). Para ele, *affordance* refere-se às possibilidades de ações que um ambiente proporciona ou convida a agir na interação do agente – animal/homem – com ele, de modo a apoiar ou permitir um comportamento específico (GIBSON, 1986).

Gibson (1986) defende haver informações ricas e suficientes no ambiente que são percebidas diretamente por um observador, sem mecanismos mentais, pelo sistema visual e que especificam exclusivamente os *affordances*, as possibilidades de ações de um sujeito em interação com o ambiente. Do seu ponto de vista, a relação do homem com o mundo envolve a captação direta de *affordances*, na qual não é necessária "a complementação de experiências passadas ou de operações mentais inatas" (OLIVEIRA; RODRIGUES, 2014, p. 23). Com relação a essa questão, as principais críticas da teoria de *affordances* por cientistas cognitivos se fundamentam na ideia de que é necessário o apoio de inferências lógicas baseadas na memória para a percepção e, consequentemente, interação dinâmica com o ambiente (FODOR; PYLYSHYN, 1981; ULLMAN, 1980). Mais notavelmente, a posição dos críticos está centrada na suposição de que as informações que coletamos no mundo são processadas e reordenadas internamente e, por conseguinte, a percepção de *affordances* é mediada por inferências que resultam da interpretação mental baseadas no conhecimento e experiências anteriores.

Na perspectiva semiológica, Peirce afirma que "todo conhecimento assume a forma de inferência, no sentido de que é sempre mediado por um raciocínio, nunca é simplesmente intuitivo" (apud VOLLI, 2012, p. 159). Isso é uma forma de dizer que não temos intuições imediatas, nem acesso direto às coisas que nos cercam, ao contrário, tudo aquilo que conhecemos sobre o mundo é resultado de um complexo raciocínio e, por consequência, permeado por signos (VOLLI, 2012; FIDALGO; GRADIM, 2005). Igualmente, segundo a vertente psicológica de Vygotsky, o acesso do homem à natureza nunca é direto e absoluto, mas mediado por signos que cumprem papel cognitivo, apoiam a linguagem, ampliam o pensamento e a capacidade de ação sobre o mundo exterior (OLIVEIRA, 1993). Dado o viés semiológico deste estudo, este ponto de vista, em que as informações captadas do ambiente são analisadas e elaboradas por processos inferenciais, guiando as ações e pensamentos através de signos, é o adotado neste trabalho. Assim, consideramos que as consequências cognitivas e comportamentais não dependem apenas da percepção direta do mundo. Devido a esses motivos, entre todas as acepções possíveis do conceito, elaborado originalmente por Gibson, o trabalho se apropriou do conceito semiológico de *affordances* de Volli (2012) e *affordances* negativos de Laburú, Silva e Zômpero (2017), Silva e Laburú (2017), com vistas a atender especificidades do ensino e aprendizagem de química.

Para Volli (2012), *affordances* se referem às propriedades do objeto que especifica o agir de quem usa (VOLLI, 2012). *Affordances* são literalmente "convites ao uso" presentes nos objetos e se deve, principalmente, às qualidades perceptivas e peculiaridades morfológicas, como cor, dimensão, forma, textura, entre outras propriedades que comunicam a sua função (VOLLI, 2012). *Affordances* funcionam como pistas que comunicam um possível uso para o usuário do objeto. Dito de outra forma, *affordances são uma qualidade diferencial específica do objeto, que indica como utilizá-lo*. Para ilustrar, um recipiente côncavo é adequado para conter algo, uma maçaneta de uma porta informa se, para abri-la, é preciso puxá-la, empurrá-la ou girá-la (VOLLI, 2012). Portanto, os objetos apresentam configurações que fornecem ao usuário uma funcionalidade para determinado fim.

Segundo Volli (2012), "*affordances* podem comunicar de maneira adequada ou inadequada o uso correto de cada objeto" (VOLLI, 2012, p. 194). Logo, uma má projeção comunicativa de objetos pode também ser capaz de sugestionar o seu uso de modo incorreto. Quer-se dizer com isso que, as incorreções não são exclusivas da incapacidade de quem os usa, mas podem ser causadas pelas qualidades perceptivas impróprias do objeto, que condicionam o agir do usuário de maneira equivocada.

Resumidamente, Volli (2012) denomina de *affordances* as peculiaridades morfológicas, inerentes aos objetos, que comunicam e sugerem a sua função. O autor aponta que os objetos parecem vir rotulados, segundo a sua aparência e providos com instruções de uso. De imediato, vemos coisas que nos cercam e seus respectivos comportamentos, segundo determinados atributos dos objetos. Dessa forma, segundo a semiologia, o conceito de *affordances* está relacionado com a eficácia comunicativa dos objetos, isto é, com a capacidade que as coisas possuem de indicar o seu uso.

Os pesquisadores Laburú, Silva e Zômpero (2017) e Silva e Laburú (2017) se apropriam da ideia de Volli (2012), porém atribuem significado oposto, na intenção de adequar o conceito de *affordances* para situações de ensino e de aprendizagem de física. Laburú, Silva e Zômpero (2017) ressaltam que *affordances* negativos são indicações enganosas, inerentes aos objetos ou demonstrações experimentais, que sugestionam e remetem os estudantes ao erro. Num sentido complementar, em Silva e Laburú (2017), a ideia de *affordances* negativos é tratada segundo o significado de reconhecimento que os estudantes atribuem a um objeto em interação com eles, o que gera frequentes equívocos de conceitos e procedimentos. Em ambos os artigos, *affordances* negativos se referem às propriedades significativas das composições experimentais e dos objetos que, por consequência de seus *designs*, convidam o usuário-estudante ao erro. Diante disso, os autores concluem que muitas incompreensões comuns e manipulações enganosas dos usuários são influenciadas pelos *affordances* negativos.

Como foi colocado anteriormente, Laburú, Silva e Zômpero (2017) e Silva e Laburú (2017) investigam *affordances* negativos de objetos e demonstrações experimentais. Neste estudo, ampliamos a proposta para diferentes signos. Para isso, congregamos as noções dos referenciais mencionados com o objetivo de identificar os *affordances* negativos além dos objetos físicos e atividades experimentais para as mais variadas representações sígnicas. Defendemos que, da mesma forma que objetos convidam aprendizes ao cometimento de equívocos, devido à presença de *affordances* negativos, diferentes signos também podem estimular erros frequentes.

Dentro do que pretendemos, *affordances* negativos referem-se às características diferenciais ou propriedades específicas dos signos que funcionam como artifícios indutores de incompreensões, por parte dos aprendizes, segundo as dimensões conceituais e manipulativas. De outra forma, são provocadores potenciais de erros de operacionalização ou concepções conceituais distorcidas dos aprendizes. Isto porque qualquer signo pode possuir *affordances* negativos, cujas características convidam, por indícios ou pistas perceptivas, ao engano. Tais características canalizam e limitam de imediato a atenção dos estudantes para que determinado procedimento seja realizado ou certo significado compreendido de modo equivocado.

Metodologia

As atividades da pesquisa foram realizadas com licenciandos do curso de Licenciatura em Química de uma universidade estadual e estudantes do curso Técnico em Química de um colégio estadual. Ambas as instituições de ensino são localizadas no norte do estado do Paraná. Vale ressaltar que não realizamos uma comparação dos dados obtidos com estudantes de nível superior e técnico e, sim, buscamos mostrar que a identificação de *affordances* negativos independe dos níveis de ensino e domínio conceitual.

O trabalho realiza descrição detalhada da fala e gestos dos aprendizes na interação social e na interação deles com diferentes representações sígnicas em laboratório didático. Portanto, as informações submetidas aos procedimentos analíticos foram registradas por meio de gravações em áudio e vídeo. Assim, mediante as manifestações orais e gestuais dos estudantes foi possível evidenciar os equívocos de conceitos e procedimentos, influenciados pelos *affordances* negativos.

Procedemos à análise do modo falado, a partir dos fragmentos obtidos da transcrição literal das interações discursivas observadas nos vídeos. Os excertos das transcrições se encontram entre aspas e fonte cursiva do tipo itálico. Ao início de cada frase, colocamos os códigos representativos dos sujeitos participantes. A transcrição das falas foi diferenciada da seguinte forma: os licenciandos foram codificados de L1 a L12 e os estudantes do curso técnico de A1 a A20. Os números utilizados serviram para identificar o estudante que participou da pesquisa. A professora do curso Técnico em Química está simbolizada por "P1" e a professora pesquisadora da turma de licenciandos em química por "P2". Os dados estão apresentados de tal forma que preserve o sigilo e anonimato dos participantes. Entre parênteses, realizamos esclarecimentos e observações para aclarar o entendimento da situação e contexto. Os equívocos praticados pelos estudantes estão sublinhados nos extratos dos diálogos.

Para subsidiar a análise do modo gestual, foram exibidos recortes dos vídeos – *frame*² – dos instantes mais representativos e significativos para a identificação dos enganos. Em determinadas situações, os componentes gestuais foram detalhados por meio da linguagem escrita entre colchetes. Acrescentamos, por fim, para cada transcrição de fragmento do discurso e *frames* a análise descritiva e interpretativa.

As práticas experimentais e as dinâmicas discursivas durante instrução científica em laboratório didático constituíram as estratégias adotadas para a identificação dos equívocos instigados por *affordances* negativos. Portanto, a maior parte do tempo decorrido das aulas no laboratório foi dispensada com os estudantes em realização experimental e revisão dos cont*eúdos estudados em sala de aula*. Todas as atividades de investigação ocorreram em grupos. Os grupos, para cada turma, foram distinguidos por Grupo A, B, C e D e reuniram os licenciandos em grupos de três a quatro indivíduos e grupos de cinco estudantes no curso técnico. Os dados analisados, transcritos nesta investigação, referem-se a ocorrências de ensino no contexto das atividades experimentais especificadas no quadro 1.

Quadro 1 – Atividades experimentais realizadas

	Aula Experimental	Tópicos de Ensino
	Curso: Licenciatura em Química (2019)	
1	Equilíbrio Químico	Equilíbrio químico Constante de equilíbrio Princípio de Le Chatelier
2	Equilíbrio Aquoso	Efeito do íon comum
	Curso: Técnico em Química (2020)	
3	Técnicas de laboratório	Medidas de volume Técnicas de manuseio

Fonte: Os autores (2021)

Em seguida, descrevemos as circunstâncias de ensino e narramos acerca das atividades experimentais e situações de ensino que permitiram a identificação dos equívocos estimulados por *affordances* negativos.

---

2   *Frame* representa o recorte das imagens fixas de um vídeo.

Aula Experimental 1 – Equilíbrio Químico

No início da aula, a professora explicou o conceito de equilíbrio químico. Depois disso, fez com os estudantes alguns cálculos usando a constante de equilíbrio. O objetivo da aula foi explicar o deslocamento do equilíbrio químico, demonstrar a reversibilidade das reações químicas e os efeitos da variação da concentração em um sistema em equilíbrio, de acordo com o princípio de Le Châtelier.

Aula Experimental 2 – Equilíbrio Aquoso

Primeiro, a professora pediu para que os estudantes iniciassem a execução do experimento, descrito no quadro 2. Após a realização da prática experimental, a professora discutiu os aspectos do efeito do íon comum.

Quadro 2 – Materiais, reagentes e procedimentos da atividade experimental 2

Efeito do íon comum: equilíbrio de ionização da amônia	
Materiais	Reagentes
Béquer Conta-gotas Espátula Proveta	Bicarbonato de amônio Solução amoniacal Solução de fenolftaleína
Procedimento Experimental	
• Medir cerca de 200 mL de água. • Adicionar 10 gotas de solução amoniacal. • Adicionar algumas gotas de fenolftaleína. Observar a coloração. • Adicionar a ponta da espátula de bicarbonato de amônio, agitar e observar o que ocorreu.	

Fonte: Apostila de Química Geral Experimental da UEL

O objetivo dessa aula experimental foi verificar o efeito do íon comum no equilíbrio químico. Depois da realização da prática, a professora deu início à explicação do conceito de titulação ácido-base.

Aula Experimental 3 – Técnicas de manuseio e leitura em instrumentos de medida

Inicialmente, a professora do curso técnico de 2020 explicou aos estudantes a respeito da leitura de escalas, algarismos significativos, erros e tratamentos de dados experimentais. Também explicou sobre os instrumentos de medição de volumes de líquidos, bem como o correto uso e finalidade específica das pipetas volumétricas e graduadas, buretas, balões volumétricos e provetas. Em seguida, os estudantes realizaram a leitura de volume de líquidos utilizando diferentes instrumentos volumétricos, conforme o quadro 3.

Quadro 3 – Materiais, reagentes e procedimentos da atividade experimental 3

Materiais	Reagentes
Bureta Erlenmeyer Proveta Pipeta volumétrica e graduada	*Água*
Procedimento Experimental	
• Medir na proveta de 100,0 mL os seguintes volumes de água: 10,0 mL; 48,0 mL; 62,0 mL e 100,0 mL. • Medir 20,0 mL de água utilizando pipeta volumétrica. • Escolher pipetas graduadas adequadas e deixar escoar os seguintes volumes de água para um béquer de 50 mL: 1,6 mL; 2,0 mL; 2,3 mL; 6,5 mL e 7,0 mL. • Fazer leitura na bureta de 25 mL dos seguintes volumes: 25,0 mL; 15,3 mL; 15,0 mL; 11,4 mL e 9,7 mL.	

Fonte: Apostila de Química Geral Experimental da UEL

O objetivo desta aula foi fazer com que os estudantes manuseassem as vidrarias para a aprendizagem das técnicas de uso dos artefatos comumente utilizados em laboratórios.

Resultados e Discussão

Nesta parte, examinamos quatro casos de equívocos cometidos pelos estudantes durante o ensino de química, que foram influenciados por *affordances* negativos. Os casos analisados estão dispostos na ordem das atividades experimentais descritas anteriormente. Organizamos a análise da seguinte forma: primeiro, apresentamos os dados. Depois, realizamos a discussão por meio da análise descritiva e interpretativa dos equívocos conceituais e procedimentais com objetivo de identificar os *affordances* negativos.

Caso 1 – **Equívoco conceitual influenciado por *affordance* negativo na representação imagética e textual**

Apresentação do dado

Na aula experimental 1, P2 explica o princípio de Le Châtelier para que os estudantes façam suposições qualitativas da resposta de um sistema em equilíbrio químico após perturbação no sistema. Para explicar o efeito da temperatura no equilíbrio estabelecido entre o cloreto de cobalto (II), $COCl_2$, e ácido clorídrico, HCl, P2 projeta a imagem, exibida na figura 1, durante apresentação de *slides* em *Power Point*.

Figura 1 – Efeito da temperatura no equilíbrio entre $CoCl_2$ dissolvido em HCl

O efeito da temperatura no equilíbrio

$$Co(H_2O)_6^{2+}{}_{(aq)} + 4\ Cl^-{}_{(aq)} \rightarrow CoCl_{4(aq)} + 6H_2O_{(l)} \quad \Delta H>0$$

Rosa-claro　　　　　　　Azul-escuro

A formação de $CoCl_4^{2-}{}_{(aq)}$ a partir de $Co(H_2O)_6^{2+}{}_{(aq)}$ é um processo endotérmico. Como $Co(H_2O)_6^{2+}$ é rosa e $CoCl_4^{2-}$ é azul, a posição desse equilíbrio é rapidamente evidenciada a partir da cor da solução.

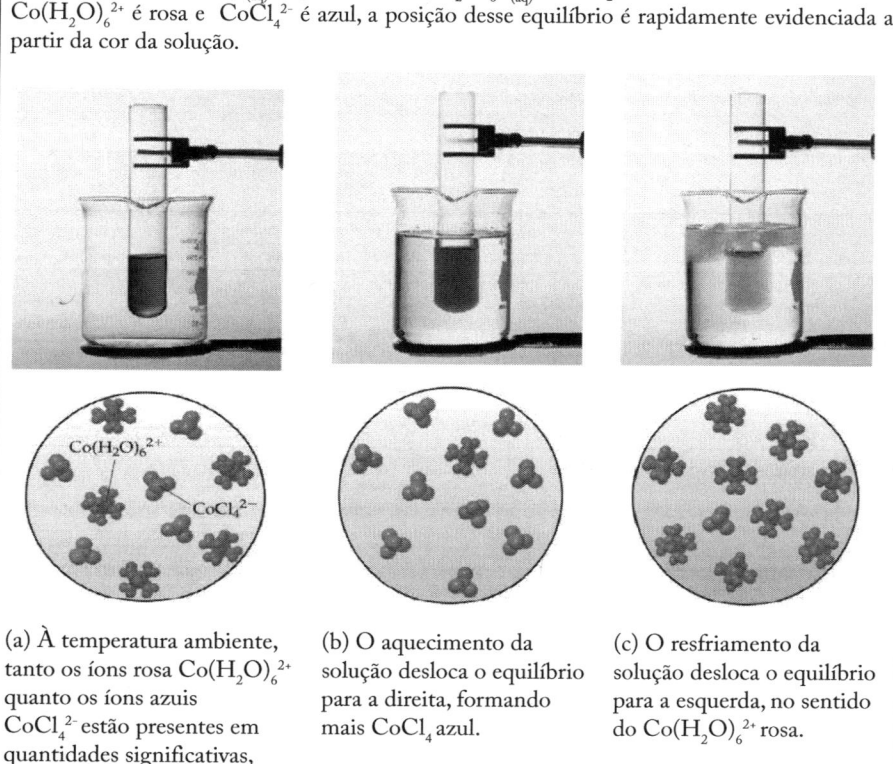

(a) À temperatura ambiente, tanto os íons rosa $Co(H_2O)_6^{2+}$ quanto os íons azuis $CoCl_4^{2-}$ estão presentes em quantidades significativas, dando cor violeta à solução.

(b) O aquecimento da solução desloca o equilíbrio para a direita, formando mais $CoCl_4$ azul.

(c) O resfriamento da solução desloca o equilíbrio para a esquerda, no sentido do $Co(H_2O)_6^{2+}$ rosa.

Fonte: BROWN; LEMAY; BURSTEN, 2005, p. 553

Após exibição da imagem e leitura das partes textuais por P2 na figura 1, ocorre o diálogo transcrito a seguir:

L3: *Professora, os átomos têm cor? Nesse exemplo, quer dizer que as moléculas de $Co(H_2O)_6$ são rosas e as de $CoCl_4$ azuis?*

(Antes de responder à pergunta, a professora pesquisa em seu material, no *notebook*, a respeito do assunto. P2 projeta o material encontrado na apresentação de *slides* e faz uma leitura dirigida de alguns trechos para a turma):

P2: *Vamos pensar juntos. A interação da matéria com radiações eletromagnéticas de comprimento de onda entre 450 e 750 nm, denominada luz visível se manifesta através das cores das substâncias. Por qual motivo, uma solução aquosa de sulfato de cobre ($CuSO_4$) tem cor azul esverdeada, enquanto que uma solução aquosa de permanganato de potássio ($KMnO_4$) é vermelho púrpura? Será que os íons da solução de sulfato de cobre também são azuis e os da solução de permanganato de potássio vermelhos?*

(Todos os estudantes ficam em silêncio e, depois, L3 continua):

L3: *Nossa, professora, eu realmente não sei.*

Discussão do dado

No início do diálogo, L3 pergunta – "*Professora, os átomos têm cor? Nesse exemplo, quer dizer que as moléculas de $Co(H_2O)_6$ são rosas e as de $CoCl_4$ azuis?*". Verifica-se, a partir do modo falado, uma interpretação incorreta: as moléculas apresentam determinada cor porque as soluções têm tais colorações.

O equívoco de tipo conceito ocorre devido à representação imagética e textual da figura 1. Os desenhos dos complexos hexaaquocobalto (II), $Co(H_2O)_6^{2+}{}_{(aq)}$, e tetraclorocobalto (II), $CoCl_4^{2-}{}_{(aq)}$, representados pelas cores rosa e azul, respectivamente, e a escrita na imagem nas letras a, b e c da seguinte forma: em (a) íons rosas $Co(H_2O)_6^{2+}$ e íons azuis $CoCl_4^{2-}$, em (b) formando mais $CoCl_4^{2-}$ azul e em (c) no sentido do $Co(H_2O)_6^{2+}$ rosa, direcionam as reflexões do estudante à explicação errada. Ou seja, a representação das estruturas moleculares visualmente coloridas e o texto, em que está escrito "$CoCl_4^{2-}$ azul" e "$Co(H_2O)_6^{2+}$ rosa" influenciam a compreensão errônea do estudante ao associar a cor da solução às cores das moléculas. Isso pode ser constatado na fala de L3 – "*[...] as moléculas de $Co(H_2O)_6$ são rosas e as de $CoCl_4$ azuis*". Por conseguinte, a cor e a forma da representação textual, na parte abaixo da figura, juntas, constituem um *affordance* negativo. Em razão disso, identificamos a ocorrência do erro de interpretação como uma situação sugestionada pelo *affordance* negativo. Quer dizer, o *affordance* negativo se caracteriza por conduzir o estudante ao entendimento errôneo de que os átomos têm cor.

Caso 2 – Equívoco procedimental influenciado por *affordance* negativo no objeto

Apresentação do dado

O caso, agora examinado, corrobora a evidência do *affordance* negativo do béquer mostrado no artigo de Laburú, Silva e Zômpero (2017). Para iniciar a atividade experimental 2, os estudantes devem medir 200 mL de água. Na figura 2 mostramos a sequência de ações dos licenciandos para realizar tal procedimento.

Figura 1 – Sequência de gesticulações dos licenciandos

Grupo B		
(I)	(II)	(III)
[L4 escolhe o béquer para medição de volume].	[L4 e L5 decidem entre o béquer e a proveta para a medição (transcrição abaixo)].	[L4 mede o volume do líquido com a proveta].
Transcrição do diálogo:	L5: *Você não deveria usar a proveta?* L4: *Será que uso a proveta?* L5: *A proveta é mais precisa.* L4: *Bom, acho que deve ser.*	

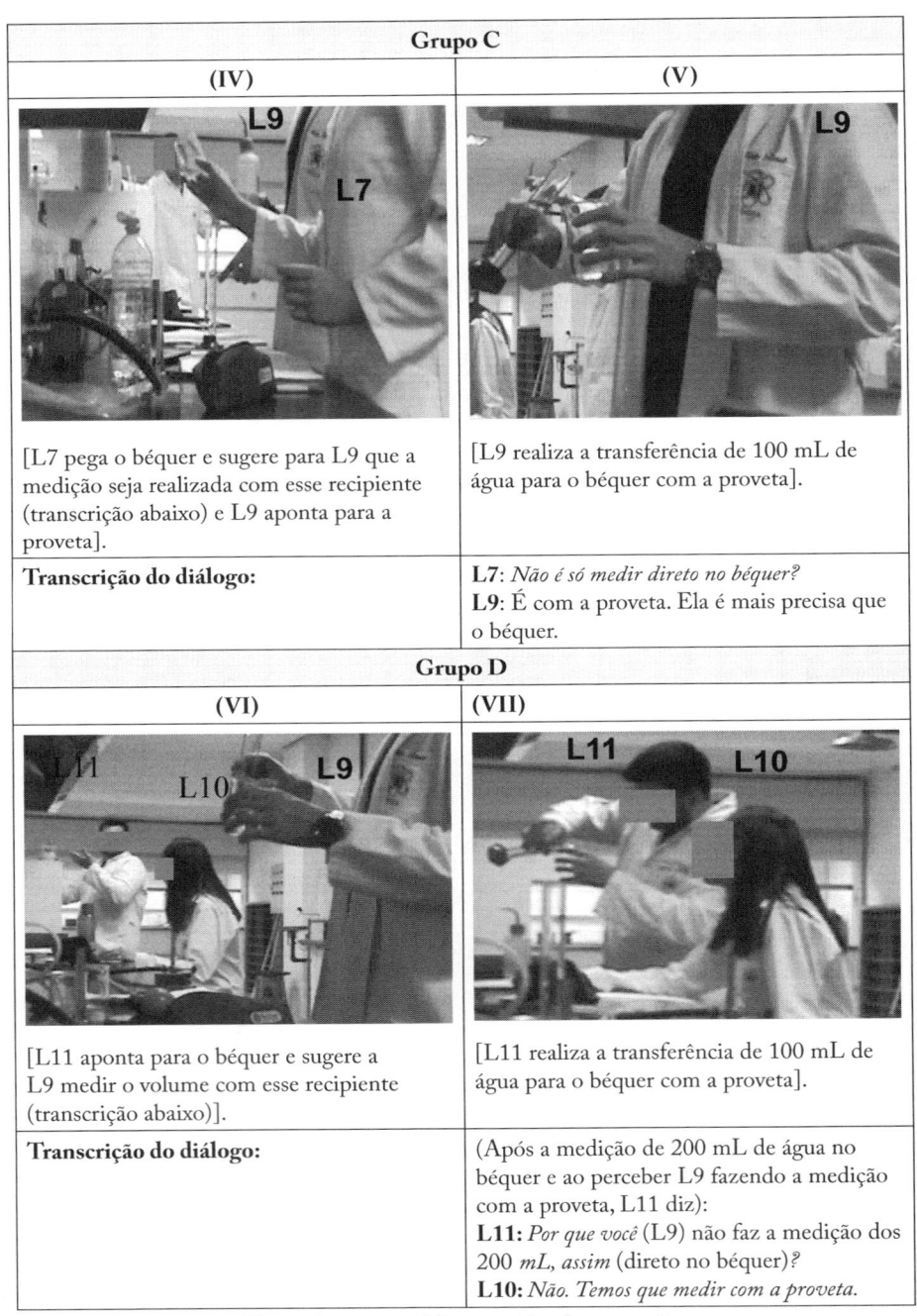

Grupo C	
(IV)	(V)
[L7 pega o béquer e sugere para L9 que a medição seja realizada com esse recipiente (transcrição abaixo) e L9 aponta para a proveta].	[L9 realiza a transferência de 100 mL de água para o béquer com a proveta].
Transcrição do diálogo:	**L7**: *Não é só medir direto no béquer?* **L9**: *É com a proveta. Ela é mais precisa que o béquer.*
Grupo D	
(VI)	(VII)
[L11 aponta para o béquer e sugere a L9 medir o volume com esse recipiente (transcrição abaixo)].	[L11 realiza a transferência de 100 mL de água para o béquer com a proveta].
Transcrição do diálogo:	(Após a medição de 200 mL de água no béquer e ao perceber L9 fazendo a medição com a proveta, L11 diz): **L11:** *Por que você* (L9) *não faz a medição dos 200 mL, assim* (direto no béquer)*?* **L10:** *Não. Temos que medir com a proveta.*

Fonte: Imagens e falas extraídas das gravações

Discussão do dado

A figura 2 exibe o mesmo equívoco procedimental praticado por L4 do grupo B, L7 do C e L11 do D. Como podemos observar, na parte (I), L4 pega o béquer. Na (II), L5 segura a proveta e discute com L4 a precisão dos artefatos. Na (III), L4 usa a proveta para a medição do volume. Na (IV), L7 do grupo C, pega o béquer e sugere para L9 que a medição seja realizada com esse recipiente. Na parte (VI), L11, do grupo D, também indica usar o béquer para medir o volume de 200 mL de água, procedimento incorreto para realizar a medida precisa.

A construção morfológica do béquer de 250 mL traz em sua marcação o volume de 200 mL. Essa marca, impressa lateralmente no recipiente, convida L4, L7 e L11 a realizarem a medição do volume desejado uma única vez. No caso da proveta graduada de 100 mL, a medição tem que ser efetuada duas vezes. O béquer é um simples recipiente que serve como medidor, o que é conveniente para os estudantes, já que reduz procedimentos, oferece maior capacidade volumétrica para a quantidade medida e possui escala graduada para realizar medições de grandes volumes. Essas características agem como *affordance* negativo do objeto, posto que levam os licenciandos L4, L7 e L11 a cometerem um equívoco procedimental no sentido de precisão, uma vez que a escala do béquer é grosseira e imprecisa para efetuar a medida do volume de líquidos.

A grande capacidade volumétrica do béquer o torna mais atrativo e conveniente para a realização de uma única medida em vez de duas, necessárias na proveta. Isso estimula os estudantes a usarem o primeiro objeto em detrimento do segundo, considerando que eles não têm como prioridade ou não estão cientes ou não veem relevância na importância da precisão das medidas. Logo, o *affordance* negativo do béquer, justaposto à proveta, dá prioridade a uma medida menos precisa, e isso está relacionado às propriedades morfológicas desse objeto que orienta os estudantes para uma ação procedimental incorreta.

Caso 3 – Equívoco conceitual influenciado por *affordance* negativo na representação gráfica

Apresentação do dado

No término da aula experimental 2, P2 inicia a explicação acerca de titulação. A professora informa que, numa titulação ácido-base, os indicadores são utilizados para indicar o ponto de equivalência, ponto no qual a quantidade estequiométrica de ácido é equivalente à da base. Na figura 3, mostramos o gráfico exibido pela professora durante apresentação de *slides*.

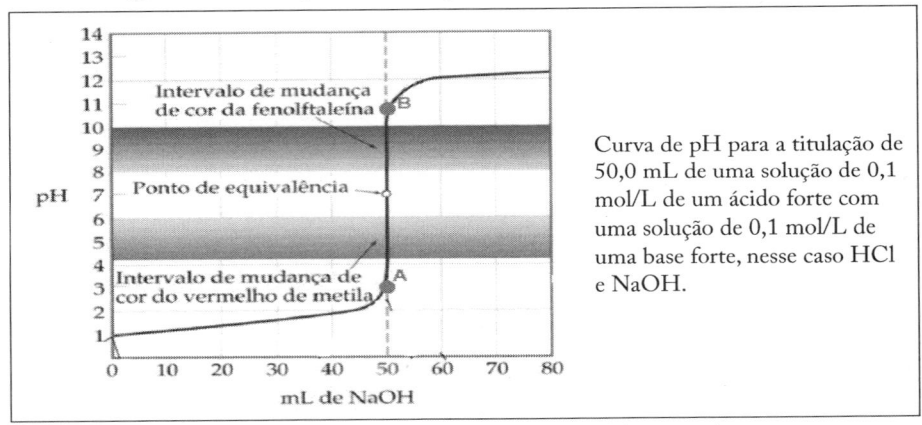

Figura 3 – Forma representacional gráfica da curva de titulação ácido-base

Curva de pH para a titulação de 50,0 mL de uma solução de 0,1 mol/L de um ácido forte com uma solução de 0,1 mol/L de uma base forte, nesse caso HCl e NaOH.

Fonte: Adaptado de BROWN; LEMAY; BURSTEN, 2005, p. 621

No decurso da intervenção didática, P2 lança a seguinte pergunta aos estudantes – "É possível usar um indicador que mude de cor acima ou abaixo do ponto de equivalência?". Imediatamente, a maioria responde que não e L2 comenta – "Não. *Porque não passa pelo ponto de equivalência. Como vai me indicar o ponto de equivalência?*".

Discussão do dado

A resposta incorreta, observada pelo retorno "não" da maior parte dos estudantes e pela fala de L2 – "[...] *Porque não passa pelo ponto de equivalência*" – à indagação da professora, foi influenciada pelo *affordance* negativo do gráfico.

Na forma representacional gráfica, na figura 3, o pH varia rapidamente próximo ao ponto de equivalência, por isso, um indicador que tem a faixa de viragem em qualquer ponto nessa faixa de rápido aumento da curva de titulação indica exatamente o ponto de equivalência (BROWN; LEMAY; BURSTEN, 2005). No entanto, uma vez que o intervalo de variação de cor dos indicadores não passa pelo ponto de equivalência, os estudantes deduzem que eles não podem ser utilizados como indicadores da titulação, o que é uma interpretação incorreta instigada por esse *affordance* negativo. Ora, o arranjo do gráfico com a faixa de variação do pH dos indicadores, fenolftaleína e vermelho de metila, acima e abaixo do ponto de equivalência, nessa ordem, corresponde ao *affordance* negativo que leva os estudantes a concluírem que eles não podem ser utilizados na referida titulação, justamente pelo fato do intervalo de pH não passar pelo ponto de equivalência.

Ressaltamos que o termo negativo não quer dizer que a representação gráfica é inconveniente, mas que a sua construção convida os estudantes a um cometimento de equívoco conceitual: os indicadores não passam pelo ponto de equivalência na curva de titulação, logo não podem ser utilizados para indicar o ponto de viragem.

Caso 4 – Equívoco procedimental influenciado por *affordance* negativo no objeto

Apresentação do dado

Na aula experimental 3, de técnicas de laboratório na turma de técnicos em química de 2020, é possível identificar o *affordance* negativo devido ao *design* da bureta.

Antes da realização da prática experimental, P1 orienta a classe para a operação dos procedimentos. Após o preenchimento de líquido na bureta, P1 percebe erros dos estudantes na leitura do volume de líquido escoado. Na sequência, mostramos os fragmentos da interação discursiva dos estudantes A8, do grupo B, e A17, do grupo D, que permitem evidenciar o engano na leitura da vidraria.

Grupo B

A8: *Professora, a gente fez o escoamento até a marcação de 15,3 mL.* (Na vidraria, o volume é de 14,7 mL).

(P1 observa o erro na leitura do volume escoado e diz):

P1: *Vocês se lembram do que eu expliquei? Vejam bem.*

A7: *Verdade, professora. Está errado. O zero fica em cima e a marca de 25 mL está na parte de baixo. Então, a leitura é crescente de cima para baixo. Significa que a gente deixou escoar só 14,7 mL.*

P1: *Exatamente. Diferente da maioria das vidrarias utilizadas no laboratório e dos materiais utilizados no dia a dia, na bureta, a leitura é realizada de cima para baixo. Então, o volume que vocês escoaram não é 15,3, mas 14,7. Para serem 15,3 mL, vocês têm que deixar escoar até essa marcação.* [Mostra para os alunos como a medição deve ser realizada]. *Vocês têm que deixar escoar mais 6,0 mL para chegar ao volume de 15,3 mL. Entenderam?*

A8: *Sim. Entendi.*

Grupo D

(P1 observa A17 manipular a vidraria e cometer o mesmo equívoco de A8. Em seguida, P1 pergunta):

P1: *Quantos mL você deixou escoar?*

A17: *11,4 mL.* (Na vidraria, o volume é de 10, 6 mL).

P1: *Oh, prestem atenção. Observem.* [Sem falar palavra alguma, P1 faz gestos de cima para baixo, apontando na bureta a marca zero na parte superior e a marca de 25 mL na parte inferior (Figura 24)].

A17: *É mesmo, professora. A leitura deve ser feita de cima para baixo. O volume escoado foi 10, 6 mL.*

P1: *Para escoar 11,4 mL, tem que fazer até aqui.* [Mostra a marcação de 11,4 mL na bureta]. *Agora, façam o escoamento de 9,7 mL. Tem que fazer todo o procedimento novamente e fazer essa medição. Vamos lá. Eu quero ver.* (A professora examina os estudantes realizando a medição de forma correta).

Discussão do dado

Os estudantes dos grupos B e D apresentam dificuldades na leitura correta do líquido escoado no erlenmeyer, evidenciadas pelos diálogos colocados anteriormente. No grupo B, ao fazer a leitura de baixo para cima, A8 faz o escoamento de água apenas até a marcação de 14,7 mL, supondo ter escoado o volume de 15,3 mL. Da mesma forma, A17 deixa escoar 10,6 mL de água, presumindo que o volume no erlenmeyer é 11,4 mL.

Na parte (a) da figura 4, o volume escoado é 14,7 mL. No entanto, A8 avalia ter realizado o escoamento de 15, 3 mL, pois lê a escala, de baixo para cima, incorretamente. Na parte (b), é mostrado o volume correto de 15,3 mL no instrumento.

Figura 4 – Leitura na bureta de 14,7 mL e 15,3 mL

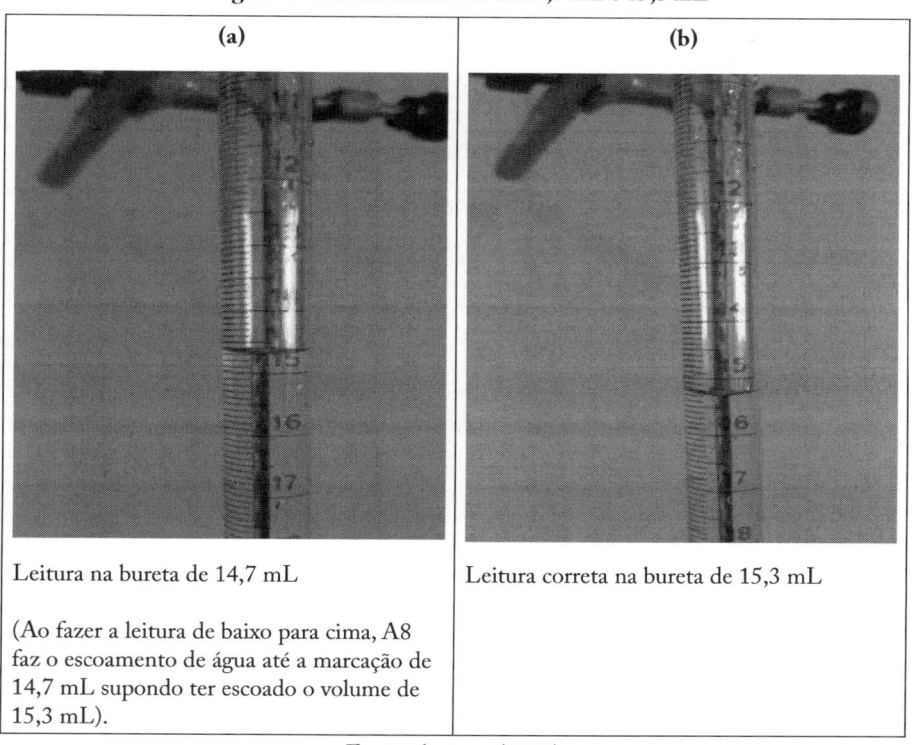

(a)	(b)
Leitura na bureta de 14,7 mL	Leitura correta na bureta de 15,3 mL
(Ao fazer a leitura de baixo para cima, A8 faz o escoamento de água até a marcação de 14,7 mL supondo ter escoado o volume de 15,3 mL).	

Fonte: Autores (2021)

Na bureta, a leitura do volume é realizada de cima para baixo, ou seja, o nível zero fica na parte superior do instrumento, diferente da maioria dos utensílios que os estudantes estão acostumados a usar no dia a dia. Em virtude de esse hábito ser contrário à característica da bureta, construída com uma escala de cima para baixo, A8 e A17 são direcionados para uma ação procedimental incorreta, pois fazem a leitura como se tivessem lendo uma régua comum em pé com o zero embaixo. Portanto, a bureta, devido ao *design* planejado para esvaziar, e *não para preencher, contrário à* maioria dos recipientes diários e instrumentos de laboratório, apresenta um *affordance* negativo para estudantes iniciantes, já que precisam raciocinar e ler o aparelho de maneira inversa.

As buretas são artefatos de grande exatidão e precisão, com uma pequena margem de erro na medição de volumes. Entretanto, o *design* da vidraria ocasiona dúvidas na interpretação do volume a ser medido. Ou seja, A8 e A17 operam o artefato de forma incorreta em razão da interpretação equivocada de seus atributos. Vale salientar que a bureta não é mal planejada morfologicamente ou construída de maneira incorreta, ao contrário, é um instrumento de alta precisão e exatidão para a medição de volumes de líquidos.

Em suma, mostramos um *affordance* negativo, ligado às marcações de cima para baixo, que levam os estudantes a uma operação procedimental incorreta. Em outros termos, o *affordance* negativo, associado ao detalhe morfológico das marcações na bureta, influencia a realização do erro procedimental.

Considerações Finais

O trabalho identificou enganos conceituais e procedimentais cometidos por estudantes durante o ensino de química, instigados por *affordances* negativos. No decorrer da análise dos casos apresentados, destacamos características constitutivas e detalhes morfológicos dos signos que apresentam *affordances* negativos e, por consequência, convidam os estudantes ao erro. Dentre os resultados obtidos, evidenciamos *affordances* negativos nos objetos, béquer e bureta, numa representação gráfica, imagética e textual. Portanto, mostramos que a ocorrência de mal-entendidos pode advir em razão da presença de *affordances* negativos inerentes às representações sígnicas.

O trabalho espera contribuir para auxiliar o professor a tomar conhecimento dos *affordances* negativos com a finalidade de se identificar e trabalhar os desvios na construção do conhecimento, além de antever possíveis concepções conceituais distorcidas e manipulações incorretas. Argumentamos que a identificação dos *affordances* negativos em diferentes representações sígnicas, feita previamente pelo professor, permite estimular uma discussão diferenciada dos equívocos que eles podem trazer às ações e aos entendimentos dos estudantes. E ainda, enfatizamos que identificar e compreender tais elementos se tornam os primeiros passos para subsidiar ações pedagógicas com a intenção de superar obstáculos na aprendizagem.

Referências

BROWN, T. L.; LEMAY, H. E; BURSTEN, B. E. **Química, A ciência central**, Editora Pearson Prentice Hall, 9. Ed, São Paulo, 2005.

ECO, U. **As formas do conteúdo**. São Paulo: Perspectiva, 1974.

_____. **A estrutura ausente: introdução à pesquisa semiológica**. São Paulo: Perspectiva, 2005.

_____. **Tratado geral de semiótica**. 5ª. ed. São Paulo: Perspectiva, 2014.

FIDALGO, A.; GRADIM, A. **Manual da Semiótica**. 2005. Disponível em: <http://www.bocc.ubi.pt/pag/fidalgo-antonio-manual-semiotica-2005.pdf>. Acesso em 23 abril 2020.

FIDALGO, A. **Semiótica: a lógica da comunicação**. Universidade da Beira Interior, Covilhã, Portugal,1998. Disponível em:< bocc.ubi.pt > Acesso em: 01 maio. 2020.

FODOR, J. A.; PYLYSHYN, Z. W. How direct is visual perception? Some reflections on Gibson's ecological approach. **Cognition**, 1981.

FREDLUND, T.; AIREY, J.; LINDER, C. Exploring the role of physics representations: an illustrative example from students sharing knowledge about refraction. **European Journal of Physics**, v. 33, n. 3, p. 657-666, 2012.

GIBSON, J. **The ecological approach to visual perception**. New York: Lawrence Erlbaum Associates, 1986.

GREGÓRIO, A. P. H; LABURÚ, C. E; ZÔMPERO, A. F. Enfoques do conceito *affordances* aplicados nas pesquisas em Ensino de Ciências. **Revista de Educação, Ciências e Matemática**, v. 11, n. 1, e.5538, p. 1-14, 2021.

HAMMOND, M. What is an affordance and can it help us understand the use of ICT in education? **Education and Information Technologies**, v. 15, p. 205-217, 2010.

HOBAN, G.; NIELSEN, W. Creating a narrated stop-motion animation to explain science: The affordances of "Slowmation" for generating discussion. **Teaching and Teacher Education**, v. 42, p. 68-78, 2014.

JANUÁRIO, G. **Marco conceitual para estudar a relação entre materiais curriculares e professores de Matemática.** 2017. 194p. Tese (Doutorado em Educação Matemática). Pontifícia Universidade Católica de São Paulo. 2017.

JANUÁRIO, G.; LIMA, K.; MANRIQUE, A. L. A relação professor-materiais curriculares como temática de pesquisa em Educação Matemática. **Educação Matemática Pesquisa**: Revista do Programa de Estudos Pós-Graduados em Educação Matemática, v. 19, n. 3, p. 414-434, 2017.

JANUÁRIO, G.; MANRIQUE, A. L.; PIRES, C. M. C. Conceitos de *affordance* e de agência na relação professor-materiais curriculares em Educação Matemática. **Bolema**: Boletim de Educação Matemática, v. 32, n. 60, p. 1-30, 2018.

JOLY, M. **Introdução à análise da imagem**. 7.ed. Papirus Editora: 2004.

KIRSCHNER, P. A. Can we support CCSL? Educational, social and technological affordances for learning. In: KIRSCHNER, P. A. **Three worlds of CSCL**: can we support CSCL? Heerlen: Open University of the Netherlands, 2002. p. 7-47.

KOZMA, R. B.; RUSSELL, J. Multimedia and understanding: Expert and novice responses to different representations of chemical phenomena. **Journal of Research in Science Teaching**, v. 43, n. 9, p. 949-968, 1997.

KRESS, G. **Multimodality: A social semiotic approach to contemporary communication**. Taylor & Francis, 2010.

LABURÚ, C. E.; SILVA, O. H. M.; ZÔMPERO, A. F. Affordances dos materiais como indutores de equívocos durante experimentos para o ensino de física. **Ensaio**. Pesquisa em Educação em Ciências (Belo Horizonte), v.19, 2017.

OLIVEIRA, F. I. S.; RODRIGUES, S. T. **Affordances: a relação entre agente e ambiente**. São Paulo: Editora Unesp, 2014.

OLIVEIRA, M. K. **Vygotsky, aprendizado e desenvolvimento. Um processo sócio-histórico**. Série Pensamento e Ação no Magistério. Editora Scipione, São Paulo, SP, 1993.

PEIRCE, C. S. **Semiótica**. São Paulo: Perspectiva, 2017.

PRAIN, V.; TYTLER, R. Learning through constructing representations in science: A framework of representational construction affordances. **International Journal of Science Education**, v. 34, n. 17, p. 2751-2773, 2012.

SANTAELLA, L. **O que é semiótica**. **São Paulo: Brasiliense (Coleção Primeiros Passos; 103)**, 2012a.

_____. **Percepção: fenomenologia, ecologia, semiótica**. São Paulo: Cengage Learning, 2012b.

_____. **Semiótica aplicada**. São Paulo: Cengage Learning, 2018.

SANTAELHA, L.; NÖTH, W. **Comunicação & semiótica**. São Paulo: Hacker Editores, 2004.

SANTOS, R. S. **Estudo da influência das affordances para aprendizagem de ressonância em meios materiais por meio dos padrões de Chladni**. 2018. 134p. Dissertação (Mestrado em Ensino de Ciências Humanas, Sociais e de Natureza) - Universidade Tecnológica Federal do Paraná, Londrina, 2018.

SAUSSURE, F. D. **Curso de Linguística Geral**. 27ª Ed. São Paulo: Cultrix, 2006.

SILVA, O. H. M.; LABURÚ, C. E. Instrumentação em Educação Científica e o convite ao erro: uma leitura a partir do referencial de affordances. **Caderno Brasileiro de Ensino de Física**, v. 34, n. 2, p. 404-413, 2017.

ULLMAN, S. Against direct perception. **The Behavioral and Brain Sciences**, v. 3, p. 373-415, 1980.

VOLLI, U. **Manual de semiótica**, 2ª ed. São Paulo: Edições Loyola, 2012.

WU, H. K.; PUNTAMBEKAR, S. Pedagogical Affordances of Multiple External Representations in Scientific Processes. **Journal of Science Educational Technology**, v. 21, p. 754-767, 2012.

FORMAÇÃO DE PROFESSORES
EM CIÊNCIAS E MATEMÁTICA

Capítulo 6
A COLABORAÇÃO NA FORMAÇÃO DE PROFESSORES QUE ENSINAM MATEMÁTICA: APRENDIZAGEM DOCENTE EM COMUNIDADES DE PRÁTICA

Márcia Cristina de Costa Trindade Cyrino
Universidade Estadual de Londrina – UEL
E-mail: marciacyrino@uel.br

Introdução

A formação de professores que ensinam matemática (PEM) com vistas ao desenvolvimento profissional é um fenômeno complexo que engloba diferentes variáveis e contextos. Há alguns aspectos da profissionalização docente a serem considerados pelos formadores na busca de compreender como o professor aprende, como se dá o movimento de constituição de sua identidade profissional (IP) para que possa enfrentar os desafios educacionais, nomeadamente: os processos de ensino e de aprendizagem da matemática; a tensão entre o plano epistemológico e o plano cognitivo; a complexidade e a diversidade da sala de aula; a construção e a implementação de um currículo que atenda às demandas sociais e aos novos papéis atribuídos ao professor, dentre outros.

A colaboração no processo de formação de PEM tem se destacado por promover compromisso mútuo e processos de interação entre os participantes e, por conseguinte, o desenvolvimento profissional docente (BORKO; POTARI, 2020; JAWORSKI *et al.*, 2017; TRIANTAFILLOU *et al.*, 2021).

Em 2021, a Sisyphus – Revista de Educação (Universidade de Lisboa) publicou um número temático intitulado "A colaboração na formação de professores que ensinam matemática"[1], com artigos que discutem o papel da

---
1 Disponível em: https://revistas.rcaap.pt/sisyphus/issue/view/1298

colaboração em práticas geradas e problematizadas em grupos colaborativos, formados em diferentes contextos, como comunidades de prática, grupos de estudos, estágio curricular obrigatório, de iniciação à docência, de formação a distância, de docência compartilhada, híbridos que articulam a universidade e a escola, dentre outros espaços de formação de PEM, sustentados por diferentes aportes teóricos.

No contexto das investigações a respeito de colaboração em processos de formação de PEM, apesar de muitos estudos relatarem o desenvolvimento ou a mudança de práticas e de associá-las à aprendizagem, muitas vezes os autores não explicitam perspectivas teóricas sobre desenvolvimento profissional, aprendizagem docente, identidade profissional, ou não as articulam com os dados no processo analítico (BORKO; POTARI, 2020; DE PAULA; CYRINO, 2021). Tampouco a perspectiva teórica de colaboração é manifestada.

Foi relatado no *survey*, apresentado no International Congress on Mathematical Education - ICME 13, no grupo de discussão "Teachers of Mathematics Working and Learning in Collaborative Groups" (JAWORSKI *et al.*, 2017; ROBUTTI *et al.*, 2016) que a maioria dos trabalhos não explicita uma perspectiva teórica sobre colaboração. Nesse *survey*, foram analisados 316 estudos (23% da América do Norte, 9% da América do Sul, 31% da Europa, 4% da África, 9% da Ásia e 24% da Austrália), publicados entre 2005 e 2015, sobre professores que trabalham e aprendem por meio da colaboração. Ao analisar as perspectivas teóricas e metodológicas desses trabalhos, os autores afirmam que poucos investigadores relataram explicitamente como o seu quadro teórico moldou a concepção de metodologias/abordagens de investigação sobre colaboração. Os estudos que indicaram uma teorização para colaboração utilizaram:

- Comunidades de Prática (WENGER, 1998) ou Comunidade de Investigação (p.e., JAWORSKI, 2006).
- Teoria da Atividade (p.e. ENGESTRÖM, 1999).
- Transposição Metadidática (ALDON *et al.*, 2013) da Teoria Antropológica do didático de Chevallard.
- Teoria da Zona de Valsiner (de Vygotsky, por exemplo, VALSINER, 1997).

Dos 85 artigos que declaram perspectivas teóricas de colaboração, 68 (80 %) referem-se à "comunidade". Na maioria dos casos, as ideias de colaboração e de comunidade foram tomadas como garantidas e não teorizadas. Quando foi possível observar uma teorização, a teoria das Comunidades de Prática (WENGER, 1998) foi predominante e, em alguns casos, alargada à Teoria das Comunidades Investigativas (JAWORSKI, 2006).

Entre as metodologias de pesquisa que têm como meta desenvolver/investigar a colaboração, as mais frequentes foram: *Lesson Study* (Estudos de Aula), *Action/Design/Developmental Research*; Análise Narrativa, e outras (incluindo Comunidades de Aprendizagem Profissional, Vídeo Clubes, Comunidades *Online*).

Os Estudos de Aula (Lesson Study) foram reconhecidos como atividade de colaboração de professores e investigadores, que abrangem ciclos de construir um plano de aula, ensinar/observar, discutir e refletir após a aula, para partilhar suas práticas (ISODA, 2020). As *Action/Design/Developmental Research* desenvolveram processos cíclicos iterativos de pesquisa, que variaram de acordo com a natureza e o contexto do projeto. A análise narrativa foi utilizada como uma ferramenta para pesquisa e para a colaboração, com o intuito de estudar e compreender a aprendizagem docente. De acordo com Chapman (2008, p. 17), a narrativa pode ser considerada como:

> um método de pesquisa em que o processo e o produto envolvem histórias de experiências de professores e pesquisadores; uma ferramenta de coleta de dados sobre, por exemplo, conhecimentos, crenças, atitudes, histórias de vida e práticas dos professores; um objeto de análise no estudo do ensino; uma base ou ferramenta para o desenvolvimento profissional de professores ou para a formação de professores; uma base para o pensamento reflexivo.

Para a autora, a narrativa, como método de pesquisa, tem recebido mais atenção nos estudos voltados à formação de PEM do que como ferramenta pedagógica.

Para além das perspectivas teóricas e metodológicas, utilizadas para orientar e informar a aprendizagem nos espaços colaborativos, nesse *survey*, os autores analisaram, dentre outros elementos: qual a natureza dos trabalhos colaborativos e suas relações com a situação, o contexto e a cultura dos grupos investigados; quem são as pessoas, como se envolvem no trabalho colaborativo, que papéis desempenham na promoção da aprendizagem para ensinar matemática, como se relacionam entre si e nas diferentes comunidades que atuam. No entanto, por vezes, não foi possível observar, com clareza e consistência, como essas aprendizagens ocorreram, o que aprenderam, o que fomentou essas aprendizagens, qual o impacto das práticas de colaboração na compreensão da matemática por parte dos professores envolvidos, o que promoveu o desenvolvimento da IP de PEM.

Essas questões também fazem parte da agenda de investigações do Grupo de Estudos e Pesquisa sobre Formação de Professores que Ensinam Matemática – Gepefopem. Nos últimos 20 anos, o Gepefopem tem promovido e investigado ações de formação inicial e continuada de PEM em escolas públicas do estado do Paraná – Brasil e em instituições de ensino superior. Desde 2008, o grupo vem investigando em que medida a formação de professores pode ser pensada de modo a: atender às necessidades educacionais de nosso momento histórico (respeitando as singularidades); compreender como os professores aprendem; identificar elementos do contexto de formação que podem promover o movimento de constituição da identidade profissional (IP) de seus participantes; produzir reflexões em torno dos conhecimentos e dos requisitos necessárias para o professor no exercício de sua atividade profissional. Para tanto, foram organizados grupos de formação de professores, com atributos de grupos de estudos colaborativos, dentre os quais alguns se constituíram como Comunidades de Prática – CoP (WENGER, 1998). Nestes grupos, a teoria das CoP nos permitiu identificar como se deram as trajetórias de aprendizagem docente, por meio de processos de negociação de significados, e o que fomentou essas aprendizagens.

No presente capítulo, discutimos elementos constituintes de grupos colaborativos em espaços de formação de PEM (características de um grupo colaborativo, temáticas que se tornaram ponto de enfoque de discussões em grupos colaborativos, contextos e ações que promovem a colaboração); trajetórias de aprendizagem docente em CoP de professores em formação; e algumas potencialidades da colaboração para a aprendizagem docente e para o movimento de constituição da IP de PEM, considerando as investigações do Gepefopem e as publicações recentes acerca dessas temáticas.

Na próxima seção, antes de apresentar as referidas discussões, descreveremos a nossa base epistemológica a respeito da aprendizagem docente e do movimento de constituição da IP de PEM.

Aprendizagem docente e o movimento de constituição da IP de PEM

Consideramos aprendizagem a partir da Teoria Social da Aprendizagem (WENGER, 1998). Nessa teoria, a aprendizagem é uma prática social, parte integral de nosso cotidiano, e o processo de negociação de significados é um mecanismo para que ela ocorra. Esse processo está presente tanto em atividades rotineiras, como trabalhar, brincar, se alimentar, quanto em atividades que nos preocupam ou nos desafiam. Inclui nossas relações sociais, já que o significado é histórico, dinâmico e contextual. Pode envolver a linguagem, contudo não está limitado a ela; pode abranger ou não uma conversa ou interação direta com outras pessoas.

A aprendizagem docente tem suas particularidades e abarca uma diversidade de aspectos, inerentes à profissionalização do professor, como o conteúdo a ser ensinado, os conhecimentos pedagógicos sobre esse conteúdo, as orientações curriculares, os contextos em que estão inseridos, as relações sociais e culturais da comunidade escolar, dentre outros. Na medida em que o professor muda suas ações ou modos de pensar, o que pode repercutir *na/para* sua prática pedagógica, podemos inferir que houve aprendizagem docente.

Desse modo, a aprendizagem docente não se restringe aos programas de formação (inicial e continuada). Ela pode ocorrer em diferentes contextos (formais e não formais), ao exercer suas funções como professor (aprendizagem *na* prática) ou ao se preparar para exercê-las (aprendizagem *para* a prática).

A colaboração e o reconhecimento da dimensão da socialização sobre a sua prática profissional podem desempenhar papel central nessa aprendizagem. A participação do professor em programas de formação ou em ambientes em que ele molda e manifesta certas interpretações, faz escolhas, envolve-se em determinadas ações, negocia significados a partir da interação com o outro, é uma iniciativa fértil para aprendizagem.

Lerman (2001) pontua que as teorias (de aprendizagem) que lidam com a complexidade das práticas sociais mostram-se as mais apropriadas para investigar a aprendizagem docente. Para Rocha e Cyrino (2019, p. 17), "é por meio da participação em comunidades sociais que conseguimos transformar quem somos, modificar nossas experiências, ampliar ou alterar os significados que damos para aquilo que cerca nossa vida". Assim, ao negociar suas ideias, ações, atitudes e saberes, os membros da CoP têm a oportunidade de ressignificar a sua própria prática.

De acordo com Wenger (1998), aprender muda quem somos, muda nossas práticas, nossa capacidade de participar do mundo, em suma, transforma a nossa identidade. A identidade não deve ser entendida como uma característica predeterminada por nossa personalidade, mas como algo que é (re)negociado constantemente no curso de nossas vidas. Está em constante movimento. A identidade é "formada e transformada continuamente em relação às formas pelas quais somos representados ou interpelados nos sistemas culturais que nos rodeiam. [...] A identidade plenamente unificada, completa, segura e coerente é uma fantasia" (HALL, 2015, p. 11-12).

Desse modo, o movimento de constituição da IP de PEM é um processo contínuo, complexo, dinâmico, temporal e experiencial (DE PAULA; CYRINO, 2020, 2021), e se dá a partir de um conjunto de crenças/concepções, que o (futuro) professor traz para o processo de formação, interconectadas ao seu autoconhecimento, às emoções e aos conhecimentos necessários para o exercício de sua profissão, associados à autonomia (vulnerabilidade e sentido de agência) e ao compromisso político (CYRINO, 2016, 2017, 2018, 2021).

Nesse movimento, os domínios constituintes da IP de PEM não incidem de modo isolado, eles estão articulados e se retroalimentam. Por exemplo, a autonomia possui uma relação direta e indissociável com o individual (*self*) e com aspectos coletivos (sociais, culturais, políticos, etc), uma vez que as ações que são interpretadas como individuais carregam vozes de outros "eu's". No desenvolvimento do autoconhecimento (autoimagem, autoestima, percepção de suas tarefas, motivação para o trabalho, perspectivas futuras) (KELCHTERMANS, 2009), a vulnerabilidade e a busca do sentido de agência, necessárias para o desenvolvimento da autonomia, podem desempenhar papel fundamental. No entanto, ainda existe uma compreensão limitada sobre como se desenvolvem e se articulam estes processos na formação de professores, nomeadamente, como diferentes elementos do contexto formativo se relacionam com o desenvolvimento do sentido de agência profissional de professores.

A autonomia se caracteriza pela liberdade e pela capacidade de o indivíduo tomar decisões, fazer escolhas, conduzir suas próprias ações, realizar, assumir para si um caráter crítico (FREIRE, 2000, p. 18-19, grifos do autor). Tem subjacente a ideia de o indivíduo

> Assumir-se como ser social e histórico, como ser pensante, comunicante, transformador, criador [...]. A assunção de nós mesmos não significa a exclusão dos outros. É a "outredade" do "não eu", ou do tu, que me faz assumir a radicalidade de meu eu.

A busca do sentido de agência, muitas vezes, ocorre, quando os professores estão diante de experiências de vulnerabilidade. A profissão do professor é de extrema vulnerabilidade, ou seja, a vulnerabilidade é uma característica estrutural desta profissão (KELCHTERMANS, 2009). Em várias circunstâncias, os professores não têm controle total de seu trabalho. Eles estão sujeitos a elementos externos que implicam e modificam suas ações, de acordo com a interpretação que desenvolvem sobre elas, como: decisões curriculares, relação com a comunidade escolar (pais de alunos, coordenação e direção escolar, formadores, colegas de profissão, etc.), decisões políticas, questões salariais, condições de trabalho, dentre outros. O estímulo continuado à reflexão contribui para que o professor se revisite e tome consciência das suas aprendizagens, "[...] é a vulnerabilidade que assegura ao (futuro) professor reconhecer seus erros e limitações, conciliar seus conflitos e dilemas decorrentes e relacionados à sua (futura) prática docente, para que possa superá-los" (CYRINO, 2017, p. 705).

Buscar o sentido de agência demanda a capacidade humana de interpretar e avaliar as situações particulares em que a pessoa se encontra e agir diante dessas situações, de acordo com esse sentido. Com isso, a agência envolve capacidade não apenas de executar com êxito de tarefas e ações específicas, mas também de analisar e avaliar suas experiências em determinados contextos. Cada decisão que o professor toma na busca do sentido de agência possui relação com o passado e o presente, e molda o contexto para uma ação futura. Os professores são agentes ativos no processo educacional, mesmo agindo passivamente em determinadas situações. Essas ações são mediadas pelos elementos estruturais do ambiente em que vivem, dos recursos disponíveis, das normas e das políticas externas. Portanto, a agência tem um impacto significativo no autoconhecimento e no desenvolvimento da capacidade de os PEM darem respostas às necessidades de seus alunos em sala de aula.

A vulnerabilidade e a busca do sentido de agência influenciam e moldam o modo como o sujeito desenvolve sua trajetória, a maneira como age (ou não age) em diferentes meios sociais (KELCHTERMANS, 2009). A autonomia possui uma relação direta e indissociável com a individualidade (*self*) e com aspectos coletivos (sociais, culturais, políticos, etc). A individualidade pode estar diretamente associada às experiências particulares que o sujeito possui, ao modo de refletir sobre essas experiências, de lidar consigo e com os outros diante delas; e influencia diretamente na sua ação de ensinar, no seu desenvolvimento profissional e na sua reação perante as mudanças educacionais (MOLFINO; OCHOVIET, 2019).

Investigar grupos colaborativos pode nos ajudar a compreender as particularidades do movimento de constituição da IP de professores desta área específica do conhecimento – Matemática (FRANCIS *et al.*, 2018), uma vez que a IP ocupa um lugar central na compreensão das práticas de ensino, na motivação para ensinar, no bem-estar pessoal e profissional, na eficácia do ensino, na tomada de decisão a respeito da carreira de professor, dentre outros aspectos, colocando-se como um desafio para a formação de professores.

Elementos constituintes de grupos colaborativos em espaços de formação de PEM

De acordo com Jaworski e Huang (2014), o desenvolvimento profissional de PEM torna-se mais prevalente nos programas de formação em que a colaboração entre professores, formadores e outros agentes educacionais são os principais objetivos. Mas quais são as características de um grupo colaborativo? Que temáticas se tornam ponto de enfoque de discussões nesses grupos? Que contextos e ações promovem a colaboração?

A seguir, sem qualquer pretensão de sermos prescritivos, apresentaremos possíveis respostas para essas questões, tendo em conta as investigações do Gepefopem e outras relatadas em publicações recentes.

Características de um grupo colaborativo

A colaboração nos espaços formativos envolve indivíduos engajados em atividades conjuntas, com um propósito comum, comprometidos com a investigação, com um diálogo crítico e com o apoio mútuo, de modo que possam interagir, abordar e partilhar questões que os desafiam profissionalmente e refletir sobre seu papel na escola e na sociedade (JAWORSKI *et al.*, 2017).

Nesses espaços, a colaboração não é imposta, ela é construída, de forma inclusiva, em um ambiente de diálogo aberto no qual os indivíduos se sentem à vontade para compartilhar suas diferenças, rotinas, dúvidas, dificuldades, vulnerabilidades. Além da voluntariedade, a colaboração é influenciada por um objetivo/temática comum que imprime ao grupo uma identidade. Diferente da cooperação, na qual as relações de poder e os papéis dos participantes não são questionados, a colaboração supõe negociação de ações e de significados, ressignificações, marcadas por processos reflexivos que auxiliam os participantes na análise e na tomada de decisões.

Nos processos de negociação, nem sempre as relações são harmoniosas, podem ser conflituosas. A colaboração não pressupõe homogeneidade, mas pode haver momentos de tensão, conflito, desacordos, desafios que, por vezes, denotam mais compromisso mútuo do que uma posição de conformidade passiva.

Tendo em conta essas características, podemos afirmar que as CoP se caracterizam como um grupo colaborativo. De acordo com Wenger (1998), uma CoP se caracteriza como um contexto em que os indivíduos desenvolvem práticas (incluindo valores, normas e relações) e constituem identidades apropriadas àquela comunidade por meio da participação.

Segundo Wenger *et al.* (2002), um grupo se caracteriza como uma CoP pela existência de três elementos estruturais: domínio, comunidade e prática. O domínio é o elemento que mobiliza os membros a contribuírem e participarem da comunidade na busca da afirmação dos seus propósitos, ações, iniciativas e valorização de seus membros. O desejo de aprender e o interesse pelo domínio levam os membros a se engajarem na comunidade. A comunidade caracteriza-se por um grupo de pessoas que se reconhecem mutuamente, associadas a determinados fazeres (domínio), e constroem relações de reciprocidade, interação, aprendizagens, partilhadas mutuamente entre si na prática da comunidade. A prática inclui o fazer, o agir, tanto o explícito quanto o tácito; pode envolver linguagem, ferramentas, imagens, procedimentos específicos, relações e convenções implícitas, pressupostos e visões de mundo compartilhadas, os quais são explicitados *na* e *pela* prática da comunidade. A prática de uma CoP abarca três dimensões: compromisso mútuo, empreendimento articulado e repertório compartilhado.

O compromisso mútuo é desenvolvido, ao longo do processo de constituição da CoP, à medida que seus membros passam a se sentir parte da comunidade. Os motivos que levam as pessoas a uma participação plena em uma prática podem ser distintos, e a importância dessa prática na vida de cada um é única. Contudo, o que os mantém conectados são as relações de engajamento mútuo que acontecem a partir da necessidade de lidar com as dificuldades e as inquietações decorrentes da prática. Na relação de engajamento e compromisso mútuo, os participantes assumem o papel de protagonistas responsáveis por sua aprendizagem e pela aprendizagem dos membros da CoP, ao negociar os empreendimentos e ao promover o compartilhamento de repertórios, legitimados pelo grupo.

Os empreendimentos articulados constituem um conjunto de ações articuladas a serem desenvolvidas, construídas por meio de um processo de negociação dos participantes, e não a partir de um acordo estático, com a finalidade de alcançar um determinado fim. Assim, em uma CoP os empreendimentos são negociados, o que resulta no senso de responsabilidade e no compromisso mútuo, e isso se reflete nas ações definidas e negociadas. A negociação de empreendimentos articulados não se refere apenas à definição e à realização do objetivo mais geral da prática, mas também a outros aspectos, como manter um bom relacionamento com os demais, compartilhar obrigações, propor sugestões, manter sua posição na comunidade. Em consequência, os empreendimentos articulados criam relações de responsabilidade mútua entre os participantes que são incorporados na prática da comunidade.

Ao partilham entre si elementos que emergem das suas negociações, os participantes da CoP compartilham repertórios, os quais são constituídos por histórias, acontecimentos, palavras, conceitos, modos de fazer e agir.

A colaboração tem se destacado pelo seu potencial em promover processos de interação necessários para a constituição de um ambiente de aprendizagem docente e de constituição da IP.

Temáticas que se tornaram ponto de enfoque em grupos colaborativos

Alguns dos motivos que mobilizam os professores a participarem de grupos colaborativos é o desejo de: compreender o seu papel profissional na escola e como eles podem promover a aprendizagem dos alunos; aprender a utilizar novos recursos (por exemplo, ferramentas tecnológicas); criar uma rede profissional dentro da sua escola ou região; discutir reformas e exigências institucionais em torno do currículo, do sistema nacional de avaliações, etc.

Jaworski *et al.* (2017) contam que foi possível observar no *survey* duas grandes temáticas que se tornaram ponto de enfoque nos grupos colaborativos analisados: 1.º) estudos que envolveram conteúdos matemáticos, diferentes abordagens pedagógicas e compreensão do currículo; e 2.º) estudos sobre a integração de novas ferramentas e recursos com o objetivo de: a) promover o desenvolvimento dos professores, tendo em conta, por exemplo, diferentes trajetórias de aprendizagem dos alunos, competências necessárias para promover a aprendizagem dos alunos; b) compreender como os recursos de ensino podem apoiar a aprendizagem dos alunos.

Nas investigações do Gepefopem, as temáticas centrais nos espaços formativos colaborativos também estão associadas: a conteúdos matemáticos e como ensiná-los (pensamento algébrico, raciocínio proporcional, educação estatística, frações, funções, teorema de Pitágoras, área e perímetro, pensamento geométrico); à presença desses conteúdos no currículo; a abordagens metodológicas (Resolução de Problemas, Ensino Exploratório, *inquiry-based teaching*, Investigação Matemática; História na Educação Matemática); e ao uso de ferramentas e recursos de ensino (GeoGebra, Recursos Multimídia, Vídeos de aula).

Ainda, foi possível discutir com os professores em formação outras temáticas inerentes à prática profissional do PEM, nomeadamente: os níveis de demandas cognitivas de tarefas matemáticas, a importância de promover a comunicação matemática; os aspectos da gestão de uma aula; a natureza de tarefas cognitivamente desafiadoras; a importância do *feedback* do professor com base nas respostas dos alunos; o papel da promoção de interações dialógicas entre os alunos; as fases de uma aula na perspectiva do Ensino Exploratório; a importância do autoconhecimento do professor e de seu compromisso político; os dilemas da profissão docente, dentre outras.

Os diferentes conhecimentos e as concepções dos participantes dos grupos a respeito das temáticas que se tornaram foco e as experienciais de cada um acerca dos processos de ensino e de aprendizagem da Matemática fomentaram as ações nos diferentes contextos de formação.

Contextos e ações que promovem a colaboração

Jaworski *et al.* (2017) indicam uma diversidade de agentes que desencadearam a constituição de grupos colaborativos, incluindo iniciativas determinadas ou apoiadas por ministérios e instituições nacionais/regionais, por investigadores e/ou por formadores, por escolas sem envolvimento de agentes externos.

A maioria de grupos investigados pelo Gepefopem foi formada por iniciativa de pesquisadores ou formadores, fomentados ou não por políticas públicas de formação de professores ou de investigação. Contaram com professores da Educação Básica, futuros professores, investigadores, formadores, coordenadores pedagógicos, diretores de escolas.

A constituição de grupos heterogêneos possibilitou uma multiplicidade de olhares e pontos de vista, uma vez que acolaboração provém das interações estabelecidas a partir dos diversos conhecimentos e das experiências de cada participante. A forma como tais interações ocorrem são a base dos processos de ressignificação dos conteúdos matemáticos e das práticas docentes. O compartilhamento de repertórios e a negociação de significados de elementos estruturantes para a apropriação de aspectos teóricos do conhecimento profissional docente abarcaram principalmente práticas reflexivas e investigativas.

As diversas situações de vulnerabilidade que emergiram nesses contextos permitiram que os participantes dos grupos suspendessem temporariamente suas certezas e convicções e buscassem o sentido de agência, mediada pela interação entre a componente individual e as ferramentas e as estruturas do cenário social (OLIVEIRA; CYRINO, 2011).

Para tanto, fatores como respeito, confiança, desafio, solidariedade, apoio mútuo, afeto, equidade, negociação dos empreendimentos, dinâmicas e ações, valorização das singularidades e das práticas profissionais dos professores se mostraram férteis e essenciais às aprendizagens desses professores e ao cultivo e à manutenção desses grupos.

O maior potencial colaborativo está associado com a redução das relações de opressão e de poder. Quanto mais intensas as relações de confiança e respeito, mais eficientes são os movimentos de produção de conhecimento. Soma-se a isso a satisfação de estar em um espaço com outros professores que comungam de objetivos e interesses comuns. O poder não é centralizado, mas mediado pelos interesses, pelos desejos e pelas necessidades do próprio grupo, de modo que é preciso respeitar seu processo de desenvolvimento natural.

Considerando que as relações em trabalhos colaborativos também podem ser marcadas pela existência de conflitos, Santana e Barbosa (2016, p. 897) investigaram tipos de conflitos entre/nos textos de professores de matemática e acadêmicos em um trabalho colaborativo. Os autores compreendem "conflito como o embate entre os diferentes posicionamentos comunicados entre/nos textos que pertencem originalmente a diferentes práticas sociais". Eles utilizaram a teoria de Bernstein (2000), por reconhecerem que o trabalho colaborativo pode ser visto como um empreendimento social, vivenciado por diferentes sujeitos e, como tal, marcado por relações de poder.

As ações do formador são extremamente relevantes para a colaboração. Cyrino e Baldini (2017, p. 43-44) relataram um conjunto de ações de uma formadora, a fim de promover a formação dos participantes, quais sejam:

> iniciar o trabalho com a proposição de uma tarefa; solicitar que os participantes do grupo também propusessem tarefas; deixar o grupo à vontade para escolher as ferramentas e as estratégias de resolução das tarefas; permitir que o grupo participasse da tomada de decisões; incentivar e legitimar a constituição de pequenos grupos heterogêneos (formados por professores e futuros professores); promover espaços de discussão coletiva e de sistematização dos conteúdos envolvidos nas discussões; fomentar a produção e a negociação de significados, a interação, a partilha de conhecimentos e o uso de diferentes tipos de registros; questionar os participantes [...] ao invés de oferecer a eles respostas prontas aos questionamentos que surgiram; e promover a produção e a negociação de significados.

O formador, muitas vezes, detém um certo poder, assume o papel de *expert*, mas não em decorrência da função de coordenar a formação ou de ser o pesquisador (essas são questões de atribuição de responsabilidade). O que legitima o poder são o conhecimento e a propriedade, conquistados por qualquer participante a partir de suas práticas no grupo e da negociação de significados. Sendo assim, nem sempre a *expertise* estará com o formador, mas sim, com alguém legitimado pelo grupo para desenvolver uma determinada ação/atividade.

Sendo assim, em um grupo colaborativo, todos são, ao mesmo tempo, mestres e aprendizes, dependendo do conhecimento que está sendo negociado num dado momento. E isso implica em descentralização do poder, em razão das competências que os membros desenvolvem em sua trajetória de aprendizagem.

Reconhecer e analisar as trajetórias de aprendizagem dos professores em formação têm nos ajudado a identificar o que os professores aprendem e como essas aprendizagens ocorrem, o que fomentou essas aprendizagens, qual o impacto das práticas de colaboração na compreensão dos PEM envolvidos.

Trajetórias de aprendizagem docente em CoP de professores em formação

Relatam Jaworski *et al*. (2017) que, no *survey*, a teoria social é predominante nas investigações relacionadas com a aprendizagem docente por meio da colaboração, assim como o reconhecimento de que a dimensão da socialização pode ter extrema relevância nessa aprendizagem. Como já relatamos, muitas dessas investigações abordam a colaboração em comunidades de professores que trabalham juntos, seja em uma mesma escola, em uma rede de escolas ou em um programa de formação de professores, como em comunidades de prática (WENGER, 1998) ou em comunidades investigativas (JAWORSKI, 2006).

A Cognição Situada é uma perspectiva teórica que sugere que, ao contrário das perspectivas cognitivistas que lidam com o sujeito cognitivo individual (frequentemente enraizadas no trabalho de Piaget), a cognição está sempre "situada" em um cenário ou no contexto em que ocorre. A aprendizagem como participação social acontece por meio do engajamento das pessoas em ações e interações situadas em um contexto histórico e cultural, e permite perceber o conhecimento como o conjunto de significados enunciados pelos sujeitos e validados nas comunidades em que estão inseridos.

Conforme Wenger (1998), nas CoP a aprendizagem se dá por meio de um processo de negociação de significados que envolve a interação entre dois outros processos: a participação e a reificação. A negociação de significados é um mecanismo para aprendizagem, é um conceito utilizado para caracterizar o processo pelo qual nós experimentamos o mundo e nele nos engajamos. Assim como uma experiência supõe envolve ação, interpretação e linguagem, mas não se limita a elas.

O processo de participação diz respeito à experiência de viver em contextos sociais aos quais pertencemos. Abrange a pessoa como um todo em ações como fazer, conversar, pensar, sentir, pertencer e, também, emocionar-se. Mesmo que a ação seja a realização de um procedimento corriqueiro, em casa, no trabalho, em que recorremos aos mesmos artefatos, discursos, a experiência é sempre nova e produz uma nova interpretação, de forma que nossos significados estão em negociação permanente.

Wenger (1998) distinguiu três formas de afiliação dos membros em uma CoP, na busca de compreender os processos de aprendizagem por meio da participação, quais sejam, afiliação por: imaginação, alinhamento e engajamento/compromisso. Na afiliação por imaginação, os participantes constroem uma imagem de si e dos outros, das comunidades de que participam, e do mundo, de modo a se orientar, refletir sobre a sua situação e a dos outros, e explorar possibilidades. De acordo com Wenger (1998), a afiliação por imaginação deve ser entendida como um processo criativo de produzir novas imagens e gerar novas relações que sejam constitutivas do eu que transcendam o compromisso com a CoP. A afiliação por alinhamento pressupõe um processo mútuo de coordenação de perspectivas, interpretações e ações, para que realizem objetivos mais elevados. Na afiliação por engajamento/compromisso, os participantes se dispõem a: fazer coisas em conjunto por meio de empreendimento articulados; negociar significados; e produzir e compartilhar repertórios.

O processo de reificação, na negociação de significados, refere-se à manifestação de nossas experiências em uma espécie de "retrato" instantâneo. A imagem impressa no retrato dá visibilidade à experiência vivida naquele momento e torna-se uma referência para representá-la, mas não poderá revelar a experiência em si. Apesar de o retrato ser sempre o mesmo, a cada vez que recorrermos a ele para falar da experiência em si, sempre haverá algo novo que nos chamará a atenção ou algo que já não nos parece tão importante quanto antes, produzindo novos significados.

Tendo em conta que esses dois processos, participação e reificação, são indissociáveis, para investigar a aprendizagem docente temos levado em conta as *trajetórias de aprendizagem* dos professores envolvidos na formação. Ao relatar e analisar essas trajetórias de aprendizagens, são considerados a participação, as interações dialógicas dos participantes no processo de negociação de significados na busca de *reificações manifestadas nessas trajetórias* a respeito de uma dada temática (pontos de enfoque).

Do ponto de vista metodológico, as reificações podem nos indicar *pontos de enfoque*, ou de referência, para que possamos falar das práticas da comunidade, retratar um processo, documentar uma ocorrência importante, mas, por mais elaboradas que sejam, não podem revelar todo o processo, toda experiência vivida pelos seus membros em torno daquela produção. É nesse sentido que a participação e a reificação tomadas juntas, como uma dualidade, representam o processo de negociação de significados. A participação denota o aspecto dinâmico do processo, enquanto a reificação possibilita estabelecer pontos de referência da trajetória de negociação dos significados e, por conseguinte, do processo de aprendizagem.

Por exemplo, quando os professores, no processo formativo, planejam tarefas; discutem o que pode se explorado por meio delas; organizam estratégias de explorá-las e discuti-las; elaboram perguntas a serem feitas aos alunos em sala de aula; discutem como pretendem dar um *feedback* aos alunos (para que eles possam refletir a respeito de suas resoluções); e posteriormente relatam o que aconteceu em sala de aula, o formador/pesquisador pode identificar pontos de enfoque e reificações manifestadas nos processos de negociação de significados, relacionadas aos conhecimentos profissionais. De posse desses pontos de enfoque, o formador/pesquisador seleciona episódios que explicitem as interações dialógicas dos participantes, no processo de negociação de significados, na busca de *reificações manifestadas* por eles em diferentes momentos do processo de formação. O conjunto desses episódios pode constituir *trajetórias de aprendizagem* do que se tornou ponto de enfoque nas negociações dos professores em formação. A articulação dessas trajetórias de aprendizagem pode auxiliar o formador/pesquisador a identificar as aprendizagens docentes e como elas se tornaram possíveis, a partir da análise das compreensões manifestadas pelos professores em formação a respeito de marcos conceituais, de possíveis obstáculos referentes aprendizagem dos alunos, das diretrizes curriculares, de seu papel na gestão da sala de aula, da escolha de materiais, enfim, de aspectos que constituem o conhecimento profissional do professor.

No exemplo anterior, para promover a constituição dessas trajetórias de aprendizagem é importante que o formador encoraje o engajamento/compromisso dos participantes com o planejamento da aula, o seu desenvolvimento com os alunos e o relato dela na CoP. Cabe também ao formador orientar as discussões com o objetivo de fomentar a negociação de significados. Para tanto, ele pode criar tensões entre o que os professores em formação planejaram e o que os alunos manifestaram durante a resolução da tarefa; propor estudos complementares que permitam conexões entre o que foi observado em sala de aula, interpretado nas discussões da CoP e referenciais teóricos disponíveis a respeito da temática em discussão; solicitar um novo planejamento; gerir as vulnerabilidades e promover a busca de uma agência mediada na CoP; negociar novos empreendimentos, dinâmicas e ações; promover o intercâmbio com membros de outras comunidades de modo que possam ampliar seus repertórios.

Potencialidade da colaboração para promoção da aprendizagem docente e para o movimento de constituição da IP de PEM

A colaboração tem se apresentado como um campo fértil para a construção de conhecimentos profissionais do professor, para a problematização de processos de ensino e de aprendizagem de matemática em sala de aula, dentre outros aspectos inerentes a essa prática, com vistas à aprendizagem docente e à constituição da IP de PEM.

Nos grupos colaborativos, são criadas condições para serem estabelecidos as negociações de significados, a identificação de objetivos comuns e o respeito aos interesses específicos dos envolvidos ou das instituições como, por exemplo, da universidade com a escola. Ao trabalhar juntos, os professores apresentam problemas, identificam divergências entre teorias e práticas, reconhecem vulnerabilidades, desafiam rotinas comuns, baseiam-se no conhecimento de outros para tornar visível muito do que é considerado nos processos de ensino e de aprendizagem, compartilham repertórios e constroem conhecimentos. A construção compartilhada de conhecimento promove a autonomia dos participantes, pois viabiliza ir além do que seria possível, se estivessem trabalhando individualmente.

O trabalho em grupos colaborativos funciona como um convite à reflexão dos professores envolvidos. A ação de agenciar de forma mediada seus conhecimentos, crenças/compreensões e situações de vulnerabilidade, por meio da negociação de significados e de suas aprendizagens propicia as ações de questionar, (re)pensar e (trans)formar suas práticas educacionais e as de pesquisa vigentes. Alinhado a isso, o movimento de constituição da IP de PEM desempenha um importante papel na compreensão das práticas de ensino de PEM, na motivação para ensinar, na eficácia do ensino e na tomada de decisão na carreira.

O significado dos contextos (sala de aula, escola, cultural e político) no movimento de constituição da IP de PEM e dos modos como os professores em formação negociam e equilibram seu eu entre autoridade e vulnerabilidade, entre identidade narrativa e posicional, entre os objetivos e as necessidades do local de trabalho, dentre outros, requer a importância de capacitar a agência do professor (individual e coletiva) para que ele possa intensificar o movimento de constituição da sua IP de PEM com autonomia, motivação e consciência crítica.

A construção colaborativa de uma agência mediada é fundamental para que os professores tenham um ambiente relativamente seguro e o apoio de que precisam para se sentirem suficientemente capacitados para assumir riscos e praticar a vulnerabilidade – experiências essenciais para o desenvolvimento da identidade. Criar ambientes que amparem a agência e minimizem as tensões que os professores experimentam como resultado da sobreposição ou intersecção de identidades sociais e sistemas relacionados à opressão, à dominação ou à discriminação, e das demandas do ensino focalizado na disciplina, são aspectos que devem ser considerados nos programas de formação docente que visam ao desenvolvimento profissional, à aprendizagem docente e ao movimento de constituição da IP de PEM.

Referências bibliográficas

ALDON, G.; ARZARELLO, F.; CUSI, A.; GARUTI, R.; MARTIGNONE, F.; ROBUTTI, O. et al. The Meta-Didactical Transposition: a model for analysing teachers education programmes. *In:* L. A. M. & A. Heinze (Eds.). *Proceedings of PME 37*, v. 1, p. 97-124. PME, 2013.

BERNSTEIN, B. *Pedagogy, symbolic control and identify:* theory, research, critique. Lanham: Rowman & Littlefield, 2000.

BORKO, H.; POTARI, D. *Proceedings of the 25th ICMI Study Teachers of Mathematics working and learning in Collaborative Groups.* ICMI, 2020.

CHAPMAN, O. Narratives in mathematics teacher education. *In*: TIROSH, D.; WOOD, T. (Eds.). *The international handbook of mathematics teacher education* (Vol 2): Tools and processes in mathematics teacher education. Dordrecht: Sense Publishers, 2008. p. 15–38.

CYRINO, M. C. C. T. Mathematics teachers' professional identity development in communities of practice: Reifications of proportional reasoning teaching. *Bolema: Boletim de Educação Matemática*, v. 30, p. 165-187, 2016.

CYRINO, M.C.C.T. Identidade Profissional de (futuros) Professores que Ensinam Matemática. *Perspectivas da Educação Matemática*, v.10, p. 699-712, 2017.

CYRINO, M. C. C. T. Prospective Mathematics Teachers' Professional Identity. *In*: STRUTCHENS, M.; HUANG, R.; POTARI, D.; LOSANO, L. (Eds.). *Educating Prospective Secondary Mathematics Teachers. ICME-13 Monographs*. Cham, Switzerland: Springer, 2018. p. 269-285.

CYRINO, M. C. C. T. Ações de formação de professores de matemática e o movimento de construção de sua identidade profissional. *Perspectivas da Educação Matemática*, v. 14, n. 35, p. 1-26, 2021.

CYRINO, M. C. C. T; BALDINI, L. A. F. *Ações da formadora e a dinâmica de uma comunidade de prática na constituição/mobilização de TPACK. Educação Matemática Pesquisa*, v. 19, p. 25-48, 2017.

DE PAULA, E. F.; CYRINO, M. C. C. T. Aspectos a serem considerados em investigações a respeito do movimento de constituição da Identidade Profissional de professores que ensinam matemática. *Educação*, Santa Maria, (Online), v. 45, p. 1-29, 2020.

DE PAULA, E. F.; CYRINO, M. C. C. T. The Professional Identity in educators who teach mathematics: elements and actions to build a proposal for future research. *Pró-Posições*, Campinas (Online), v. 32, p. 1-23, 2021.

ENGESTRÖM, Y. Activity theory and individual and social transformation. *In*: ENGESTRÖM, Y.; MIETTINEN, R; PUNAMÄKI, R.-L. (Eds.). *Perspectives on activity theory*. Cambridge University Press, 1999. p. 19-38.

FRANCIS, D.C.; HONG, J.; LIU, J.; EKER, A. "I'm Not Just a Math Teacher": Understanding the development of elementary teachers' mathematics teacher identity. *In*: SCHUTZ, P. A.; HONG, J.: FRANCIS, D.C. (Eds.). *Research on Teacher Identity: Mapping Challenges and Innovations*. Switzerland: Springer, 2018. p. 133-144.

FREIRE, P. *Pedagogia da autonomia:* saberes necessários à prática educativa. 25. ed. São Paulo: Paz e Terra, 2000.

HALL, S. *A identidade cultural na pós-modernidade*. 12. ed., Tradução de T. T. da SILVA; G. L. LOURO. Rio de Janeiro: Lamparina, 2015.

ISODA, M. Producing theories for mathematics education through collaboration: A historical development of japanese lesson study. *In*: BORKO, H.; POTARI, D. (Eds.). *Proceedings of the 25th ICMI Study Teachers of Mathematics working and learning in Collaborative Groups*. ICMI, 2020. p. 2-14.

JAWORSKI, B. Theory and practice in mathematics teaching development: Critical inquiry as a mode of learning in teaching. *Journal of Mathematics Teacher Education*, v. 9, n. 2, p. 187-211, 2006.

JAWORSKI, B.; HUANG, R. Teachers and didacticians: Key stakeholders in the processes of developing mathematics teaching. *ZDM Mathematics Education*, v. 46, p. 173-188, 2014.

JAWORSKI B.; CHAPMAN, O.; CLARK-WILSON, A.; CUSI, A. ESTELEY, C.; GOOS, E.; ISODA, M.; JOUBERT, M.; ROBUTTI, O. Mathematics teachers working and learning through collaboration. *In:* KAISER, G. (Eds.). *Proceedings of the 13th International Congress on Mathematical Education*. ICME-13 Monographs. Springer, Cham, 2017. p. 261-276.

KELCHTERMANS, G. Who I am in how I teach is the message: self-understanding, vulnerability and reflection. *Teachers and Teaching: theory and practice*, v. 15, n. 2, p. 257-272, 2009.

LERMAN, S. A review of research perspectives on mathematics teacher education. *In*: LIN, F. L.; COONEY, T. J. (Eds.). *Making sense of mathematics teacher education.* Dordrecht: Kluwer Academic Publishers, p. 33-52, 2001.

MOLFINO, V.; OCHOVIET, C. A mathematics teacher's identity study through their teaching practices in a postgraduate training course. *The Mathematics Enthusiast (TME)*, v. 16, p. 389-408, 2019.

OLIVEIRA, H. M.; CYRINO, M. C. C. T. A formação inicial de professores de Matemática em Portugal e no Brasil: narrativas de vulnerabilidade e agência. *Interacções*, v. 7, p. 104-130, 2011.

ROBUTTI, O.; CUSI, A.; CLARK-WILSON, A.; JAWORSKI, B.; CHAPMAN, O., ESTELEY, C.; GOOS, M.; ISODA, M.; JOUBERT, M. ICME international survey on teachers working and learning through collaboration. *ZDM Mathematics Education*, v. 48, p. 651-690, 2016.

ROCHA, M. R.; CYRINO, M. C. C. T. Elementos do contexto de uma comunidade de prática de professores de matemática na busca de aprender e ensinar frações. *Revista Paranaense de Educação Matemática*, v. 8, p. 169-189, 2019.

SANTANA, F. C. M.; BARBOSA, J. C. Tipos de conflitos entre/nos textos de professores de matemática e acadêmicos em um trabalho colaborativo. *Educação Matemática Pesquisa* (Online*)*, v. 18, p. 895-921, 2016.

TRIANTAFILLOU, C.; PSYCHARIS, G.; POTARI, D.; BAKOGIANNI, D.; SPILIOTOPOULOU, V. Teacher educators' activity aiming to support inquiry through mathematics and science teacher collaboration. *International Journal of Science and Mathematics Education*, p. 1-17, 2021.

VALSINER, J. *Culture and the development of children's action:* A theory of human development. 2nd ed. John Wiley & Sons, 1997.

WENGER, E. *Communities of Practice*: Learning, meaning and identity. Cambridge University Press, 1998.

WENGER, E.; McDERMOTT, R.; SNYDER, W. *Cultivating Communities of Practice*. Harvard Business School Press, Boston, 2002.

Capítulo 7

OS SABERES DOCENTES DE FUTUROS PROFESSORES DE FÍSICA EM UM CONTEXTO DE INOVAÇÃO CURRICULAR

Marcelo Alves Barros
Universidade de São Paulo – USP
E-mail: mbarros@ifsc.usp.br

Carlos Eduardo Laburú
Universidade Estadual de Londrina – UEL
E-mail: laburu@uel.br

Paulo Sérgio de Camargo Filho
Universidade Tecnológica Federal do Paraná - UTFPR
E-mail: paulocamargo@utfpr.edu.br

Introdução

Em muitos países as transformações sociais estão impulsionando mudanças nos currículos escolares, encorajando os professores em geral, e de Física em particular, a incorporarem cada vez mais novos elementos derivados das pesquisas educacionais às suas práticas pedagógicas.

Como aponta Pintò (2002), ao se confrontarem com inovações curriculares os professores, além de incorporarem e adotarem informações novas, passam por um processo de transformação de sua prática. Isso ocorre devido a esta tomada de decisão não envolver somente a proposição de novas ferramentas e materiais para o ensino, mas também a previsão e antecipação de problemas conceituais, de modo a desenvolver estratégias adequadas para solucioná-los.

No Brasil, busca-se a atualização do currículo de Física do Ensino Médio com a realização de pesquisas educacionais, o desenvolvimento de materiais didáticos e o oferecimento de cursos de formação inicial e continuada de professores, de modo a permitir-lhes enfrentar as demandas dos alunos e da sociedade em geral pela introdução da Ciência Moderna.

Monteiro e Nardi (2007) apontam a necessidade de se investigar a compreensão dos professores de Física sobre a inserção de conteúdos da Física Moderna e Contemporânea na Educação Básica trazendo para o debate questões bastante pertinentes, tais como: *"Até que ponto os professores de Física estão tendo uma formação básica ou continuada compatível com os propósitos e possibilidades para inserirem a Física Moderna e Contemporânea na Educação Básica, propósitos estes muitas vezes apontados por pesquisadores ou mesmo contemplados por políticas públicas? O que se espera que professores de Física compreendam para os mesmos comprometerem-se em inserir conteúdos da Física Moderna e Contemporânea na Educação Básica?* (p. 14)".

Ostermann e Moreira (2000a; 2000b), já apontavam a necessidade de se abordar esta problemática sob a perspectiva do ensino e desenvolver propostas de atualização curricular em sala de aula. Segundo os autores, mais do que elencar quais tópicos devem ser trabalhados no Ensino Médio, os esforços precisam ser aprofundados e consolidados para que haja um efeito significativo nas salas de aula, mantendo-se o desafio de incorporar aos cursos de formação de professores e à prática de ensino tópicos sobre Física Moderna e Contemporânea importantes para a formação dos estudantes.

Obviamente, sem menosprezar os inúmeros obstáculos notadamente reconhecidos para a inserção da Física Moderna e Contemporânea no Ensino Médio (a reduzida carga horária disponível para disciplina de Física nas escolas, o influência da lista de assuntos para o vestibular, a falta de pré-requisitos dos estudantes (incluindo o conhecimento matemático); o que queremos chamar a atenção é a necessidade de se avançar nas pesquisas da área sobre o entendimento das razões que levam os professores a empregarem tópicos de Física Moderna e Contemporânea em sala de aula e quais os saberes profissionais mobilizados neste processo.

Cabe ressaltar que este movimento de inovação curricular a respeito da inserção da Física Moderna e Contemporânea no Ensino Médio constitui-se numa realidade nos programas e currículos da maioria das escolas e livros didáticos atualmente, porém ainda há certa dificuldade para que esta seja efetivamente colocada em prática.

Neste capítulo apresentamos os resultados de uma pesquisa (Silva, 2011) desenvolvida com o objetivo de identificar os saberes docentes mobilizados por futuros professores de Física quando implementaram tópicos de Nanociência e Nanotecnologia em sala de aula.

Formação de professores de Física e inovação curricular

Dentre as múltiplas investigações realizadas no contexto da inserção da Física Moderna e Contemporânea no Ensino Médio destacamos estudos que têm focalizado o processo de transposição didática das Teorias Modernas e Contemporâneas para a sala de aula (Pinto e Zanetic, 1999; Brockington, 2005; Brockington e Pietrocola, 2006; Siqueira e Pietrocola, 2006; Pietrocola, 2005 etc.).

De maneira geral, estes trabalhos focalizam esforços na procura de conteúdos que permitam caracterizar a transformação dos conhecimentos construídos na Ciência para o ambiente da sala de aula, assim como na estruturação de atividades de ensino potencialmente capazes de promover a aprendizagem de tópicos de Física Moderna e Contemporânea pelos alunos.

Porém, pouca atenção tem sido depositada na investigação do papel da formação do professor de Física no contexto da inserção da Física Moderna e Contemporânea no Ensino Médio e que atenda satisfatoriamente às novas demandas de atualização curricular.

Apesar de haver praticamente consenso entre os pesquisadores da necessidade de se incorporar aos cursos de formação de professores tópicos de Física Moderna e Contemporânea, a questão que se coloca é se tais cursos são suficientes para suprir as necessidades formativas dos professores de Física sobre esses tópicos e garantir o sucesso de sua introdução no Ensino Médio.

As pesquisas sobre a formação de professores têm mostrado, que os professores entram nos programas de formação com percepções pessoais a respeito do ensino, com imagens do bom professor, imagens de si mesmos como professores e a memória de si próprios como alunos. Além disso, essas percepções e imagens pessoais geralmente permanecem sem alteração ao longo dos programas de formação e acompanham os professores durante suas práticas de ensino (Kagan, 1992).

Esses resultados são até certo ponto previsíveis, sendo bastante conhecida a resistência às mudanças nas concepções que os sujeitos constroem ao longo de suas vidas. No entanto, esses aspectos já anunciam boa parte das dificuldades que precisam ser enfrentadas num programa de formação de professores de Física cuja intenção é introduzir tópicos de Física Moderna e Contemporânea em sala de aula, assim como promover reflexões sobre a própria prática de ensino.

É principalmente nesse sentido que se faz necessário ampliar nossa visão acerca dos programas de formação de professores. Se, por um lado, dentro desses programas cabem os conhecimentos da disciplina a ser ensinada, o conhecimento didático-pedagógico e todos os outros conhecimentos produzidos academicamente acerca dos processos de ensino e de aprendizagem; por outro, esses conhecimentos não abrangem todos aqueles que os professores lançam mão em seu trabalho e que certamente têm sido pouco explorados nos programas de formação.

Os saberes docentes

Para a realização desta pesquisa utilizamos as contribuições da obra de Tardif (2000, 2002) sobre o estudo do conjunto de saberes docentes, definidos como uma epistemologia da prática profissional. Esta epistemologia proposta pelo autor visa compreender a natureza destes saberes e como são empregados durante o trabalho docente. Neste sentido, o que se pretende é realizar um processo de estudo dos saberes em seu contexto real de atuação, ou seja, em situações concretas de ensino e aprendizagem.

Tardif defende que os saberes dos professores são originados por diversas fontes e em momentos distintos de sua vida, dessa forma, os conhecimentos obtidos pelos professores vão além de sua formação universitária e sua experiência profissional e levam em conta uma gama de conhecimentos oriundos dos mais diversos ambientes, tal como família, meio cultural e sua própria história de vida.

As principais fontes de saberes utilizadas pelos professores apontadas por Tardif são: cultura pessoal (que corresponde à história de vida e cultura escolar enquanto aluno), conhecimentos disciplinares (definidos como aqueles adquiridos na universidade, relacionados às disciplinas específicas), conhecimentos didático-pedagógicos (relacionados aos saberes da formação profissional) e, por fim, conhecimentos curriculares (que englobam os conteúdos relacionados ao funcionamento da unidade de ensino, dos programas, guias e manuais escolares).

Além disso, segundo Tardif, os saberes profissionais podem ser classificados como temporais, plurais e heterogêneos, personalizados e situados.

Os saberes profissionais dos professores são temporais porque são adquiridos ao longo do tempo. Isso significa dizer que boa parte do que os professores sabem sobre o ensino deriva-se de sua história de vida e, sobretudo, de sua história de vida escolar. Nenhum professor se insere no ambiente de trabalho pela primeira vez somente para atuar profissionalmente, anteriormente ele já esteve em contato com aquele mundo por aproximadamente 16 anos antes mesmo de começar a dar aulas, o que afeta diretamente o seu desempenho na função. Os saberes temporais se desenvolvem no âmbito de uma carreira, em um processo de vida profissional de longa duração do qual fazem parte dimensões identitárias e de socialização profissional.

Os saberes são plurais e heterogêneos uma vez que proveem de diversas fontes, nesse sentido é possível entender que não há meios que permitam que um professor tenha o mesmo repertório de conhecimentos que outro, mesmo que inseridos num mesmo contexto, pois cada um compartilha de uma história de vida e experiências pessoais e profissionais que desempenham um papel central durante o exercício magistério.

Os saberes dos professores também são personalizados e situados. Um professor possui uma história de vida, é um ator social, tem emoções, um corpo, poderes e uma personalidade, uma cultura (ou culturas) e seus pensamentos e ações que carregam as marcas dos contextos nos quais se inserem. Dizemos que os saberes dos professores são situados, pois são construídos e utilizados em função de uma situação particular e é em relação a essa situação que eles ganham sentido.

Portanto, os saberes dos professores não são um conjunto de conteúdos cognitivos definido de uma vez por todas, mas um processo em construção ao longo de uma carreira profissional na qual o professor aprende progressivamente a dominar o seu ambiente de trabalho, ao mesmo tempo em que se insere nele e o interioriza por meio de regras de ação que se tornam parte integrante de sua consciência prática.

Para Tardif, a prática docente não se reduz a uma simples transmissão de conhecimentos constituídos a partir dos conteúdos que devem ser repassados aos alunos, mas integra uma gama de saberes diferentes dos quais o professor mantém diferentes relações. Desta forma, refere-se aos saberes docentes como saberes oriundos da formação profissional, saberes disciplinares, curriculares e experienciais.

Neste capítulo buscamos responder à seguinte pergunta: Quais são os saberes docentes explicitados nos discursos dos futuros professores quando confrontados com uma situação de inovação curricular, no caso específico, a inserção de tópicos de Física Moderna e Contemporânea em contexto de ensino?

Metodologia da pesquisa

Esta pesquisa foi de natureza qualitativa (Bogdan; Biklen, 1994, p. 49), sendo que a análise dos dados seguiu um caminho de indução. Uma característica importante de uma investigação desta natureza é que ela *"só começa a se estabelecer após a coleta dos dados, não se trata de montar um quebra-cabeça cuja forma já conhecemos de antemão. Está a se construir um quadro que vai ganhando forma à medida que se recolhem e examinam as partes"*.

Esta pesquisa pode também ser denominada como uma pesquisa-ação, onde *"os pesquisadores desempenham um papel ativo no equacionamento dos problemas encontrados, no acompanhamento e na avaliação das ações desencadeadas em função dos problemas* (Thiollent, 2002, p.15).

Além de ser constituída pela ação e pela participação, em uma pesquisa desta natureza é preciso adquirir experiência, produzir conhecimentos, contribuir para a discussão da área estudada ou fazer avançar o debate acerca das questões abordadas.

Contextualização da disciplina

Esta pesquisa foi realizada com alunos da disciplina: Estágio Supervisionado em Ensino de Física I e II (7° e 8° períodos), do curso de Licenciatura em Ciências Exatas (Habilitação: Física), do Instituto de Física da Universidade de São Paulo, campus de São Carlos. As aulas ocorriam uma vez por semana com duração de 4 horas cada encontro, sendo a turma composta por um total de 11 alunos.

No primeiro semestre, os futuros professores realizaram estágio de observação e regência em salas de aula de escolas públicas. No segundo semestre, desenvolveram e implementaram um minicurso sobre tópicos de Nanociência e Nanotecnologia.

O minicurso

O minicurso proposto foi estruturado nas seguintes etapas: 16h de estudos com o objetivo de fornecer as bases conceituais para capacitar os futuros professores a trabalhar o tema proposto, 20h de preparação das atividades de ensino a partir dos tópicos selecionados na etapa anterior e 8h de minicurso para aproximadamente 20 alunos da 2ª série do Ensino Médio de uma escola pública da cidade de São Carlos/SP.

Durante a realização do minicurso foram abordados os seguintes tópicos: matéria mole e fenômenos em escala nanométrica, fundamentos da microscopia de força atômica, fabricação de nanoestruturas com controle molecular e funcionamento de um dispositivo orgânico. Ao total foram estruturadas dez atividades que estão apresentadas sinteticamente no Quadro 1.

Quadro 1: Minicurso de Nanociência & Nanotecnologia

Atividades	Objetivos
A1: Ciência e Tecnologia em escala nanométrica	Apresentar alguns aspectos sobre a ciência e a tecnologia desenvolvidas no mundo de hoje
A2: Feynman X Kelvin	Apresentar as visões diferentes desses grandes cientistas com respeito ao desenvolvimento científico
A3: O que são Nanociência e Nanotecnologia	Explicar o significado dos termos Nanociência e Nanotecnologia e como eles são empregados
A4: O tamanho do nano	Apresentar as dimensões de tamanho do nanômetro e os efeitos que ocorrem nessa escala
A5: Evolução tecnológica através do carbono	Apresentar algumas das estruturas compostas por carbono responsáveis por muitos dos avanços da nanotecnologia
A6: Propriedades dos elementos	Explicar as propriedades dos elementos em escala macro, micro e nano
A7: Como medir o muito pequeno	Apresentar as dimensões de tamanho do nanômetro e quais instrumentos devem ser utilizados para realizar tais medidas

A8: A vitrola e o microscópio	Explicar o funcionamento e a finalidade dos aparelhos de microscopia, em particular o microscópio de tunelamento
A9: Auto-organização de moléculas	Explicar como ocorre a auto-organização das moléculas
A10: Impactos Sociais e Ambientais da Nanotecnologia	Discutir os impactos causados pela nanotecnologia na vida das pessoas, tanto com relação à fabricação de produtos quanto à ação no meio ambiente

Fonte: Silva (2011)

O instrumento de coleta e análise dos dados

Um instrumento de coleta de dados bastante eficaz utilizado nas pesquisas qualitativas é a entrevista, pois *"(...) trata-se de um método para recolher dados descritivos na linguagem do próprio sujeito, permitindo ao investigador desenvolver intuitivamente uma idéia sobre a maneira como os sujeitos interpretam aspectos do mundo"* (Bogdan; Biklen, 1994, p.134).

O procedimento geral de coleta de dados seguiu as seguintes etapas: 1ª) os licenciandos responderam a um questionário inicial, 2ª) os licenciandos participaram de uma uma entrevista inicial; 3ª) os licenciandos responderam a um questionário final e 4ª) os licenciandos participaram de uma entrevista final.

Cabe destacar que a entrevista inicial ocorreu antes do início da etapa de capacitação dos futuros professores sobre o tema do minicurso e a entrevista final, por sua vez, ocorreu somente após a realização do minicurso.

As entrevistas foram norteadas por um protocolo comum previamente estabelecido com o objetivo de coletar informações não só sobre o tema de estudo proposto – Nanociência e Nanotecnologia – como também da percepção sobre o ensino e aprendizagem da Física Moderna e Contemporânea. O conteúdo das entrevistas foi integralmente gravado em vídeo e, posteriormente, transcritos para análise. Eventuais vícios de linguagens e erros gramaticais foram cuidadosamente corrigidos de forma que o sentido das falas dos entrevistados não fosse alterado.

Neste capítulo apresentamos somente os dados referentes a análise e interpretação das respostas às entrevistas realizadas após a realização do minicurso proposto.

O processo de categorização dos dados utilizado consistiu no emprego da Análise Textual Discursiva (Moraes, 2003). A partir desta abordagem as informações foram organizadas em quatro etapas: i) a fragmentação dos trechos das entrevistas considerados mais relevantes para a pesquisa; ii) a definição das unidades de análise extraídas dos fragmentos dos trechos das entrevistas; iii) a organização de categorias e dimensões de análise a partir das unidades de análise e iv) a construção de um metatexto tomando como pressuposto a formulação dos saberes docentes definidos por Tardif (2002).

Classificação das respostas dos licenciandos

Partindo do pressuposto de que os professores constroem e vivenciam um conjunto de saberes relacionados à profissão, buscamos estabelecer uma classificação dos saberes docentes mobilizados pelos licenciandos relativos à inserção da Física Moderna e Contemporânea em sala de aula.

Por limitação de espaço não apresentaremos as unidades de análise que foram extraídas dos trechos das entrevistas. Após várias leituras dos fragmentos das falas dos licenciandos definimos um conjunto de categorias elementares de análise. O quadro 2 apresenta a definição de cada uma das categorias de análise seguidas de seus respectivos exemplos.

Quadro 2: Categorias construídas a partir das falas dos licenciandos

	Definição das Categorias
1	**Conteúdo aplicado:** quando a afirmação diz respeito à utilização de algum conteúdo de Física Moderna e Contemporânea de maneira prática ou atual. **Exemplo:** *Acho que é super interessante a física moderna porque está presente nas tecnologias.*
2	**Conteúdo abstrato:** quando a afirmação diz respeito às dificuldades de entendimento de um determinado conteúdo, exigindo certo grau de abstração. **Exemplo:** *A maioria dos tópicos não está presentes, não consegue ver, é coisa que você tem que imaginar e são poucas pessoas que tem essa habilidade eu acho. É pra quem gosta mesmo.*
3	**Conteúdo artificial:** quando a afirmação diz respeito ao baixo aprofundamento de conteúdos de Física Moderna e Contemporânea requeridos para o Ensino Médio. **Exemplo:** *Porque acho que não seria aprofundado o conteúdo a ser dado para o ensino médio.*
4	**Conteúdo cotidiano:** quando a afirmação estabelece uma relação clara entre o conteúdo de Física Moderna e Contemporânea e os elementos presentes no cotidiano do estudante. **Exemplo:** *É um obstáculo, mas é interessante também, porque acho que o que interessa os alunos é o que está perto deles, é trazer pra mais próximo deles os conteúdos.*

5	**Hierarquia de pré-requisitos:** quando é exposto que é necessário ou não que o indivíduo possua pré-requisitos para o ensino de Física Moderna e Contemporânea, principalmente relacionando-a com a Física Clássica. **Exemplo:** *A Física Clássica eu acho que deve ser dada.*
6	**Formalismo matemático:** quando a afirmação é favorável à simplificação dos cálculos para um ensino efetivo de Física Moderna e Contemporânea no Ensino Médio. **Exemplo:** *Eu acho que é possível sim, dar sem muitas contas.*
7	**Possibilidade de ensinar:** quando é defendido que é possível ensinar Física Moderna e Contemporânea, mesmo quando existem obstáculos relacionados à necessidade de aprendizado por parte do professor dentre outros casos. **Exemplo:** *Mesmo se eu não soubesse responder uma questão com certeza eu ia procurar e no outro dia responder.*
8	**Saber ensinar:** quando a afirmação demonstra capacidade de ministrar aulas sobre temas de Física Moderna e Contemporânea no Enino Médio. **Exemplo:** *Não sei se eu sou a pessoa mais capaz para saber selecionar (conteúdos adequados para se inserir tópicos de Física Moderna e Contemporânea em sala de aula).*
9	**Domínio do conteúdo:** quando a idéia central diz respeito à necessidade de entendimento dos conteúdos para ministrar aulas sobre Temas de Física Moderna e Contemporânea. **Exemplo:** *Ele tem que saber, tem que saber conteúdo, tem que saber o que ele tá falando, tem que simplificar.*
10	**Estratégias de Ensino:** quando a discussão se baseia na criação e execução de determinadas estratégias para o ensino de Física Moderna e Contemporânea ou quando são dados exemplos de como é possível desenvolver este tema. **Exemplo:** *"Acho que na Física é fundamental o professor saber falar de uma forma que não seja complicada.*
11	**Ensino qualitativo:** quando é defendido que o ensino de Física Moderna e Contemporânea seja trabalhado de forma qualitativa, utilizando recursos diferenciados. **Exemplo:** *"Acho que tem que ser a mais a parte qualitativa mesmo, tenho essa certeza.*
12	**Ruptura com o ensino tradicional:** quando é exposto sobre a necessidade da elaboração de metodologias diferenciadas para o ensino de Física Moderna e Contemporânea. **Exemplo:** *Acho que os mesmos problemas enfrentados seriam os que iam enfrentar para ensinar física moderna, eu penso que são os mesmos.*
13	**Possível aprender:** quando é exposto que há possibilidade de ensino de Física Moderna e Contemporânea no Enino Médio. **Exemplo:** *Eu faria assim, se o aluno tem vontade ele vai aprender Física Moderna assim como ele vai aprender Física Clássica.*
14	**Motivar os alunos:** quando a afirmação diz respeito a aspectos relacionados à motivação para a aprendizagem do aluno sobre temas de Física Moderna e Contemporânea, demonstrando a necessidade de ações dessa natureza, ou dando exemplos de como isso pode ser feito. **Exemplo:** *Eu queria ser uma professora boa, levar experimentos, fazer com que eles interajam mais com a física.*

15	**Importante aprender:** quando o exposto diz respeito à necessidade de que o aluno de Ensino Médio aprenda sobre temas de Física Moderna e Contemporânea. **Exemplo:** *Acho que é importante os alunos aprenderem, saberem sobre as novas tecnologias.*
16	**Difícil aprender:** quando a afirmação demonstra aspectos sobre a dificuldade do aprendizado de Física Moderna e Contemporânea, principalmente devido à complexidade dos tópicos relacionados à esta área da Física. **Exemplo:** *Seria um pouco difícil para eles verem uma coisa que não está no cotidiano.*
17	**Vivência escolar:** quando a informação requerida se baseia nas observações das entrevistadas feitas durante o período em que eram alunas do Ensino Médio ou mesmo como aluna de graduação. **Exemplo:** *Porque a gente não teve física moderna no ensino médio eles também não tiveram, então eu acho que eles têm a mesma coisa que a gente.*
18	**Característica pessoal:** quando a afirmação diz respeito à situações da vida das entrevistadas e que são específicas de cada sujeito. **Exemplo:** *Eu gosto (da profissão de professor), não sei se tenho talento para isso, agora que vou saber. Eu gosto porque eu gosto de falar, de conversar, de expor idéias.*
19	**Experiência como professor:** quando a afirmação se baseia em alguma experiência obtida como docente, tanto com relação ao módulo de ensino explicitado na pesquisa, ou qualquer outra oportunidade que tenha tido. **Exemplo:** *Eu me 'desencantei' muito com o professorado, a licenciatura, na verdade desencantei muito de ver professor insatisfeito.*
20	**Organização escolar:** quando o exposto trata da disposição do sistema de ensino e da influência da organização da escola no desenvolvimento da disciplina. **Exemplo:** *Não seria uma culpa do currículo, porque acho que o currículo aborda mais coisas, mas acho que o sistema atrapalha um pouco.*
21	**Organização do currículo:** quando a questão principal diz respeito à forma com que o currículo da disciplina de Física ministrada no Ensino Médio é disposto tal como a necessidade de adaptação para a inserção de Física Moderna e Contemporânea. **Exemplo:** *Eu acho que primeiro é ver o que tá bom, ver o que tá ruim no currículo, tirar o que não está bom, por alguma coisa que precisa a mais, acho que é fazer uma análise mesmo sabe, ver o que eles precisam aprender para o futuro.*
22	**Transposição dos conteúdos aprendidos:** quando as entrevistadas fazem relação direta entre a aprendizagem que obteve nas disciplinas de graduação e sua capacidade de ministrar aulas no Ensino Médio. **Exemplo:** *O que eu aprendi foi muito pouco, mas eu acho que o que eu aprendi sou capaz sim de implementar no Ensino Médio.*
23	**Formação pedagógica:** quando o discurso se baseia em definições de conceitos aprendidos nas disciplinas responsáveis pela formação pedagógica e sua aplicação em sala de aula. **Exemplo:** *Inovação curricular é uma mudança nos tópicos, incluindo tópicos que foram deixados pra trás e que são importantes.*

24	**Preparação para o ensino:** quando o ponto principal do discurso está relacionado à necessidade de preparo para o ensino de Física Moderna e Contemporânea. **Exemplo:** *Com certeza não é adequado, mas para remediar seria uma boa alternativa fazer um curso de capacitação para que esses professores possam implementar esses cursos em sala. Eu não vejo outra alternativa, o professor não iria voltar pra faculdade.*
25	**Importância do ensino de Física Moderna e Contemporânea:** quando a afirmação expõe a importância do ensino de Física Moderna e Contemporânea no Ensino Médio justificando através de questões discutidas na graduação. **Exemplo:** *Não sei se eu sou a pessoa mais capaz para saber selecionar (conteúdos adequados para se inserir tópicos de Física Moderna e Contemporânea em sala de aula).*

Fonte: Silva (2011)

A partir da estruturação das 25 categorias elementares construímos 5 dimensões de análise, denominadas: 1) saberes sobre a natureza da Física Moderna e Contemporânea, 2) saberes sobre o ensino de Física Moderna e Contemporânea, 3) saberes sobre a aprendizagem de Física Moderna e Contemporânea, 4) saberes sobre a experiência e 5) saberes sobre a formação profissional.

Dimensão de Análise 1: Saberes sobre a natureza da Física Moderna e Contemporânea.

Esta dimensão diz respeito aos saberes epistemológicos relacionados à natureza do conteúdo da Física Moderna e Contemporânea propriamente dito (Tabela 1).

Tabela 1: Categorias relacionadas à dimensão 1

1	Conteúdo aplicado
2	Conteúdo abstrato
3	Conteúdo artificial
4	Conteúdo cotidiano

Fonte: Silva (2011)

Dimensão de Análise 2: Saberes sobre o ensino de Física Moderna e Contemporânea.

Esta dimensão pertence ao conjunto de saberes didático-pedagógicos relacionados ao conteúdo a ser transposto para a sala de aula e a forma de ensiná-los (Tabela 2).

Tabela 2: Categorias relacionadas à dimensão 2

5	Necessidade de pré-requisitos
6	Ensinar sem formalismo matemático
7	Possibilidade de ensinar
8	Saber ensinar
9	Domínio do conteúdo
10	Estratégias de Ensino
11	Ensino qualitativo
12	Romper com o ensino tradicional

Fonte: Silva (2011)

Dimensão de Análise 3: Saberes sobre a aprendizagem de Física Moderna e Contemporânea.

Esta dimensão também se refere aos saberes didático-pedagógicos, mais especificamente ao papel do aluno, conforme (Tabela 3).

Tabela 3: Categorias relacionadas à dimensão 3

13	Possível aprender
14	Motivar os alunos
15	Importante aprender
16	Difícil aprender

Fonte: Silva (2011)

Dimensão de Análise 4: Saberes sobre a experiência.

Esta dimensão refere-se aos saberes experienciais dos licenciandos, sejam eles relacionados às suas vivências enquanto alunos do Ensino Médio ou durante o curso de licenciatura (Tabela 4).

Tabela 4: Categorias relacionadas à dimensão 5

17	Vivência escolar
18	Característica pessoal
19	Experiência como professor

Fonte: Silva (2011)

Dimensão de Análise 5: Saberes sobre a formação profissional.

Esta dimensão está relacionada aos saberes da formação profissional dos licenciandos, ou seja, da atuação em sala de aula, da organização do currículo e do sistema escolar propriamente dito (Tabela 5).

Tabela 5: Categorias relacionadas à dimensão 5

20	Organização escolar
21	Organização do currículo
22	Transposição dos conteúdos aprendidos
23	Formação pedagógica
24	Preparação para o ensino
25	Importância do ensino de Física Moderna e Contemporânea

Fonte: Silva (2011)

Finalmente, na última etapa de análise realizamos uma nova categorização dos dados buscando construir um metatexto, ou seja, reinterpretar as categorias e dimensões de análise a partir dos pressupostos da conceituação dos saberes docentes de Tardif. O quadro 3 representa a relação estabelecida entre os saberes docentes explicitados por Tardif e aqueles explicitados pelos futuros professores.

Quadro 3: Relação entre os saberes docentes propostos por Tardif e dos futuros professores

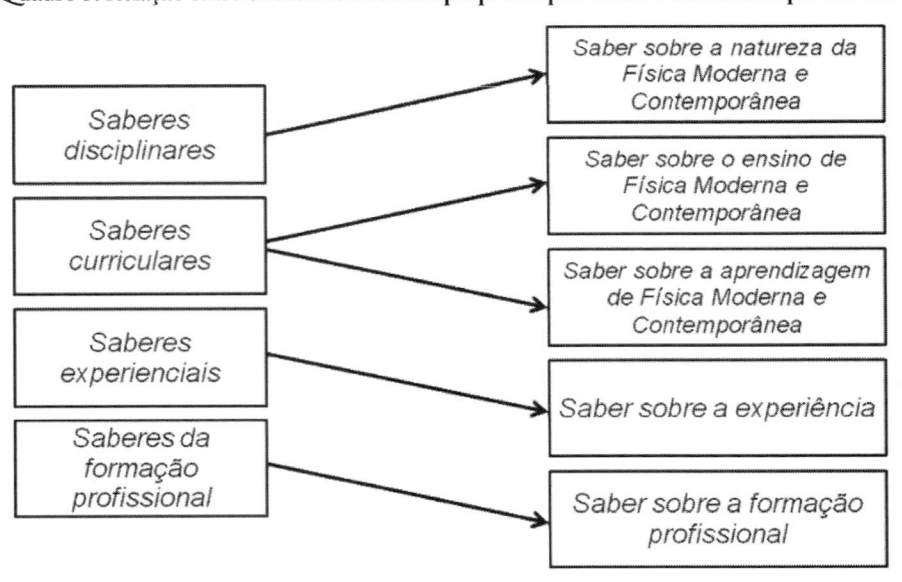

Saberes de Tardif	Saberes dos futuros professores
Saberes disciplinares	Saber sobre a natureza da Física Moderna e Contemporânea
Saberes curriculares	Saber sobre o ensino de Física Moderna e Contemporânea
	Saber sobre a aprendizagem de Física Moderna e Contemporânea
Saberes experienciais	Saber sobre a experiência
Saberes da formação profissional	Saber sobre a formação profissional

Fonte: Silva (2011)

A partir da análise dos dados, verificamos que os saberes referentes à inserção da Física Moderna e Contemporânea no Ensino Médio condizem com as definições dos saberes docentes propostos por Tardif. Gostaríamos de ressaltar que a relação estabelecida é bastante simplificada, de modo que novas interligações entre os saberes docentes podem ser estabelecidas. Certamente um estudo mais detalhado permitirá estabelecer uma rede mais complexa entre os diferentes tipos de saberes docentes.

Considerações finais

Neste capítulo propomos identificar um conjunto de saberes docentes explicitados nos discursos de futuros professores a respeito da inserção da Física Moderna e Contemporânea em sala de aula.

Estes saberes da formação docente estão diretamente relacionados aos obstáculos epistemológicos e didático-pedagógicos específicos da Física Moderna e Contemporânea.

Como exemplo de obstáculo epistemológico destacamos a própria fenomenologia da Física Moderna e Contemporânea, uma vez que os objetos do mundo microscópico são ontologicamente diferentes dos objetos do mundo macroscópico do senso-comum. Outro exemplo que podemos ressaltar está relacionado à estrutura conceitual da Física Moderna e Contemporânea, uma vez que seu formalismo matemático é considerado abstrato e inacessível para a maioria dos estudantes.

Do ponto de vista do ensino podemos destacar como exemplo de obstáculo didático-pedagógico a hierarquia de pré-requisitos, na qual para se ensinar conteúdos de Física Moderna e Contemporânea deve-se primeiramente se estudar toda a Física Clássica. Também se contituí em um obstáculo para o ensino de tópicos de Física Moderna e Contemporânea o fato de que os professores nunca tiveram, enquanto alunos do Ensino Médio, contato com o ensino desta matéria na escola e, portanto, não possuem uma experiência prévia sobre como ensiná-la.

Este repertório pode se configurar como um conjunto de informações importantes para todos aqueles que desejam implementar inovação curricular na formação de professores de Física da Educação Básica, tanto do ponto de vista conceitual como metodológico.

Acreditamos que os cursos de licenciatura em Física deverão levar em consideração a problemática de se ensinar conteúdos de Física Moderna e Contemporânea, a fim de promover uma melhor formação profissional dos futuros professores.

Nesta perspectiva, a pesquisa apresentada neste capítulo permitiu estabelecer alguns pontos importantes sobre as dificuldades da inserção de tópicos de Física Moderna e Contemporânea em sala de aula e que podem auxiliar no aprimoramento de um programa de formação de professores que atenda às necessidades formativas da profissão.

A prática profissional nunca é meramente um espaço de simples aplicação dos conhecimentos produzidos na universidade. O professor precisa mobilizar uma série de saberes e habilidades específicas devido ao fato de que sua ação é orientada por diferentes objetivos, dos quais a realização não exige os mesmos tipos de conhecimento, competência ou de aptidão. Há na ação do professor objetivos emocionais (ligados à motivação dos alunos para aprender sobre determinado conteúdo); objetivos sociais (ligados à disciplina e a gestão da turma); objetivos cognitivos (ligados à aprendizagem da matéria ensinada) e objetivos coletivos (ligados ao projeto educacional da escola).

Ademais, ressaltamos a importância de se incluir nos estágios supervisionados de ensino temas de Física Moderna e Contemporânea e elaborar junto com os futuros professores saberes curriculares e disciplinares específicos ligados ao ensino destes conteúdos em sala de aula, a fim de proporcionar ferramentas e estratégias de planejamento e tomada de decisões mais seguras, sobretudo quando o próprio professor percebe que ele não tem referências sobre "o que" e "como" ensinar quando o assunto se refere a tópicos que não são ensinados tradicionalmente na escola.

Referências

BOGDAN, R.; BIKLEN, S. **Investigação qualitativa em educação:** uma introdução à teoria e aos métodos. Lisboa: Porto Editora, 1994. (Coleção Ciências da Educação).

BROCKINGTON, G. **A realidade escondida**: a dualidade onda-partícula para estudantes do Ensino Médio.2005.268p. Dissertação (Mestrado em Ensino de Ciências) – IFUSP/FEUSP/IFUSP, Universidade de São Paulo, São Paulo, 2005.

BROCKINGTON, G.; PIETROCOLA, M. Serão as regras da transposição didática aplicáveis aos conceitos de física moderna? **Investigações em Ensino de Ciências**, v. 10, n. 3, p. 1-17, 2006.

DAVIS,K.S. Change is hard: what science teachers are telling us about reformand teacher learning of innovative practices. **Science Education**. v. 87, n. 1, p.3-30. 2002.

KAGAN, D. M. Professional grouth among preservice and beginning teachers. **Review of Educational Research**, v. 62, n.2, p.129-169, 1992.

MONTEIRO, M. A.; NARDI, R. Tendências das pesquisas sobre o ensino da física moderna e contemporânea apresentadas nos ENPEC. *In*: ENCONTRO NACIONAL DE PESQUISA EM EDUCAÇÃO EM CIÊNCIAS, 6. 2007, Florianópolis. **Anais[**...]Belo Horizonte: ABRAPEC, 2007.

MORAES, R. Uma tempestade de luz: a compreensão possibilitada pela análise textual discursiva. **Ciência & Educação**, v. 9, n. 2, p. 191-210, 2003.

OSTERMANN, F.; MOREIRA, M. A. Uma revisão bibliográfica sobre a área de pesquisa "Física Moderna e Contemporânea no Ensino Médio". **Investigações em Ensino de Ciências**, v. 5, n. 1, p.23-48, 2000.

OSTERMANN, F.; MOREIRA, M. A. Física contemporánea en la escuela secundaria: uma experiencia en el aula involucrando formación de profesores. **Enseñanza de las Ciencias**, v. 18, n. 3, p. 391- 404, 2000.

PIETROCOLA, M. Modern physics in brazilian secondary schools. *In*: INTERNATIONAL CONFERENCE ON PHYSICS EDUCATION, 2005, New Delhi. **Proceedings**[...]. New Delhi: NICPE, 2005.

PINTO, A. C.; ZANETIC, J. É possível levar a Física Quântica para o ensino médio. **Caderno Catarinense de Ensino de Física**, v. 16. n. 1, p. 7-34, 1999.

PINTO, R. Introduction to the science teacher training in information society (STTIS) Project. **International Journal of Science Education**. v. 24, n. 3, p.227-234, 2002.

SILVA, M. P. **Os saberes docentes de futuros professores de física num contexto de inovação curricular:** o caso da física moderna e contemporânea no ensino médio. Dissertação (Mestrado em Ensino de Ciências) - IFUSP/FEUSP/IFUSP, Universidade de São Paulo,São Paulo, 2011.

SIQUEIRA, M.; PIETROCOLA, M. A Transposição didática aplicada a teoria contemporânea: a física de partículas elementares no ensino médio. *In*:ENCONTRO

DE PESQUISA EM ENSINO DE FÍSICA,10, Londrina, 2006. **Anais**[...].
Londrina: Sociedade Brasileira de Fisica, 2006.

TARDIF, M. Saberes profissionais dos professores e conhecimentos universitários: elementos para uma epistemologia da prática profissional dos professores e suas conseqüências em relação à formação para o magistério. **Revista Brasileira de Educação (ANPED)**. n. 13, p. 1-20, 2000.

TARDIF, M. **Saberes docentes e formação profissional**. Petrópolis: Vozes. 2002.

THIOLLENT, M. **Metodologia da pesquisa- ação**.11.ed. São Paulo: Cortez, 2002.

Capítulo 8

PERCEPÇÕES DE ACADÊMICOS EM QUÍMICA SOBRE ASPECTOS DA ATIVIDADE DOCENTE: UMA ANÁLISE A PARTIR DA MATRIZ DO PROFESSOR

Juliana Marciotto Jacob
Universidade Estadual de Londrina – UEL
E-mail: julianajacobqui@hotmail.com

Fabiele Cristiane Dias Broietti
Universidade Estadual de Londrina
E-mail: fabieledias@uel.br

Introdução

A formação inicial se constitui como um dos momentos que contribuem para a construção identitária profissional e é neste período que os futuros professores são apresentados aos referenciais teóricos e distintas práticas educativas que fomentam a aquisição de saberes essenciais para a sua atuação.

Entretanto, há que se considerar que a formação docente não se inicia nos cursos de Licenciatura e nem se limita a ele. Muito antes de começarmos um curso de formação inicial, já apresentamos algumas ideias acerca do trabalho docente, muitas delas oriundas da nossa trajetória enquanto estudantes da Educação Básica.

Sendo assim, tecemos o seguinte questionamento: O que futuros professores, estudantes dos cursos de licenciatura, em distintas instituições de ensino, idealizam sobre a profissão docente? Estes acadêmicos, matriculados em distintos níveis do curso, apresentam crenças, percepções e algumas ideias acerca da docência.

Consideramos que discutir sobre estas percepções dos futuros professores, no contexto da formação docente, implica em abrir caminhos para que estes sujeitos se apropriem da forma como ocorre seu processo de desenvolvimento profissional[1] e, como consequência, possam melhor compreender o processo formativo docente e sua complexidade.

Compreendemos o termo percepções como um conjunto de posicionamentos que o futuro professor possui acerca dos saberes científicos, disciplinares e pedagógicos referentes à atividade docente, e, por consequência, a sua futura prática profissional.

Neste contexto, o foco deste capítulo consiste em apresentar e discutir percepções de licenciandos em Química, matriculados em uma disciplina de Prática de Ensino e Estágio Supervisionado, sobre aspectos da atividade docente, a partir do instrumento matriz do professor M(P).

Formação de professores: algumas considerações

Discussões acerca da formação docente têm sido foco das políticas educacionais, no contexto nacional, tornando-se objeto de pesquisa acadêmica. No estudo realizado por André (2010), a autora destaca que nos últimos vinte anos, houve um aumento significativo no número de dissertações e teses sobre o tema.

Em meados dos anos 1960 até o início dos anos 1980, as teorias comportamentalistas de ensino-aprendizagem influenciaram significativamente a formação de professores, sendo o professor o responsável por controlar a aprendizagem dos estudantes, assim como o comportamento deles. Com o golpe militar de 1964, foram criados os cursos de licenciatura de curta duração para atender a um grande número de estudantes, permitindo inclusive o exercício de profissionais não-habilitados para tal função, fato este que contribuiu para desvalorizar, ainda mais, a profissão docente (NASCIMENTO, FERNANDES e MENDONÇA, 2010).

Foi ao final dos anos 1970 que a formação de professores passou a ser discutida nas principais conferências sobre educação, dando origem a um movimento de oposição aos enfoques técnico e funcionalista, enfatizando a

---

[1] O conceito de "desenvolvimento profissional", sugere movimento, rompendo com a separação entre formação inicial e continuada, e confere relevo ao professor na condição de profissional do ensino. Há uma estreita relação do desenvolvimento profissional com a constituição da identidade profissional, entendida como "a forma com que os profissionais se definem a si mesmos e aos outros" (Marcelo, 2009, p. 11).

necessidade de se reformular os cursos de licenciatura. Apenas no início da década de 1980 a docência passou a ser vista como uma atividade complexa, tendo a sua imagem "em oposição à figura do especialista de conteúdo, ao facilitador de aprendizagem, ao organizador das condições de ensino-aprendizagem, ao técnico da educação dos anos 1970" (NASCIMENTO, FERNANDES e MENDONÇA, 2010, p. 236).

Os autores supracitados, fundamentados nos estudos de Schon (1992), mencionam:

> Em meados dos anos 1980, as discussões sobre a formação de professores passaram a incorporar a relação teoria-prática, sendo esta uma questão recorrente até o momento. A formação docente passou a ser vista segundo uma perspectiva multidimensional, na qual deveriam estar integradas as dimensões humana, técnica e político-social. Surgiram severas críticas aos currículos dos cursos de formação docente, pois estes continuavam apoiados na ideia de acúmulo de conhecimentos teóricos para posterior aplicação no âmbito da prática, sendo esta visão coerente com a lógica da racionalidade técnica, segundo a qual a atividade profissional consistiria na resolução de problemas instrumentais por intermédio da aplicação da teoria e da técnica científicas (NASCIMENTO, FERNANDES e MENDONÇA, 2010, p. 236).

As mudanças que ocorreram no cenário internacional no final dos anos 1980 e início dos 1990 influenciaram o pensamento educacional no Brasil, enfatizando a possibilidade de se formar um professor reflexivo e pesquisador de sua própria prática. A partir de então, "as pesquisas passaram a focalizar a relação existente entre as condições de formação e de atuação dos professores, apontando a necessidade de mudanças nos cursos de formação, de melhoria das condições objetivas de trabalho nas escolas e de estímulo à formação continuada" (NASCIMENTO, FERNANDES e MENDONÇA, 2010, p.237).

Em meados dos anos 1990, as propostas para a formação de professores deram maior importância ao tema da reflexão sobre práticas desenvolvidas no contexto escolar e sobre articulações entre a educação e o contexto sócio-político-econômico (NASCIMENTO, FERNANDES e MENDONÇA, 2010).

Jacob e Broietti (2020) apresentam uma síntese das perspectivas de ensino que foram dominantes na formação de professores, enfatizando aspectos de ensino e aprendizagem em cada uma delas. Iniciam com a *perspectiva acadêmica*, a qual "não diferencia o saber a ser ensinado, do saber ensinar seus alunos, enfatizando o acúmulo de conhecimentos e sua transmissão", dessa forma seu foco não ocorre na formação pedagógica e didática do futuro professor (JACOB e BROIETTI, 2020, p. 19).

Em seguida, abordam a *perspectiva técnica* que não considera o contexto das situações que o futuro professor encontrará, ou seja, "na racionalidade técnica são definidos problemas e apresentadas soluções, neste caso o professor atua como um profissional técnico que identifica o problema e aplica a solução prévia" (JACOB e BROIETTI, 2020, p. 19). As autoras concluem com a terceira perspectiva, a *prática reflexiva*, argumentando:

> De forma a analisar o enfoque técnico de maneira crítica, surge a perspectiva prática e reflexiva que tem no professor um agente de transformação, capacitado para "saber por que" e "para que" fazer. Dessa forma, nessa perspectiva de análise da profissão docente, os professores vão construindo seus saberes como "praticum", ou seja, aquele que constantemente reflete na e sobre a prática, influenciando e determinando sua maneira de ensinar (JACOB e BROIETTI, 2020, p. 19).

Jacob e Broietti (2020), apoiadas em Pimenta (1999), explicam que o que se espera de um curso de formação inicial é que este desenvolva, de fato, um profissional docente, e não apenas forneça sua habilitação legal para o exercício da profissão, ou seja, forme um professor que seja capaz de colaborar nas atividades docentes, pois para tal profissão "não bastam apenas conhecimentos e habilidades técnico-mecânicas" (JACOB e BROIETTTI, 2020, p. 4).

As autoras também afirmam que um curso de licenciatura deve proporcionar aos seus licenciandos a elaboração de seus saberes-fazeres enquanto futuros docentes, levando em conta as diversas possibilidades que estarão envolvidos durante sua profissão, vivenciadas em múltiplos contextos escolares.

Segundo Garcia (1998) quando se fala sobre formação inicial de professores, um tema principal sobre o assunto são as práticas de ensino e os efeitos que elas apresentam nos futuros docentes. Zeichner define como práticas de ensino:

> Todas as variedades de observação e de experiência docente em um programa de formação inicial de professores: experiências de campo que precedem o trabalho em cursos acadêmicos, as experiências precoces incluídas nos cursos acadêmicos, e as práticas de ensino e os programas de iniciação (ZEICHNER, 1992, p. 297).

Em algumas pesquisas que abordam o tema das práticas de ensino, têm-se o foco em trabalhos que analisam as crenças ou percepções que os licenciandos, futuros professores, trazem consigo ao ingressarem na formação inicial. Segundo Pajares (1992), existe uma dispersão semântica quando se trata de crenças, o que acarreta a impossibilidade de comparações entre as pesquisas, por não apresentarem um padrão conceitual (PAJARES, 1992).

A respeito do tema, Kagan, (1992) afirma:

> Os professores em formação entram no programa de formação com crenças pessoais a respeito do ensino, com imagens do bom professor, imagens de si mesmos como professores e a memória de si próprios como alunos (KAGAN, 1992, p. 142).

Para Marcelo (2009) torna-se necessário considerar as crenças dos professores acerca da profissão e seu peso no processo de desenvolvimento profissional. Segundo o autor, as crenças influenciam diretamente na forma como os professores aprendem e nos processos de mudança que possam realizar

O mesmo autor ainda destaca três categorias que influem nas crenças e conhecimentos que os professores têm, sendo elas: *experiências pessoais*, associadas à visão de mundo, crenças em relação a si próprio e aos outros; *experiências baseadas em conhecimento formal*, associadas aos conhecimentos trabalhados na escola; e *experiência escolar e de sala de aula*, associada a todas as experiências vividas enquanto estudante, as quais permitem a constituição do pensamento acerca do ser professor e sobre o que é ensinar (MARCELO, 2009)

Nesta perspectiva, (re)construir tais ideias não se dá de um dia para o outro, mas a partir de um longo processo de desenvolvimento profissional, o que exige submeter tais ideias a um processo de análise e crítica. A compreensão é de que, com o tempo, com as possibilidades de discussões formativas, os conhecimentos prévios do professor/futuro professor vão sendo ratificados, ampliados por outras ideias.

Em uma pesquisa desenvolvida por Hollingsworth (1989) com professores em formação inicial, chegou-se à conclusão que a imagem que estes licenciandos tinham de si mesmos como futuros professores, era muito parecida com sua imagem como alunos, ou seja, eles supunham que seus futuros alunos teriam os mesmos estilos de aprendizagem que eles, as mesmas dificuldades e os mesmos interesses.

Em um artigo publicado por Leite, Broietti e Arrigo (2021), as autoras investigaram o processo de aprendizagem da docência, prioridades, anseios e dificuldades vivenciadas por acadêmicos em Química ao se reportarem às atividades docentes. Das análises realizadas, as autoras chegaram a duas grandes categorias que se relacionavam às Imagens do professor de Química e ao Ambiente escolar. Na a primeira categoria englobam aspectos relativos ao uso de metodologias diferenciadas; planejamento e controle do tempo da aula; relações interpessoais; trabalho exaustivo e vestimentas. Na segunda categoria discutem o comportamento dos estudantes, o espaço físico e a rotina escolar. Diante de tais considerações, as autoras reforçam a importância de refletirmos acerca da caracterização profissional desses acadêmicos visando a um desenvolvimento profissional docente embasado na reflexão crítica acerca da docência, dos limites e das possibilidades, elementos com os quais o professor irá se deparar nessa profissão.

Uma das consequências a respeito das pesquisas sobre crenças na formação inicial de professores, é a necessidade de serem trabalhadas mediante a reflexão. Dessa forma, Nóvoa (1992) afirma:

> A formação não se constrói por acumulação (de cursos, de conhecimentos ou de técnicas), mas sim através de um trabalho de reflexividade crítica sobre as práticas e de (re)construção permanente de uma identidade pessoal. Por isso é tão importante investir a pessoa e dar um estatuto ao saber da experiência (NÓVOA, 1992, p.13).

O processo de formação é um espaço de confluências de práticas específicas em que os sujeitos interagem para se influenciarem e se reforçarem mutuamente. Pela própria natureza que o caracteriza, é dotado de enorme complexidade (LIMA, 2007).

Dessa forma, acreditamos que o professor/futuro professor, é uma pessoa que está aberta a mudanças à medida que vai aprendendo, à medida que vai crescendo profissionalmente. Na verdade, podemos adiantar que diante de suas práticas cotidianas, de suas interações interpessoais (com os estudantes, com os colegas de profissão, com os supervisores de estágio), o professor/futuro professor está a aprender sempre mais.

Nesta perspectiva a formação, se bem compreendida, deve ocorrer preferencialmente orientada para a mudança, no sentido de ativar novas aprendizagens nos sujeitos, na sua prática docente, possibilitando novos saberes para a sua atuação profissional, para os processos de ensino, de aprendizagem dos/as alunos/as e de produção de conhecimentos.

No contexto da formação inicial, destacamos a importância do componente curricular dos estágios supervisionados, pois é durante esse espaço formativo que o futuro professor tem a oportunidade de familiarizar-se com o ambiente escolar. Ou seja, é neste componente que as ideias advindas de experiências anteriores podem ser confrontadas, conduzindo a uma (re)construção, o que possivelmente impactará as práticas docentes desses futuros professores e na construção da sua identidade profissional[2].

Na sequência, discutimos acerca do instrumento analítico denominado Matriz do Professor.

Matriz do Professor M(P)

Nesta pesquisa, os dados foram analisados tendo como suporte analítico a Matriz do Professor (MP), de Arruda e Passos (2017), que defendem que este

---

[2] A identidade profissional é a forma como os professores se definem a si mesmos e aos outros. É uma construção do seu eu profissional, que evolui ao longo de sua carreira docente e que pode ser influenciada pela escola, pelas reformas e contextos políticos, que integra o compromisso pessoal, a disponibilidade para aprender, as crenças, os valores, o conhecimento sobre as matérias que ensinam e como as ensinam, as experiências passadas, assim como a própria vulnerabilidade profissional. As identidades profissionais configuram um complexo emaranhado de histórias, conhecimentos, processos e rituais (MARCELO, 2009, p.11-12).

instrumento "aborda os efeitos da ação docente na sala de aula; ou seja, ela foca o funcionamento do triângulo didático-pedagógico (Figura 1) sob a ótica do professor" (ARRUDA e PASSOS, 2017, p. 103).

Figura 1 – Triângulo didático-pedagógico

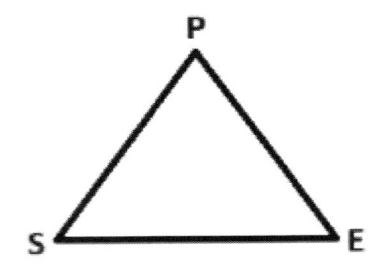

Fonte: ARRUDA e PASSOS (2017, p. 101).

O triângulo didático-pedagógico é composto por três posições, onde P é o sujeito que ensina, podendo ser o professor, monitor ou licenciando em seu estágio supervisionado. E é o sujeito que aprende, podendo ser os estudantes de uma sala de aula ou um estudante específico, e S está relacionado ao saber e suas inter-relações, podendo ser uma disciplina ou um conteúdo. As arestas do triângulo, fundamentadas na sala de aula, possuem as seguintes definições:

E-P (ou P-E) indicam as relações entre o professor e os estudantes e representa o **ensino**.

E-S (ou S-E) indicam as relações entre os estudantes e o saber e representa a **aprendizagem discente**.

P-S (ou S-P) indicam as relações entre o professor e o saber e representa a **aprendizagem docente** (ARRUDA e PASSOS, 2017, p. 100).

Dessa forma, como demonstrado na Figura 2, a Matriz do Professor pode ser capaz de abordar as relações epistêmicas, pessoais e sociais que o professor apresenta com a aprendizado docente (P-S), com o ensino que pratica (P-E) e com a aprendizagem discente (E-S).

Figura 2 – Matriz do Professor.

Relação com o saber em sala de aula (PROFESSOR)	1 Aprendizagem docente (segmento P-S)	2 Ensino (segmento P-E)	3 Aprendizagem discente (segmento E-S)
A Epistêmica (conhecimento)	1A Diz respeito às relações epistêmicas que o professor estabelece com sua própria aprendizagem	2A Diz respeito às relações epistêmicas que o professor estabelece com o ensino que pratica	3A Diz respeito às relações epistêmicas que o professor estabelece com a aprendizagem dos estudantes
B Pessoal (sentido)	1B Diz respeito às relações pessoais que o professor estabelece com sua própria aprendizagem	2B Diz respeito às relações pessoais que o professor estabelece com o ensino que pratica	3B Diz respeito às relações pessoais que o professor estabelece com a aprendizagem dos estudantes
C Social (valor)	1C Diz respeito às relações sociais que o professor estabelece com sua própria aprendizagem	2C Diz respeito às relações sociais que o professor estabelece com o ensino que pratica	3C Diz respeito às relações sociais que o professor estabelece com a aprendizagem dos estudantes

Fonte: ARRUDA e PASSOS (2017, p.105).

Mediante o uso deste instrumento, são permitidas ao menos três diferentes formas de análise, sendo elas vertical, horizontal e por célula. Na análise vertical são apresentadas as relações epistêmicas (linha A), pessoais (linha B) e sociais (linha C) do professor a respeito da aprendizagem docente, sobre o ensino que pratica e sobre a aprendizagem discente (ARRUDA e PASSOS, 2017).

Já em uma leitura horizontal são apresentadas as percepções do professor sobre a aprendizagem docente - relação entre o professor e o saber (coluna 1), o ensino que pratica – relação entre o professor e o ensino (coluna 2) e a aprendizagem discente – relação entre o estudante e o saber (coluna 3) a partir de três pontos de vista, sendo estes epistêmicos, pessoais e sociais (ARRUDA e PASSOS, 2017).

Ainda é possível a terceira interpretação célula a célula, a qual fornece uma visão mais detalhada das percepções do professor/futuro professor. Dessa forma, as três leituras são complementares, podendo ser utilizadas de forma simultânea na análise dos dados de uma pesquisa (ARRUDA e PASSOS, 2017).

Segundo Arruda e Passos (2015), os docentes falam e observam o mundo de diversas formas: muitas vezes analisam e refletem sobre as atividades presentes no mundo, expressam emoções e sentimentos pelos fatos ocorridos, expõem os princípios e valores com que julgam os fatos. Os autores constataram que a relação com o saber, ou de modo mais restrito, a relação com o mundo escolar, pode ser elencada em três dimensões:

> Relação epistêmica: o sujeito demonstra uma relação epistêmica com o mundo escolar quando utiliza discursos puramente intelectuais ou cognitivos a respeito do ensino, da aprendizagem e dos eventos que ocorrem nesse universo, expressando-se, em geral, por meio de oposições do tipo sei/não sei, conheço/não conheço, compreendo/não compreendo etc.
>
> Relação pessoal: o sujeito demonstra uma relação pessoal com o mundo escolar quando utiliza discursos que remetem a sentimentos, emoções, sentidos, desejos e interesses, expressando-se, em geral, por meio de oposições do tipo gosto/não gosto, quero/não quero, sinto/não sinto etc.
>
> Relação social: finalmente, o sujeito demonstra uma relação social com o mundo escolar quando utiliza discursos que envolvem valores, acordos, preceitos, crenças, leis, que têm origem dentro ou fora do mundo escolar, expressando-se, em geral, por meio de oposições do tipo valorizo/não valorizo, devo/não devo (fazer), posso/não posso (sou ou não autorizado a fazer) etc. (ARRUDA e PASSOS, 2017, p. 99).

Os autores consideram que essas três relações com o saber podem ser distinguidas, embora usualmente surjam misturadas nas falas dos sujeitos e estão presentes na relação do sujeito com o mundo escolar e constituem, também, três modos possíveis pelos quais os discursos dos sujeitos podem ser analisados. Na continuidade apresentamos o encaminhamento metodológico deste estudo.

Encaminhamento Metodológico

Os dados deste estudo são provenientes de uma atividade desenvolvida na disciplina de Prática de Ensino e Estágio Supervisionado, ministrada para o quarto ano do curso de Licenciatura em Química, de uma universidade do

Sul do Brasil. Neste estudo em questão, foram analisadas as narrativas[3] de 19 acadêmicos que discorreram sobre o seguinte tema: *Um dia de trabalho na profissão de professor de Química de uma escola da rede pública*. Nesta atividade os licenciandos foram convidados a narrar, com riqueza de detalhes, um dia completo colocando-se no lugar de atuação de um professor de Química de uma escola pública. Vale ressaltar que as narrativas foram elaboradas por estudantes que cursaram a disciplina em 2020 (7 estudantes) e 2021 (12 estudantes).

Todas as narrativas foram lidas e os trechos que falavam especificamente sobre situações que envolvessem "atividades docentes" e o "ser professor" foram grifados e, em seguida, classificados em um movimento inicial de análise, de acordo com os pressupostos da Análise de Conteúdo de Bardin (2004). Ao longo das narrativas, os licenciandos descreveram outras situações de seu dia a dia, como momentos para as refeições, atividades físicas, relações com familiares e amigos, aulas e estudos no mestrado, todas desconsideradas para a análise deste estudo.

Inicialmente, os trechos foram alocados primeiramente considerando as relações epistêmicas, pessoais e sociais, definidas na Matriz do professor, consideradas como categorias *a priori*. Dessa forma, na *dimensão epistêmica* foram alocados trechos em que os licenciandos narram episódios a respeito de processos relativos ao ensino e à aprendizagem que ocorrem no ambiente da sala de aula ou no universo do mundo escolar. Na *dimensão pessoal* foram alocados trechos em que os licenciandos expressam uma relação pessoal com o mundo escolar e a sala de aula, utilizando-se de discursos que remetem a sentimentos, emoções, desejos e interesses. E por fim, na *dimensão social*, foram alocados trechos que envolvem valores, acordos, preceitos e crenças, os quais têm origem dentro ou fora do mundo escolar e da sala de aula (adaptado de ARRUDA e PASSOS, 2017).

Em seguida, os trechos de cada dimensão foram reunidos em subgrupos emergentes, totalizando oito subgrupos, conforme apresentado no Quadro 1.

---

3   As narrativas caracterizam um instrumento no qual são fornecidos alguns dos elementos que objetivamos destacar pela memória e imaginação dos atores envolvidos, deixando-os livres para escrever o texto e apresentar suas ideias (FREITAS e GALVÃO, 2007).

Quadro 1: Subgrupos que emergiram das dimensões Epistêmica, Pessoal e Social.

Dimensões	Subgrupos que emergiram
Epistêmica	• dinâmica do trabalho em sala de aula; • atividades relacionadas às avaliações; • atividade burocráticas-administrativas.
Pessoal	• sentimentos relacionados ao próprio docente; • sentimentos relacionados ao ensino que pratica; • sentimentos relacionados à aprendizagem de seus alunos.
Social	• aspectos relacionados às dificuldades encontradas na profissão docente; • aspectos relacionados à indisciplina/disciplina ou interesse/desinteresse dos alunos;

Fonte: as autoras (2021)

Posteriormente, estes subgrupos foram alocados nas colunas da matriz do professor em relação à aprendizagem docente (P-S), ao ensino (P-E) e à aprendizagem discente (E-S). Os resultados e discussão desse movimento analítico e interpretativo das percepções dos licenciandos acerca de aspectos relativos à atividade docente, considerando como instrumento analítico a matriz do professor M(P), será descrito na próxima seção.

Resultados e Discussão

Nesta seção apresentamos trechos das narrativas dos licenciandos e as justificativas para a criação dos subgrupos, assim como a inserção destes trechos na MP.

No Quadro 2 apresentamos uma síntese dos subgrupos que emergiram das análises das narrativas dos estudantes alocadas nos setores da Matriz.

Quadro 2 – Matriz do professor com os subgrupos que emergiram da análise.

Relação com o saber em sala de aula	1 - Aprendizagem docente (segmento P-S)	2 - Ensino (segmento P-E)	3 - Aprendizagem discente (segmento E-S)
A - Epistêmica (conhecimento)	1A	2A Dinâmica de trabalho em aula Atividades relacionadas às avaliações Atividade burocráticas-administrativas	3A
B - Pessoal (sentido)	1B Sentimentos relacionados ao próprio docente	2B Sentimentos relacionados ao ensino que pratica	3B Sentimentos relacionados à aprendizagem de seus alunos
C - Social (valor)	1C Aspectos relacionados às dificuldades encontradas na profissão docente	2C	3C Aspectos relacionados à indisciplina/disciplina ou interesse/desinteresse dos alunos

Fonte: as autoras (2021).

Na dimensão epistêmica emergiram subgrupos apenas relacionados à coluna 2, ou seja, voltados à relação do professor com o ensino. Foram alocados nesta célula trechos das narrativas que descreviam dinâmicas adotadas no trabalho em sala de aula; atividades relacionadas às avaliações e atividades burocráticas administrativas, como preencher a chamada, por exemplo.

Na dimensão pessoal emergiram subgrupos que foram acomodados nas três colunas da Matriz. Na coluna 1, da aprendizagem docente, encontramos trechos que dizem respeito a sentimentos relacionados ao próprio docente. Na coluna 2, relativa ao ensino, encontramos trechos que manifestam sentimentos relacionados ao ensino que praticam e na terceira coluna, referente à aprendizagem discente, foram encontrados trechos que dizem respeito a sentimentos relacionados à aprendizagem dos alunos.

Por fim, na dimensão social, encontramos trechos referentes às colunas 1 e 3. Para a coluna 1, relacionada à aprendizagem docente, encontramos trechos relacionados às dificuldades encontradas na profissão docente. E na terceira coluna, relação entre o estudante e o saber, encontramos trechos relacionados à indisciplina/disciplina ou interesse/desinteresse dos alunos

Os trechos já codificados que foram alocados em cada subgrupo e por consequência, em cada célula da Matriz, são apresentadas no quadro 3, o qual demonstra em quais células recaiu a maior quantidade de fragmentos. Em apêndice, são apresentados todos os trechos de forma descritiva.

Quadro 3 – Subgrupos emergentes e a codificação dos trechos representativos das percepções dos licenciandos.

Relação com o saber em sala de aula (PROFESSOR)	1 Aprendizagem docente (segmento P-S)	2 Ensino (segmento P-E)	3 Aprendizagem discente (segmento E-S)
A Epistêmica (conhecimento)	1A	**2A** **Propostas/ organizações de ensino, ou seja, dinâmica de trabalho em sala de aula:** (T1); (T2); (T4); (T5); (T6); (T7); (T12); (T13); (T46); (T48); (T49); (T51); (T52); (T53); (T54); (T55); **Atividades relacionadas a avaliações:** (T3); (T8); (T15); (T16). **Atividade burocráticas-administrativas:** (T9); (T10); (T11); (T14); (T50); (T60).	3A

	1B	2B	3B
B Pessoal (sentido)	Sentimentos relacionados ao próprio docente: (T30); (T31); (T32); (T35); (T37); (T66); (T68).	Sentimentos relacionados ao ensino que pratica: (T33); (T36); (T59); (T65); (T69).	Sentimentos relacionados a aprendizagem de seus alunos: (T34); (T38); (T56); (T67); (T70).
	1C	2C	3C
C Social (valor)	Aspectos relacionados a dificuldades encontradas na profissão docente: (T17); (T18); (T25); (T26); (T27); (T61); (T62); (T63); (T64); (T71).	2C	Aspectos relacionados à indisciplina/ disciplina ou interesse/ desinteresse dos alunos: (T19); (T20); (T21); (T22); (T24); (T23); (T28); (T29); (T39); (T40); (T41); (T42); (T43); (T44); (T45); (T47); (T57); (T58); (T72).

Fonte: as autoras (2021).

Analisando o Quadro 3, observa-se grande incidência de trechos na coluna do ensino (31 trechos, de um total de 72 trechos codificados), evidenciando que uma das principais preocupações dos licenciados, ao narrarem um dia atuando como professor de Química, esteve relacionada a aspectos que envolvem o professor e o ensino, ou seja, às maneiras como realiza, avalia e procura melhorar o ensino que pratica; à sua relação com os materiais instrucionais, experimentos, instrumentos; às maneiras como realiza o planejamento dos objetivos, conteúdos, atividades, avaliação, recursos materiais; etc. (ARRUDA, LIMA e PASSOS, 2011). Tais ideias podem ser observadas nos exemplos de trechos a seguir. Na dimensão epistêmica: *o professor mostra avaliações individualmente e as corrige com os alunos no quadro* (T15); T7: *o professor dialoga e discute conceitos com os alunos* (T7); *retoma conceitos anteriores* (T12). Na dimensão pessoal temos os seguintes exemplos: *O professor se frustra com tempo curto para a atividade planejada* (T33); *O professor pensa em como melhorar sua aula* (T36)

Os trechos apresentados nas narrativas dos licenciados são, de certa forma, comuns entre os futuros professores, uma vez que na atividade proposta os estudantes deveriam se imaginar atuando como um professor de Química de uma escola pública. Neste caso, por ainda não terem experiência na docência, suas preocupações incidem em como devem desenvolver as aulas, selecionar estratégias e metodologias de ensino, preocupando-se mais com o ensino que devem praticar do que com a aprendizagem de seus futuros alunos, o que corrobora os resultados obtidos na pesquisa de Arruda e Passos (2017).

De acordo com os autores acima mencionados, existe diferença no preenchimento da matriz do professor para os licenciandos, ou seja, ainda futuros docentes, dos professores em serviço. Segundo os autores, os professores em serviço possuem maior segurança em suas atitudes, além de mais experiência, o que lhes permite se organizar melhor no planejamento, execução e avaliação, tanto da aprendizagem de seus alunos, quanto do ensino que praticam. Enquanto para os licenciandos, hipotetizando suas futuras aulas, o ensino é ainda a sua maior preocupação, deixando a aprendizagem de seus alunos em segundo plano (ARRUDA e PASSOS, 2017).

De acordo com Cericato (2016), o docente tem seu foco no ensino que pratica, sendo possível afirmar a esse respeito:

> O professor é um profissional do ensino porque detém o conhecimento sobre o que e de que maneira ensinar a alguém. Seu trabalho é específico porque consiste na sistematização de saberes [...]. É um trabalho realizado de modo intencional mediante a apropriação de um conhecimento específico que requer formação especializada e criteriosa. É uma tarefa complexa que envolve domínio rigoroso dos campos técnico e didático, além de constante postura de questionamento sobre sua ação (CERICATO, 2016, p. 278).

Na terceira coluna, relacionada à aprendizagem discente, também foram alocados trechos das narrativas dos licenciados, em especial nas dimensões pessoal e social. Na dimensão pessoal, temos como exemplo os trechos: *Se preocupa com alunos que não foram bem na prova* (T34); *pensa em como melhorar a aprendizagem dos estudantes* (T56). Na dimensão social, temos exemplos dos seguintes trechos: *Alunos fazem baderna, gritam, correm, conversam e se atrasam* (T22); *alunos que não gostam de Química* (T23); *aluno se acidenta em laboratório após brincadeiras* (T29); *Alunos dinâmicos e participativos* (T40); *Alunos participam e gostam da aula experimental* (T41); *Alunos interessados e que fazem perguntas sobre suas dúvidas* (T43).

Nesta coluna encontram-se trechos das narrativas em que os licenciandos manifestam preocupação acerca da aprendizagem dos estudantes, bem como relatos em que destacam problemas de indisciplina e comportamento dos alunos, durante a aula.

No artigo de Leite, Broietti e Arrigo (2021), as autoras também evidenciaram uma preocupação dos acadêmicos/futuros professores com as relações interpessoais, ou seja, relações que os professores/futuros professores estabelecem com os colegas da profissão e com os estudantes. No caso deste estudo, em específico, alguns licenciados destacam aspectos relativos à desordem em sala de aula, entretanto, outros mencionam alunos participativos e interessados em aprender.

A criação de um ambiente favorável para a aprendizagem, na perspectiva dos participantes deste estudo, parece contribuir significativamente para o bom encaminhamento da aula, no sentido da construção de novos conhecimentos por parte dos estudantes (LEITE, BROIETTI e ARRIGO, 2021).

Na Coluna 1, relacionada à aprendizagem docente, relação do professor com o saber, encontramos trechos alocados nas dimensões pessoal e social. Na dimensão pessoal temos os seguintes exemplares de trechos das narrativas dos estudantes: *Nervosismo e ansioso no primeiro dia de aula* (T30); *Sente frio na barriga e mãos geladas no primeiro dia* (T31); *Cansada, porém satisfeita* (T32). Na dimensão social temos os seguintes exemplos: *Profissão desvalorizada* (T17); *Salário baixo* (T18); *Cansaço dos professores ao final do dia* (T25); *Professor se reinventa para conquistar os alunos* (T26); *Ficam até de madrugada corrigindo e preparando atividades* (T27)

Nesta coluna encontram-se trechos que manifestam sentimentos e valores acerca da profissão docente. Com relação aos sentimentos, os licenciandos descrevem nervosismo e ansiedade no primeiro dia de aula, além de muito cansaço ao final do dia de trabalho. Na dimensão social, mencionam aspectos relativos às condições de trabalho.

De acordo com Jacomini e Penna (2016), as condições de trabalho docente têm sido mote de diferentes estudos que evidenciam sua precarização. Essa precariedade nas condições de exercício da docência comprova sua desvalorização política e traz consequências para sua valorização social e para as formas como o professor se constitui como profissional.

Ao se fazer uma leitura horizontal, verificou-se que os licenciandos fizeram referência ao saber, ao ensinar e ao aprender, em suas narrativas, principalmente de um modo mais epistêmico, o que corrobora os resultados de outras pesquisas envolvendo a formação de professores, como por exemplo, as de Arruda e Passos (2017) que assim se colocam a respeito dos resultados de seus estudos:

> Têm sido recorrentes, para estudantes da licenciatura, tal como apresentado na tese de Maistro (2012), cujos sujeitos da pesquisa foram estudantes da licenciatura em Ciências Biológicas e na tese de Largo (2013), que entrevistou estudantes da licenciatura em Matemática (ARRUDA e PASSOS, 2017, p. 107).

Nota-se que nesta análise horizontal, na dimensão epistêmica são alocados trechos apenas na célula 2A, a qual foi dividida em 3 subcategorias, e estas declaram a busca do professor em compreender melhor o ensino que pratica e as suas reflexões sobre a atividade docente e sua formação; dessa forma ele avalia e procura melhorar suas ações, assim como seus materiais instrucionais, realizando constantes planejamentos, experimentos e atividades burocráticas e administrativas.

Na linha pessoal foram alocados trechos das narrativas dos estudantes nas três colunas da Matriz. Na coluna 1 trechos que manifestam sentimentos dos licenciandos relacionados à aprendizagem docente. Na coluna 2, trechos que manifestam sentimentos relacionados ao ensino que praticam e, na terceira coluna, trechos que evidenciam sentimentos relacionados à aprendizagem dos alunos.

Por fim, na linha social encontramos trechos apenas nas colunas 1 e 3, relacionados às dificuldades encontradas na profissão docente e aspectos relacionados à indisciplina/disciplina ou interesse/desinteresse dos alunos, respectivamente.

Em uma pesquisa realizada por Gatti e colaboradores (2010), os autores constataram que os seus sujeitos de pesquisa percebiam aspectos positivos e negativos relacionados ao exercício da docência e que, ao mesmo tempo em que a mesma era vista como portadora de grande responsabilidade social, era também percebida como socialmente desvalorizada, em decorrência dos baixos salários e das difíceis condições em que se realiza.

Analisando individualmente as células da matriz do professor, verificou-se que a célula com maior quantidade de trechos alocados também foi a 2A (Epistêmica/Ensino), o que evidencia uma maior preocupação dos licenciandos com o planejamento, a execução e a avaliação de suas futuras aulas. Isso que pode ser confirmado pelos trechos: *o professor prepara e revê planos de aula e materiais de aula prática* (T11); *o professor realiza atividades em grupo* (T1); *o professor ministra aulas experimentais* (T2); *aplica uma avaliação contextualizada* (T3); *aplica prova de recuperação* (T8); *mostra avaliações individualmente e as corrige com os alunos no Quadro* (T15).

Nos trechos acima indicados, observa-se preocupação com o planejamento das aulas, ou seja, os licenciandos descrevem momentos que se referem aos planos de aula e organização dos materiais utilizados em aulas práticas. Há também trechos relativos ao desenvolvimento da aula, organizando os alunos em grupos, ou promovendo aulas práticas experimentais. Para além destes aspectos os estudantes mencionam aspectos relativos ao processo avaliativo, destacando as avaliações e os momentos de recuperação da aprendizagem.

Outra célula com bastante incidência foi a célula 3C (Social/Aprendizagem discente), a qual apresentou trechos no subgrupo Aspectos relacionados à indisciplina/disciplina ou interesse/desinteresse dos alunos, demonstrando que os futuros docentes também estão preocupados com questões relacionadas ao interesse/desinteresse e disciplina/indisciplina de seus futuros alunos, considerando que tais fatores podem influenciar na aprendizagem discente.

De acordo com Krawczyk (2014), os professores acabam tendo de lidar com uma série de complexidades que vão desde os baixos resultados de aprendizagem dos alunos, dificuldade de democratização do acesso, problemas de distorção idade-série, até a falta de consenso sobre sua função social e desencanto dos jovens pela escola.

Neste contexto investigativo, consideramos que a formação docente ocorre ao longo de um processo, passando pelas experiências da formação inicial e integrado ao dia a dia dos professores e da escola, assim, muitas aprendizagens vão ocorrendo neste percurso, fruto das interações, práticas e vivências, em uma dinâmica de diferenciação e de identificação.

Considerações finais

Neste estudo, nossa pretensão residia em identificar e analisar as percepções de acadêmicos matriculados nos anos finais do curso de Licenciatura em Química, de uma Universidade do Sul do Brasil, no que diz respeito a aspectos da atividade docente e, para tal análise, utilizamos como referencial analítico a matriz do professor M(P).

Coletamos as informações a partir de uma atividade proposta aos licenciandos, em que eles deveriam narrar um dia de um professor de Química de uma escola pública. Analisando trechos das narrativas dos estudantes, foi possível a elaboração de subcategorias emergentes que foram posteriormente alocadas na matriz do professor, com o objetivo de identificar e analisar as percepções dos licenciandos sobre a atividade docente.

Os licenciandos expuseram as observações de suas possíveis futuras práticas docentes, relatando aspectos nas três dimensões: epistêmicas, pessoais e sociais. Com relação a aspectos da dimensão epistêmica, encontramos trechos que relatam a dinâmica do trabalho em sala de aula (planejamento da aula, organização dos estudantes em sala de aula, escolha das estratégias de ensino, controle do tempo das atividades); atividades relacionadas a avaliações (escolha de instrumentos avaliativos, autoavaliação e autorregulação da aprendizagem), além de atividades burocráticas e administrativas (preencher a pauta, fazer chamada, cumprir hora atividade, ceder a aula para recados da pedagoga).

Na dimensão pessoal encontramos trechos que manifestam sentimentos relacionados ao próprio docente (nervosismo e ansiedade no primeiro dia da aula, cansaço após as aulas), ao ensino que praticam (frustra-se com o pouco tempo da aula, sente que seu ensino faz diferença) e à aprendizagem de seus alunos (preocupa-se com os alunos que não vão bem, pensa em como melhorar a aprendizagem dos estudantes, busca estratégias para ganhar confiança e atenção dos alunos).

Por fim, na dimensão social encontram-se aspectos relacionados às dificuldades encontradas na profissão docente (desvalorização da profissão, aspectos financeiros, excesso de trabalho, falta de condições físicas adequadas na escola) e aspectos relacionados à indisciplina/disciplina ou interesse/desinteresse dos alunos (reclamam da falta de atenção dos alunos, destacam também que há alunos dinâmicos e participativos).

Após a análise e interpretação dos dados, conclui-se que os acadêmicos em questão estão mais preocupados com o ensino que vão praticar quando forem professores, do que com a aprendizagem de seus alunos e a própria aprendizagem docente. Os licenciandos manifestam também sentimentos de nervosismo e ansiedade, bem como aspectos relacionados a dificuldades da profissão docente.

Tais aspectos apontados pelos estudantes na atividade proposta podem servir de tópicos para reflexões de futuras discussões na própria turma, problematizando a prática docente e as diferentes dimensões e aspectos aos quais ela está inserida.

Referências

ANDRÉ, M. Formação de professores: a constituição de um campo estudos. **Educação**, Porto Alegre, v. 33, n. 3, p. 14-181, set/dez, 2010.

ARRUDA, S. de M.; PASSOS, M. M. **A relação com o saber na sala de aula**. In: Anais do Colóquio Internacional "Educação e Contemporaneidade", 2015.

ARRUDA, S. M. e PASSOS, M. M. Instrumentos para a análise da relação com o saber em sala de aula. **Revista do Programa de Pós-Graduação em Ensino** - Universidade Estadual do Norte do Paraná: Cornélio Procópio, v. 1, n. 2, p. 95-115, 2017.

ARRUDA, S. M., LIMA, J. P. C e PASSOS, M. M. Um novo instrumento para a análise da ação do professor em sala de aula. **Revista Brasileira de Pesquisa em Educação em Ciências**. v. 11, n. 2, p. 139-160, 2011.

BARDIN, L. **Análise de conteúdo**. Lisboa: Edições 70, 3. ed., 2004.

CERICATO, I. L. A profissão docente em análise no Brasil: uma revisão bibliográfica. **Revista brasileira Estudos pedagógicos (online)**. Brasília, v. 97, n. 246, p. 273-289, maio/ago. 2016.

FREITAS, D., GALVÃO, C. O uso das narrativas autobiográficas no desenvolvimento profissional de professores. **Ciências e Cognição**, v. 12, p. 219-233, 2007.

GARCIA, C. M. Pesquisa sobre formação de professores: o conhecimento sobre aprender a ensinar. Tradução de Lólio Lourenço de Oliveira. **Revista Brasileira de Educação**, n. 9, p. 51-75, 1998.

GATTI, B. A., TARTUCE, G. L., NUNES, M. M. R.; ALMEIDA, P. C. A. de. **Atratividade da carreira docente no Brasil**. São Paulo: Fundação Victor Civita: Fundação Carlos Chagas. 2010.

HOLLINGSWORTH, S. Prior Beliefs and Cognitive Change in Learning to Teach. **American Educational Research Journal**, v. 26, n. 2, p. 160-189, 1989.

JACOB, J. M. e BROIETTI, F. C. D. Processo de reflexão orientada e a perspectiva prática reflexiva: quais as articulações? **Educação Química em Punto de Vista**, v. 2, n.1, p. 1-23, 2020.

JACOMINI, M. A.; PENNA, M. G. de O. Carreira docente e valorização do magistério: condições de trabalho e desenvolvimento profissional. **Pró-posições**. v. 27, n. 2, maio/ago. 2016.

KAGAN, D. Professional Growth Among Preservice and Beginning Teachers. **Review of Educational Research**, v. 62, n. 2, p. 129-169, 1992.

KRAWCZYK, N. Ensino médio: empresários dão as cartas na escola pública. **Educação & Sociedade**, Campinas, v. 35, n. 126, p.21-41, jan./mar. 2014.

LEITE, R. F., BROIETTI, F. C. D.; ARRIGO, V. One day of work of the Teacher of Chemistry: narratives of college students about teaching activity. **Revista Tempos e Espaços em Educação**, Cidade, v.14, n.33, 2021.

LIMA, M. da G. S. B. As concepções/crenças de professores e o desenvolvimento profissional: uma perspectiva autobiográfica. **Revista Iberoamericana de Educación**. n.º 43, p. 1-8, 2007.

MARCELO, C. Desenvolvimento profissional docente: passado e futuro, **Sísifo Revista de Ciências da Educação**, n. 8, p. 7-22, jan./abr., 2009

NASCIMENTO, F.; FERNANDES, H. L.; MENDONÇA, V. M. O Ensino de Ciências no Brasil: história, formação de professores e desafios atuais. **Revista HISTEDBR On-line**, n. 39, p.225-249, 2010.

NÓVOA, A. Formação de professores e profissão docente. In NÓVOA, A. (Cord.) **Os professores e a sua formação**. Lisboa: Dom Quixote, 1992, p. 13-33.

PAJARES, M.F. Teachers' Beliefs and Educational Research: Cleaning Up a Messy Construct. **Review of Educational Research**, v. 62, n. 3, p. 307-332, 1992.

PIMENTA, S. G. Formação de professores: identidade e saberes da docência. In: PIMENTA, S. G. (Org). **Saberes pedagógicos e atividade docente**. São Paulo: Cortez Editora, 1999, p. 15-34.

SCHÖN, D. A. Formar professores como profissionais reflexivos. In: NÓVOA, A. (Org.). **Os professores e sua formação**. Lisboa: Dom Quixote, 1992.

ZEICHNER, K. Rethinking the Practicum in the Professional Development School Partnership. **Journal of Teacher Education**, v. 43, n. 4, p. 296-307, 1992.

Apêndice

Quadro X: Categorias emergentes, alocadas nas categorias a priori epistêmica, pessoal e social, com os respectivos trechos.

Epistêmica	Pessoal	Social
Propostas/organizações de ensino, ou seja, dinâmica de trabalho em sala de aula: atividades em grupo (T1); aulas experimentais (T2); uso de kit moleculares (T4); atividades práticas em sala de aula (T5); passa conteúdo no quadro (T6); dialoga e discute conceitos com os alunos (T7); retoma conceitos anteriores (T12); usa estratégias para encurtar o conteúdo, mantendo o desempenho (T13); conversa com os alunos sobre o final de semana (enquanto se organiza para começar a aula) (T46); aula teórica (T48); adapta o planejamento durante a aula (T49); repassa mentalmente o planejamento da aula (durante a aula) (T51); aplica conceitos, definições e classificações (T52); transmite o conteúdo (T53); aula no laboratório (T54); obrigada a finalizar a aula por conta do tempo (T55);	**Sentimentos relacionados ao próprio docente:** Nervosismo e ansioso no primeiro dia de aula (T30); Sente frio na barriga e mãos geladas no primeiro dia (T31); Cansada, porém satisfeita (T32); Trabalha com carinho e perseverança, novidades e dedicação (T35); Pôde ver sua "vocação aflorar" (T37); pensa se ser prof. era mesmo o que queria (T68); quer que alunos a vissem como amiga, além de professora (T66);	**Aspectos relacionados a dificuldades encontradas na profissão docente:** Profissão desvalorizada (T17); Salário baixo (T18); Cansaço dos professores ao final do dia (T25); Professor se reinventa para conquistar os alunos (T26); Ficam até de madrugada corrigindo e preparando atividades (atividades extras-classe) (T27); falta de condições estruturais da escola (T64); descaso do governo com os professores (T63); escola longe de casa e/ou outra cidade (T61); aula nos três períodos (para pagar contas)(T62); adaptar-se às diversidades (T71);

Atividades relacionadas a avaliações: aplica uma avaliação contextualizada (T3); aplica prova de recuperação (T8); mostra avaliações individualmente e a corrige com os alunos no quadro (T15); pega aluno colando, confisca prova e chama pedagoga (T16).	Sentimentos relacionados ao ensino que pratica: Frustra-se com tempo curto para atividade planejada (T33); Pensa em como melhorar sua aula (T36); triste com experimento que não dá certo (T65); Alegra-se quando experimento funciona (T59); sente que seu ensino faz diferença no mundo (T69);	Aspectos relacionados à indisciplina/disciplina ou interesse/desinteresse dos alunos: alunos falam mal de outros professores (T19); Caos na sala de aula (T20); falta de atenção dos alunos (T21); Alunos fazem baderna, gritam, correm, conversam e se atrasam (T22); sonolentos e desinteressados (T24); alunos que não gostam de Química (T23); discutir (brigar) com aluno bagunceiro (T28); aluno se acidenta em laboratório após brincadeiras (T29); alunos ouvem, mas com cara de que não estão entendendo (T58); índice de reprovação maior no noturno (T57); Após conseguir atenção dos alunos, tudo fica fácil (com relação ao conteúdo novo a ser apresentado) (T39); Alunos dinâmicos e participativos (T40); Alunos participam e gostam da aula experimental (T41); Aula tranquila com turmas pequenas (T42); Alunos interessados e que fazem perguntas sobre suas dúvidas (T43); Consegue silêncio na sala (T44); Alunos tranquilos, mais velhos e que entendem melhor (período noturno) (T45); alunos animados e interagindo (T72); reencontro dos alunos pós pandemia (T47);
Atividades burocráticas e administrativas: preenche pauta (T9); corrige atividades, trabalhos e avaliações (T10); prepara e revê planos de aula e materiais de aula prática (T11); cumpre a hora atividade na escola (T14); convidado para festa junina da escola que arrecadará fundos para reformar laboratório (T50); perde tempo da aula para recados e atividades extras (pedagoga, diretora, Programa Saúde na Escola) (T60);	Sentimentos relacionados a aprendizagem de seus alunos: Preocupa-se com alunos que não foram bem na prova (T34); Frustra-se com a presença de poucos alunos no período noturno (T38); pensa em como melhorar a aprendizagem dos estudantes (T56); Paciente com desinteresse dos alunos (T67); Quer ganhar a atenção e confiança dos alunos (T70);	

Capítulo 9
PESQUISAS DESENVOLVIDAS A PARTIR DE ESCRITAS REFLEXIVAS DE FUTUROS PROFESSORES DE MATEMÁTICA: UMA SÍNTESE

Edilaine Regina dos Santos
Universidade Estadual de Londrina – UEL
E-mail: edilaine.santos@uel.br

Bruno Rodrigo Teixeira
Universidade Estadual de Londrina – UEL
E-mail: bruno@uel.br

Introdução

No contexto da formação inicial, há diversas ações que podem contribuir para o desenvolvimento profissional do futuro professor. Um exemplo de ação que pode colaborar para isso diz respeito a escrever reflexivamente (PASSOS et al., 2006; CATTLEY, 2007; FREITAS; FIORENTINI, 2008; TEIXEIRA; CYRINO, 2010; SILVA, PASSOS, 2016).

Hampton (2010, p.1, grifo do autor, tradução nossa) considera que a escrita reflexiva "é uma evidência do *pensamento reflexivo*"[1], e que no contexto acadêmico, geralmente, envolve olhar para algum acontecimento, ideia ou objeto, por exemplo, analisar e tentar apresentar explicações, e pensar sobre o que isso pode significar para você e seu progresso, enquanto aluno ou profissional.

Ao representar suas reflexões por meio da escrita, com a possibilidade de organizar e reorganizar seus pensamentos, os futuros professores têm a oportunidade de estabelecer conexões entre conceitos que aprenderam e situações práticas, de dar sentido às suas experiências e de novas aprendizagens (RIVERA, 2017).

---

1   Em contextos de formação docente, o pensamento reflexivo pode ser visto como "uma forma sistemática para alcançar uma compreensão mais ampla das situações de ensino, logo uma das competências necessárias para prática profissional de professores de Matemática." (TEIXEIRA; CYRINO, 2010, p. 64).

Na formação docente em Matemática, essa ação pode contribuir, por exemplo, para que o futuro professor tenha a oportunidade de se expressar matematicamente por meio de uma linguagem não apenas técnica ou simbólica (JARAMILLO; FREITAS; NACARATO, 2005; FREITAS, 2006; TEIXEIRA, 2009), refletir sobre conteúdos matemáticos e analisar aspectos pedagógicos a eles relacionados (TEIXEIRA; CYRINO, 2010; KENNEY, SHOFFNER, NORRIS, 2013; SOARES; GARDIN; SANTOS, 2020), compreender o próprio processo formativo (FREITAS, 2006). Para tanto, diversos instrumentos podem ser utilizados de modo a oportunizar uma escrita reflexiva, tais como diários reflexivos, caderno de aula com reflexão, relatórios de estágio.

Diante desse cenário, iniciou-se, em 2019, um projeto de pesquisa intitulado "A utilização da escrita reflexiva na formação inicial do professor de Matemática", o qual impulsionou o desenvolvimento de algumas dissertações de mestrado (SANTOS, 2020; BONATO, 2020; RODRIGUES, 2020; OLIVEIRA; 2021; GARDIN, 2021; SOARES, 2021), no âmbito do Programa de Pós-Graduação em Ensino de Ciências e Educação Matemática da Universidade Estadual de Londrina, envolvendo essa temática. Neste artigo, tem-se como intenção apresentar uma síntese dessas investigações realizadas, destacando seus objetivos, contextos e alguns resultados.

Das investigações realizadas

Realizada sob uma perspectiva qualitativa, a investigação desenvolvida por Santos (2020) lançou um olhar para escritas reflexivas de futuros professores de Matemática tendo o objetivo de "identificar Conhecimentos Matemáticos para o Ensino que são evidenciados em escritas reflexivas desses futuros professores" (SANTOS, 2020, p.13).

Para atingir esse objetivo, o autor analisou escritas reflexivas de três futuros de Matemática produzidas em um Caderno de aula com reflexões, utilizado no contexto de uma disciplina de Prática e Metodologia do Ensino de Matemática, do 3º ano da Licenciatura em Matemática da Universidade Estadual de Londrina, no primeiro bimestre letivo de 2019, relativas a um trabalho a respeito do conteúdo matemático "Operações Aritméticas".

Pautado nos pressupostos teóricos de Ball, Thames e Phelps (2008) sobre Conhecimentos Matemáticos para o Ensino, Santos (2020) constituiu um inventário de ações presentes nas escritas reflexivas dos licenciandos, que oportunizou a identificação desses Conhecimentos (Quadro 1).

Quadro 1: inventário realizado

Conhecimentos Matemáticos para o Ensino	Ação presente na escrita reflexiva do licenciando que oportunizou a identificação do CME[2]
Conhecimento Comum do Conteúdo	• Indica poder realizar cálculos de maneira mecânica e rotineira. • Indica não conhecer os termos subtraendo e minuendo presentes no algoritmo da subtração.
Conhecimento Especializado do Conteúdo	• Demonstra poder justificar passos de um algoritmo, com compreensão, de maneiras distintas. • Apresenta nomenclatura adequada para os termos envolvidos no algoritmo e nas discussões sobre o conteúdo. • Reconhece as ideias envolvidas nas operações para além de apenas usar o algoritmo.
Conhecimento do Conteúdo e dos Estudantes	• Reconhece as peculiaridades do algoritmo e identifica pontos do processo em que os alunos possam encarar alguma dificuldade. • Apresenta uma característica dos processos envolvidos no algoritmo que pode ser complexa, se relacionada com a potencial maturidade dos alunos de 6º ano, quanto ao conteúdo.
Conhecimento do Conteúdo e do Ensino	• Reconhece maneiras/exemplos de abordar tópicos específicos do conteúdo. • Indica diferentes maneiras de abordar uma mesma operação aritmética. • Demonstra preocupação em como apresentar aos alunos o algoritmo e/ou as ideias envolvidas nas operações. • Relaciona o algoritmo com as ideias envolvidas nas operações aritméticas indicando possíveis noções de como abordá-los. • Identifica uma possível complexidade dos algoritmos e apresenta uma outra maneira/ordem adequada de apresentá-los aos alunos.

Fonte: Adaptado de Santos (2020).

Identificar tais conhecimentos em escritas reflexivas dos licenciandos, segundo o autor,

> [...] pode oportunizar ao professor formador, e a qualquer outro que desenvolva essa ação em sala de aula, um panorama de quais habilidades seus

---

2   Conhecimento Matemático para o Ensino.

alunos podem estar desenvolvendo no decorrer da disciplina, e assim, traçar rotas para suas práticas ou mesmo reafirmar aquelas que estão surtindo efeito quanto aos aspectos apresentados pelos licenciados (SANTOS, 2020, p.72).

Outra investigação realizada tendo como um de seus objetivos investigar o conhecimento matemático para o ensino, pautado nos pressupostos teóricos de Ball, Thames e Phelps (2008), em escritas reflexivas de futuros professores de Matemática, mas referente a um planejamento de aulas, foi a desenvolvida por Bonato (2020).

Para isso, foram utilizados diários reflexivos de dois futuros professores, a respeito de um planejamento de uma aula de Regra de Três Composta, na perspectiva da Resolução de Problemas, no contexto do Estágio Curricular Obrigatório do 3º ano do curso de Licenciatura em Matemática da Universidade Estadual de Londrina (UEL), no ano de 2019. Além disso, para contextualizar as escritas reflexivas analisadas, também foi utilizado um diário de campo do pesquisador, que esteve presente em reuniões entre os estagiários e um professor formador tendo em vista esse planejamento.

Com relação aos resultados, a escrita reflexiva presente nos diários dos futuros professores permitiu identificar a mobilização/desenvolvimento do Conhecimento Comum do Conteúdo, do Conhecimento Especializado do Conteúdo, do Conhecimento do Conteúdo e dos Estudantes e o Conhecimento do Conteúdo e do Ensino. Segundo Bonato (2020, p. 6), foram essenciais para a mobilização/desenvolvimento desses conhecimentos:

> [...] diferentes ações desenvolvidas no planejamento associadas à perspectiva de Resolução de Problemas adotada, tais como a busca de uma justificativa matemática para o procedimento a ser abordado em sala de aula tendo em vista sua formalização, a descrição de resoluções esperadas para os problemas propostos bem como de dúvidas e dificuldades que poderiam ser manifestadas pelos alunos, a abordagem do conteúdo a partir de conceitos já estudados pelos alunos e a expectativa de introduzi-lo a partir de resoluções desenvolvidas por eles [...].

Ainda no contexto do Estágio Curricular Obrigatório do 3º ano do curso de Licenciatura em Matemática da Universidade Estadual de Londrina

(UEL), no ano de 2019, mais especificamente a partir do Relatório de Estágio de Observação elaborado por futuros professores de Matemática, a investigação desenvolvida por Oliveira (2021, p. 7) objetivou responder a seguinte questão:

> Quais os domínios e subdomínios do Conhecimento Especializado do Professor de Matemática manifestados em itens que têm potencial para desencadear uma escrita reflexiva em futuros professores na elaboração de um Relatório de Estágio de Observação?

Para isso, inicialmente, foram analisadas as orientações presentes em cada item do roteiro utilizado pelos futuros professores para a elaboração do Relatório de Estágio de Observação e identificados os itens com potencial para desencadear uma escrita reflexiva. Posteriormente, foram analisadas as produções escritas referentes a esses itens nos relatórios de doze estagiários, a fim de identificar domínios e subdomínios do Conhecimento Especializado do Professor de Matemática (CARRILLO et al., 2013; FLORES-MEDRANO et al., 2014). A partir dessas análises, foram identificadas escritas reflexivas relacionadas tanto a subdomínios do domínio Conhecimento Matemático quanto a subdomínios do domínio Conhecimento Pedagógico do Conteúdo.

Segundo a autora, uma orientação que aparenta ser propícia para que os futuros professores manifestem esses conhecimentos, por meio de suas escritas reflexivas, consiste em solicitar que "reflitam acerca de cada aula observada e, especialmente, que indiquem se houve algum momento em que, ao refletirem, adotariam outros encaminhamentos caso estivessem na posição de professores regentes." (OLIVEIRA, 2021, p. 7).

A fim de também identificar domínios e subdomínios do Conhecimento Especializado do Professor de Matemática de licenciandos, por meio de suas escritas reflexivas, tem-se o trabalho de Rodrigues (2020). Nesse caso, o instrumento em que os futuros professores desenvolviam suas escritas reflexivas, em uma disciplina de Prática e Metodologia do Ensino de Matemática, do 4º ano da Licenciatura em Matemática da Universidade Estadual de Londrina, no ano letivo de 2019, era o Caderno de aula com reflexões, assim como os participantes da pesquisa de Santos (2020).

Em sua dissertação de mestrado, Rodrigues (2020, p. 6) buscou responder as questões:

> Que subdomínios do Conhecimento especializado do Professor de Matemática (MTSK) são revelados na escrita reflexiva de futuros professores decorrente de ações desenvolvidas no contexto de uma disciplina de Prática e Metodologia do Ensino de Matemática? Que componentes do contexto formativo possivelmente colaboram para a mobilização de tais conhecimentos?

Para tal, foram analisadas "escritas reflexivas presentes em cadernos de aulas com reflexões de três futuros professores, decorrentes de planejamentos e simulações de aulas realizadas na disciplina" (RODRIGUES, 2020, p. 6). Os resultados obtidos sinalizam a mobilização tanto de subdomínios do domínio Conhecimento Matemático quanto de subdomínios do domínio Conhecimento Pedagógico do Conteúdo e revelam a colaboração de diferentes componentes do contexto formativo para essa mobilização.

Com o objetivo de "identificar e analisar indícios de regulação da aprendizagem de futuros professores de Matemática, a partir de Escritas Reflexivas" (GARDIN, 2021, p.15), a pesquisa desenvolvida por Gardin (2021) também utilizou escritas reflexivas de licenciados em Matemática.

Na investigação desenvolvida pela autora, a regulação da aprendizagem

> [...] está atrelada à manifestação do próprio estudante, que é quem avalia e regula sua aprendizagem, identificando dificuldades e traçando estratégias para superá-las. Pensa criticamente a respeito de suas habilidades, práticas e aprendizagem, buscando aperfeiçoamento relacionado à dificuldade identificada (GARDIN, 2021, p.67).

Analisando as mesmas produções utilizadas por Santos (2020)[3], ou seja, as escritas reflexivas de três futuros professores de Matemática da Universidade Estadual de Londrina, Gardin (2021) identificou aspectos de regulação ou

---

3   Tendo em vista a pandemia por Covid-19 iniciada em 2020, mesmo início do desenvolvimento da pesquisa por Gardin (2021), optou-se por utilizar produções já coletadas em 2019. Vale ressaltar que a utilização dessas produções para a pesquisa de Gardin (2021) foi autorizada pelos futuros professores.

autorregulação da aprendizagem nas escritas desses licenciandos quando eles apresentaram reflexões da aprendizagem, críticas ao próprio percurso buscando autocorreção e quando identificaram alguma dificuldade e/ou erro e traçaram estratégias visando superá-los.

Por meio de uma análise das escritas reflexivas, a autora também identificou outros aspectos, tais como: desabafo/expressão de sentimentos, oportunidade de aprendizagem de conteúdo, oportunidade de aprendizagem de aspectos da prática docente, reflexão sobre questões atitudinais dos alunos.

Segundo Gardin (2021, p. 67),

> Ao escrever reflexivamente, os futuros professores puderam expressar sentimentos de angústia, indignação ou satisfação, estabelecer relações entre o que já tinha conhecimento e o que se aprendeu ou, ainda, traçar estratégias diferentes após refletir sobre determinada situação. Esses aspectos mobilizados por meio da Escrita Reflexiva podem contribuir para a construção de um professor mais reflexivo e de conhecimentos relacionados a conteúdos e prática docente.

A pesquisa desenvolvida por Soares (2021) analisou as escritas reflexivas de dois dos três futuros professores participantes da pesquisa de Santos (2020)[4] e foi norteada pelos seguintes objetivos:

- analisar a escrita reflexiva de futuros professores de Matemática;
- identificar tipos de escrita reflexiva presentes no Caderno de aula com reflexões;
- identificar e analisar que elementos (ações formativas) presentes no Caderno de aula com reflexões possibilitaram tais tipos de escrita reflexiva (SOARES, 2021, p.31).

Inicialmente, a autora realizou uma leitura de todas as produções, com a intenção de conhecê-las. Na sequência, realizou uma leitura vertical, que é a leitura de todas as produções de um mesmo futuro professor, e uma leitura horizontal, que corresponde à leitura das produções de todos os licenciandos

---

4   Tendo em vista a pandemia por Covid-19 iniciada em 2020, mesmo início do desenvolvimento da pesquisa por Soares (2021), optou-se por utilizar produções já coletadas em 2019. Vale ressaltar que a utilização dessas produções para a pesquisa de Soares (2021) foi autorizada pelos futuros professores.

para um mesmo dia de aula. Posteriormente, tendo por base referenciais de escrita reflexiva e de tipos de escrita reflexiva, Soares (2021) analisou cada escrita. As análises

> [...] se deram de um modo amplo e de um modo específico, isto é, sobre cada escrita reflexiva, de um modo amplo, buscou-se pontuar aspectos destacados pelos futuros professores e de um modo mais específico, buscou-se então identificar tipos de escrita reflexiva [...] (SOARES, 2021, p.34).

Segundo a autora,

> [...] em relação ao primeiro objetivo, pode-se perceber que os futuros professores, em suas escritas reflexivas, expressaram seus sentimentos em relação às aulas e às ações ocorridas nelas, tais como: as interações com o professor formador, o estudo individual e em grupo e as exposições dos estudos. Os licenciandos registraram que essas ações trouxeram aprendizados, dúvidas; relataram ainda lembranças de quando eram alunos da Educação Básica e como o tema de estudo da ação formativa na graduação "Operações Aritméticas" foi ensinado a eles naquele período de escolaridade; escreveram desabafos, autoquestionamentos e sobre como se deu o estudo. Por vezes, os futuros professores se colocaram no lugar de professor, imaginando como fariam para ensinar, quais palavras e expressões poderiam utilizar. Também se colocaram no lugar de alunos, pensando como esses poderiam interpretar os procedimentos de resolução das operações, juntamente com as ideias associada (SOARES, 2021, p.80).

Em relação aos tipos de escrita que foram produzidas pelos futuros professores, Soares (2021) destaca que, tendo em vista o referencial teórico de Rivera (2017), foi possível identificar alguns tipos de escritas reflexivas: Tipo Descrição, Tipo Explicação e Tipo Exploração.

Quanto ao terceiro objetivo, a autora afirma que, nas escritas reflexivas dos futuros professores, foi possível identificar ações formativas como as seguintes:

> [...] Tarefa de explicar os procedimentos de resolução das operações aritméticas; Tarefa de explicar os procedimentos a um aluno do 6º ano do Ensino Fundamental; Tarefa de estudar as operações de modo geral;

Pesquisas decorrentes do estudo; Estudo individual; Estudo em grupo; Questionamentos do professor; Explicações do professor; Conversas com os colegas; [...] Apresentações dos colegas; Apresentação do próprio grupo; Questões levantadas nas apresentações; Exploração de diferentes ideias associadas às operações aritméticas; e Exploração de diferentes métodos de resolução (SOARES, 2021, p. 80).

Algumas considerações

Este artigo objetivou apresentar uma síntese de pesquisas desenvolvidas a partir de escritas reflexivas de futuros professores de Matemática, destacando objetivos, contextos e alguns resultados.

Diante do exposto, foi possível evidenciar que a elaboração de relatórios, guiada por roteiros contendo itens que potencializem uma escrita reflexiva no contexto de Estágio Curricular Obrigatório; de diários reflexivos a respeito de ações como planejamento de aulas, também no contexto de Estágio Curricular Obrigatório, bem como de Cadernos de aulas com reflexões em disciplinas de Prática e Metodologia do Ensino de Matemática, em que são trabalhados conteúdos matemáticos da Educação Básica em seus aspectos conceituais e didáticos, podem colaborar, por exemplo, para a mobilização/desenvolvimento de conhecimentos profissionais docentes e para a identificação de aspectos de regulação ou autorregulação da aprendizagem pelos futuros professores.

Para tal, ações como estudar conteúdos matemáticos visando ao seu ensino, buscando relações, justificativas, explicações para procedimentos comumente realizados pelos alunos; observar criticamente aulas de professores da Educação Básica e dos próprios colegas de turma durante simulações na universidade pensando, inclusive, em como fariam se estivessem em seu lugar e colocar-se na posição de alunos da Educação Básica, ao lidarem com tarefas matemáticas e com os próprios conteúdos em si, foram realizadas. Essas ações, acompanhadas de socializações e discussões com os colegas de turma e com o professor formador revelaram-se potenciais.

Além disso, para o professor formador, essas escritas reflexivas podem fornecer informações do desenvolvimento profissional dos futuros professores de modo que avalie sua própria prática, analise se os objetivos traçados estão sendo atingidos, identifique ações e componentes do contexto formativo que podem colaborar para isso e considere possibilidades de mudanças, buscando auxiliá-los em aspectos que sejam necessários.

Em suma, escritas reflexivas podem contribuir para a formação tanto de futuros professores quanto de formadores que os estejam acompanhando e auxiliando em seu percurso formativo.

REFERÊNCIAS

BALL, D. L.; THAMES, M. H.; PHELPS, G. Content Knowledge for teaching: what makes it special? **Journal of Teacher Education**, v. 59, n. 5, p. 389-407, 2008.

BONATO, G. V. **Conhecimento Matemático para o Ensino mobilizado em um planejamento de aula na perspectiva da Resolução de Problemas**. 2020. 97 f. Dissertação (Mestrado em Ensino de Ciências e Educação Matemática) – Universidade Estadual de Londrina, Londrina, 2020.

CARRILLO, J.; CLIMENT, N.; CONTRERAS, L. C.; MUÑOZ-CATALÁN, M. C. Determining Specialised Knowledge For Mathematics Teaching. In: Congress of the European Society for Research in Mathematics Education. 8., 2013, Antalya. **Anais** [...] Turkey: M.E.T. University, Ankara, 2013. p. 2985-2994.

CATTLEY, G. Emergence of professional identity for the pre-service teacher. **International Education Journal**, v. 8, n. 2, p. 337–347, 2007.

FLORES-MEDRANO, E.; ESCUDERO-ÁVILA, D.; MONTES, M.; AGUILAR, A.; CARRILLO, J. Nuestra modelación del conocimiento especializado del profesor de Matemáticas, el MTSK. In: AGUILAR, A. et al. **Un marco teórico para el conocimiento especializado del profesor de Matemáticas**. Huelva: Universidad de Huelva Publicaciones, 2014. p. 71-93.

FREITAS, M. T. M. A **Escrita no Processo de Formação Continua do Professor de Matemática**. 2006. 300p. Tese (Doutorado em Educação: Educação Matemática) FE/Unicamp. Campinas, SP.

FREITAS, M. T. M; FIORENTINI, D. Desafios e potencialidades da escrita na formação docente em matemática. **Revista Brasileira de Educação**, v. 13, n. 37, p. 138-149, 2008.

GARDIN, F. S. **Escrita Reflexiva e regulação da aprendizagem: um estudo na formação inicial de professores de Matemática**. 2021. 73 f. Dissertação (Mestrado em

Ensino de Ciências e Educação Matemática) – Universidade Estadual de Londrina, Londrina, 2021.

HAMPTON, M. **Reflective writing**: a basic introduction. Portsmouth: Department of Curriculum and Quality Enhancement, 2010.

JARAMILLO, D; FREITAS, M.T.M; NACARATO, A.M. Diversos caminhos de formação: apontando para outra cultura profissional do professor que ensina Matemática. In: NACARATO, A. M.; LOPES, C. E. (Org.). **Escritas e Leituras na Educação Matemática**. Belo Horizonte: Autêntica, p. 163–190. 2005.

KENNEY, R; SHOFFNER M; NORRIS, D. Reflecting to learn mathematics: supporting preservice teachers' pedagogical content knowledge with reflection on writing prompts in mathematics education. **Reflective Practice**, v. 14, n. 6, p. 787-800, 2013.

OLIVEIRA, G. S. **Conhecimento Especializado do Professor de Matemática manifestado em escritas reflexivas provenientes da elabora**ção de Relatórios de Estágio de **Observação**. 2021. 117 f. Dissertação (Mestrado em Ensino de Ciências e Educação Matemática) – Universidade Estadual de Londrina, Londrina, 2021.

PASSOS, C. L. B.; NACARATO, A. M.; FIORENTINI, D.; MISKULIN, R. G. S.; GRANDO, R. C.; GAMA, R. P.; MEGID, M. A. B. A.; FREITAS, M. T. M.; MELO, M. V. Desenvolvimento profissional do professor que ensina Matemática: Uma meta-análise de estudos brasileiros. **Quadrante**, v. 15, n. 1 e 2, p. 193-219, 2006.

RIVERA, R. The reflective writing continuum: Re-conceptualizing Hatton & Smith's types of reflective writing. **International Journal of Research Studies in Education**, v. 6, n. 2, p. 49-67, 2017.

RODRIGUES, A. L. **Conhecimento especializado do professor de Matemática mobilizado em uma disciplina de Prática de Ensino**. 2020. 116 f. Dissertação (Mestrado em Ensino de Ciências e Educação Matemática) – Universidade Estadual de Londrina, Londrina, 2020.

SANTOS, A. H. **Um estudo de escritas reflexivas de futuros professores de Matemática**. 2020. 77 f. Dissertação (Mestrado em Ensino de Ciências e Educação Matemática) – Universidade Estadual de Londrina, Londrina, 2020.

SILVA, A. J. N.; PASSOS, C. L. B. Querido diário: O que dizem as narrativas sobre a formação e a futura prática do professor que ensinará matemática nos Anos Iniciais. **Hipátia** - Revista Brasileira de História, Educação e Matemática, v. 1, n.1, p. 46-57, 2016.

SOARES, N. M. S., GARDIN, F. S., SANTOS, E. R. A escrita reflexiva na formação de professores de Matemática. **South American Journal of Basic Education, Technical and Technological**, v. 7, n.2, p. 950–958, 2020.

SOARES, N. M. S. **Tipos de Escrita Reflexiva de futuros professores de Matemática.** 2021. 86 f. Dissertação (Mestrado em Ensino de Ciências e Educação Matemática) – Universidade Estadual de Londrina, Londrina, 2021.

TEIXEIRA, B. R. **Registros escritos na formação inicial de professores de Matemática:** uma análise sobre a elaboração do Relatório de Estágio Supervisionado. 2009. 94 f. Dissertação (Mestrado em Ensino de Ciências e Educação Matemática) – Universidade Estadual de Londrina, Londrina, 2009.

TEIXEIRA, B. R.; CYRINO, M.C.C.T. A Comunicação Escrita na Formação Inicial de Professores de Matemática: potencialidades formativas da elaboração do Relatório de Estágio Supervisionado. **Acta Scientiae** (ULBRA), v. 12, n.1, p. 43-66, 2010.

Capítulo 10
TENDÊNCIAS E PERSPECTIVAS DA FORMAÇÃO INICIAL DE PROFESSORES DE CIÊNCIAS

Joseana Stecca Farezim Knapp
Universidade Federal da Grande Dourados – UFGD/MS
E-mail: joseanaknapp@ufgd.edu.br

Álvaro Lorencini Júnior
Universidade Estadual de Londrina – UEL/PR
E-mail: alvarojr@uel.br

Da racionalidade técnica à racionalidade crítica

A ideia básica do modelo de racionalidade técnica é que a prática profissional consiste na solução instrumental de problemas mediante a aplicação de um conhecimento teórico e técnico, previamente disponível, que precede da pesquisa científica (CONTRERAS, 2012, p. 101). O modelo da racionalidade técnica se apresenta na formação acadêmica de diversos profissionais e, ao pensar no professor oriundo desta perspectiva de formação, implica dizer que este terá o conhecimento teórico sobre o que irá ensinar e deverá deter o maior número de técnicas para aplicá-lo. Terá o perfil de um técnico, que deverá ter o conhecimento e os procedimentos didáticos criados por um especialista.

Evidencia-se aqui a hierarquia presente nesta concepção, em que um designa qual conteúdo deve ser ensinado e como se deve fazê-lo (especialista) e o outro aplica a melhor técnica para atingir o objetivo proposto (professor). Portanto, temos aqui um distanciamento entre o especialista e o professor, sendo que o especialista tem o status de investigador acima do professor que é um mero aplicador de normas e técnicas. Assim, o conhecimento é dado como algo a ser apreendido a partir de escolhas técnicas, como a aplicação, demonstração, experimentação, entre outras, que já são previamente dominadas pelo professor que serão reproduzidas aos seus alunos na forma de aulas.

Nesse sentido, o conhecimento pedagógico do professor é o de estabelecer quais os meios mais eficientes para que ocorra a aprendizagem dos alunos, a partir de técnicas ou estratégias de ensino advindos das pesquisas educativas. O professor não elabora essas técnicas, apenas as aplica; logo, a dependência do professor aos pesquisadores não é só "quanto ao conhecimento prévio que não elaboram, como também a sua finalidade" (CONTRERAS, 2012, p. 106).

Vale afirmar que no paradigma técnico, o professor não apresenta autonomia frente ao processo de ensino, cabe a ele seguir o programa e usar as técnicas previamente propostas pelos especialistas. A proposta da racionalidade técnica, como formação profissional, implica em uma concepção reprodutiva de ensino, em que os resultados ou produtos já estão definidos, e o currículo e o ensino são as atividades que serão dirigidas para alcançar esses produtos/resultados desejados (CONTRERAS, 2012). Ao assumir que a partir do currículo e do ensino se chegará a um produto desejado, essa perspectiva deixa de lado toda a singularidade presente no processo de ensino. A aplicabilidade dessas técnicas implica em perceber o espaço de ensino, como é o caso do contexto escolar como algo homogêneo, sem diferenças, único e restrito em que ao conhecer o conteúdo a ser ensinado e o melhor procedimento para transmiti-lo, ao fazê-lo o processo de aprendizagem se desencadeará.

Deste modo, as situações complexas que emergem da sala de aula não poderão ser compreendidas pelo professor, pois esse espaço é constituído em cenários singulares, imprevisíveis, imbricados de conflitos de valores, disputas, pressões e resistências, que exigem não somente um conhecimento técnico, mas, também, posturas éticas e políticas dos professores. O professor técnico é formado de modo que possa gerenciar teorias e técnicas para ensiná-las às classes escolares e não para pensar no coletivo em que irá atuar, no entanto, o professor deve identificar quais são os objetivos que busca alcançar e quais são as dificuldades para atingi-los, selecionar em seu repertório o tratamento que melhor se enquadra à situação e aplicá-lo. O que não se leva em consideração é que essas "dificuldades" para atingir os objetivos serão oriundas do contexto que essa classe se encontra, dos fatores singulares e complexos presentes nessas interações pessoais que irão ter implicação relevante no processo de aprendizagem.

Na busca por uma formação que amplie esse espectro é que surgem várias perspectivas práticas de formação. Uma delas sugere priorizar a ação prática percebendo o professor não mais como um técnico e sim, como um artesão, artista ou profissional clínico que tem que desenvolver sua sabedoria experiencial e sua criatividade para enfrentar as situações únicas, ambíguas, incertas e conflitantes que configuram a vida em sala de aula (PÉREZ-GÓMEZ, 1998, p. 363). Essa dimensão artesanal é apoiada no enfoque da prática, em que o conhecimento de como ensinar é construído ao longo dos anos por tentativa e erro, assim, esse conhecimento prático é tácito e idiossincrático, que é modulado e regulado pela própria prática educativa.

Com base nessa tendência formativa, Zeichner; Liston (1990) aponta que nessa perspectiva o futuro professor é concebido como recipiente passivo de conhecimento. Elliot (1986) traz uma visão muito próxima ao assinalar que essa formação é pautada numa prática não reflexiva e rotineira, limitada pelo espaço único de uma classe escolar, não sendo compartilhadas experiências e discussões com os demais colegas professores. Esse conhecimento profissional está impregnado de senso comum, de vícios da prática e obstáculos epistemológicos advindos da ideologia e cultura dominante, não dando espaço para pensar a diferença, nem o sujeito e sua condição social, como importantes pontos da constituição do professor. O novo profissional em exercício acaba por não ter apoio conceitual e teórico, tampouco espaços para reflexão compartilhada, reproduzindo, assim, modelos de suas experiências anteriores com seus professores ou de sua prática empírica, que vem acompanhada, muitas vezes, de preconceitos, equívocos e vícios ao invés de enriquecer, complementar e reafirmar sua prática profissional.

Tendo presente esse esvaziamento teórico proporcionado pela ênfase no conhecimento prático, é que o caráter de uma prática reflexiva emerge na formação de professores, amplia a discussão sobre quais professores se pretende formar e quais características serão configuradas nesse processo de formação. Pérez-Gómez (1998), ao introduzir sua discussão sobre o enfoque reflexivo da prática, chama a atenção para diferentes representações do novo papel do professor e do ensino frente aos antes impostos pela racionalidade técnica, tais como: o docente como investigador de sua aula (STENHOUSE, 1984), o ensino como arte (EISNER, 1985), o ensino como uma arte moral (TOM, 1984), o professor como profissional prático reflexivo (SCHÖN, 1983, 1987), "(...) apesar de apresentar matizes distintas e ênfases diferentes, em todas elas está subjacente o desejo de superar a relação linear e mecânica entre o conhecimento científico-técnico e a prática na aula" (PÉREZ-GÓMEZ, 1998, p. 365).

Portanto, uma nova racionalidade, agora como racionalidade da prática emerge dentro das circunstâncias em que o advento do cognitivismo vem superar a psicologia comportamental e a concepção que o contexto escolar não é mais homogêneo, mas sim, heterogêneo, diverso, conflituoso contraditório e ambíguo que uma racionalidade técnica de formação não dá conta de superar, haja visto que apenas uma teoria de ensino não é unívoca para resolver todos os problemas da prática educativa. O principal ponto em comum entre essas ideias é perceber que somente a prática por si só não dará conta da complexidade da sala de aula, pois essa é um ecossistema permeado de situações e sujeitos singulares que, apesar de estarem juntos no mesmo espaço – sala de aula – experienciam o cotidiano escolar, o processo de aprender, o significado do conhecimento a partir do contexto histórico e pessoal que estão inseridos, por isso a necessidade de realizar uma reflexão teórica e coletiva entre os professores e alunos envolvidos nesse processo.

A busca da superação da racionalidade técnica na formação de professores se deu a partir dos estudos de Schön (1983), que baseado em Dewey traz uma proposta de epistemologia da prática. O enfoque reflexivo da prática dado por Dewey (1850-1952) defende a prática do pensamento reflexivo, destacando que refletimos sobre um conjunto de coisas, quando pensamos sobre elas, mas o pensamento analítico só tem lugar quando há um problema real a resolver; ou seja, a capacidade para refletir emerge quando há o reconhecimento de um problema, de um dilema e a aceitação da incerteza. O pensamento crítico ou reflexivo tem subjacente uma avaliação contínua de crenças, de princípios e de hipóteses em face de um conjunto de dados e de possíveis interpretações desses dados.

Apoiado na teoria da indagação defendida por Dewey, Schön (1983) difunde o conceito de reflexão. Porém, seus estudos não são voltados para a formação de professores e sim de profissionais liberais como engenheiros e arquitetos. A reflexão pautada na perspectiva de Schön (1983, 2000) tem ao menos dois limites, um que parte da prática vivenciada ou a ser realizada e o segundo que a reflexão é um ato individual, não tendo um momento coletivo. Mesmo assim, no campo educacional, essa reflexão pode ser considerada como uma emancipação do professor, como alguém que decide e encontra prazer na aprendizagem e na investigação do processo de ensino e aprendizagem.

A perspectiva da epistemologia da prática reflexiva irá contrapor-se ao modelo tecnicista, conforme apontam Garrido, Pimenta e Moura (2000, p. 91-92):

> [...] o saber sobre o ensino não se daria antes do fazer, como estabelece o paradigma da racionalidade técnica: iniciar-se-ia pelo questionamento da prática, respaldado em conhecimentos teóricos; seria produto do entendimento dos problemas vivenciados e da criação de novas soluções visando à sua superação [...] Ele aprenderia a ser professor refletindo sobre sua prática, problematizando-a, distinguindo as dificuldades que ela coloca, pensando alternativas de solução, testando-as, procurando esclarecer as razões subjacentes a suas ações, observando as reações dos alunos, verificando como aprendem, procurando entender o significado das questões e das respostas que eles formularam.

Tendências que apontam as delimitações da formação docente

A ideia de profissional reflexivo defendida por Schön (1983) vai ao encontro de perceber como o profissional dá conta de resolver situações incertas e singulares durante sua atuação e que não são previstas em repertórios técnicos, o que ele chama de "conhecimento prático", como já mencionado anteriormente. Esse conhecimento está associado a outros conceitos que irão complementar e fundamentar o pensamento prático e serão os norteadores do modelo prático reflexivo de Schön (1983), a saber: "conhecimento-na-ação", "reflexão-na-ação", "reflexão-sobre-a-ação" e "reflexão-sobre-a-reflexão-na-ação".

Ao tomar o conhecimento profissional como algo tácito, implícito que não possibilita identificar o porquê se faz da maneira que se faz ou tampouco ter a consciência de como adquiriu esse conhecimento, simplesmente percebe-se fazendo. Nesse sentido "o conhecimento não se aplica na ação, mas está tacitamente personificado nela, por isso é um conhecimento na ação" (CONTRERAS, 2012, p. 119). Já em uma situação em que, surpreendidos por algo complexo, diferente do esperado, se pense no que fazer, inclusive se pense enquanto se está fazendo, a esse processo Schön (1983) chama de *reflexão-na-ação*. O processo ativo do professor, na busca de resolver os problemas que emergem da sala de aula, percebendo estes como situações vindas da singularidade dos indivíduos e das situações que estão imbricadas no contexto escolar, o torna um sujeito em movimento, que pensa sua prática como processo de constituição e pesquisa docente, diferente do que o modelo da racionalidade técnica concebe: que a prática profissional consiste na solução instrumental de problemas mediante a aplicação de um conhecimento teórico e técnico, previamente disponível, que procede da pesquisa científica (CONTRERAS, 2012, p.101).

A *reflexão-na-ação* ocorre quando o professor, em sala de aula, pensa sobre algo que lhe chama atenção guiando-se na intervenção pedagógica para ressignificar o que está fazendo no momento de sua prática. Geralmente esse gatilho será dado pela percepção do professor em sala de aula frente a uma situação inesperada, singular, que deve ter uma intervenção direta e rápida. Na ação, o professor apresenta respostas espontâneas que vão ao encontro dos conhecimentos que o constituíram como profissional, perpassando aspectos como estratégias, compreensão de fenômenos, formas de conceber uma tarefa ou problemas adequados às situações, entre outros.

A *reflexão-sobre-a-ação* ocorre quando o professor reflete sobre o processo feito, fora da sala de aula. Nesse momento a intervenção prática na sala de aula será revisitada mentalmente e o professor poderá analisá-la, constituindo um ato natural com uma nova percepção da ação.

O processo de *reflexão sobre a reflexão na ação* é caracterizado pela intenção de se produzir uma descrição verbal da *reflexão-na-ação*, e pode ser considerada como a análise que o indivíduo realiza a posteriori sobre as características e processos da sua própria ação. É a utilização do conhecimento para descrever, analisar e avaliar os vestígios deixados na memória por intervenções anteriores, transformando suas práticas futuras. Para Schön (1983), o processo de reflexão que o professor deve aproximar a docência da arte, ele a compreendendo como uma ação artística, um movimento que deve ser executado pensando nos sujeitos que irão participar, percebendo suas ações, sejam elas verbalizadas ou não, captando a individualidade presente no ambiente ímpar que é a sala de aula. Ao perceber esses indícios apresentados pelos alunos, tomá-los como pontos de *reflexão na ação* e, posterior a isso, refletir sobre essa reflexão tomada, colocando o professor em um movimento de crítica, aprofundamento e ressignificação de suas práticas, movimento esse negado no modelo anterior em que o docente técnico é o que assume a função de aplicação dos métodos e da conquista dos objetivos, e sua profissionalidade se identifica com a eficácia e eficiência nesta aplicação e conquista. Não faz parte de seu exercício profissional o questionamento das pretensões do ensino, mas tão somente seu cumprimento de forma eficaz (CONTRERAS, 2012, p. 113).

Na perspectiva técnica o professor não possui a liberdade de refletir sobre os processos de ensino que está ministrando, pois, sua função encontra-se engessada em técnicas pensadas por outros, com intuito de chegar a um objetivo único, também não escolhido pelo professor. Já na perspectiva da prática reflexiva, os conflitos emergidos na docência são percebidos como possibilidades de aprimorar, aprofundar, fundamentar e ampliar os conhecimentos tácitos da docência, não são considerados como problemas que devem ser enquadrados a um procedimento previamente teorizado e treinado como parte da formação inicial.

O que não podemos deixar de pontuar a respeito do processo reflexivo, que essa perspectiva apresenta para os professores frente a suas práticas, é a necessidade de o profissional reflexivo manter-se vigilante e alerta à sua prática, pois por mais que algumas situações pareçam muito semelhantes a outras já refletidas, o processo de *reflexão na e sobre a ação* deve ser constante, pois sempre haverá diferenças, mesmo que sutis, a serem refletidas e teorizadas.

Nesse sentido, Pérez-Gómez (1998) aponta que quando a prática se torna repetitiva e rotineira o conhecimento na ação se faz mais mecânico, inconsciente e tácito, de tal modo que: "o profissional corre o risco de reproduzir automaticamente sua aparente competência prática e perder valiosas e necessárias oportunidades de aprendizagem ao refletir na e sobre a ação" (PÉREZ-GÓMEZ, 1998, p. 371), o que torna sua ação fossilizada, empobrecendo seu conhecimento prático. Apesar das proposições de Schön (1983) para a formação de profissionais reflexivos, ele irá sofrer críticas a respeito dessa epistemologia, porém nenhum desses autores nega a relevância de suas preposições frente à busca de superação do paradigma da racionalidade técnica. Diversos autores pontuam como sendo fator limitante da preposição de Schön, o fato que o movimento individual de reflexão implica em uma falta de perspectiva de reflexão para uma reconstrução ampla da sociedade (ZEICHNER; LISTON

1990; GIROUX,1997; SACRISTÁN, 1998; PÉREZ-GÓMEZ,1998; CONTRERAS, 2012)

Ao referir-se a essa reflexão individual do professor, Smyth (1992) destaca a iminência de culpar o professor pelos insucessos no ensino, que vão além da prática, pois perpassam questões sociais, econômicas e políticas que acabam influenciando o processo educacional. Muitas das críticas a Schön vão nesse sentido, a iminência de lançar sobre o indivíduo professor responsabilidades que não são só suas. Os limites apontados por Liston e Zeichner (1991), que encontramos em Contreras (2012), destacam que a reflexão proposta por Schön é reducionista e estreita, pois parte de "profissionais que se envolvem individualmente em práticas reflexivas, que têm apenas o objetivo de modificar de forma imediata o que está em suas mãos" (CONTRERAS, 2012, p. 153). Nesse sentido, Zeichner (2008) avança a perspectiva reflexiva, não tratando exclusivamente da prática individual de um professor e, sim em um sentido de pesquisa-ação e no coletivo de professores.

Facci (2008) destaca que enquanto Schön percebe o professor como um profissional prático reflexivo, Zeichner trata-o como investigador, e ao utilizar a pesquisa-ação, que se compõe em quatro fases: planejar, agir, observar e refletir, os participantes desenvolvem a pesquisa em conjunto, professores, pesquisadores e acadêmicos, não havendo uma dicotomia entre o que produz conhecimento e o que aplica.

Outro fator de críticas ao *ensino reflexivo* se refere ao esvaziamento desse conceito, pois após a divulgação dos estudos de Schön em 1983 e sua ampla divulgação a partir da década de 1990, esse termo passou a ser utilizado indiscriminadamente em toda a literatura educacional. Nesse sentido, Zeichner (2008, p. 538) destaca que: *o ensino reflexivo* tornou-se rapidamente um slogan adotado por formadores de professores das mais diferentes perspectivas políticas e ideológicas para justificar o que faziam em seus programas e depois de algum tempo ele passou a perder qualquer significado específico.

Reiterando essa ideia, Pimenta e Ghedin (2006) irão apontar que algumas vezes o sentido da reflexão, que está empregado no discurso da educação, está mais próximo de um adjetivo, reflexão como atributo dos humanos, do que como conceito procedente de uma epistemologia reflexiva que possui uma "gênese contextualizada desse movimento". Assim, o uso da reflexão como "modismo ou slogan" faz com que o termo esteja dominando o pensamento pedagógico, sem apresentar a fundamentação teórica, política e epistemológica que permeia essa reflexão.

A aceitação que o termo reflexivo traz no meio acadêmico gera uma sensação de conforto ao professor ao se assumir reflexivo, pois tem "a aparência de modernidade e autonomia do professor" (SMYTH, 1992 apud CONTRERAS, 2012, p. 152). Porém, em uma análise mais fria dessa reflexão, pode gerar uma culpa ainda maior ao professor pelos insucessos no ensino que perpassam questões sociais, políticas, estruturais e pedagógicas. Ao tomar a reflexão como um processo individual e solitário recai sobre o professor e sua prática a responsabilidade de solucionar a problemática educacional. Individualizar o problema da qualidade [...] das escolas deixando que cada professor reflita individualmente sobre sua prática passar-lhe um instrumento que muitas vezes se voltará contra eles na busca desesperada do que é ou vai mal no ensino. Rotulando o problema dessa maneira (isto é, a necessidade de que os docentes sejam mais reflexivos em sua prática) estamos isolando--os de forma elegante. Retratar os problemas enfrentados nas escolas como se fossem, em alguma medida, causados por uma falta de competência por parte dos docentes e das escolas, e como se pudessem ser resolvidos por indivíduos (ou grupos de professores), éb desviar de forma eficaz a atenção dos problemas estruturais reais que estão profundamente incrustados nas desigualdades sociais, econômicas e políticas (SMITH, 1992, p. 287 apud CONTRERAS, 2012, p. 152).

Perspectivas que apontam possibilidades da formação docente

Existe uma necessidade de superação da visão reducionista da reflexão, ampliar a percepção de quem reflete sobre o que realmente é necessário refletir, e como fazê-lo, que possibilite ao professor nesse processo reflexivo perceber as implicações políticas, sociais e econômicas que influenciam seu fazer docente, ampliando sua crítica além da sua sala de aula. É importante que a formação reflexiva seja percebida como um movimento coletivo que envolva não só os professores, mas que amplie sua percepção além da sua sala de aula para a comunidade e assim chegue à sociedade em geral, conforme aponta Liston e Zeichner (1991, p. 81):

[...] a prática reflexiva competente pressupõe uma situação institucional que leva a uma orientação reflexiva e a uma definição de papéis, que valorize a reflexão e a ação coletivas orientadas para alterar não só as interações dentro da sala de aula e na escola, mas também entre a escola e a comunidade imediata e entre a escola e as estruturas sociais mais amplas.

Esses autores ainda complementam que Schön não ignorava o componente institucional na prática do professor, porém afirmam que seus estudos não estavam tentando propor um processo de mudança institucional ou social, mas centrados nas práticas individuais. Schön (1983) apresenta sua preocupação com a reflexão na prática cotidiana do professor, visando resolver problemas complexos que emergem do âmbito da sala de aula, levando o professor a um caminho solitário de reflexão, em que muitas vezes pode acabar se esvaziando dentro de uma prática intuitiva e pouco aprofundada teoricamente. Desse modo, Zeichner (2008) mostra a necessidade de perceber o professor como investigador, e que sua investigação deve ser feita no movimento de pesquisa-ação, em um sistema coletivo e crítico entre professores e pesquisadores. Porém, o caráter coletivo da reflexão não assegura que este movimento levará em consideração o contexto sócio-histórico que é desenvolvido na prática do professor ao refletir em que condições políticas, sociais e econômicas se desenvolve a sua docência e quais pressões sofre ao fazê-la, para assim poder posicionar-se e levar a mudança social almejada.

Analisando a perspectiva para a formação de professores, Zeichner; Liston (1990), se apoia na tradição desenvolvimentista e da reconstrução social, pois acredita que os professores devem orientar o ensino a partir da cultura dos seus alunos, que o autor identificou cinco concepções que embasam os cursos de formação de professores: Acadêmica, Eficiência Social, Desenvolvimentista, Reconstrução Social e Genérica, a saber: 1) Acadêmica: na qual o importante é ensinar conteúdos curriculares e os professores são encarados como acadêmicos e especialistas das matérias de estudo; 2) Eficiência Social: é desenvolvida com base nas competências e no desempenho (eficiência/behaviorismo) e alicerça a formação em dados resultantes das investigações sobre o ato de ensinar; 3) Desenvolvimentista: a ênfase está nos processos de desenvolvimento e aprendizagem, relaciona teorias construtivistas; 4) Reconstrução social: enfoca a necessidade de uma reflexão crítica que se centre na análise das condições éticas e políticas da escola; e, finalmente, 5) Genérica: há a defesa do *ensino reflexivo*, sem ênfase sobre qual deve ser o tema da reflexão, professor tem a função de ajudar o aluno na construção do conhecimento e não transmiti-lo. No que tange à reconstrução social, sua preocupação é levar as simplificações políticas e sociais das ações do professor no âmbito de seu trabalho, e que este tenha ciência de sua responsabilidade social.

Ainda nesse movimento de reflexão coletiva Alarcão (2010) apresenta o conceito de "escola reflexiva" ancorada nos preceitos da reflexão-pesquisa--ação. Sua proposta vai ao encontro de uma transposição do nível de "formação dos professores, individualmente, para o nível de formação situada no coletivo dos professores no contexto da sua escola" (p. 41). Essa perspectiva crítica de reflexão se difere da apresentada por Zeichner; Liston (1990), que apesar de ter viés político não apresenta uma crítica ao paradigma tecnicista pautado na perspectiva positivista de ciência. Pimenta (2006) contextualiza e critica a proposta de "escola reflexiva" ao apresentar as preocupações temáticas e a história da formação de professor no Brasil e traçar uma síntese sobre a questão na escola: a valorização da escola e de seus profissionais nos processos de democratização da sociedade brasileira; a contribuição do saber escolar na formação da cidadania; sua apropriação como processo de maior igualdade social e inserção crítica no mundo; a organização da escola, os currículos, os espaços e os tempos de ensinar e aprender; o projeto político e pedagógico; a democratização interna da escola; o trabalho coletivo; as condições de trabalho e de estudo (de reflexão), de planejamento, a jornada remunerada, os salários, a importância dos professores neste processo, as responsabilidades da universidade, dos sindicatos, dos governos neste processo; a escola como espaço de formação contínua; os alunos (Quem são? De onde vêm? O que querem da escola?); e dos professores (Quem são? Como se veem na profissão? Da profissão: profissão?)

Ao corroborar com Alarcão (2010), Pimenta (2006) traz as inquietações do processo de formação docente brasileira, sua preocupação no que tange aos indivíduos e sua realidade social, tanto dos professores quanto dos alunos, as condições reais de desvalorização dos professores e o sucateamento dos espaços educacionais, bem como as questões governamentais, políticas e econômicas que permeiam o espaço da escola. Na efetivação dessa proposta, Alarcão (2010) apresenta contextos formativos permeados por um triplo diálogo:

consigo próprio, com os outros, entre eles os que construíram os conhecimentos que são referências e com a própria situação. Sendo assim, compreendemos um diálogo entre o eu, o outro, a teoria e o meio, todos permeados pelo contexto social que os constituiu. Alarcão (2010) afirma que professores, escola e sua teoria buscam formar, ao assegurar que: queremos que os professores sejam seres pensantes, intelectuais, capazes de gerir a sua ação profissional. Queremos também que a escola se questione a si própria, como motor do seu desenvolvimento institucional. Na escola e nos professores e a constante atitude de reflexão manterá presente a importante questão da função que os professores e a escola desempenham na sociedade e ajudará a equacionar e resolver dilemas e problemas (ALARCÃO, 2010, p. 46).

Para que se constituam esses sujeitos-professores e essa escola-orgânica é importante o processo pesquisa-formação-ação, que parte de três construções teóricas, pontuadas por Alarcão (2010, p. 47), a saber: "pesquisa--ação; aprendizagem experiencial e abordagem reflexiva". Essa tríade irá se articular em um espiral reflexivo16 que parte de um problema que emerge na sala de aula e passa a ser observado em seus amplos aspectos, buscando elucidar os mecanismos que o geraram, perpassando a esfera social e política que gerou esse problema, após inicia-se o processo de reflexão, em seguida a caracterização feita na observação iniciará o processo de conceptualização, depois ocorre a planificação do problema e, posteriormente, a ação. Todo esse movimento, Alarcão chama de metarreflexão estruturante, ampliando as ideias de Kolb (1984) e Schön (1983).

Parece pertinente pontuar as ideias de Carr e Kemmis (1988) que vão fazer o contraponto ao positivismo, na busca de romper com a perspectiva técnica de formação, tomando a formação como um processo de emancipação dos professores a partir do reconhecimento de suas necessidades formativas, e a realização de parcerias colaborativas com professores formadores, para assim poder refletir. Podemos considerar que há processos reflexivos, o quais se baseiam na: *reflexão para a ação* (aquela que se faz quando o professor planeja as suas ações futuras) e *reflexão sobre e na ação* (que possibilita, as *reflexões para a ação* implementarem um desenvolvimento profissional docente).

A reflexão coletiva e compartilhada parece ser o melhor caminho para que esse esvaziamento da prática de reflexão não ocorra. Para que isso se efetive é necessária uma formação que possibilite ao futuro professor espaços para essas discussões e reflexões, tornando-o pesquisador de sua própria prática. Essas premissas de reflexão e pesquisa da própria prática devem ser constituintes da atividade docente, o que possibilita desenvolvimento profissional e melhoria da prática pedagógica dos professores (SCHÖN, 1983; NÓVOA, 1992). Dentro da formação inicial Silva e Schnetzler (2000) propõem que os professores universitários estabeleçam parcerias com os professores da educação básica para que os professores em formação (licenciandos) sejam "introduzidos na investigação didática e no processo contínuo de seu desenvolvimento profissional" (SILVA; SCHNETZLER, 2000, p. 44). As autoras também chamam a atenção para que nessa parceria se dê espaço para que possam emergir as teorias práticas dos professores da escola, e que essas sejam discutidas e refletidas criticamente configurando, assim, também formação continuada desses professores. Vale destacar que aqui essa reflexão proposta por Silva e Schnetzler (2000) parte da perspectiva que a sala de aula é o ponto de partida e de chegada e que tal reflexão seja realizada no contexto onde a prática pedagógica se efetiva, isto é, na escola.

A respeito dessas parcerias colaborativas, Maldaner (2006) aponta algumas condições para que essa se efetive entre universidade e escolas, sendo elas: i) que haja professores disponíveis e motivados para iniciar um trabalho reflexivo conjunto e dispostos a conquistar o tempo e local adequado para fazê-lo; ii) que a produção científico-pedagógica se dê sobre a atividade dos professores, mediante reflexão sobre as suas práticas e seu conhecimento na ação, sendo as teorias pedagógicas a referência e não o fim; iii) que os meios e os fins sejam definidos e redefinidos constantemente no processo e dentro do grupo; iv) que haja compromisso de cada membro com o grupo; v) que a pesquisa do professor sobre a sua atividade se torne, com o tempo, parte integrante de sua atividade profissional e se justifique primeiro para dentro do contexto da situação e, secundariamente, para outras esferas; vi) que se discuta o ensino, a aprendizagem, o ensinar, e o aprender da Ciência, ou outras áreas do conhecimento humano, que cabe à escola proporcionar aos alunos sempre referenciando às teorias e concepções recomendadas pelos avanços da ciência pedagógica comprometida com os atores do processo escolar e não com as políticas educacionais exógenas; vii) que os professores universitários envolvidos tenham experiência com os problemas concretos das escolas e consigam atuar dentro do componente curricular, objeto de mudança que pode ser interdisciplinar ou de disciplina única (MALDANER, 2006, p. 10).

Esses preceitos apontados por Maldaner (2006) foram utilizados em diferentes pesquisas que tratam da formação inicial e continuada de professores e a nosso ver asseguram o rompimento com o modelo tradicional de formação de professores, traz preceitos primordiais para trabalhos coletivos de cunho crítico e reflexivo, ampliando os conceitos de pesquisa da ação docente. Assim, imbricados nessa discussão, consideramos ser importante a reflexão compartilhada dentro da formação inicial, em que por meio de professores formadores motivados proporcionem reflexões coletivas com os professores em formação, através de um currículo que assegure o tempo necessário para a criação desses espaços ao longo do curso, que as discussões proporcionadas na formação inicial sejam pautadas na realidade vivenciada nos espaços escolares e que busquem romper com a visão simplista de docência possibilitando a constituição de um professor mais autônomo, crítico, reflexivo e coerente com a realidade escolar na qual estão inseridos.

Considerações finais

Apresentamos os entraves que perpassam a tentativa de ruptura dos preceitos positivistas da racionalidade técnica. Apontamos o caminho reflexivo como sendo uma racionalidade que pode propiciar que essa quebra se efetive, mas lançamos mão ao longo da discussão de importantes referenciais que irão alertar para a necessidade de uma reflexão crítica, não como um slogan ou apoiada apenas no âmbito político do processo de reflexão, mas um movimento de reflexão que leve em conta a realidade social em que se encontram os sujeitos envolvidos, perpassando por esferas econômicas, históricas, sociais, políticas, epistemológicas e que discutam criticamente através de parceria colaborativa imbricada no processo de constituição docente.

Essas premissas apresentadas mostram um movimento de abertura para a ruptura de concepções anteriores ligadas à perspectiva de formação técnica dos professores e possibilitam vislumbrar um ambiente mais plural para pensar na formação desse profissional. Porém, como lembra Nóvoa (1999, p. 31): "o projeto de uma autonomia profissional, exigente e responsável, pode recriar a profissão professor e preparar um novo ciclo na história".

Referências

ALARCÃO, I. *Professores reflexivos em uma escola reflexiva.* 7. ed. São Paulo: Cortez, 2010.

CARR, W.; KEMMIS, S. *Teoría crítica de la enseñanza: investigación-acción en la formación del profesorado.* Barcelona: Martinez Roca, 1988.

CONTRERAS, J. *A autonomia de professores.* São Paulo: Cortez, 2012.

EISNER, E. *Learning and teaching the ways of knowing.* Chicago: University of Chicago Press, 1985.

ELLIOT, J. Teacher evaluation and teaching as a moral science. In: HOLLY, M. (Org.). *Perspectives on teacher professional development.* Barcombe/Lewes, 1986. p. 237-259.

FACCI, M. G. D. *Valorização ou esvaziamento do trabalho do professor? Um estudo crítico comparativo da teoria do professor reflexivo, do construtivismo e da psicologia vigotskiana.* Campinas: Autores Associados, 2008.

GARRIDO, E.; PIMENTA, S. G; MOURA, M. Pesquisa colaborativa na escola como abordagem facilitadora do desenvolvimento da profissão professores. In. MARIN, A. J. (Org.) *Formação continuada.* Campinas: Papirus, 2000, p. 89-112.

GIROUX, H. A. *Os professores como intelectuais: rumo a uma pedagogia crítica da aprendizagem.* Tradução de Daniel Bueno. Porto Alegre: Artes Médicas, 1997.

KOLB, D. *Experiential learning: experience as the source for learning and development.* Englewood Cliffs, N. J.: Prentice-Hall, 1984.

LISTON, D. P.; ZEICHNER, K. *Teacher education and the social conditions of schooling.* New York: Routledge, 1991.

MALDANER, O. A. *A formação inicial e continuada de professores de química – professores/pesquisadores.* Coleção Educação em Química. Ijuí: Unijuí, 2006.

NÓVOA, A. Formar professores como profissionais reflexivos. In: NÓVOA, A. (Coord.). *Os professores e a sua formação.* Lisboa: Publicações Dom Quixote, 1992.

PÉREZ-GÓMEZ, A. I. A função do professor/a no ensino para a compreensão: diferentes perspectivas. In: SACRISTÁN, J. G.; PÉREZ-GÓMEZ, A. I. *Compreender e transformar o ensino.* Tradução de Ernani F. da Fonseca Rosa. Porto Alegre, ARTMED, 1998. p. 353-380.

PIMENTA, S. Professor Reflexivo: construindo uma crítica. In: PIMENTA, S. G.; GHEDIN, E. (Org.). *Professor reflexivo no Brasil: gênese e crítica de um conceito*. São Paulo: Cortez, 2006. p. 17-52.

PIMENTA, S. G.; GHEDIN, E. (Org.). *Professor reflexivo no Brasil: gênese e crítica de um conceito*. São Paulo: Cortez, 2006.

SACRISTÁN, J. G. O currículo: os conteúdos do ensino ou uma análise prática? In: SACRISTÁN, J. G.; PÉREZ-GÓMEZ, A. I. *Compreender e transformar o ensino*. Tradução de Ernani F. da Fonseca Rosa. Porto Alegre: ARTMED, 1998a.

SCHÖN, D. *Educando o profissional reflexivo: um novo design para o ensino e a aprendizagem*. Porto Alegre: Artes Médicas, 2000.

SCHÖN, D. *Educating the reflective practitioner; Donald Schön's presentation to the 1987 meeting of the American Educational Research Association*. Washington, DC, 1987.

SCHÖN, D. A. *The reflective practitioner*. New York: Basic Books, 1983.

SILVA, L. H. A.; SCHNETZLER, R. P. Buscando o caminho do meio: a "sala de espelhos" na construção de parcerias entre professores e formadores de professores de ciências. *Ciência & Educação*, Bauru, v. 6, n. 1, p. 43-54, 2000.

STENHOUSE, L. *Investigación y desarrollo del curriculum*. Madrid: Ediciones Morata, 1984.

TOM, A. *Teaching as a moral craft*. New York: Longman, 1984.

ZEICHNER, K. M. Uma análise crítica sobre a "reflexão" como conceito estruturante na formação docente. *Educação & Sociedade*, Campinas, vol. 29, n. 103, p. 535-554, maio/ago. 2008

ZEICHNER, K. M; LISTON, D. P. Traditions of reform in U. S. teacher education. *The National Center for Research on Teacher Education Journal*, 1990.

Capítulo 11
UMA PROPOSTA DE UNIDADE DIDÁTICA PARA O ENSINO DA FÍSICA DE PLASMAS NA FORMAÇÃO INICIAL DE PROFESSORES

Lígia Ayumi Kikuchi
Universidade Estadual de Londrina
Email: ligia.akikuchi@gmail.com

Irinéa de Lourdes Batista
Universidade Estadual de Londrina
Email: irinea2009@gmail.com

Introdução

Nossa sociedade está repleta de desenvolvimentos científicos e tecnológicos, aparelhos eletrônicos, sistemas de controle, computação quântica, etc. Além disso, a Indústria 4.0 está revolucionando a maneira como são produzidos os bens nas linhas de produção por meio de tecnologias empregadas nos processos produtivos. Apesar de há mais de um século nossa sociedade estar vivendo esses desenvolvimentos em nosso cotidiano, cujos fenômenos estão relacionados com a Física Moderna e Contemporânea (FMC), o ensino de Física nas escolas ainda continua com ênfase na Física Clássica, mantendo-se afastado de ideias revolucionárias que mudaram a Física no século XX (Monteiro, Nardi & Bastos Filho, 2009; Ostermann, Ferreira & Cavalcanti, 1998; Ostermann & Moreira, 2000a, 2000b; Terrazan, 1992). Nesse sentido, para que a Educação Científica acompanhe esse desenvolvimento do conhecimento científico contemporâneo, existem proposições, tanto nacional quanto internacionalmente, da necessidade da introdução do ensino de tópicos de FMC nas aulas para o Ensino Médio.

A Física de Plasmas é um dos temas relacionados com a Física Moderna e Contemporânea que, apesar de cotidianamente estar relacionado com fenômenos naturais como, por exemplo, as auroras, austral e boreal, fogo, relâmpago, usualmente não são ensinados nas aulas de Física, nem da Educação Básica, nem do Ensino Superior em Física, seja nas Licenciaturas ou nos Bacharelados. Kikuchi (2016), por meio de uma investigação nos currículos de cursos de Licenciatura em Física, evidenciou pouca ocorrência dessa temática na formação inicial de professores.

Com relação à Educação Básica, esse assunto não aparece explicitamente na Base Nacional Comum Curricular (BNCC) (Brasil, 2018), mas podemos relacioná-la com as unidades temáticas "Matéria e Energia" e "Vida, Terra e Cosmos". Além dos fenômenos naturais diretamente observáveis, o estado de plasma também pode ser encontrado em tecnologias atuais como lâmpadas fluorescentes, *tokamak* (equipamento para obtenção de fusão termonuclear), telas de plasma em televisores. Ou seja, esse tema se mostra relevante para a fronteira C&T (Ciência & Tecnologia).

Ainda no que tange à Educação na era da tecnologia da informação e comunicação, salientamos que, para que a temática de Física de Plasmas seja adequadamente ensinada na Educação Básica, é preciso pensar na formação de professores, não somente em relação ao conteúdo de FMC. É necessário, também, desenvolver recursos didáticos, buscando por abordagens metodológicas capazes de apresentar esses conteúdos de maneira dinâmica e contextualizada, para que o assunto não seja desconexo aos alunos, e para que o professor se sinta capaz de ensinar tópicos de tal conteúdo em sala de aula.

As pesquisas em Ensino de Ciências ressaltam a relevância da utilização de novas abordagens metodológicas que atendam à necessidade da Ciência de se tornar cada vez mais próxima e significativa aos alunos. Tais pesquisas abordam benefícios que a utilização da História da Ciência pode oferecer para o Ensino de Ciências, bem como seu caráter explicativo (Batista, 2004; Martins, 1990; Matthews, 1995; Peduzzi, 2001; Batista & Araman, 2009). Uma abordagem didática com base na História da Ciência, de acordo com a literatura científica da área, pode fornecer modos de contextualização para a aprendizagem de temas relevantes de Natureza da Ciência, que é fundamental para a construção do repertório de saberes de docentes de Física (Batista, 2004, 2009, 2016).

Com base nesse contexto e nos argumentos acima expostos, apresenta-se uma investigação teórico-metodológica a respeito da elaboração de uma

Unidade Didática da Física de Plasmas em formação inicial docente, com base na História da Ciência, na Aprendizagem Significativa, nos Momentos Pedagógicos e na Didática das Ciências, para a Licenciatura em Física.

Saberes docentes

Dentre as pesquisas de saberes docentes, destaca-se a síntese realizada por Tardif (2007), na qual o saber[1] de professores está relacionado com a pessoa e a sua identidade, com sua experiência de vida e sua história profissional, com suas relações com os estudantes em sala de aula e com os outros atores escolares. Esse autor se refere ao saber docente como um saber plural, conforme exporemos a seguir.

Saberes da formação profissional: conjunto de saberes obtido por meio de instituições de formação de professores. Englobam os saberes das Ciências da Educação e os saberes pedagógicos. Os saberes das Ciências da Educação são destinados à formação científica dos professores. Os saberes pedagógicos provêm de reflexões da prática educativa, reflexões racionais e normativas que conduzem a sistemas de representação e de orientação da atividade educativa. Esses saberes podem ser aprimorados por meio de uma Unidade Didática uma vez que professores-estudantes têm um contato com uma abordagem didática elaborada com base teórico-metodológica na Didática das Ciências.

Saberes disciplinares: saberes integrados à prática docente por meio da formação dos professores nas diversas disciplinas ofertadas pelas instituições universitárias por meio do ensino de conteúdos disciplinares. São obtidos por meio de cursos e departamentos universitários independentes, das faculdades de educação e de cursos de formação de professores, como por exemplo, nesta pesquisa, o conteúdo de Física de Plasmas.

Saberes curriculares: saberes que correspondem aos discursos, objetivos, conteúdos e métodos, a partir dos quais a instituição escolar categoriza, programa e apresenta os saberes sociais por ela definidos. Durante a Unidade Didática aqui proposta, esses saberes podem ser mobilizados no momento de discussão de como o assunto de Física de Plasmas poderia chegar às aulas do Ensino Médio, em que séries o assunto seria mais bem encaixado e quais

---

1 Utilizamos a expressão "saber" como aquele construído pelo professor, diferenciando de "conhecimento", sendo este compartilhado entre pesquisadores em uma comunidade científica.

conteúdos específicos deveriam ser levados para a Educação Básica (conceitos fundamentais).

Saberes experienciais (ou práticos): conjunto de saberes desenvolvido pelos professores durante o exercício de suas funções e na prática de sua profissão, baseado em seu trabalho cotidiano e no conhecimento de seu meio. Formam um conjunto de representações a partir das quais os professores interpretam, compreendem e orientam sua profissão e sua prática cotidiana em todas as suas dimensões. A vivência de professores-estudantes com diferentes atividades (dinâmicas em grupo, mapas conceituais, apresentação de seminários, atividades com base na História da Ciência) fornece a esses futuros professores estratégias que podem ser incorporadas em sua prática docente, aprimorando tais saberes.

De acordo com a literatura científica da área, uma abordagem didática com base na História da Ciência pode fornecer modos de contextualização para a aprendizagem de temas relevantes de Natureza da Ciência, que é fundamental para a construção do repertório de saberes de docentes de Física (Batista, 2009, 2016).

HISTÓRIA DA CIÊNCIA NO ENSINO DE CIÊNCIAS E NA FORMAÇÃO DE PROFESSORES

Na literatura da área, são apresentados argumentos a respeito do papel da História da Ciência, como por exemplo, a compreensão do processo de construção do conhecimento, por meio de estudos de aspectos sociais, humanos e culturais, mostrando que a Ciência é mutável e inovadora, sujeita a transformações. (Martins, 1990; Peduzzi, 2001; Batista, 2004, 2009). Ou seja, podemos afirmar que a História da Ciência pode contribuir para uma imagem mais coerente de Ciência. Além disso, a História da Ciência pode facilitar a compreensão de um determinado conceito científico por meio do estudo de seu desenvolvimento e aperfeiçoamento (Batista, 2004; Martins, 1990; Matthews, 1995; Peduzzi, 2001). Autores como Matthews (1995), Peduzzi (2001) e Batista (2004) também apresentam a possibilidade de uma formação crítica do estudante por meio de estudos com base na História da Ciência.

Segundo Batista (2016), pesquisas têm indicado a relevância da utilização da História e Filosofia da Ciência (HFC), tanto para a formação para a pesquisa quanto para a formação docente. Quanto à formação para a pesquisa, o enfoque em HFC auxilia no preparo para: realizar pesquisa científica criativa, compreender metodologia e planejamento científicos, reconhecer temas originais de estudos, entender a estrutura e a dinâmica da comunidade científica etc. No que diz respeito à formação para a docência, para Batista (2009), a inserção de enfoques, elementos e materiais didáticos com fundamentação histórico-filosófica, deve sofrer adaptações e transformações pedagógicas (programática, didática e metodológica) para aplicação em sala de aula.

Batista (2016) também destaca que uma abordagem histórico-filosófica no Ensino de Ciências, como um instrumento para a transformação da prática docente, pode colaborar na construção de conhecimento docente e escolar. No entanto, é preciso ter cautela ao trabalhar com a História da Ciência no ensino. Martins (1990) já apresentava três exemplos negativos de uso da História da Ciência no ensino, quais sejam, Cronologia, Anedótico (sejam reais ou inventadas), e argumento de autoridade por persuasão e/ou intimidação.

Embora exista uma ampla literatura estimulando o uso de HFC no Ensino de Ciências, bem como propostas curriculares que enfatizam essa orientação, ainda existe uma escassez de pesquisas de natureza empírica e de propostas de intervenções didáticas orientadas por História e Filosofia da Ciência (HFC), tanto em âmbito nacional (Teixeira, Greca & Freire Jr., 2012a) quanto internacional (Teixeira, Greca & Freire Jr., 2012b). Desse modo, diante dos benefícios que a História da Ciência pode proporcionar ao Ensino de Ciências e, portanto, também para a formação de professores, assumimos como pertinente a apresentação do processo de desenvolvimento de uma Unidade Didática que proporcionasse um ensino de FMC a partir de uma abordagem histórica baseada no que Batista (2016) identificou como composição histórica, no nosso caso, uma construção textual (KIKUCHI, 2020) que reúne elementos históricos, historiográficos e científicos fidedignos para a inteligibilidade de um tema científico escolhido com vistas a um papel pedagógico e à disseminação de conhecimentos históricos.

FUNDAMENTOS CIENTÍFICOS DA UNIDADE DIDÁTICA

O termo unidade didática é utilizado, segundo Zabala (1998), para referir às sequências de atividades estruturadas para a realização de objetivos educacionais determinados que devem ser complexas para que provoquem um processo de elaboração e construção pessoal do conceito.

As atividades iniciais, de acordo com Zabala (1998), têm como uma das funções prioritárias evidenciar os conhecimentos prévios. É necessária a manifestação dos estudantes que se encontram em uma situação cognitiva mais desfavorável. Isso evita cair na fácil ilusão de acreditar que as respostas dadas espontaneamente por parte dos estudantes correspondem ao conhecimento de todos e de cada um deles. Logo, o papel fundamental dos docentes, nessa etapa, consiste em incentivar a participação.

Uma atividade que propõe uma situação problemática, segundo Zabala (1998), pode promover a atividade mental necessária para a construção do conceito. Um conceito ou princípio faz parte do conhecimento quando uma pessoa sabe utilizá-lo para a interpretação, compreensão ou exposição de um fenômeno ou situação; quando ela é capaz de situar os fatos, objetos ou situações concretas naquele conceito que os inclui.

Para esse autor, o objeto da avaliação se situa no processo de ensino e de aprendizagem, tanto da classe como de cada um dos estudantes. A avaliação, portanto, tem como finalidade ser um instrumento educativo que informa e faz uma valoração do processo de aprendizagem com o objetivo de oportunizar as propostas educacionais mais adequadas a aprendizes (Zabala, 1998).

Consideramos necessária, também, uma teorização em aprendizagem que dê suporte para a elaboração da Unidade Didática. Por isso, tomamos como base a Teoria da Aprendizagem Significativa (Ausubel, Novak & Hanesian, 1980), e os Momentos Pedagógicos (Delizoicov & Angotti, 1990; Delizoicov, Angotti & Pernambuco, 2012), para fundamentar as organizações e o processo, como um todo, da Unidade Didática.

Aprendizagem Significativa

A essência do processo de Aprendizagem Significativa, segundo Ausubel, Novak e Hanesian (1980), é que ideias são relacionadas às informações previamente adquiridas por aprendizes por meio de uma relação não arbitrária e substantiva (não literal), ou seja, essas ideias são relacionadas a algum aspecto relevante existente na estrutura cognitiva da/o aprendiz. Essas informações já presentes em sua estrutura cognitiva são chamadas subsunçores, que servem de apoio para a aprendizagem de uma nova informação.

Dessa maneira, uma vez que estudantes trazem para a sala de aula seus conhecimentos prévios ou sua cultura, é necessário, de acordo com a teoria da Aprendizagem Significativa, tomar como base o que seus saberes prévios. Portanto, um primeiro passo da Unidade Didática foi realizar um levantamento para sondagem dos subsunçores, pontos de partida para a Aprendizagem Significativa.

Além disso, um material de aprendizagem significativo também deve relacionar-se de maneira não arbitrária e substantiva às ideias relevantes e inerentes à capacidade humana (Ausubel, Novak & Hanesian, 1980). Desse modo, para a obtenção de evidências dessa aprendizagem, é necessária uma aplicação de testes de maneira nova e não familiar, que requeiram máxima transformação do conhecimento adquirido. Assim, durante a Unidade Didática proposta sugere-se a utilização de diferentes atividades (dinâmicas de grupo, mapas conceituais, seminários, etc.) para os novos conceitos a aprender.

A Aprendizagem Significativa é progressiva, isto é, os significados vão sendo captados e internalizados progressivamente e nesse processo a linguagem e a interação pessoal são relevantes. A diferenciação progressiva, a reconciliação integradora, a organização sequencial e a consolidação são princípios programáticos facilitadores da Aprendizagem Significativa. Novak e Gowin (1984) apresentam uma visão humanista à Aprendizagem Significativa, propondo uma integração construtiva entre pensamentos, sentimentos e ações que conduz ao engrandecimento humano. Nessa perspectiva, quando a aprendizagem é significativa, o aprendiz se aprimora e se predispõe a novas aprendizagens. Essa visão humanista é relevante porque a predisposição para aprendizagem é uma das condições da Aprendizagem Significativa.

Uma vez que a Aprendizagem Significativa é progressiva, devemos buscar evidências cognitivas que ocorrem durante o processo de aprendizagem. Na Unidade Didática desenvolvida neste trabalho, os mapas conceituais foram adotados para avaliações processuais e tiveram duas finalidades: 1) instrumentos de aprendizagem, para auxiliar os estudantes a refletirem a respeito da estrutura e do processo de construção do conhecimento a respeito de Física de Plasmas; 2) instrumentos de avaliação, para obter informações acerca da estrutura cognitiva aprendiz do conjunto de conceitos da Física de Plasmas.

Como instrumentos didáticos, os mapas conceituais podem ser usados para mostrar relações hierárquicas entre conceitos ensinados em uma aula, em uma unidade de ensino ou em um curso. Eles explicitam relações de subordinação e superordenação que possivelmente afetarão a aprendizagem de conceitos. Os mapas conceituais também podem se relacionar com a História da Ciência uma vez que são instrumentos didáticos para auxiliar estudantes e professores a refletirem a respeito da estrutura e do processo de construção do conhecimento (Batista & Araman, 2009).

Como um modo de organizar as etapas da Aprendizagem Significativa, utilizamos os Momentos Pedagógicos, uma vez que se mostraram adequados aos objetivos e aos aspectos da Unidade Didática.

Momentos Pedagógicos

Os Momentos Pedagógicos (Delizoicov, Angotti & Pernambuco, 2012) são distinguidos por três momentos, com funções específicas e diferenciadas entre si: **problematização inicial**, **organização do conhecimento** e **aplicação do conhecimento**.

Na **problematização inicial** são apresentadas situações reais que os estudantes conhecem e presenciam e que estão envolvidas nos temas, embora também exijam, para interpretá-las, a introdução dos conhecimentos contidos nas teorias científicas. Esse momento é organizado de tal maneira que os estudantes sejam desafiados a expor o que estão pensando a respeito das situações. O objetivo dessa problematização é fazer com que o estudante perceba a necessidade da aquisição de outros conhecimentos que ainda não detém. Assim, esse momento pode ser utilizado para o levantamento de *subsunçores* e também permite gerar uma predisposição à aquisição de novos conhecimentos, que é uma condição fundamental para a Aprendizagem Significativa.

Durante a **organização do conhecimento** são estudados os conhecimentos selecionados como necessários para a compreensão dos temas e da problematização inicial, sob a orientação do/a professor/a. A *diferenciação progressiva* e a *reconciliação integrativa*, elementos relacionados com a estrutura do conhecimento, podem ser exploradas durante esse momento.

No momento de **aplicação do conhecimento**, aborda-se o conhecimento que vem sendo incorporado pelo estudante, para analisar e interpretar tanto as situações iniciais que determinaram seu estudo como outras situações que, embora não estejam diretamente relacionadas ao motivo inicial, podem ser compreendidas pelo mesmo conhecimento. A identificação e emprego da conceituação envolvida, ou seja, o suporte teórico fornecido pela Ciência, é que está em pauta nesse momento. E pode se relacionar com a *reconciliação integrativa*, quando se busque generalização da conceitualização abordada.

Além disso, podemos relacionar a *recursividade*, tanto com o momento de **organização do conhecimento**, quanto com o momento de **aplicação do conhecimento**, pois está relacionada a diversidade de atividades ao aplicar o novo conhecimento em diferentes situações.

Com a articulação e integração teórico-metodológica desses referenciais, elaboramos uma proposta de Unidade Didática para abordar a Física de Plasmas na formação de professores de Física, com base em uma composição histórico-conceitual. Salientamos que essa proposta de Unidade Didática é uma das possibilidades de trabalho com o tema, entre várias outras alternativas possíveis.

Unidade Didática: "Introdução à Física de Plasmas: uma abordagem baseada na História da Ciência"

A Unidade Didática baseia-se em uma sequência de acontecimentos históricos, com um ensino contextualizado na História da Ciência, em problematizações, indagações e debates teórico-experimentais. A Unidade Didática tem duração total prevista de 16 horas. No entanto, ela pode ser adaptada baseando-se no tempo escolar disponível e/ou conhecimento prévio dos estudantes.

Avaliação da aprendizagem: durante o desenvolvimento da Unidade, acompanham-se os indícios de aprendizagem de estudantes por meio dos trabalhos escritos, trabalhos em grupo e nas observações de suas performances em sala de aula, a serem registradas em diário de bordo. Um elemento que mostra que a pessoa está compreendendo o assunto é a sua capacidade de elaborar, enunciar, novas perguntas por si mesma. Portanto, um modo de avaliação de aprendizagem seria observar a autonomia de estudantes ao elaborar novas perguntas por si mesmos. Isso evidencia a reelaboração de subsunçores.

Destacamos que a avaliação é processual a cada etapa, com o objetivo de identificar indícios de Aprendizagem Significativa (Ausubel, Novak & Hanesian, 1980). De acordo com Libâneo (2013), a avaliação visa diagnosticar e superar dificuldades, corrigir falhas e estimular os estudantes a continuarem dedicando-se aos estudos. Apresentaremos, no Quadro 1, a descrição dos momentos de atividades da Unidade Didática. Nele, temos a descrição das atividades, seguidas de uma análise estrutural com base na Teoria da Aprendizagem Significativa, na Didática e na História da Ciência.

Quadro 1 – Proposta de Unidade Didática

Unidade Didática: Introdução à Física de Plasma	
Descrições e sugestões pedagógicas	
A Unidade Didática está baseada nos referenciais teóricos de Zabala (1998), dos três momentos pedagógicos (Delizoicov & Angotti, 1990) e da Teoria da Aprendizagem Significativa (Ausubel, Novak & Hanesian, 1980). A proposta foi desenvolver o tema Física de Plasma de maneira qualitativa e conceitual, evitando um tratamento matematizado extenso, o que consideramos que deva ser realizado em disciplina específica para o assunto. Essa Unidade de ensino é pensada por uma sequência de situações e cada uma delas tem seu tempo de aula estimado.	
- **Objetivo da Unidade**: possibilitar que os estudantes conheçam, analisem e interpretem o estado de plasma da matéria; diferenciem os estados de plasma e outros estados da matéria, por meio de suas principais características; expliquem modos de produção de plasma; identifiquem exemplos do estado de plasma em fenômenos naturais e em tecnologias.	
- **Público-alvo**: estudantes do 4° ou 5° ano do curso de Licenciatura em Física.	
- **Total de aulas**: aproximadamente 4 aulas de 4 horas (as etapas da Unidade Didática podem ser adaptadas coforme a necessidade de cada professor/a, baseando-se em seu tempo disponível e/ou conhecimento prévio dos estudantes).	
- **Atividades**: estudos de textos, pesquisas, dinâmicas em grupo, seminários, etc.	
- **Conhecimentos prévios**: noções básicas dos estados sólido, líquido e gasoso e as transições entre eles; ionização; quantização de energia, $E = h.v$; teoria corpuscular da luz, óptica física.	
- **Avaliações**: devem ocorrer durante todo o processo, desde a etapa de obtenção de conhecimentos prévios, problematização, até a participação nos grupos, seminários, trabalhos escritos e elaboração de mapas conceituais. Na Unidade Didática, o processo de avaliação é definido a partir do referencial da Aprendizagem Significativa.	
- **Recursos didáticos**: projetor multimídia, computador, lousa, cartazes, composição histórico-conceitual.	
ETAPAS	**Situação Inicial (5 horas e 30 minutos)**
	- Apresentação da professora pesquisadora e dos participantes. - Apresentação dos objetivos gerais da proposta de formação inicial.
Atividades	- Aplicar um questionário para obter conhecimentos prévios de estudantes a respeito de conceitos relacionados à Física de Plasma. - Momento de preparação metodológica: sugere-se uma apresentação de mapas conceituais como instrumento de acompanhamento de aprendizagem. Apresenta-se exemplos de assuntos diversos de Física, e os estudantes exercitarão a construção de mapas conceituais de temas da Física como, por exemplo: Mecânica Clássica, Calorimetria, Ondas, etc. - Sugere-se, antes da apresentação do tema, promover uma atividade indutora a respeito dos estados da matéria e suas transições, com debate utilizando a técnica de *brainstorming*, com o objetivo de estimular a exposição de ideias, com liberdade de imaginação sem que o julgamento dessas ideias interfira no processo criativo. Sugere-se perguntar aos estudantes quais os estados físicos da matéria que eles conhecem e como ocorre a transição entre cada estado físico.

Atividades	- Em seguida, o/a docente faz uma seleção do que for relevante para uma discussão coletiva, tendo como hipótese que deverá ocorrer menção das características dos estados sólido, líquido e gasoso, e suas transições. Por fim, sugere-se a seguinte pergunta aos estudantes: O que aconteceria se fornecêssemos energia para uma substância no estado gasoso, em um recipiente fechado? - Utilizar um extrato da composição histórico-conceitual (p. 1-2) (KIKUCHI, 2020), evidenciando que Crookes passou por esse mesmo tipo de questionamento, levando-o a propor um quarto estado da matéria. - Solicitar aos estudantes que façam um mapa conceitual 1, individual, a respeito desse episódio histórico, com uma explicação por escrito de seu mapa.
Análise estrutural	**DIDÁTICA** Nessa etapa, a/o docente estimula interesses, instiga a curiosidade, relata de maneira sugestiva um acontecimento, descreve com vivacidade uma situação real (LIBÂNEO, 2013). A conversação visa levar os estudantes a se aproximarem gradativamente da organização lógica dos conhecimentos e a dominarem métodos de elaborar suas ideias de maneira independente. De acordo com Libâneo (2013), a conversação pode desenvolver habilidades estudantis de expressar opiniões fundamentadas, de discutir, argumentar e refutar opiniões de outros, de aprender a escutar, contar fatos, interpretar, além de proporcionar a aquisição de novos conhecimentos. Uma maneira usual de organizar a conversação didática é a *pergunta*. "A pergunta é um estímulo para o raciocínio, incita os estudantes a observarem, pensarem, duvidarem, tomarem partido" (Libâneo, 2013, p.185). Para Libâneo (2013), a conversação didática com base em perguntas pode ser feita pela condução direta de docentes, quando esses conversam com a classe toda. O professor deve buscar uma atitude positiva frente às respostas dos estudantes. Elas podem ser incompletas, mas podem conter uma parte correta. Mesmo as respostas incorretas devem ser transformadas em ponto de partida para revisões ou novas explicações, pois permitem ao professor conhecer melhor as dificuldades dos estudantes (Libâneo, 2013). **APRENDIZAGEM SIGNIFICATIVA** Os estudantes, por não serem sujeitos neutros, trazem para a sala de aula seus conhecimentos prévios ou sua cultura. Por isso, de acordo com a teoria da Aprendizagem Significativa, precisamos tomar como base o que eles já sabem previamente.

Análise estrutural	Na situação inicial, utilizamos a técnica do *brainstorming*, uma vez que, como apontado por Coutinho e Bottentuit Junior (2007), essa é uma técnica que visa reunir informações para que seja realizada uma exploração de novas ideias a respeito de contextos ou problemas. Afirmam, também, que no *brainstorming*, o que importa não é responder de maneira certa ou lógica, mas de modo espontâneo e criativo (Coutinho & Bottentuit Junior, 2007). Além disso, de acordo com Miranda (2011), a técnica de *brainstorming* possui uma combinação de características que pode ajudar na criação de mapas conceituais mais completos e satisfatórios. Os mapas conceituais como instrumentos de avaliação têm como objetivo obter informações a respeito do tipo de estrutura que o estudante percebe para um determinado conjunto de conceitos (Moreira, 2006). **HISTÓRIA E FILOSOFIA DA CIÊNCIA** A Unidade Didática tem como base uma sequência de acontecimentos históricos, pois um ensino contextualizado na História da Ciência pode trazer problematizações, indagações e debates ocorridos no decorrer do desenvolvimento de determinado conhecimento.
1º MOMENTO	**Problematizações iniciais (2 horas)**
Atividades	- Sugere-se apresentar aos estudantes as seguintes questões problematizadoras para discussão em grupos pequenos e depois em grande grupo, sem a utilização de material de apoio, como por exemplo: 1) Como é caracterizado o estado de plasma? 2) De que maneira podemos calcular (estimar) a quantidade de energia necessária para a transformação de uma substância no estado gasoso para o estado de plasma? 3) Qual a ordem de grandeza de temperatura necessária para se atingir um estado diferenciado do estado gasoso? 4) Como o plasma pode ser produzido? 5) Teria outra maneira de obter o estado de plasma além do aquecimento? - A/o docente deve fazer uma apresentação e discussão da obtenção do estado de plasma por meio da ionização de um gás. Explicar alguns processos de ionização. - Apresentar a equação de Saha. - Em seguida, apresentar o momento histórico das contribuições de Langmuir (composição histórica p.3-5) (KIKUCHI, 2020), discutindo a motivação dos estudos de Langmuir com descargas em gases ionizados e as bases que os pesquisadores da época tinham para montar os experimentos que levam a produzir a interpretação de um novo estado da matéria. - Os estudantes farão um mapa conceitual 2, individual, com explicações por escrito, a respeito desse momento histórico.

Análise estrutural	**DIDÁTICA** A meta é problematizar o conhecimento que os estudantes vão expondo, com base em poucas questões propostas relativas ao tema e às situações significativas (Delizoicov, Angotti & Pernambuco, 2012). Segundo Delizoicov, Angotti e Pernambuco (2012), um dos objetivos da problematização é fazer com que o estudante sinta a necessidade de adquirir outros conhecimentos que ainda não detém, ou seja, procura-se configurar a situação em discussão como um problema que precisa ser enfrentado. Nesse momento, trabalhamos com a dinâmica grupal. Uma das finalidades do trabalho em grupo é obter a cooperação dos estudantes entre si na realização de uma tarefa. Esse tipo de atividade procura desenvolver habilidades de trabalho coletivo responsável e capacidade de verbalização para que os estudantes aprendam a expressar-se e a defender seus pontos de vista (Libâneo, 2013; Zabala, 1998). **APRENDIZAGEM SIGNIFICATIVA** Utilizamos também os mapas conceituais como instrumentos didáticos para auxiliar estudantes e professores a refletirem a respeito da estrutura e do processo de construção do conhecimento (Batista & Araman, 2009). Eles devem apresentar uma estrutura hierárquica, em que os conceitos mais gerais e inclusivos devem ficar no topo do mapa, e os conceitos mais específicos abaixo deles (Novak & Gowin, 1999). **HISTÓRIA E FILOSOFIA DA CIÊNCIA** O papel da composição histórica é obter uma construção histórico-epistemológica que busque uma inteligibilidade didática e explicite a epistemologia do fenômeno ao longo de seu entendimento em episódios históricos, demonstrando os elementos conceituais que vão compondo a explicação encontrada. Ao mesmo tempo, se conduz uma análise comparada problematizadora com a explicação aceita contemporânea e cientificamente para um determinado fenômeno, problema ou conceito na História da Ciência (Batista, 2016).
2º MOMENTO	**Organização do conhecimento (3 horas e 45 minutos)**
Atividades	- Sugere-se realizar uma miniaula expositiva, com apresentação em slides, abrindo espaço para perguntas dos estudantes e estimulando discussões em sala. - O/a docente apresenta a definição de plasma, dos modos de produção de plasma, as características do plasma: quase-neutralidade, comportamento coletivo (oscilações devido às forças coulombianas); emissão de radiação eletromagnética; blindagem do campo elétrico (comprimento de Debye), exemplos de plasmas na natureza e aplicações de Física de Plasma.

Atividades	- A seguir, deverá ser entregue aos estudantes a última parte da composição histórico-conceitual da Física do Plasma (p. 6-9). - Em seguida, solicitar-lhes que façam um mapa conceitual 3 individual e outro em pequenos grupos. - Após a construção dos mapas, eles deverão ser apresentados para a turma, em cartazes. Após a apresentação e discussão dos mapas, os estudantes terão a oportunidade de corrigir eventuais imprecisões antes que sejam entregues ao/à docente.
Análise estrutural	**DIDÁTICA** No momento de organização do conhecimento, utilizamos o método expositivo que, de acordo com Libâneo (2013), é adequado para explicação de um assunto de modo sistemático quando há poucas possibilidades de prever um contato direto dos estudantes com fatos ou acontecimentos. **APRENDIZAGEM SIGNIFICATIVA** Moreira (1992) sugere que os estudantes sejam incentivados a construir e a apresentar seus mapas conceituais como um exercício de negociação e socialização de significados. **HISTÓRIA E FILOSOFIA DA CIÊNCIA** Outro motivo para utilizarmos o trabalho em grupos é promover uma proximidade com a História da Ciência, uma vez que uma investigação científica não é realizada de maneira individual e a Ciência é uma produção cultural coletiva. Por isso, é relevante uma discussão entre pares.
3º MOMENTO	**Aplicação do conhecimento (2 horas e 15 minutos)**
Atividades	- Apresentação de seminário curto (20 minutos cada) a respeito de aplicações de plasma, a ser realizado pelos estudantes, em duplas. O/A docente pode apresentar alguns temas para a escolha dos estudantes, mas esses podem ter a liberdade de escolher outros além dos apresentados. Exemplos de temas: Telas de plasma, Plasma para soldagem, Propulsão de plasma para veículos espaciais, Fusão termonuclear controlada, Plasma na chama, Plasma na medicina, Plasmas solares, etc. A escolha do assunto deverá ser decidida na aula anterior, para preparação dos estudantes. - Elaboração e apresentação de atividades de ensino para o conteúdo de Física de Plasma a ser aplicado no Ensino Médio. - Síntese e discussão de como esse assunto poderia chegar no Ensino Médio, em que momento (ano) o assunto seria melhor encaixado e quais conteúdos específicos deveriam ser levados para a Educação Básica (pontos fundamentais).

	DIDÁTICA
Análise estrutural	O planejamento de uma atividade de ensino tem o potencial de possibilitar correlações entre os saberes disciplinares, pedagógicos e da práxis docente. A meta pretendida no momento de aplicação de conhecimentos é capacitar os estudantes ao emprego dos conhecimentos, para que articulem a conceituação científica com situações reais. Segundo Delizoicov, Angotti e Pernambuco (2012), as mais diversas atividades devem ser desenvolvidas, buscando a generalização da conceituação que já foi abordada. No momento de aplicação de conhecimentos, se propõe a participação ativa do estudante em atividades colaborativas. Utilizaremos o método de trabalho independente que consiste de tarefas dirigidas e orientadas por docentes, para que estudantes as resolvam de modo independente e criativo. O trabalho independente pressupõe determinados conhecimentos, compreensão da tarefa e do seu objetivo, de modo que estudantes possam aplicar conhecimentos e habilidades sem a orientação docente direta (Libâneo, 2013).
Aula integradora final e avaliação da Unidade Didática em sala de aula (2 horas e 30 minutos)	
Atividades	- Solicitar que estudantes façam um mapa conceitual 4, individual, com uma síntese geral dos conceitos de plasma e uma explicação por escrito do mapa construído. - Aplicar um questionário posterior e uma avaliação da Unidade Didática, a serem realizados pelos estudantes.
Análise estrutural	DIDÁTICA Zabala (1998) afirma que um conceito ou princípio faz parte do conhecimento estudantil quando se realiza interpretação, compreensão ou exposição de um fenômeno ou situação; quando estudantes são capazes de situar fatos, objetos ou situações concretos naquele conceito que os inclui. APRENDIZAGEM SIGNIFICATIVA Mapas conceituais podem ser traçados para exteriorizar proposições. Se a pessoa que fez o mapa rotula com uma ou mais palavras-chave as linhas que unem conceitos em um mapa, seu mapa representará proposições que expressam significados atribuídos às relações entre conceitos. Dessa maneira, os mapas conceituais podem ser vistos como instrumentos para exteriorizar o entendimento conceitual e proposicional pessoal (Moreira, 1992).

Procedimentos metodológicos para a investigação empírica de avaliação da Unidade Didática proposta

A abordagem qualitativa corresponde a um procedimento mais maleável e mais adaptável, a índices não previstos, ou à evolução das hipóteses. A análise qualitativa é válida na elaboração das deduções específicas a respeito de um acontecimento (Bardin, 2011).

A proposta de Unidade Didática elaborada foi enviada tanto a docentes pesquisadores da área de Ensino de Física que atuam nas Licenciaturas, quanto a docentes que atuam em disciplinas relacionadas à Física Moderna e Contemporânea, por correio eletrônico (e-mail), para uma análise geral e validação da Unidade Didática. Apresentamos um perfil desses docentes no Quadro 2. Destacamos que a Unidade Didática foi testada empiricamente por meio de sua aplicação para estudantes de Licenciatura em Física. Os dados dessa aplicação serão apresentados e discutidos em outro artigo que tratará em detalhes os dados dos estudantes participantes.

A validação teórica da Unidade Didática construída se deu por uma avaliação de professores com perfis variados e com base em seus conhecimentos e suas experiências no Ensino Superior a respeito da plausibilidade e qualidade dessa unidade. Dessa maneira, para essa análise, elaboramos um questionário com sete questões abertas (flexíveis e não indutivas) a respeito da organização da Unidade Didática (assuntos abordados, atividades propostas, abordagem didática, tempo de realização, entre outros itens). Foi realizada uma decodificação intersubjetiva desse questionário pelos integrantes do grupo de pesquisa IFHIECEM. Os resultados obtidos da validação da Unidade Didática, oriundos da participação de cinco docentes respondentes, foram analisados por meio da Análise de Conteúdo (Bardin, 2011).

Quadro 2 – Perfil dos docentes participantes avaliadores da proposta de Unidade Didática

Professor/a Participante	Pós-Graduação	Tempo de docência no Ensino Superior	Instituição de Ensino
P1	Doutorado em Física da Matéria Condensada	20 anos	Universidade Estadual de Londrina (UEL)
P2	Doutorado em Ensino de Ciências e Educação Matemática	4 anos	Universidade Estadual do Centro-Oeste (Unicentro)
P3	Doutorado em Ensino de Ciências e Educação Matemática	4 anos	Universidade Federal do Paraná (UFPR)
P4	Doutorado em Física da Matéria Condensada	40 anos	Universidade Estadual de Londrina (UEL)
P5	Mestrado em Ensino de Ciências e Educação Matemática	20 anos	Instituto Federal do Paraná (IFPR)

Unidades de Contexto e de Registro: Validação da Unidade Didática por Professores Participantes

Para analisarmos as respostas dos professores ao questionário, elaboramos Unidades Temáticas de Contexto[2] e de Registro prévias, com base na Análise de Conteúdo (Bardin, 2011). Essas unidades se referem a hipóteses prévias de respostas que se pode encontrar de acordo com a literatura da área, compondo os elementos hipotético-dedutivos desta investigação. De acordo com Bardin (2011), o tema é utilizado como unidade de análise para estudar significados de opiniões, de atitudes, de valores, de crenças, de tendências, etc. As respostas a questões abertas, as entrevistas individuais ou de grupo, podem ser analisadas tendo o tema por base. Uma análise temática consiste em investigar os "núcleos de sentido" que compõem uma situação, cuja presença, ou frequência de aparição, são relevantes para o objetivo analítico escolhido (Bardin, 2011, p. 135).

A partir dessas unidades, classificamos e agrupamos fragmentos textuais das respostas obtidas por meio do Questionário. A seguir, no Quadro 3, apresentamos e explicamos as questões elaboradas e as suas respectivas Unidades Temáticas de Contexto para avaliação da Unidade Didática (UCUD) e Unidades de Registro (URUD) prévias. Quando necessário, na ocorrência de alguma resposta não prevista, Unidades de Registro Emergentes (URUDE) foram elaboradas. Todas as Unidades de análise também foram decodificadas intersubjetivamente nos seus significados por integrantes do grupo de pesquisa IFHIECEM.

Quadro 3 – Unidades de Contexto e de Registro

Questão 1: O tema escolhido é pertinente para ser ensinado nos cursos de Licenciatura em Física? Por favor, explique sua resposta.		
Unidade Temática de Contexto para avaliação da Unidade Didática 1 (UCUD1) "Relevância da Física de Plasma"		
URUD	Descrição	Explicação para as unidades de registros
URUD1.1	"Tema/assunto de Física Moderna e Contemporânea"	Relevância da Física de Plasma por ser um tema de Física Moderna e Contemporânea.

---

2 *"A unidade de contexto serve de unidade de compreensão para codificar a unidade de registro e corresponde ao segmento da mensagem, cujas dimensões (superiores às da unidade de registro) são ótimas para que se possa compreender a significação exata da unidade de registro"* (Bardin, 2011, p. 137).

URUD1.2	"Tema/assunto presente no cotidiano"	Relevância da Física de Plasma por ser um tema do cotidiano das pessoas.
URUD1.3	"Tema/assunto irrelevante"	Participantes não consideraram a temática relevante para os cursos de Licenciatura em Física.
URUD1.4	"Relevante"	Participantes citaram a relevância do tema, mas não citaram os motivos de tal relevância.
URUDE1.5	"Assunto de complexidade matemática e conceitual"	Relevância do tema pela sua complexidade matemática e conceitual.
Questão 2: A Unidade Didática contém o conteúdo básico essencial para oferecer condições de aprendizagem aos estudantes? Por favor, comente sua resposta.		
Unidade Temática de Contexto para avaliação da Unidade Didática 2 (UCUD2) **"Conteúdos de Física de Plasma"**		
URUD2.1	"Conteúdos adequados"	Os conteúdos propostos para a Unidade Didática se mostram adequados.
URUD2.2	"Conteúdos parcialmente adequados"	Os conteúdos apresentados estão adequados, porém necessita de algumas alterações, acrescentando conteúdos ou retirando outros.
URUD2.3	"Conteúdos inadequados"	Os conteúdos propostos para a Unidade Didática se mostram inadequados.
Questão 3: A maneira como o conteúdo está organizado e apresentado nas etapas da Unidade Didática está adequado para oferecer condições de aprendizagem aos estudantes? Sim ou não? Por favor, especifique.		
Unidade Temática de Contexto para avaliação da Unidade Didática 3 (UCUD3) **"Organização do conteúdo"**		
URUD3.1	"Organização adequada em relação à Aprendizagem Significativa"	Conteúdo organizado de maneira adequada na perspectiva da Aprendizagem Significativa.
URUD3.2	"Organização parcialmente adequada em relação à Aprendizagem Significativa"	Partes do conteúdo precisam ser reorganizadas para que ele esteja adequado em relação à perspectiva da Aprendizagem Significativa.
URUD3.3	"Organização adequada"	Conteúdo organizado de maneira adequada, porém, não é citada a perspectiva da Aprendizagem Significativa.
URUD3.4	"Organização parcialmente adequada"	Partes do conteúdo precisam ser reorganizadas para que ele esteja adequado, porém, não é citada a Aprendizagem Significativa.

URUD3.5	"Organização inadequada"	Organização do conteúdo não está adequada, seja na perspectiva da Aprendizagem Significativa ou outra, e necessita ser revista.
URUDE3.6	"Dificuldade em avaliar"	Docente afirmou não conseguir avaliar a organização do conteúdo.

Questão 4: O tempo planejado para que os estudantes de Licenciatura em Física possam realizar cada uma das atividades está adequado? Por favor, comente.

Unidade Temática de Contexto para avaliação da Unidade Didática 4 (UCUD4) **"Tempo das atividades"**

URUD4.1	"Tempo adequado"	O tempo proposto para as atividades da Unidade Didática se mostra adequado.
URUD4.2	"Tempo parcialmente adequado"	O tempo de algumas atividades se mostra adequado e de outras atividades necessita alterações.
URUD4.3	"Tempo inadequado"	O tempo proposto para a aplicação da Unidade Didática se mostra inadequado.

Questão 5: De acordo com sua experiência, o tempo total provável de realização da Unidade Didática sugerido para sua aplicação é apropriado para que os estudantes possam aprender o conteúdo de maneira significativa? Por favor, comente.

Unidade Temática de Contexto para avaliação da Unidade Didática 5 (UCUD5) **"Tempo da Unidade Didática"**

URUD5.1	"Tempo adequado"	O tempo proposto para a aplicação da Unidade Didática se mostra adequado.
URUD5.2	"Tempo parcialmente adequado"	O tempo total está adequado, no entanto, a distribuição ao longo da Unidade Didática necessita alterações.
URUD5.3	"Tempo inadequado"	O tempo proposto para a aplicação da Unidade Didática se mostra inadequado.

Questão 6: As atividades e avaliações sugeridas (em classe e extraclasse) se mostram adequadas e viáveis para serem trabalhadas nos cursos de Licenciatura em Física? Por favor, comente sua resposta.

Unidade Temática de Contexto para avaliação da Unidade Didática 6 (UCUD6) **"Adequação das atividades e avaliações"**

URUD6.1	"Atividades e avaliações adequadas, na perspectiva da Aprendizagem Significativa"	Atividades e avaliações utilizadas se mostram adequadas com a proposta, mediante a perspectiva da Aprendizagem Significativa.
URUD6.2	"Atividades e avaliações adequadas"	Atividades e avaliações propostas estão adequadas, porém não necessariamente na perspectiva da Aprendizagem Significativa.
URUD6.3	"Atividade e avaliações inadequadas"	As atividades e as avaliações propostas se mostram inadequadas, seja na perspectiva da Aprendizagem Significativa ou em outra, e necessita ser revista.

Questão 7: Por gentileza, deixe seus comentários (aspectos positivos e críticas) a respeito da Unidade Didática elaborada para a formação de professores de Física, e sugestões de possíveis alterações.		
Unidade Temática de Contexto para avaliação da Unidade Didática 7 (UCUD7) **"Aspectos positivos e críticas"**		
URUD7.1	**"Aspectos positivos"**	Apresentação de aspectos positivos em relação à Unidade Didática.
URUD7.2	**"Críticas"**	Apresentação de críticas em relação à Unidade Didática, com sugestões de aprimoramento.

Discussão dos resultados: uma análise docente da unidade didática

Nesta seção serão apresentados os dados referentes aos questionários respondidos pelos professores participantes para avaliação da Unidade Didática. Ressaltamos que os registros apresentados são as respostas na íntegra que os professores apresentaram aos questionários. Quando necessário, uma resposta foi fragmentada e classificada em mais de uma Unidade de Registro, de maneira que foi contado o número de fragmentos textuais e não o número de respostas. Os fragmentos de registro foram identificados pelo código do/a professor/a participante por meio de letras e números (P1, P2, ..., P5). Destacamos que os dados aqui utilizados foram oriundos de respostas formalmente esclarecidas e consentidas pelos participantes.

Para que o artigo não ficasse muito extenso, foram apresentados exemplares dos registros de professores participantes, mas esclarecemos que todos os registros podem ser obtidos em contato com as autoras.

Quadro 4 – Unitarização dos dados referentes à UCUD1

Unidade Temática de Contexto para avaliação da Unidade Didática 1 (UCUD1) **"Relevância da Física de Plasma"**		
		3 registros	P2 e P5
URUD1.1	**"Tema/assunto de Física Moderna e Contemporânea"**	"Sim, pois visando a **atualização curricular** no ensino de Física, da Educação Básica, é necessário que se pense na formação docente. Física de Plasmas é um tópico de Física Moderna e Contemporânea e para que os **professores possam trabalhar esses tópicos em sala de aula**, antes é necessário que tenham formação para isso. [...]" (P2)

URUD1.2	"Tema/assunto presente no cotidiano"	1 registro	P2
		"[...]. Além disso, é um tema que possibilita a aproximação do conteúdo estudado com seu **cotidiano** quando são abordadas suas aplicações tecnológicas e ainda é um **campo de atuação de pesquisadores** em Física, o que justifica a presença desse tema na formação docente." (P2)	
URUD1.4	"Relevante"	1 registro	P1
		"Sim **pertinente**, inclusive na extinta disciplina do 1º ano 'estrutura da matéria' se ensinava sobre o tubo de Crookes e consequentemente plasma" (P1)	
URUDE1.5	"Assunto de complexidade matemática e conceitual"	1 registro	P3
		"Sim, pois trata de um assunto cuja **complexidade matemática e conceitual** é adequada ao nível acadêmico dos estudantes do terceiro ou quarto ano de licenciatura em física." (P3)	

Conforme pode ser visualizado no Quadro 4, todas as respostas à Questão 1 afirmaram a pertinência do tema Física de Plasmas nos cursos de Licenciatura em Física, diferenciando-se as respostas pelos motivos apresentados, que foram diversos. Três registros apresentaram como motivo de relevância da Física do Plasma por ser um tema de Física Moderna e Contemporânea (URUD1.1). Esse assunto também é citado em trabalhos como, por exemplo, de Pereira e Ostermann (2009) e Saviski (2014). Outro motivo citado é por ser a Física de Plasmas um tema relacionado a objetos e experiências do cotidiano das pessoas (URUD1.2), o que está de acordo com pesquisas da área, que afirmam que a Física de Plasmas é um tema que faz parte do cotidiano das pessoas, tanto em tecnologias, quanto relacionado a fenômenos naturais (Pirovani, Erthal & Campos, 2013). Obtivemos um registro na URUD1.4 **"Relevante"**, no qual P1 citou a relevância do tema, mas não apresenta motivos de tal relevância.

Foi necessária a elaboração de uma Unidade de Registro Emergente URUDE1.5 **"Assunto de complexidade matemática e conceitual"**, na qual P3 apresenta a relevância do tema Física de Plasma pela sua complexidade matemática e conceitual.

É interessante destacar nas respostas de P2 e P5 as suas preocupações com os saberes disciplinares dos futuros professores em relação à Física de Plasmas.

Quadro 5 – Unitarização dos dados referente à UCUD2

Unidade Temática de Contexto para avaliação da Unidade Didática 2 (UCUD2) "Conteúdos de Física de Plasma"			
URUD2.1	"Conteúdos adequados"	**3 registros**	P2, P3 e P5
		"O conteúdo programático da unidade didática parece adequado, porém ele é apresentado de maneira muito sucinta, de forma integrada/misturada com a apresentação das atividades. Uma sugestão seria deixá-los um pouco mais evidenciados no texto, apresentando-os com mais detalhes. Talvez uma lista na parte inicial, logo após os objetivos." (P5)	
URUD2.2	"Conteúdos parcialmente adequados"	**2 registros**	P1 e P4
		"Temo que não, pelo menos não de modo explícito. Não consigo visualizar o que será apresentado aos alunos como suporte pedagógico para compreensão da aula, se for apenas a 'composição histórica' me parece pouco..." (P1)	

No Quadro 5, é possível observar que três respostas foram classificadas como conteúdos adequados (URUD2.1) e duas respostas como conteúdos parcialmente adequados (URUD2.2), necessitando algumas alterações.

De acordo com P2, "[...] *a Unidade vai explorando conceitos diversos relacionados ao tema, indo de conceitos mais simples para conceitos mais elaborados.*" (URUD2.1). Essa afirmação se mostra adequada à proposta da Unidade Didática uma vez que esta está baseada nos três momentos pedagógicos (Delizoicov, Angotti & Pernambuco, 2012).

As respostas classificadas na URUD2.2 "**Conteúdos parcialmente adequados**" foram as de P1 e P4. Observamos certo ceticismo de P1 e P4 em relação à utilização da composição histórica. Em resposta a esses professores respondentes, esclarecemos que a Unidade Didática está baseada em várias atividades além da utilização da composição histórico-conceitual. A ênfase nas discussões históricas não exclui a explicação conceitual da Física de Plasmas, como parece pensar P1 e P4. Ao invés disso, uma abordagem histórico-conceitual permite contextualizar tais discussões conceituais, proporcionando um melhor entendimento tanto do próprio conteúdo quanto do processo de construção do conhecimento científico (Martins, 1990; Matthews, 1995; Peduzzi, 2001; Batista, 2004).

Inferimos, também, que essas respostas classificadas na URUD2.2 "**Conteúdos parcialmente adequados**" foram devido à não explicitação do conteúdo programático, apresentando de maneira integrada com as atividades como evidenciado por P5. Logo, consideramos pertinente, para uma versão da Unidade Didática, explicitarmos separadamente o conteúdo programático.

Quadro 6 – Unitarização dos dados referentes à UCUD3

Unidade Temática de Contexto para avaliação da Unidade Didática 3 (UCUD3) "Organização do conteúdo"			
URUD3.1	"Organização adequada em relação à Aprendizagem Significativa"	1 registro	P2
		"Aparentemente sim, pois a maneira como é proposta na unidade considera os conhecimentos prévios dos alunos e aspectos da Teoria de Aprendizagem Significativa." (P2)	
URUD3.3	"Organização adequada"	2 registros	P3 e P5
		"Acredito que sim. São programadas atividades de diagnóstico das ideias prévias dos estudantes sobre o tema, com problematizações e momentos de explicação e organização dos conteúdos por parte do professor. Além disso, há muitas atividades que geram discussões entre os alunos, e também várias atividades que propiciam um envolvimento mais ativo dos alunos com sua aprendizagem, através de leituras, construção de mapas conceituais e elaboração de seminários de aplicação do tema." (P5)	
URUD3.4	"Organização parcialmente adequada"	1 registro	P4
		"Os íons diferem do átomo pelo desequilíbrio da carga elétrica. Isto torna o plasma instável, dificultando o 'manuseio'. Creio que o 2º. momento da unidade didática, está a essência sobre o plasma, com a duração de 3h:45min. Talvez aumentar um pouco mais este tempo. (4 Hs.)." (P4)	
URUDE3.6	"Dificuldade em avaliar"	1 registro	P1
		"Como disse anteriormente não consigo enxergar a aula apenas com os tópicos da unidade didática. Eu gostaria de ver algum exemplo, como se construiria o mapa conceitual em questão... parece-me um pouco vago para saber se está adequado ou não, acho que dependeria mais dos saberes acumulados pelo professor do que propriamente pelo material apresentado..." (P1)	

É interessante ressaltar que, uma vez que a Unidade Didática teve como base a Teoria da Aprendizagem Significativa, também demos ênfase nessa teorização como referencial de análise. No entanto, os professores P1 e P4 não analisaram a Unidade Didática sob a perspectiva da Teoria da Aprendizagem Significativa já que não possuíam formação nessa área.

Conforme apresentado no Quadro 6, P2 afirmou que *"Aparentemente sim, pois a maneira como é proposta na unidade considera os conhecimentos prévios dos alunos e aspectos da Teoria de Aprendizagem Significativa."* (URUD3.1). Essa afirmação pôde ser feita uma vez que a Unidade Didática possui uma estrutura organizada de acordo com os pressupostos da Teoria da Aprendizagem Significativa (Ausubel, Novak & Hanesian, 1980).

Em relação à organização do conteúdo, dois registros foram classificados na URUD3.3 **"Organização adequada"**. P3 e P5 afirmaram que a Unidade obedece de maneira apropriada os três momentos pedagógicos. Essas afirmações também estão de acordo com o referencial teórico de elaboração de atividades com propostas de situações problemáticas, que, de acordo com Zabala (1998), podem promover a atividade mental dos estudantes necessária para que estes construam um determinado conceito. É preciso, também, estimular o envolvimento dos estudantes nesse processo, como evidenciado por P5, aliando essas situações com momentos de interação, discussão e troca de significados.

Foi necessária a elaboração de uma Unidade de Registro Emergente URUDE3.6 **"Dificuldade em avaliar"** na qual um docente afirmou não conseguir avaliar a organização do conteúdo. Concordamos com P1 que o resultado final das aulas da Unidade Didática dependerá dos saberes de cada professor. No entanto, ressaltamos que o objetivo da Unidade Didática não é oferecer um material único para o professor. Este deve ter, em seu repertório de conhecimentos, tanto saberes disciplinares (relacionados ao conteúdo Física de Plasmas), como saberes da formação profissional (saberes pedagógicos). A formação de professores, especialmente em Ciências Básicas, deve ser explícita na formação e na materialidade de que esses dois saberes são fundamentais e emaranhados. Ou seja, não pode mais haver espaço privilegiado de um em detrimento de outro.

Quadro 7 – Unitarização dos dados referentes à UCUD4

Unidade Temática de Contexto para avaliação da Unidade Didática 4 (UCUD4) "Tempo das atividades"			
URUD4.1	"Tempo adequado"	3 registros	P2, P3 e P4
		"Sim, já que as atividades envolvem em sua maioria a elaboração de mapas conceituais, leituras curtas e apresentações que permitem que sejam realizados com um tempo mais controlado pelo docente." (P3)	

		1 registro	P5
URUD4.2	"Tempo parcialmente adequado"	"É sempre difícil estimar com precisão o tempo que cada atividade irá tomar, pois isso depende muito da participação e engajamento da turma, da complexidade das atividades e da maneira como o professor faz a mediação e negociação de significados, entre outras coisas. No 1º momento (2h), por exemplo, existe uma atividade de problematização com perguntas + apresentação de uma equação (que provavelmente será discutida e não simplesmente "apresentada") + contextualização histórica (não ficou claro nesse ponto se eles já trarão o texto lido, se será lido na sala ou se essa parte será exposta pelo professor – sugiro detalhar isso) + elaboração de mapas conceituais com explicações por escrito. Acho pouco provável que consiga fazer tudo isso nas 2h propostas... No 3º momento (2h15) também considero o tempo curto demais para as atividades propostas. Esse tempo provavelmente será tomado apenas com os seminários (dependendo do tamanho da turma). A elaboração e apresentação de atividades para o Ensino Médio acrescida de discussão pertinente a isso com certeza não caberia dentro desse tempo, a não ser que ocorra de maneira superficial. A situação inicial e o 2º momento são os que me parecem ter o tempo compatível com o número e complexidade das atividades." (P5)	
URUD4.3	"Tempo inadequado"	1 registro	P1
		"Pareceu-me que 16 horas no total é muito tempo caso nenhuma matematização seja feita." (P1)	

Com relação ao tempo planejado para as atividades, três registros (P2, P3 e P4) foram classificados na URUD4.1 **"Tempo adequado"**. P5 comenta que alguns momentos o tempo está compatível com a complexidade das atividades e outros momentos não. Por isso, sua resposta foi classificada na URUD4.2 **"Tempo parcialmente adequado"**.

É relevante ressaltar nas respostas de P2 e P5 a dificuldade de se estimar com precisão o tempo de realização das atividades, uma vez que isso depende do número de estudantes e de sua participação e engajamento, da maneira como o/a professor/a realiza a mediação em sala de aula, entre outras coisas. Com relação a essa preocupação, já está previsto na proposta da Unidade Didática que as turmas são diferentes umas das outras. Conforme Zabala (1998), no processo de aplicação, em aula, do plano de intervenção, será necessário adequar às necessidades de cada estudante as diferentes variáveis educativas: tarefas e atividades, conteúdo, formas de agrupamento, tempo, etc.

Ainda foi observada uma resposta que indica uma inadequação do tempo da abordagem. Essa resposta de P1 foi classificada na URUD4.3 **"Tempo inadequado"**. Podemos perceber nessa resposta uma visão de ensino tradicional, baseada na matematização dos conceitos físicos, considerando a discussão teórico-conceitual menos relevante, o que consideramos inadequado para a formação de professores.

Quadro 8 – Unitarização dos dados referentes à UCUD5

Unidade Temática de Contexto para avaliação da Unidade Didática 5 (UCUD5) **"Tempo da Unidade Didática"**			
		5 registros	P1, P2, P3, P4 e P5
URUD5.1	"Tempo adequado"	"Da maneira como está exposto na Unidade Didática, tudo indica que sim, uma vez que considera aspectos da Teoria de Aprendizagem Significativa em seu processo, como os conhecimentos prévios, a diferenciação progressiva, a negociação de significados e o uso dos mapas conceituais que são considerados facilitadores da aprendizagem significativa. Além disso, tudo indica que o material foi planejado para ser potencialmente significativo, o que também é relevante para que a aprendizagem ocorra de maneira significativa." (P2) "Aqui também reitero o que escrevi na questão anterior: estimar com precisão é tarefa difícil... Porém tenho algumas considerações: Foi colocado no início da unidade didática que ela seria distribuída em 4 encontros de 4 horas, porém, o tempo estimado para cada atividade está programado de maneira mais complexa (5h30 + 2h + 3h45 + 2h15 + 2h30). Apesar da soma dar 16 horas, a distribuição fica bastante complicada de ser distribuída em 4 períodos de 4h. É necessário observar como as atividades serão distribuídas dentro desse constrangimento... Por exemplo: no segundo encontro terá 1h30 da atividade inicial + 2h do 1º momento + 30 minutos do 2º momento? E assim por diante... Outra coisa que não está clara é o intervalo entre os encontros, pois existem tarefas entre eles (preparação de seminário, por exemplo). Como isso não está explícito na unidade didática, não sei como será feito. Pela minha experiência, a distribuição dos encontros interfere na maneira como as atividades são distribuídas e, deste modo, apesar do tempo total parecer adequado, a distribuição dos momentos propostos em cada encontro deve ser melhor pensada..." (P5)		

Todos os registros da UCUD5 foram classificados na URUD5.1 **"Tempo adequado"**. Apenas P5 fez algumas ressalvas, como, por exemplo, pensar melhor na distribuição de tempo dos momentos propostos em cada encontro. Considerando essa resposta de P5 juntamente com resultados da aplicação dessa Unidade Didática, destacamos que o tempo planejado foi remodelado. É interessante observar que P2 e P3 citaram em suas respostas a adequação do tempo relacionando com aspectos da Teoria da Aprendizagem Significativa (Ausubel, Novak & Hanesian, 1980).

Ressaltamos também a resposta de P1 em que afirma que o tempo total da Unidade Didática está adequado. Podemos afirmar, juntamente com sua resposta à Questão 4, que para ele o tempo previsto poderia ser menor caso não haja um enfoque na matematização. Essas respostas reificam a identificação de que quando um professor não tem uma formação com relação ao ensino (este professor possui formação na área de Física da Matéria Condensada), encontramos registros com pouco conhecimento pedagógico cientificamente baseado.

Quadro 9 – Unitarização dos dados referentes à UCUD6

Unidade Temática de Contexto para avaliação da Unidade Didática 6 (UCUD6) "**Adequação das atividades e avaliações**"			
		1 registro	P5
URUD6.1	"**Atividades e avaliações adequadas, na perspectiva da Aprendizagem Significativa**"	"As atividades parecem ser adequadas. Leituras e discussão de textos, construção de mapas conceituais, elaboração e apresentação de seminários são atividades corriqueiras dentro de uma licenciatura. Uma sugestão é deixar mais claro quais atividades serão realizadas em classe e quais serão extraclasses (a maioria está explícita, mas algumas geram dúvidas para quem lê a unidade didática) A avaliação, como foi sucintamente descrita, parece ser processual e formativa, ao longo de todas as atividades realizadas, sendo assim compatível com um processo de aprendizagem significativa. Por outro lado, mesmo em uma licenciatura, as concepções de avaliação dos alunos (e também de muitos professores), costuma ser mais restrita e pontual. Esse é um tema que merece destaque em qualquer unidade didática, pois podemos contribuir com uma ressignificação da avaliação dentro de uma perspectiva de aprendizagem significativa por parte dos alunos que vivenciam esse tipo de abordagem." (P5)	

		4 registros	P1, P2, P3 e P4
URUD6.2	"Atividades e avaliações adequadas"	"As elaborações dos mapas-conceituais, apresentações, leitura e interpretação da composição histórico conceitual, as miniaulas, elaboração de planos de ensino para o Ensino Médio, todas são atividades apropriadas à formação dos futuros professores de física, pois além de ajudarem na compreensão e aprendizagem da física pelos acadêmicos, os ajudará no contexto das salas de aulas. Outro aspecto interessante da unidade é o momento de preparação metodológica que eu acho de suma importância para formação de professores, pois é um elemento que vai além da dimensão conceitual e chega à dimensão procedimental, ou seja, ao como fazer." (P3)	

De acordo com P5, as atividades e avaliações utilizadas na Unidade Didática se mostram adequadas com a proposta, mediante a perspectiva da Aprendizagem Significativa (URUD6.1). As outras respostas de P1, P2, P3 e P4 foram classificadas na URUD6.2 **"Atividades e avaliações adequadas"**.

As respostas de P2 e P3, ao citarem da familiarização dos estudantes com atividades diversificadas mostra adequação ao desafio de propor abordagens que possam se adaptar a diferentes contextos (Zabala, 1998; Ausubel, Novak & Hanesian, 1980). De acordo com esses professores, podemos inferir, portanto, que a Unidade Didática elaborada possibilita aos estudantes momentos para aprimorar seus saberes da formação profissional e saberes experienciais, uma vez que este é desenvolvido com base em sua experiência (Tardif, 2007).

Destacamos aqui uma ressalva citada tanto por P2 quanto por P5 de explicitar quais atividades seriam em sala de aula e quais seriam extraclasses. Ressaltamos que para um melhor entendimento, explicitamos tais atividades na versão final da Unidade Didática.

Quadro 10 – Unitarização dos dados referentes à UCUD7

Unidade Temática de Contexto para avaliação da Unidade Didática 7 (UCUD7) "Aspectos positivos e críticas"		
URUD7.1	"Aspectos positivos"	**3 registros** — P2, P3 e P4
		"A Unidade foi bem planejada e o fato de propor uma formação docente em tópicos de Física Moderna e Contemporânea, inclusive um tópico pouco, ou nunca, explorado na formação dos professores de Física é muito bom. Além disso, outros dois aspectos positivos são a inserção de HFC e dos Mapas Conceituais, pois se caracterizam como estratégias diferenciadas para o Ensino de Física e possibilitar o contato dos futuros professores com essas estratégias é necessário para que eles saibam utilizá-las em sala de aula. A ideia de pedir que eles pensem em como esse conteúdo pode ser explorado no Ensino Médio é interessante, pois se fala muito dos conteúdos específicos e pouco de como ele deve ser ensinado. [...]" (P2) "Acredito que a unidade didática está bem elaborada, metodologicamente fundamentada, tanto o tema conceitual: plasma, quanto as atividades propostas são adequadas a licenciatura em física. [...]" (P3) "[...] - Provavelmente, os meus comentários foram mais sobre o conteúdo, com menos enfoque sobre ensino aprendizagem. A utilização do brainstorm é interessante." (P4)
URUD7.2	"Críticas e sugestões"	**5 registros** — P1, P2, P3, P4 e P5
		"Acho que a produção de plasma por diferentes fontes de excitação deve ser melhor explorada, exemplo da excitação com partículas aceleradas num campo elétrico, a qual é a base das válvulas retificadoras que revolucionaram a eletrônica do século XX, cuja origem é o próprio tubo de Crookes...etc..." (P1) "[...]. Quanto às sugestões, se possível deixar o texto do episódio histórico em forma de tópicos, uma vez que ele foi dividido em três partes para o estudo dos alunos. Assim, não vai parecer que o material, dividido, está incompleto." (P2) "[...]. Um aspecto que poderia ser acrescentado é a dimensão político e social envolvida na produção científica, talvez acrescentando notas de rodapés para mostrar aos estudantes que certos conhecimentos são postergados por interesses econômicos, como o desenvolvimento de novas tecnologias envolvendo o plasma." (P3) "- Por se tratar de um conteúdo nos anos finais do curso de licenciatura, talvez os espectros termodinâmicos possam ser um pouco mais explorados. - Na parte das aplicações do plasma, enfatizar sobre a emissão de luz (lamp. fluorescente, tela de TV), obtenção de altas temperatura (solda e corte de metais), seriam bastantes chamativos.

URUD7.2	"Críticas e sugestões"	- A análise da unidade didática seria completa, se compararmos com todo o material produzido utilizado na aplicação da unidade. [...]" (P4) "Na parte inicial (Descrições e sugestões pedagógicas), item "Atividades", seria interessante colocar "construção de mapas conceituais" no lugar de "etc...", pois essa é uma atividade importante dentro da sua unidade didática (os alunos farão 4 mapas conceituais). Em relação à "Composição Histórico-Conceitual da Física de Plasma", sugiro descrever com mais detalhe alguns conceitos. Apesar de ser direcionada para alunos no final de um curso de física, sempre é bom deixar os conceitos claros, sem pressupor que sejam óbvios para os alunos. Expressões como "livre caminho médio das moléculas do gás", "cinturões de radiação no plasma confinado na magnetosfera terrestre", "radiação de bremsstrahlung", entre outros, são apresentados sem conceituação. Os termos "hamiltoniana" e "toroidal" ganharam notas de rodapé explicativas. Talvez seja interessante fazer isso com outros termos também. Seria legal também ter mais imagens no texto que auxiliem o leitor a compreender os experimentos descritos, por exemplo: "...determinação de características de corrente e tensão obtidas por um pequeno eletrodo auxiliar, ou coletor (sonda), localizado no caminho da descarga..." fica difícil imaginar isso sem uma figura..." (P5)

Com relação à Questão 7, obtivemos três registros que apresentaram aspectos positivos relacionados à Unidade Didática (URUD7.1). A resposta de P2 está de acordo com Delizoicov, Angotti e Pernambuco (2012), que afirmaram que a relação entre Ciência e Tecnologia, aliada à presença da tecnologia no cotidiano das pessoas, já não pode ser ignorada no Ensino de Ciências, e sua ausência é inadmissível.

Foram apresentados também aspectos positivos com relação à fundamentação metodológica, às atividades propostas e estratégias diferenciadas para o ensino de Física (História da Ciência e Mapas conceituais), como, por exemplo, os registros de P2 e P3 classificadas na URUD7.1, em harmonia com Zabala (1998), uma vez que este afirmou que é preciso oferecer um grau notável de participação dos estudantes, com uma grande variedade de atividades e criar um ambiente acolhedor e ordenado, que ofereça a oportunidade de participar, com multiplicidade de interações que contemplem possibilidades de errar e realizar as modificações oportunas. Podemos observar também o valor pedagógico da contextualização histórica citada por P2, uma vez que a dinâmica histórica desse conhecimento envolve transformações da natureza que o impedem de ser caracterizado como pronto, verdadeiro e acabado (Delizoicov, Angotti & Pernambuco, 2012; Matthews, 1995).

Além disso, obtivemos cinco registros na URUD7.2 "**Críticas**", com apresentação de colaborações à Unidade Didática, com sugestões de aprimoramento com relação ao conteúdo e também à organização da estrutura do material. Foram apresentadas sugestões de acréscimo de conteúdos tanto relativos a conceitos específicos de Física de Plasmas (P1 e P4), quanto relativos à dimensão político-social para o desenvolvimento de novas tecnologias envolvendo o plasma (P3). Os outros dois registros (P2 e P5) sugerem aperfeiçoamentos relacionados com a estrutura do material da Unidade Didática.

Síntese e discussões

Com relação à validação realizada pelos professores participantes, ressaltamos nas respostas de P2 e P5 suas preocupações com os saberes disciplinares dos futuros professores em relação à Física de Plasmas. Destacamos que três professores afirmaram que o conteúdo da Unidade Didática estava adequado (URUD2.1), enquanto que dois professores afirmaram em suas respostas um conteúdo parcialmente adequado, uma vez que, de acordo com P1 e P4, a composição histórico-conceitual seria insuficiente para abordar todo o conteúdo necessário. Considerando as respostas desses professores, esclarecemos que, além da utilização da composição histórico-conceitual, a Unidade Didática tem como base outras atividades e as discussões históricas propiciam justamente a ênfase nas explicações conceitual e experimental da Física de Plasmas. Uma abordagem histórico-conceitual, se elaborada de maneira adequada, proporciona uma melhor compreensão tanto do conteúdo em si quanto do processo de construção do conhecimento científico (Martins, 1990; Matthews, 1995; Peduzzi, 2001; Batista, 2004).

Podemos inferir que essas respostas também foram devido a não explicitação do conteúdo programático separadamente, como foi destacado por P5. Dessa maneira, consideramos pertinente tal alteração para a versão final da Unidade Didática.

A respeito da organização da Unidade Didática três professores consideraram-na adequada (URUD3.3), sendo que P2 menciona explicitamente aspectos da Teoria da Aprendizagem Significativa. Tais respostas estão de acordo com o referencial teórico utilizado para a construção da Unidade Didática, como a Teoria da Aprendizagem Significativa (Ausubel, Novak & Hanesian, 1980), os Momentos Pedagógicos (Delizoicov, Angotti & Pernambuco, 2012), e atividades com propostas de situações problemáticas (Zabala, 1998), entre outros.

Classificamos uma resposta na URUD3.4 "**Organização parcialmente adequada**", na qual o professor apenas comenta a respeito de aumentar um pouco do tempo do 2º momento. E, por fim, um professor afirmou dificuldade em avaliar tal organização. Estamos de acordo com a afirmação de P1 de que o resultado final das aulas da Unidade Didática também dependerá dos saberes que cada professor possui no momento de sua aplicação. No entanto, destacamos que o objetivo da Unidade Didática não é oferecer um material único de base para o professor, e que ela se soma a um repertório de conhecimentos tanto saberes disciplinares (relacionados ao conteúdo de Física de Plasmas) como saberes da formação profissional (saberes pedagógicos). Levando em consideração tal resposta de P1, ressaltamos que, para a versão final da Unidade Didática, acrescentaremos um material de apoio para os professores (slides com conteúdo das aulas, material com explicação e exemplificação de mapas conceituais, etc.).

Ao considerar o tempo das atividades da Unidade Didática, obtivemos três registros de tempo adequado (URUD4.1), um registro de tempo parcialmente adequado (URUD4.2) e um registro de tempo inadequado (URUD4.3). É relevante destacar que já está previsto na proposta da Unidade Didática que as turmas podem ser diferentes umas das outras. Nesse sentido, o professor possui a liberdade de adaptá-la dependendo de sua realidade de sala de aula. Essa preocupação foi evidenciada por P2 e P5. De acordo com Zabala (1998), no processo de aplicação, em aula, será necessário adequar às necessidades de cada estudante as diferentes variáveis educativas: tarefas e atividades, conteúdo, tempo, etc.

O registro com a afirmação de tempo inadequado foi de P1. Podemos observar na resposta de P1 uma visão de ensino antiquada, baseada na prioridade da matematização dos conceitos físicos, considerando menos relevante a discussão teórico-conceitual. Podemos inferir, novamente, que tal resposta de P1 se deve a uma falta de formação na área de Didática das Ciências por parte desse professor.

Ainda com relação ao tempo total planejado para a Unidade Didática, todos os professores participantes afirmaram que o tempo está adequado (URUD5.1), com algumas ressalvas de P5. Apesar de termos remodelado o tempo planejado, levando em consideração a resposta de P5 e de resultados da aplicação dessa Unidade, destacamos que uma formação docente adequada em Física confere autonomia e segurança para adequar procedimentos didáticos de acordo com cada realidade de sala de aula. Ressaltamos que P2 e P3 citaram em suas respostas a adequação do tempo relacionando com aspectos da Teoria da Aprendizagem Significativa (Ausubel, Novak & Hanesian, 1980).

Com respeito às atividades e avaliações, todos os professores afirmaram estarem adequadas com a proposta da Unidade Didática e, de acordo, com as respostas de P2 e P3, podemos inferir dedutivamente que a Unidade Didática elaborada possibilita aos estudantes momentos para aprimorar seus saberes da formação profissional e saberes experienciais. Observa-se que o professor P3 destaca, na Unidade Didática, a relevância tanto de saberes disciplinares (dimensão conceitual) quanto de saberes da formação profissional e saberes experienciais (dimensão procedimental).

Destacamos aqui uma ressalva citada por P2 e P5 de explicitar as atividades que seriam em sala de aula e quais seriam extraclasses. Ressaltamos que para um melhor entendimento, explicitamos tais atividades na versão final da Unidade Didática.

Por fim, obtivemos três registros que apresentaram aspectos positivos relacionados à Unidade Didática (URUD7.1). Foram apresentados aspectos positivos com relação à fundamentação metodológica e às atividades propostas (P3), às inserções de HFC e mapas conceituais (P2). Nesses registros, além de estarem de acordo com as ideias de Zabala (1998) a respeito do notável grau de participação necessário para se oferecer aos estudantes, com uma variedade de atividades com multiplicidades de interações para que ocorra sua aprendizagem, podemos observar o valor pedagógico da contextualização histórica citada por P2, o que possibilita a compreensão do processo de construção do conhecimento científico (Delizoicov, Angotti & Pernambuco, 2012; Matthews, 1995). Assim, podemos inferir que a Unidade Didática elaborada tem o potencial de oferecer aos estudantes saberes disciplinares com relação à Física de Plasmas para sua futura prática docente, assim como momentos para aprimorar seus saberes da formação profissional e saberes curriculares. (Tardif, 2007).

Com relação às críticas e sugestões para a Unidade Didática, destacamos a resposta de P1 e os resultados obtidos da aplicação da Unidade Didática, em que alguns estudantes ainda após o curso de extensão não citaram o conceito de ionização. Dessa maneira, destacamos a necessidade de ênfase na exploração e explicitação da relevância da ionização/fotoionização na produção de plasma.

A seguir, no Quadro 11, apresentamos uma síntese do que foi reformulado na Unidade Didática após a validação dos professores participantes e do teste empírico.

Quadro 11 – Síntese das principais características da Unidade Didática reformuladas

Proposta Inicial	Reformulação
Descrições e sugestões pedagógicas	
- **Atividades**: estudos de textos, pesquisas, dinâmicas em grupo, seminários, etc.	- **Atividades**: estudos de textos, pesquisas, dinâmicas em grupo, seminários, construção de mapas conceituais, etc.
	Acrescentamos o tópico: - **Conteúdo programático**: estados físicos da matéria; processos de ionização de um gás; modos de produção de plasma; equação de Saha; características do plasma: quase-neutralidade, comportamento coletivo (oscilações devido às forças coulombianas); emissão de radiação eletromagnética; blindagem do campo elétrico (comprimento de Debye), exemplos de plasma na natureza e aplicações de Física de Plasmas.
	Readequação dos tempos propostos para cada momento.
1º MOMENTO	
- Apresentar a equação de Saha.	- Apresentar e discutir a equação de Saha.
2º MOMENTO	
- O/a docente deve apresentar a definição de plasma, dos modos de produção de plasma, as características do plasma: quase-neutralidade, comportamento coletivo (devido às forças coulombianas); emissão de radiação eletromagnética; blindagem do campo elétrico (comprimento de Debye), exemplos de plasmas na natureza e aplicações de Física de Plasmas.	- O/a docente deve apresentar a definição de plasma, dos modos de produção de plasma (explicitando diferentes fontes de excitação/ionização/fotoionização), as características do plasma: quase-neutralidade, comportamento coletivo (devido às forças coulombianas); emissão de radiação eletromagnética; blindagem do campo elétrico (comprimento de Debye), exemplos de plasmas na natureza e aplicações de Física de Plasmas.
3º MOMENTO	
	Explicitamos as atividades extraclasses.

Considerações finais

A presença do tema Física de Plasma é relevante nos currículos dos cursos de Licenciatura em Física, uma vez que este é um assunto de Física Moderna e Contemporânea que está presente no cotidiano dos estudantes de Ensino Médio.

Conforme os resultados apresentados, a Unidade Didática se mostrou uma proposta efetiva para trabalhar o conteúdo de Física de Plasma nos cursos de Licenciatura em Física, ainda que com pequenas ressalvas citadas pelos docentes avaliadores. Destacamos que a Unidade Didática foi aperfeiçoada considerando os resultados da análise docente e do teste empírico de aplicação para estudantes de Licenciatura em Física. Os dados dessa aplicação serão apresentados e discutidos em outro artigo que tratará em detalhe os dados de estudantes participantes.

Por meio das respostas de docentes participantes, é possível inferir que a Unidade Didática tem potencialidade de proporcionar momentos de formação docente para aprimorar saberes da formação profissional, saberes experienciais e saberes curriculares. Ela é um exemplar de como preparar teórico-metodologicamente futuros professores para o ensino de Física de Plasmas para a Educação Básica.

Logo, este trabalho busca contribuir na perspectiva de Formação de Professores de Física, uma vez que a discussão metodológica da Unidade Didática realizada demonstra que com os devidos cuidados teóricos, metodológicos, epistemológicos e testes didáticos, é plenamente cabível a inserção tanto na formação inicial de professores quanto na formação em serviço para uma efetiva inserção desse tema de Física de Plasmas no Ensino Médio. Isso contribui, também, para a superação de um ensino defasado em termos de conteúdos contemporâneos da Física.

Agradecimentos

Agradecemos à Coordenação de Aperfeiçoamento de Pessoal de Nível Superior (CAPES), pela concessão de bolsa durante doutorado realizado no Programa de Pós-Graduação em Ensino de Ciências e Educação Matemática na Universidade Estadual de Londrina; ao CNPq; ao grupo de pesquisa

IFHIECEM, pela decodificação intersubjetiva necessária para esta pesquisa; e aos docentes participantes desta pesquisa.

Referências

Ausubel, D. P., Novak, J. D., & Hanesian, H. (1980). *Psicologia Educacional*. Trad. Eva Nick, Heliana de Barros Conde Rodrigues, Luciana Peotta, Maria Ângela Fontes, Maria da Glória Rocha Maron. Rio de Janeiro: Interamericana.

Bardin, L. (2011). *Análise de conteúdo*. Trad. Luís Antero Reto e Augusto Pinheiro. São Paulo: Edições 70.

Batista, I. de L. (2004). O Ensino de Teorias Físicas mediante uma estrutura Histórico-Filosófica. Ciência & Educação, 10(3), 461-476. Recuperado de https://www.scielo.br/pdf/ciedu/v10n3/10.pdf.

_____. (2009). Reconstruções histórico-filosóficas e a pesquisa interdisciplinar em educação científica e matemática. In Batista, I. de L., Salvi, R. F. (Org.). *Pós-graduação em Ensino de Ciências e Educação Matemática: um perfil de pesquisas* (35-50). Londrina: EDUEL.

Batista, I. de L. (2016). Uma adoção da História e Filosofia da Ciência no desenvolvimento dos Saberes Docentes Interdisciplinares. In Batista, I. de L. (Org.). *Conhecimentos e Saberes na Educação em Ciências e Matemática* (157-167). Londrina: EDUEL.

Batista, I. de L., & Araman, E. M. de O. (2009). Uma abordagem histórico-pedagógica para o Ensino de Ciências nas séries iniciais do Ensino Fundamental. *Revista Electrónica de Enseñanza de las Ciencias*, 8(2), 466-489. Recuperado de http://reec.uvigo.es/volumenes/volumen8/ART5_Vol8_N2.pdf.

Brasil, Ministério da Educação. Secretaria de Educação Média e Tecnológica. (1999). *Parâmetros Curriculares Nacionais: ensino médio*. Brasília: MEC.

Brasil. Ministério da Educação. (2018). *Base Nacional Comum Curricular*, Brasília, DF: MEC. Recuperado de http://basenacionalcomum.mec.gov.br/images/BNCC_EI_EF_110518_versaofinal_site.pdf.

Coutinho, C. P., & Bottentiut Junior, J. B. (2007). Utilização da técnica do Brainstorming na introdução de um modelo de E/B-Learning numa escola Profissional Portuguesa: a perspectiva de professores e alunos. In *Encontro Internacional Discurso Metodologia e Tecnologia*, 2007, Miranda do Douro, Portugal. Atas... Miranda do Douro: Centro de Estudos António Maria Mourinho. p. 102-118. Recuperado de http://repositorium.

sdum.uminho.pt/bitstream/1822/7351/1/Discurso%2cmetodologia%20e%20 tecnologia.pdf.pdf.

Delizoicov, D., & Angotti, J. A. (1990). *Metodologia do Ensino de Ciências*. São Paulo: Cortez.

Delizoicov, D., Angotti, J. A., & Pernambuco, M. M. (2012). *Ensino de Ciências: fundamentos e métodos*. 4. ed. São Paulo: Cortez.

IFHIECEM. http://www.uel.br/grupo-pesquisa/ifhiecem/.

Kikuchi, L. A. (2020) Uma Proposta de Unidade Didática para o Ensino da Física de Plasmas da Formação Inicial de Professores. Tese (Doutorado em Ensino de Ciências e Educação Matemática) – Universidade Estadual de Londrina, Londrina.

Kikuchi, L. A. (2016). O Ensino da Física do Plasma e a Formação de Professores. 2016. 118 f. Dissertação (Mestrado em Ensino de Ciências e Educação Matemática) – Universidade Estadual de Londrina, Londrina. Recuperado de http://www.bibliotecadigital.uel.br/document/?view=vtls000208359.

Libâneo, J. C. (2013). *Didática*. 2. ed. São Paulo: Cortez.

Martins, R. de A. (1990). Sobre o papel da história da ciência no ensino. Boletim da Sociedade Brasileira de História da Ciência, n.9, 3-5. Recuperado de http://www.ghtc.usp.br/server/pdf/ram-42.pdf.

Matthews, M. R. (1995). HISTÓRIA, FILOSOFIA E ENSINO DE CIÊNCIAS: A TENDÊNCIA ATUAL DE REAPROXIMAÇÃO. Caderno Catarinense de Ensino de Física, 12(3), 164-214. Recuperado de https://periodicos.ufsc.br/index.php/fisica/article/view/7084/6555.

Miranda, H. de S. Desenvolvimento de um módulo de brainstorm baseado em mapas conceituais para uma rede social educacional web. 2011. 110 f. Trabalho de Conclusão de Curso (Graduação em Sistemas de Informação) – Centro Universitário Luterano de Palmas, Palmas, 2011.

Monteiro, M. A., Nardi, R., & Bastos Filho, J. B. (2009). A sistemática incompreensão da teoria quântica e as dificuldades dos professores na introdução da Física Moderna e Contemporânea no Ensino Médio. Ciência & Educação, 15(3), 557-580. Recuperado de https://www.scielo.br/pdf/ciedu/v15n3/07.pdf.

Moreira, M. A. (2006a). *A Teoria da Aprendizagem Significativa e sua implementação em sala de aula*. Brasília: Editora Universidade de Brasília.

Moreira, M. A. (2010). *Mapas Conceituais e Aprendizagem Significativa*. São Paulo: Centauro.

Moreira, M. A. (2006b). Mapas Conceituais e Diagramas V. Porto Alegre. Recuperado de https://www.mettodo.com.br/ebooks/Mapas_Conceituais_e_Diagramas_V.pdf.

Novak, J. D., & Cañas, A. J. (2010). A teoria subjacente aos mapas conceituais e como elaborá-los e usá-los. Práxis Educativa, 5(1), 9-29. Recuperado de https://revistas2.uepg.br/index.php/praxiseducativa/article/view/1298/944.

Novak, J., & Gowin, D. (1984). *Aprender a aprender*. Lisboa: Plátano Edições Técnicas.

Ostermann, F., & Moreira, M. A. (2000a). Física Contemporánea en la escuela secundaria: una experiencia en el aula involucrando formación de profesores. *Enseñanza de las Ciencias*. 18(3), 391-404. Recuperado de https://www.raco.cat/index.php/Ensenanza/article/view/21689/21522.

Ostermann, F., & Moreira, M. A. (2000b). Uma revisão bibliográfica sobre a área de pesquisa "Física Moderna e Contemporânea no Ensino Médio". Investigações em Ensino de Ciências. Porto Alegre, 5(1), 23-48. Recuperado de https://www.if.ufrgs.br/cref/ojs/index.php/ienci/article/view/600/390.

Ostermann, F., Ferreira, L. M., & Cavalcanti, C. J. H. (1998). Tópicos de Física Contemporânea no Ensino Médio: um Texto para Professores sobre Supercondutividade. Revista Brasileira de Ensino de Física, 20(3). Recuperado de https://lume.ufrgs.br/bitstream/handle/10183/116764/000215873.pdf?sequence=1&isAllowed=y.

Peduzzi, L. O. Q. (2001). Sobre a utilização didática da história da ciência. In Pietrocola, M. (Org.). *Ensino de física: conteúdo, metodologia e epistemologia numa concepção integradora*. Florianópolis: Editora UFSC.

Pereira, A. P; Ostermann, F. (2009). Sobre o ensino de Física Moderna e Contemporânea: uma revisão da produção acadêmica recente. Investigações em Ensino de Ciências, 14(3), 393-420. Recuperado de https://www.if.ufrgs.br/cref/ojs/index.php/ienci/article/view/349/216.

Pirovani, F. E. da S., Erthal, J. P. C., & Campos, R. G. (2013). Investigação sobre a compreensão de estudantes do ensino médio sobre o quarto estado da matéria. In ENCONTRO NACIONAL DE PESQUISA EM EDUCAÇÃO EM CIÊNCIAS, 9., Águas de Lindóia. Anais [...]. Águas de Lindóia, SP. Recuperado de http://www.nutes.ufrj.br/abrapec/ixenpec/atas/resumos/R1317-1.pdf.

Saviski, S. de O. F. (2014). Uma abordagem didática com enfoque na história da física do plasma por meio da Aprendizagem Significativa. 2014. 135f. Dissertação

(Mestrado em Ensino de Ciências e Educação Matemática) – Centro de Ciências Exatas, Universidade Estadual de Londrina, Londrina. Recuperado de http://www.bibliotecadigital.uel.br/document/?view=vtls000192697.

Tardif, M. (2007). *Saberes docentes e formação profissional*. Petrópolis: Vozes.

Teixeira, E. S., Greca, I. M., & Freire Jr., O. (2012a). Uma revisão sistemática das pesquisas publicadas no Brasil sobre o uso didático de História e Filosofia da Ciência no Ensino de Física. In Peduzzi, L. O. Q., Martins, A. F. P., & Ferreira, J. M. H. (Org.). *Temas de História e Filosofia da Ciência no Ensino*. Natal: EDUFRN.

Teixeira, E. S., Greca, I. M., & Freire Jr., O. (2012b). The History and Philosophy of Science in Physics Teaching: A Research Synthesis of Didactic Interventions. *Science and Education*, 21, 771-796.

Terrazzan, E. A. (1992). A inserção da Física moderna e contemporânea no ensino de Física na escola de 2º grau. Cadernos Catarinenses de Ensino de Física, 9(3), 209-214. Recuperado de https://periodicos.ufsc.br/index.php/fisica/article/view/7392/6785.

Zabala, A. (1998). *A Prática Educativa: como ensinar*. Porto Alegre: ArtMed.

HISTÓRIA E FILOSOFIA DA CIÊNCIA E DA MATEMÁTICA

Capítulo 12
APONTAMENTOS TEÓRICOS E HISTÓRICOS DO ENSINO POR INVESTIGAÇÃO

Paulo Venâncio de Souza
Universidade Estadual de Londrina - UEL
paulo22vsouza@hotmail.com

Mariana A. Bologna Soares de Andrade
Universidade Estadual de Londrina – UEL
mariana.bologna@gmail.com

No contexto do Ensino de Ciências, o Ensino por Investigação envolve metodologias, estratégias e abordagens educativas destinadas ao desenvolvimento de investigações pelos estudantes para a promoção da aprendizagem científica. Assim, os professores, por meio de atividades de sala de aula, proporcionam aos alunos aspectos culturais de uma investigação científica (DEBOER, 2006; SASSERON, 2015). Em contexto nacional e internacional, a busca por pesquisas que emvolvam os termos ensino por investigação (EI) ou *scientific inquiry* (SI) resultam em uma diversidade de propostas com diferentes linhas teóricas e metodológicas e algumas convergências.

Nesse sentido, este capítulo apresenta um percurso histórico dos aspectos relacionados a terminologias, influência de pesquisadores e características do Ensino por Investigação (usualmente utilizado em inlgês como *Scientific Inquiry*), com o objetivo de apresentar uma síntese teórica do tema, apontando implicações para a pesquisa e abordagens na área de Ensino de Ciências.

1. ENSINO POR INVESTIGAÇÃO/INQUIRY: ORIGEM DO TERMO E SEUS SIGINFICADOS

O Ensino por Investigação tem relação com o Scientific Inquiry – ou apenas inquiry – adotado pelas pesquisas em Ensino de Ciências publicadas em língua inglesa. As discussões inciais da inclusão de atividades investigativas na educação básica também têm origem em autores norte americanos e, assim, consideramos significativa a compreensão da expressão.

O uso do termo *inquiry* ou e*nquiry* encontra-se relacionado a diversos assuntos e aspectos das diferentes áreas da vida (WINN, 1959). Os dicionários de tradução da língua inglesa traduzem o termo *inquiry* como correspondente na língua portuguesa a termos relacionados a atributos comuns de questionamento, tais como: inquérito, investigação, indagação e pergunta (INQUIRY, 2018a; INQUIRY, 2018b; INQUIRY, 2018c).

A dificuldade de se definir exatamente o que venha a ser o termo *inquiry*, também pode ser notada ao se fazer uso de tradutores *online*. Estes tradutores fornecem traduções diversas em relação a este termo. O termo *inquiry* é polissêmico, isso pode ser notado pela sua utilização relacionada a assuntos diversos tais como leis, investigações de instituições públicas e privadas, delitos criminais, o poder legislativo, a ciência, entre outros.

Tendo conhecimento da natureza polissêmica e dos diversos sentidos atribuídos ao termo *inquiry*, direcionamos nossas intenções a fim de conhecer a etimologia (origem) deste termo. De acordo com INQUIRY (2018d), o termo *inquiry* é um substantivo que no início do século XV era derivado do termo *"enquery"*, do qual designava um exame judicial dos fatos para determinar a verdade. Segundo Partridge, o significado do termo *inquiry* está relacionado ao termo *"to inquire"* (que significa *"para inquirir", tradução nossa*) que tem seu significado derivado do termo em Latim *inquírere* que quer dizer *"to search in or intro"* (que significa *"procurar dentro"* ou *"para dentro"* de algo, *tradução nossa*) (INQUIRY, 2006, p. 1568). Outro significado está atrelado ao termo *"to enquire"*, que é reformulado do latim e também dos termos *enqueren* do idioma Inglês Médio[1] e do termo *enquerre* pertencente entre o Francês Antigo[2] e Francês Medieval[3] (INQUIRY, 2006), que tem seu significado relacionado ao verbo investigar (INQUIRY, 2018d).

Embora reconheçamos a tradução direta do termo *inquiry* como sendo *inquérito*, pautamo-nos na afirmação de Abbagnano (2007) que alega que o termo *inquiry* constitui uma das origens da palavra *investigação*. Abbagnano

---

1   Segundo Etymonline (2018), o Inglês Médio é o inglês como escrito e falado entre os anos 1110-1500 d.C.
2   Ibid. Francês Antigo é a língua francesa falada e escrita entre os anos 900-1400 d.C.
3   Ibid. Francês Medieval é a língua francesa falada e escrita entre os anos 1400- 1600 d.C.

define os significados do termo *investigação* contrapondo conceitos ligados à indagação filosófica primitiva (*causa essendi*) com a proposta das estruturas lógicas de Dewey, por considerar a lógica como teoria da investigação (*causa cognoscendida*) no mundo moderno, estando esta ligada ao termo i*nquiry* (INVESTIGAÇÃO, 2007).

Assim como Abbagnano (2007), adotaremos ao longo deste artigo a tradução do termo *inquiry* como sendo correspondente ao termo *investigação*. Esta decisão foi tomada pelo fato de Abbagnano (2007) definir o termo *inquiry* tendo como base Dewey.

Embora Dewey seja considerado um dos precursores mais influentes no EI por adotar o termo *inquiry* no cenário educacional (BARROW, 2006; ZÔMPERO; LABURÚ, 2011; CRAWFORD, 2014; ÖNDER, ŞENYIĞIT; SILAY, 2018), e que este seja um importante fundamento para o EI, o emprego do termo EI não é consensual entre os pesquisadores da área de Ensino de Ciências, até mesmo em países onde esta proposta é bem definida em termos das diretrizes curriculares, como por exemplo, os Estados Unidos (MUNFORD; LIMA, 2007; SÁ; LIMA; AGUIAR JR., 2011; ANDRADE, 2011; ZÔMPERO; LABURÚ, 2011; CRAWFORD, 2014; CLEMENT; CUSTÓDIO; ALVES FILHO, 2015).

No cenário educacional, pesquisadores apontam que os fatores que corroboram esta situação são a tradução e diferentes conceituações do termo *inquiry* oriundas de países de língua inglesa que acarretam na existência de polissemia do sentido do termo investigação e de perspectivas diferentes de EI (ABD-EL-KHALICK *et al.*, 2004; MUNFORD; LIMA, 2007; SÁ; LIMA; AGUIAR JR., 2011; ANDRADE, 2011; ZÔMPERO; LABURÚ, 2011; CRAWFORD, 2014; CLEMENT; CUSTÓDIO; ALVES FILHO, 2015).

Abd-El-Khalick *et al.* (2004) alegam que a variação de significados associados ao termo investigação está atrelada às diferentes concepções filosóficas a respeito das práticas de investigação contidas nos currículos de Ciências de várias nações. Estes autores destacam uma variedade de termos que utilizam para caracterizar o papel da investigação no Ensino de Ciências, tais como: processos científicos; solução de problemas; conceber problemas, formular hipóteses, projetar experimentos, coletar e analisar dados e extrair conclusões; derivar entendimentos conceituais; examinar as limitações das explicações científicas; trabalho prático; encontrar e explorar questões; habilidades inventivas criativas.

Outra dificuldade em definir EI reside no fato de este englobar aspectos da investigação científica (SASSERON, 2015; DEBOER, 2006), ou seja, fatores que venham a interferir ou modificar a natureza da investigação científica, consequentemente influenciarão no EI. Sendo assim, as transições que ocorreram nas concepções da Natureza da Ciência, nos princípios pedagógicos e na psicologia da aprendizagem, também corroboraram a variação da interpretação do termo investigação (DUSCHL; GRANDY, 2012). Referente a esta situação, Grandy e Duschl (2007) salientam que no período que abrange os anos de 1955 a 1970, as mudanças na filosofia da ciência (visões da História e Filosofia da Ciência- HFS, substituíram o tradicionalismo do positivismo lógico), assim como nos princípios pedagógicos e na psicologia da aprendizagem (os ideais behavioristas cederam espaço ao cognitivismo piagetiano e o socioculturalismo vygotskyano), corroboraram esta interpretação. Outro motivo que leva os distintos entendimentos a respeito do EI está atrelado à aquisição dos referenciais e ideias oriundas das diferentes abordagens e concepções a cada momento histórico (CLEMENT, CUSTÓDIO; ALVES FILHO, 2015).

A seguir apresentaremos aspectos relacionados a influências de dois pesquisadores ainda muito referenciados nas pesquisas relacionadas a EI. Iniciamos por John Dewey pelo fato de ser reconhecido como base filosófica desta abordagem e por inserir o termo *inquiry* no meio educacional e, posteriormente, Joseph Schwab, pelo esforço em desenvolver currículos voltados a essa abordagem.

2. DEWEY E SCHAB E O INÍCIO DO EI

Dentro de um espectro cronológico, tomamos como ponto de partida as influências oriundas do filósofo da educação John Dewey, seguida das contribuições do biólogo Joseph Schwab, pela inserção do EI nos currículos de Ensino de Ciências no cenário pós-Segunda Guerra Mundial. Na medida em que prosseguimos no histórico, abordaremos as tendências em função dos contextos de cada época, apresentando, por fim, como a expressão vêm sendo compreendida na atualidade.

2.1 AS INFLUÊNCIAS DE JOHN DEWEY PARA EI

A filosofia educacional *deweyana* centra-se no pragmatismo, na interação, na reflexão, na experiência, na comunidade e na democracia (COLLINS; O'BRIEN, 2003). As opiniões filosóficas de Dewey geralmente são classificadas como pragmatistas e instrumentalistas (LACEY, 1996; COLLINS; O'BRIEN, 2003; ANDRADE, 2011; FESTENSTEIN, 2018).

Para Dewey (1959), o objetivo fundamental da Educação não era transmitir informações, mas desenvolver métodos críticos de pensamentos, hábitos mentais que permitam aos estudantes, diante de quaisquer situações problemáticas, avaliarem e elaborarem estratégias de resoluções. Por reconhecer as crianças como criaturas ativas, exploradoras e curiosas, Dewey alegava que a educação tem a função de promover experiências infundidas por habilidades e conhecimentos (BLACKBUR, 1996).

Alguns autores em seus trabalhos reconhecem John Dewey como precursor e vanguardista na perspectiva de EI (ABD-EL-KHALICK *et al.*, 2004; BARROW, 2006; ZÔMPERO; LABURÚ, 2011; ANDRADE, 2011; CRAWFORD, 2014; SOLINO; GEHLEN, 2015; ÖNDER; ŞENYIĞIT; SILAY, 2018). Em alguns trabalhos podemos notar que as bases teóricas para o modelo de EI estão fundamentadas nas propostas de John Dewey, pela introdução do termo *inquiry* no cenário educacional americano (BARROW, 2006; ZÔMPERO; LABURÚ, 2011; CRAWFORD, 2014; ÖNDER; ŞENYIĞIT; SILAY, 2018). De acordo com Rodrigues e Borges (2008) e Zômpero e Laburú (2011), o termo *inquiry* foi incluído na educação científica no ano de 1938, por recomendação de Dewey, com a publicação de seu livro *Logic: The Theory of Inquiry.*

Dewey apresentava críticas ao ensino por transmissão, pelo fato de ser excessivamente formal, rígido e de não desenvolver nos estudantes o raciocínio e habilidades mentais (BLACKBUR, 1996; ZÔMPERO; LABURÚ 2011; SÁ; LIMA; AGUIAR JR., 2011). Dewey considerava que o aluno deveria participar de forma mais ativa do seu processo de aprendizagem (BLACKBUR, 1996; ZÔMPERO; LABURÚ 2011; SÁ; LIMA; AGUIAR JR., 2011; ÖNDER; ŞENYIĞIT; SILAY, 2018).

Almejando uma melhor forma de aprendizagem, Dewey propõe que os estudantes deveriam procurar soluções para questões que não soubessem as respostas, fazendo uso de seu método científico, o que caracterizaria uma investigação científica (ZÔMPERO; LABURÚ, 2011; RODRIGUES; BORGES, 2008). Inicialmente, o método científico era tido como uma estratégia de ensino que consistia em seis etapas rígidas - detectar um problema, esclarecer o problema, formular hipóteses possíveis, testar a hipótese, revisar com testes rigorosos, e atuar na solução - nas quais os alunos deveriam estar ativamente envolvidos, tendo o suporte do professor que deveria atuar como guia e facilitador (DEWEY, 1959). Dewey modificou sua proposta de adotar o método científico incorporando o pensamento reflexivo (BARROW, 2006), e o conjunto de etapas a serem seguidas passou a ser: definição e apresentação do problema, sugestão de uma solução e a formulação de hipótese, coleta de dados durante o experimento, aplicação do teste experimental e formulação de conclusão (BARROW, 2006; RODRIGUES; BORGES, 2008; ANDRADE, 2011; ZÔMPERO; LABURÚ, 2011). De acordo com Audi (1999), Dewey defendia que o seu método científico não deveria ser limitado a uma esfera específica, pois ele acreditava que o seu alcance era universal e simplesmente resumia o modo como deveríamos pensar.

Podemos observar esta universalidade do método científico em questões sociais. Dewey se preocupava com o autodesenvolvimento de todos os indivíduos e encontrou na democracia uma estrutura social que permitia que isso fosse possível, no entanto, ressaltava a necessidade de se repensar e reformular as instituições democráticas, a fim de torná-las cada vez mais receptivas aos tempos de mudança (AUDI, 1999). Esta relação fica nítida quando notamos que alguns trabalhos destacam que o método científico proposto por Dewey visava que os estudantes fossem capazes de refletir a respeito de questões sociais e morais, buscando desenvolver uma sociedade mais humanizada e democrática (ANDRADE, 2011; CLEMENT; CUSTÓDIO; ALVES FILHO, 2015).

As obras de Dewey refletem muito nos aspecto iniciais das propostas educacionais relacionadas ao EI, entretanto, a limitação de Dewey como a referência única para está area é ingênua e temporalmente descontextualizada, pois é necessário considerar outros autores e novas tendências que emergiram ao longo de quase 70 anos de pesquisa. Assim, além de Dewey, Joseph Schwab também pode ser considerado um pesquisador que deixou grandes influências para o EI. Em especial, destacaremos a sua importância para o desenvolvimento de propostas curriculares.

2.2 AS INFLUÊNCIAS EXERCIDAS POR JOSEPH SCHWAB PARA O EI

Outro nome relevante em relaçõ ao EI foi o educador e biólogo estadunidense Joseph Schwab, reconhecido pela influência que exerceu nas orientações das reformas curriculares do EC nos Estados Unidos (ABD-EL-KHALICK *et al.*, 2004; BARROW, 2006; DEBOER, 2006; MUNFORD; LIMA, 2007; ANDRADE, 2011; CRAWFORD, 2014; CLEMENT; CUSTÓDIO; ALVES FILHO, 2015; BEVINS; PRICE, 2016).

Schwab criticava a visão da Ciência que predominava na educação científica de sua época (SCHWAB, 1958; 1960). Suas críticas eram direcionadas ao fato de a Ciência procurar encontrar verdades inalteráveis, fazendo com que os cientistas apresentassem em suas pesquisas conclusões apenas do que tinham observado, omitindo dúvidas, ambiguidades e interpretações (SCHWAB, 1958; 1960). Esta visão da Ciência culminava em uma educação científica dogmática oferecida na maioria das escolas americanas (por volta dos anos 1950), na qual se estabelecia dominar fatos como verdadeiros por meio de livros-textos com orientações laboratoriais inflexíveis e exercícios que não apresentavam problemas de escolha e aplicação (SCHWAB, 1958, 1960).

Schwab acreditava que era necessário reorientar o Ensino de Ciências de modo a direcioná-lo a uma perspectiva científica, e para cumprir com este propósito recomendou a adoção de atividades de investigação (SCHWAB, 1958; 1960). Pesquisadores reconhecem a importância e relevância de Schwab para esta perspectiva de ensinar Ciências (ABD-EL-KHALICK *et al.*, 2004; ANDRADE, 2011; MUNFORD; LIMA, 2007; CLEMENT; CUSTÓDIO; ALVES FILHO, 2015; BARROW, 2006; DUSCHL, 2008), bem como para os currículos de Ciências das décadas de 1950-60 (ANDRADE, 2011). Segundo Schwab (1958), a ciência deveria ser apresentada como investigação e os estudantes deveriam realizar investigações como meio para aprender a respeito dos conteúdos científicos ensinados.

Tanto as abordagens tradicionais de sala de aula quanto as de laboratório deveriam ser revistas, de modo que os estudantes passassem a receber instruções para realizar investigações que possibilitassem encontrar ou formular um problema, planejar procedimentos a serem executados, interpretar os dados observados e tirar suas conclusões (SCHWAB, 1958), ao invés da receberem exemplificações de leis científicas e de uma aprendizagem que priorizasse a manipulação de aparelhos e técnicas.

Schwab (1960) estabelece que os manuais de laboratório deixassem de dizer ao aluno o que ele deveria fazer e fossem substituídos por um material mais permissivo com três níveis de abertura: (1) o manual apresenta problemas e as maneiras que os alunos podem utilizar para resolver seu problema a partir do que ele já conhece em seus livros; (2) os problemas são sugeridos pelo manual e as resoluções deixadas em aberto; (3) o problema e os procedimentos para chegar à resolução são deixados em aberto e cabe ao aluno decidir a forma com como efetuará a investigação.

Independente da forma com que esta investigação seja elaborada, Schwab (1960) sugere que os estudantes debatam coletivamente a viabilidade e a validade dos problemas resolvidos, as técnicas utilizadas, as discrepâncias dos resultados encontrados, a fim de estabelecer um consenso a respeito do que foi estudado e de suas conclusões, contribuindo desta forma para um maior envolvimento e responsabilidade por parte dos estudantes nas aulas de Ciências.

Quanto à sala de aula investigativa, Schwab (1960) recomenda que seja realizada uma *"inquiry intro inquires"* ("investigação sobre as investigações", *tradução nossa*). Trata-se de apresentar aos alunos materiais que mostrem os modos com que os cientistas elaboram seus problemas, lidam com os dados e como interpretam suas conclusões alcançadas, de maneira que os estudantes sejam levados a elaborar resoluções alternativas para estes problemas e também debatam os princípios, interpretações e decisões que os cientistas tomam.

Com estas novas características para o Ensino de Ciências (laboratório e sala de aula), Schwab (1960) tinha como objetivo que os estudantes compreendessem a Ciência, bem como os conteúdos científicos e os seus métodos. Além dos objetivos educacionais, Schwab também tinha como objetivo que, caso os estudantes não seguissem carreiras científicas, se tornariam simpatizantes da ciência, apoiando a proposta científica na política estadunidense (SCHWAB, 1960; DEBOER, 2006; CRAWFORD, 2014).

Segundo Barrow (2006); Munford e Lima (2007); e Zômpero e Laburú (2011), Schwab acreditava que os estudantes deveriam compreender a ciência de forma que novas informações e descobertas fossem incorporadas às estruturas conceituais já estabelecidas, considerando, nas palavras de Schwab (1960) a ciência como um corpo crescente passível de mudanças e aperfeiçoamentos. A afirmação anterior mostra a insatisfação de Schwab quanto à visão da ciência que vigorava naquela época. Segundo Schwab (1960), caso os estudantes continuasem sendo formados nesta perspectiva, os conhecimentos adquiridos por eles, após passar um intervalo de tempo de aproximadamente quinze anos, provavelmente em grande parte seriam inadequados e obsoletos. A preocupação de Schwab de que os estudantes considerassem que a construção do conhecimento científico é passível de mudanças e aperfeiçoamentos são avanços para compreender a natureza transitória da ciência.

Alguns autores apontam que Schwab considerava que o conteúdo e a prática são inseparáveis na educação científica e que os currículos de Ciências deveriam refletir aspectos dos processos e procedimentos para chegar aos conhecimentos científicos e, para isso os estudantes deveriam usar relatórios, livros de pesquisa e novas tecnologias, com o intuito de aprender como os cientistas investigam e chegam às suas conclusões (DEBOER, 2006; MUNFORD; LIMA, 2007; ZÔMPERO; LABURÚ, 2011; BARROW, 2006). Esta afirmação demonstra o interesse de Schwab em formar futuros cientistas, no entanto esta metodologia de ensino explicita o que a literatura reconhece por *Ensino como Investigação*, pois os estudantes são levados a conhecer como os cientistas agem para desenvolver o seu trabalho. As discussões atuais, assim como serão apresentads abaixo, consideram significativa a superação de formar jovens cientístas, ou seja, o *Ensino por Investigação* prioriza a adequação das práticas investigativas como caminho da aprendizagem de Ciências e formação do cidadão mais do que apenas a formação de jovens pesquisadores.

Mesmo considetando Dewey e Schwab como precursores de aspectos teóricos e metodológicos da EI, nota-se que houve diferentes concepções ao longo dos anos. Essas mudanças ocorreram em função de alguns fatores que interferiram diretamente nos objetivos da Educação Científica. Sendo assim, decidimos tratar destas diferenças do EI a partir do período pós-Segunda Guerra Mundial, e então discorreremos a seu respeito dentro de uma sequência histórica formada por alguns momentos, até chegarmos ao seu uso em dias atuais.

3. ALGUMAS PERSPECTIVAS HISTÓRICAS DO PERCURSO DO ENSINO POR INVESTIGAÇÃO

A perspectiva do EI passou por modificações ao longo do século XIX (BARROW, 2006; DEBOER, 2006; ANDRADE, 2011; ZÔMPERO; LABURÚ, 2011; CLEMENT; CUSTÓDIO; ALVES FILHO, 2015; SOLINO; GEHLEN, 2015). As modificações sofridas pelo EI ocorreram em função das influências e necessidades políticas, sociais e econômicas, das concepções de investigação científica e dos fundamentos filosóficos que embasavam suas propostas (BARROW, 2006; DEBOER, 2006; ANDRADE, 2011; ZÔMPERO; LABURÚ, 2011; CLEMENT; CUSTÓDIO; ALVES FILHO, 2015; SOLINO; GEHLEN, 2015). Tais modificações também são resultado das mudanças ocorridas em relação às conceituações de Natureza da Ciência, das investigações científicas, dos processos de ensino e de aprendizagem, e dos objetivos da educação científica (GRANDY; DUSCHL, 2007; DUSCHL; GRANDY, 2012).

A fim de abordarmos as influências e modificações ocorridas no EI ao longo dos anos, nos baseamos em um estudo realizado por Krasilchik (2000) (Fígura 1), que apresenta algumas modificações ocorridas no Ensino de Ciências ao longo dos anos 1950 até os anos 2000, influenciadas por interesses políticos e socioeconomicos.

Krasilchik (2000) alega que os objetivos de se ensinar Ciências são influenciados e sofrem modificações de acordo com interesses políticos e econômicos de cada país. Esta autora afirma que tais interesses vêm estabelecendo condições para que os estudantes sejam ensinados de forma a se tornarem cidadãos capazes de contribuir com o desenvolvimento econômico de seus países.

Figura 1 – Evolução da Situação Mundial, segundo Tendências no Ensino 1950-2000

Tendências no Ensino	Situação Mundial			
	1950 Guerra Fria	1970 Guerra Tecnológica	1990 Globalização	2000
Objetivo do Ensino	• Formar Elite • Programas Rígidos	• Formar Cidadão-trabalhador • Propostas Curriculares Estaduais	• Formar Cidadão-trabalhador-estudante • Parâmetros Curriculares Federais	
Concepção de Ciência	• Atividade Neutra	• Evolução Histórica • Pensamento Lógico-crítico	• Atividade com Implicações Sociais	
Instituições Promotoras de Reforma	• Projetos Curriculares • Associações Profissionais	• Centros de Ciências, Universidades	• Universidades e Associações Profissionais	
Modalidades Didáticas Recomendadas	• Aulas Práticas	• Projetos e Discussões	• Jogos: Exercícios no Computador	

Fonte: Krasilchick (2000, p. 86)

Tendo como base esta divisão temporal apresentada por Krasilchik (2000), discutiremos algumas concepções do EI. Abordaremos alguns episódios históricos desde a década de 1950 até os dias atuais. Tal relação com o quadro proposto pela autora, nos permite apresentar com maior clareza nossos argumentos e discussões numa sequência cronológica em que os episódios históricos ocorreram.

3.1 O Ensino por Investigação a partir de 1950

No cenário pós-Segunda Guerra Mundial, reconhecido como Guerra Fria, mais especificadamente no dia 4 de outubro de 1957, o lançamento do primeiro satélite artificial da Terra, o Sputnik I, deu à Rússia (antiga URSS) o sucesso técnico-científico pela disputa espacial (KRASILCHIK, 2000; BARROW, 2006; ANDRADE, 2011; ZÔMPERO; LABURÚ, 2011). Esta derrota levou a nação estadunidense e alguns países da Europa (em especial os países do Reino Unido, liderados pela Inglaterra) a se preocuparem com a educação científica, refletir e questionar a qualidade dos professores de Ciências e o currículo de ciência que orientavam as escolas (BARROW, 2006; ANDRADE, 2011; ZÔMPERO; LABURÚ, 2011; DUSCHL, GRANDY 2012).

De acordo com Krasilchik (2000), os Estados Unidos e a Inglaterra passaram a investir em recursos humanos e financeiros, almejando o *status* e o prestígio de serem a grande potência mundial (KRASILCHIK, 2000). A necessidade nacional estadunidense estava voltada em reconstruir o capital de mão de obra científica capaz de alavancar a indústria, a pesquisa e a educação dos americanos, além de estimular o apoio popular voltado ao entendimento da Ciência para o desenvolvimento econômico nacional (SCHWAB, 1960).

Nos Estados Unidos, iniciativas políticas de educação científica criaram a *National Science Foundation* – NSF (DUSCHL, 2008; DUSCHL; GRANDY, 2012). No Reino Unido foi criada a *Nuffield Foundation* (KRASILCHIK, 2000; DUSCHL, 2008; ANDRADE, 2011). Em 1960, a NSF financiou o currículo de Ciências (Física, Química, Ciências da Terra e Elementar) do Ensino Médio e o desenvolvimento profissional, cursos de capacitação profissional de professores, com ênfase em preparar futuros cientistas (BARROW, 2006; DUSCHL, 2008; DUSCHL, GRANDY, 2012).

Em busca de melhorias para o Ensino de Ciências, o governo dos Estados Unidos, com a ajuda de Universidades e profissionais, elaboraram materiais didáticos (livros, filmes instrutivos e materiais para laboratório e sala de aula) com a finalidade de envolver os estudantes em atividades investigativas para que estes passassem a se comportar como cientistas (KRASILCHIK, 2000; BARROW, 2006; DUSCHL, 2008; DUSCHL; GRANDY, 2012).

Independentemente da disciplina científica, os currículos dos anos 1960 foram supostamente planejados para promover habilidades de investigação (LEDERMAN, 2007) a partir do envolvimento dos estudantes em atividades investigativas, para que passassem a pensar como cientistas (DEBOER, 2006; BARROW, 2006; DUSCHL, 2008, ANDRADE, 2011; DUSCHL; GRANDY, 2012).

Grandy e Duschl (2007) afirmam que os materiais curriculares desenvolvidos para que os estudantes se envolvessem nas investigações científicas exigiram que o governo estadunidense investisse na infraestrutura das escolas e na formação de profissionais dentro destas perspectivas. Segundo Duschl e Grandy (2012), a NSF financiou institutos de formação de professores para que preparassem os profissionais para ensinar esses novos currículos com base na investigação.

Até este momento, na perspectiva destes documentos, a Ciência era considerada uma atividade neutra, isolada da sociedade e não se discutiam os valores sob os quais os cientistas produziam seus trabalhos (KRASILCHIK, 2000). Estes fatos podem ser observados nas atividades realizadas pelos estudantes que envolviam investigações científicas com sequências fixas e rígidas, sem julgar a forma e as relações (sociais, econômicas, políticas) em que esses conhecimentos foram elaborados (ANDRADE, 2011).

No período que se estende entre as décadas de 1960-1980, o cenário mundial passa pelo período de industrialização, no qual a Ciência e a Tecnologia passam a ser vistas como nova perspectiva de alavancar o crescimento econômico e o desenvolvimento dos países (KRASILCHIC, 2000; CHARLOT, 2013). Países ao redor do mundo, principalmente os considerados desenvolvidos, passam a investir em currículos que contemplem o Ensino de Ciências, almejando contribuições para desenvolvimento e avanço de novas tecnologias (ANDRADE, 2011). O processo acelerado da industrialização, dentre outros fatores, fez com que aumentassem as crises ambientais, a poluição, a falta de energia, engrandecendo os problemas sociais que, consequentemente, culminou na necessidade de novas propostas para as disciplinas científicas (KRASILCHIK, 2000).

Neste mesmo momento histórico, o Ensino de Ciências passou por mudanças significativas. Podemos destacar as que ocorreram na Educação Científica e na concepção de Natureza da Ciência. Na Educação Científica, o behaviorismo atuante nos princípios pedagógicos e na psicologia da aprendizagem passa a ser substituído por teorias cognitivistas e socioculturalistas (GRANDY; DUSCHL, 2007; DUSCHL; GRANDY, 2012). O ensino passa a ser centrado nos estudantes e a ideia de aquisição de conhecimento passa a ser substituída pela de construção. Na Natureza da Ciência, o tradicionalismo acadêmico pautado no positivismo lógico, passa a ser questionado pelas correntes filosóficas da Ciência (GRANDY; DUSCHL, 2007). As visões limitadas de Ciência neutra passam a ser correlacionadas aos aspectos políticos, sociais, econômicos (KRASILCHIK, 2000; ANDRADE, 2011). De acordo com Andrade (2011), essas relações que envolvem a Ciência e a Sociedade têm suas origens relacionadas ao movimento Ciência, Tecnologia e Sociedade (CTS), iniciado entre as décadas de 1960 e 1970.

As atividades investigativas tinham o enfoque nas interações CTS, ou seja, relações sociais, culturais, políticas, religiosas, entre outras esferas (DEBOER, 2006; ANDRADE, 2011), além de terem o propósito de proporcionar aos estudantes a aprendizagem dos conhecimentos científicos, os quais seriam construídos a partir do seu envolvimento na busca de soluções para problemas que fossem relevantes para suas vidas (KRASILCHIK, 2000; DEBOER, 2006). Os problemas a serem resolvidos enolviam lixo, fontes de energia, economia de recursos naturais, poluição da água, resíduos nucleares e aquecimento global (KRASILCHIK, 2000; DEBOER, 2006).

O fim da década de 1980 e o início da década de 1990 são marcados pelo fim da Guerra Fria, o forte crescimento industrial, o avanço de novas tecnologias computacionais, e o surgimento de novas lógicas socioeconômicas e de modernização. Neste período, a mudança estrutural do capitalismo mundial ocasionou uma integração econômica internacional, que culminou no estabelecimento e desenvolvimento da Globalização (CHARLOT, 2013).

Neste momento emerge no cenário internacional o movimento "escola para todos" (KRASILCHIK, 2000) ou "educação para todos" (CHARLOT,

2013). Nos EUA, a intenção de formar cientistas é substituída por uma meta abrangente "Ciências para todos"; na Inglaterra o propósito estava voltado para "Entendimento público da Ciência" (ANDRADE, 2011; DUSCHL; GRANDY, 2012). Segundo Krasilchik (2000, p.89), "[...] A preocupação com a qualidade da 'escola para todos' incluiu um novo componente no vocabulário e nas preocupações dos educadores, 'a alfabetização científica'".

A nova necessidade econômica de Ciência e Tecnologia fez com que novas mudanças ocorressem na Educação Científica. As mudanças se concentraram em elaborar currículos nos quais se desejava formar futuros cidadãos que fossem capazes de tomar decisões e atuar em uma sociedade na qual a Ciência e os avanços da Tecnologia eram cada vez mais presentes e influentes para o desenvolvimento socioeconômico (DUSCHL, 2008; ANDRADE, 2011; DUSCHL; GRANDY, 2012).

As novas reformas educacionais retomam as atividades investigativas como práticas de ensino que levavam os estudantes a serem alfabetizados cientificamente (ANDRADE, 2011). Neste momento histórico, os EUA e a Inglaterra passaram a definir seus propósitos para a Educação Científica por meio de documentos elaborados por agências do governo que estipulavam padrões a serem seguidos (ABD-EL-KHALICK *et al.*, 2004; DUSCHL, 2008; DUSCHL; GRANDY, 2012). De acordo com Abd-El-Khalick *et al.* (2004), estes padrões orientavam uma direção unificada para o ensino e aprendizagem de Ciências durante o século XXI. No que diz respeito aos Estados Unidos, podemos destacar os documentos *National Science Education Standards* (NSES e o *Inquiry and the National Science Education Standards* elaborados pelo *National Research Council* (NRC), *Project* 2061, *Benchmarks for Scientific Literacys* (BFSL) e *Atlas of Scientific Literacy* elaborados pela *American Association for Advancement of Science* (AAAS).

Documentos e projetos produzidos por comitês governamentais, como por exemplo, NRC e AAAS, são parâmetros elaborados com a tentativa de se chegar a um consenso em relação aos requisitos que os alunos devem saber para serem cientificamente alfabetizados, além de também indicarem aspectos que a formação dos estudantes deve contemplar (ABD-EL-KHALICK *et al.*, 2004; DEBOER, 2006; BARROW, 206; DUSCHL, 2008; DUSCHL; GRANDY, 2012; CRAWFORD, 2014). Segundo Abd-El-Khalick *et al.* (2004), os documentos da reforma da educação científica elaborados pela

AAAS e NRC apresentam concepções de ensino e aprendizagem por meio de investigações com reflexões voltadas a respeito da Natureza da Ciência e a educação. De acordo com os autores, estes documentos preveem que os estudantes dominem habilidades de investigação tanto quanto desenvolvam entendimentos de como a investigação científica pode ser elaborada.

Segundo alguns autores (BARROW, 2006; DEBOER, 2006; MUNFORD; LIMA, 2007,; SÁ; LIMA; AGUIAR JR., 2011; DUSCHL; GRANDY, 2012; CRAWFORD, 2014; CLEMENT; CUSTÓDIO; ALVES FILHO, 2015), o documento NSES defende o uso de abordagens investigativas para o Ensino de Ciências. Grandy e Duschl (2007) afirmam que o termo "inquiry" está contido no NSES com o objetivo de os alunos aprenderem a fazer investigações e desenvolver compreensões da natureza da investigação científica.

Com base nas propostas dos documentos americanos NRC (2012) e *Next Generation Science Standards* (NGSS, 2013), Crawford (2014) menciona a seguinte definição para ensinar Ciências por investigação: requer envolver os alunos em condições para "desenvolver habilidades de pensamento crítico, que inclui elaborar perguntas, projetar e realizar pesquisas, interpretar dados a partir de evidências, criar argumentos, construir modelos e comunicar descobertas na busca de aprofundar sua compreensão usando lógica e evidência o respeito do mundo natural" (CRAWFORD, 2014, s. p., *tradução nossa*).

Andrade (2011) alega que as pesquisas em EI e os modelos de ensino mais recentes desta abordagem, no Brasil, se referenciam a documentos oficiais de reformas curriculares dos EUA e Europa.

Atualmente no Brasil, no que se refere ao EC, a BNCC menciona a importância e relevância da abordagem do EI para a aprendizagem dos estudantes. Isso pode ser constatado, quando o documento mencionam que

> [...] a abordagem investigativa deve promover o protagonismo dos estudantes na aprendizagem e na aplicação de processos, práticas e procedimentos, a partir dos quais o conhecimento científico e tecnológico é produzido. Nessa etapa da escolarização, ela deve ser desencadeada a partir de desafios e problemas abertos e contextualizados, para estimular a curiosidade e a criatividade na elaboração de procedimentos e na busca de soluções de natureza teórica e/ou experimental (BRASIL, 2018, p. 551).

De acordo com a BNCC, as atividades investigativas devem se preocupar em tratar questões globais e locais de diferentes contextos socioculturais. A afirmação anterior é complementada com a justificativa de que "as competências específicas e habilidades propostas exploram situações-problema envolvendo melhoria na qualidade de vida, segurança, sustentabilidade, diversidade étnica e cultural, entre outras" (BRASIL, 2018, p. 550).

Segundo Sasseron (2018), embora o EI tenha sido mencionado como um dos elementos estruturantes para o currículo de Ciências da Natureza da BNCC, nota-se uma ênfase pouco efetiva para a promoção desta abordagem quando comparada aos estudos desta área de pesquisa. Sasseron (2018) destaca que apesar de a BNCC mencionar que a formação de professores esteja alinhada com suas propostas, não se encontra na mesma diretrizes mais específicas a respeito dos modelos para esta formação, a não ser a referência do seu próprio texto. A proposta da BNCC ainda caracteriza-se como um desafio para escolas e professores, pois pelo pouco tempo de sua publicação, ainda faltam noções acerca das implicações do documento, bem como das suas consequências para a Educação.

Este desafio perpassa a relação plural entre Ensino por Investigação e suas variações de compreensão e desenvolvimento, tema apresentado no próximo tópico.

3.2 As Diferentes Variações do Termo Ensino por Investigação

O EI não se fundamenta como um método fechado e rígido. Na verdade, não existe uma única abordagem do EI, nem uma maneira exata em que possa ser usado. O que podemos dizer é que existe um consenso entre os pesquisadores no que diz a respeito a uma diversidade de visões e conceituações acerca do EI (COLLINS; O'BRIEN, 2003; DEBOER, 2006; BARROW, 2006; ZÔMPERO; LABURÚ, 2011; CRAWFORD, 2014; RUTTEN; VEEN; JOOLINGEN, 2015, p. 4; WARTHA; LEMOS, 2016).

A forma com que o termo investigação foi conceituado e a mudança de suas concepções com o passar dos anos, corroboram a dificuldade de se definir o que venha a ser o EI. De acordo com Abd-El-Khalick *et al.* (2004), muito do que se tem como EI em sala de aula são visões apresentadas nos documentos da educação científica. Estes autores afirmam que em eventos de pesquisa países diversos como Libano, Estados Unidos, Israel, Venezuela, Austrália e

Taiwan também relatam a maior influência de documentos oficiais e menor aprofundamento em pesquisas da área de Ensino de Ciências.

Rutten, Veen e Joolingen (2015) alegam que existem várias conceituações de EI nas quais o processo de investigação se inicia com perguntas e geração de hipóteses, continuando com processos cíclicos (que envolvem o planejamento, modelagem e comunicação de resultados), terminando com a conclusão.

Zômpero e Laburú (2011) realizam uma discussão elencando diversas abordagens acerca da utilização de atividades investigativas apontadas por diferentes autores que estudam esta metodologia de ensino em busca de convergências ou denominadores comuns. Seus resultados de análise mostram o caráter não conclusivo entre os autores, e que as atividades investigativas podem ocorrer de maneiras distintas, entretanto salientam que em todas as propostas as atividades partem de um problema.

Crawford (2014), em busca de esclarecer os diversos significados do EI, relata a existência de diferentes variações, tais como: baseadas em projetos, baseadas em problemas, ciência autêntica, ciência cidadã e investigação baseada em modelos. Dentre as variações abordadas, a autora apresenta os componentes principais de cada abordagem, e apesar das diferenças, menciona que em todas elas as atividades se desenvolvem a partir de uma questão-problema que leva os estudantes à investigação.

Collins e O'Brien (2003) definem o EI como uma forma de os professores instruírem seus estudantes proporcionando-lhes informações, experiências ou problemas que sirvam de foco para que estes desenvolvam suas atividades de pesquisa (criar hipóteses ou tentativas de soluções, coletar dados, avaliar dados, elaborar conclusões e discutir resultados).

Munford e Lima (2007) destacam que nas investigações científicas autênticas, as práticas realizadas pelos cientistas presentes em uma investigação científica (por exemplo, tipos de raciocínios, a forma que investigam, interpretam resultados e elaboram respostas) são tidas como elementos centrais nas atividades investigativas desenvolvidas nas escolas e servem de parâmetro para diagnosticar o quanto de semelhança existe entre o que é realizado na escola com o que é realizado pelos cientistas.

Tendo o conhecimento das variações do uso do EI e de suas diferentes abordagens, complementamos, assim como Deboer (2006) e Sasseron (2015), que são práticas focadas em atividades de sala de aula que evidenciam aspectos culturais do fazer científico, com a finalidade de facilitar aos estudantes a aprendizagem de práticas científicas (questionar, investigar e resolver problemas), do conhecimento científico e aspectos da Filosofia e Natureza da Ciência. Estas atividades não devem ser direcionadas apenas a questões do conteúdo científico a ser ensinado, mas também envolver aspectos do meio social, econômico e cultural do país, entre outros, de modo a tornar o ensino mais significativo e interessante para os estudantes.

Algumas literaturas divulgam o *Ensino por Investigação* como sendo correspondente ao *Ensino como Investigação*. Esta é uma concepção equivocada, embora tenham semelhanças, estas abordagens se distinguem em diferentes aspectos. Ambas são pautadas em aspectos da investigação científica, no entanto com objetivos diferentes. Segundo Duschl (2008), o que contribuiu para esta interpretação errônea está relacionado às diferentes traduções dos materiais curriculares.

A utilização do termo *Ensino como Investigação* é o reflexo das fortes influências dos currículos das décadas de 1950 e 1960, ou seja, a necessidade de levar os estudantes a pensar, agir e tomar decisões da mesma forma com a que os cientistas fazem ao se envolver em uma investigação científica (BARROW, 2006; DUSCHL, 2008; DUSCHL; GRANDY, 2012). Já no *Ensino por Investigação* os estudantes também se envolvem em atividades investigativas, no entanto, o objetivo desta abordagem é levar os alunos a desenvolverem habilidades e competências necessárias para conhecer melhor a ciência e seus processos, ou seja, alfabetizá-los cientificamente. Cabe ressaltar que esta abordagem não impede que os estudantes, futuramente, venham a se tornar cientistas (DEBOER, 2006; SASSERON, 2015), mas não têm a carreria acadêmica como a finalidade das suas práticas.

Outra concepção que temos que discernir é a de que ensinar por meio de investigação e ensinar a respeito da investigação são aspectos distintos. Estudar a respeito da natureza da investigação científica não significa que ela esteja sendo abordada por meio do EI, pois professores podem orientar suas aulas utilizando métodos tradicionais de ensino (de modo não investigativo) para explicar a respeito da natureza da investigação científica (DEBOER, 2006).

Assim como nas investigações científicas, no EI não necessariamente existe um "método científico", ou seja, não existe uma única maneira ou forma de se obter evidências científicas ou de se fazer ciência (DEBOER, 2006; BEVINS; PRICE, 2016; GRANDY; DUSCHL, 2007). Não existe e nem deve existir uma maneira particular para utilizar o EI em sala de aula. O esperado é que para o uso desta metodologia se tenha conhecimento dos aspectos filosóficos e teóricos que a fundamentam, e que seu emprego seja elaborado em função do contexto escolar (DEBOER, 2006; GRANDY; DUSCHL, 2007; BEVINS; PRICE, 2016). Deboer (2006) recomenda que a forma utilizada esteja de acordo com os objetivos e propósitos específicos do professor. Munford e Lima (2007) alertam que nem todos os temas devem ser ensinados por meio de abordagens investigativas, embora alguns sejam mais apropriados; recomendam que os professores diversifiquem suas abordagens e que as utilize de acordo com seus objetivos e necessidades.

Segundo Bevins e Price (2016), a maioria dos trabalhos existentes a respeito do EI parece ter aceitado os modelos atuais de investigação como um fato consumado, além de normalmente discutirem a respeito das estruturas e processos de investigação em salas de aula de Ciências. Os referidos autores mencionam que diferentes profissionais da educação científica possuem diferentes e distintas visões do que entendem ser o EI, as quais se estendem desde simples atividades práticas apoiadas pelo professor, até atividades lideradas absolutamente por estudantes, sem apoio do docente. Eles destacam que esta confusão vem ocorrendo em função de pensar o EI, as abordagens ativas de ensino e aprendizagem, o construtivismo e a ideia de que os estudantes devem ter mais controle e assumir mais responsabilidade por sua própria aprendizagem como uma identidade única, alertando ainda a respeito da utilização superficial deste termo na elaboração de currículos que incluem algumas destas atividades.

Outro detalhe a ser mencionado é o nível de controle dos alunos nas atividades do EI. As atividades de investigação podem variar conforme os objetivos que os professores têm em relação aos estudantes (DEBOER, 2006; CRAWFORD, 2014; BEVINS; PRICE, 2016). Normalmente o controle e o direcionamento das atividades são estabelecidos de acordo com o nível de envolvimento intelectual dos alunos (DEBOER, 2006; CRAWFORD, 2014; BEVINS; PRICE, 2016). Alguns autores mencionam que o nível de controle é classificado em *estruturado, orientado* (*guiado*) ou *aberto* (CRAWFORD, 2014; BEVINS; PRICE, 2016). Porém, salientamos que independente dos níveis de controle, as atividades devem ser utilizadas em função dos contextos escolares, adaptando-as às necessidades e aos objetivos educacionais que os professores têm com seus estudantes.

Crawford (2014) e Bevins e Price (2016) alegam que os níveis de investigação se distinguem pelo fato de quem elabora as questões e como os procedimentos das investigações são realizados. Resumidamente, de acordo com estes autores, na investigação estruturada o professor elabora a questão de pesquisa e fornece aos estudantes as técnicas para se investigar; na orientação o professor fornece a questão, mas não fornece os procedimentos; e na investigação aberta, os estudantes escolhem a questão de investigação e os procedimentos que irão realizar.

Cabe ao professor de uma sala de aula em investigação apoiar a aprendizagem dos estudantes durante a realização das atividades para que estes possam compreender a natureza da investigação científica. Autores destacam a multiplicidade de papéis identificados para um professor em um ambiente de sala de aula em investigação, como por exemplo o de motivador, guia, orientador, inovador, colaborador, etc (CRAWFORD, 2000, 2014). As condições para as quais estes ambientes de aprendizagem venham a acontecer, nos remetem a refletir e pensar melhor a respeito da formação dos professores para a abordagem do EI.

Após mencionarmos algumas variações das abordagens do EI, e o modo como autores as caracterizam, a seguir apresentaremos algumas finalidades para as quais o EI vem sendo utilizado em dias atuais.

3.3 O Ensino por Investigação nos Dias Atuais

Ensinar os estudantes por meio de propostas pautadas nas investigações científicas pode ter objetivos distintos, como preparar futuros cientistas, desenvolver cidadãos que possam ser pensadores autônomos e independentes capazes de buscar respostas para questões que considerem importantes, ser uma ferramenta pedagógica contribuindo para melhor compreensão a respeito dos métodos, dos conteúdos e dos princípios da ciência, motivar os alunos e desenvolver habilidades de investigação (DEBOER, 2006, p. 18).

As atividades de investigação podem ser utlizadas de modo a aproximar os estudantes da forma como os conhecimentos científicos são produzidos. Elas favorecem o acesso às práticas da cultura científica, dos aspectos históricos políticos, culturais, econômicos e sociais, vindo a possibilitar melhor compreeensão pelos estudantes no que diz respeito à Natureza da Ciência e conteúdos científicos, contribuindo para sua alfabetização científica (POZO; CRESPO, 1998; DEBOER, 2006; GRANDY; DUSCHL, 2007; SOLINO; GEHLEN, 2014a; SOLINO; GEHLEN, 2014b; SASSERON, 2015; TRIVELATO; TONIDANDEL, 2015; BEVINS; PRICE, 2016; FERRAZ; SASSERON, 2017; SEDANO; CARVALHO, 2017; SILVA). Deboer (2006) meciona que as experiências práticas vivenciadas pelos estudantes no EI proporcionam melhor compreensão a respeito de como o mundo e a ciência funcionam, dos princípios da ciência e do conteúdo científico. Sedano e Carvalho (2017) alegam que o EI oportuniza que estudantes trabalhem em pequenos grupos em busca da resolução de um problema do qual elaboram e testam hipóteses e que após a resolução comunicam, argumentam, questionam e discutem coletivamente as etapas e suas tomadas de decisão, vivenciando desta forma práticas da cultura científica providas de regras, valores e linguagens próprias.

As pequisas vêm apoiando o EI devido à sua eficácia ao relatarem resultados positivos de aprendizagem por parte dos alunos ao se envolverem de forma ativa nas atividades e também por desenvolverem competências científicas (DEBOER, 2006; GRANDY; DUSCHL 2007; ZÔMPERO; LABURÚ, 2011; SASSERON, 2015; BEVINS; PRICE, 2016).

Podemos observar que a partir do seu envolvimento com as atividades do EI, espera-se que os estudantes possam desenvolver e aprimorar habilidades cognitivas próximas do fazer científico e da investigação científica, como por exemplo, observar, elaborar hipóteses, registrar e analisar dados, comparar, perceber evidências, fazer inferências, concluir, aprimorar o raciocínio e argumentar, como também compreender a ciência como uma construção humana.

Para os aspectos pedagógicos, o uso das atividades investigativas no EC, além de estimular o raciocínio dos estudantes, busca romper com o caráter tradicional e tecnicista do ensino, na redução da carência de significados por parte dos estudantes, de modo que estes participem de forma mais ativa na construção do seu próprio conhecimento.

Embora tenhamos visto os benefícios e a forma com que o EI vem sendo abordado na atualidas, algumas críticas são mencionadas quanto às dificuldades e obstáculos para sua implementação. Veremos, a seguir, algumas delas.

3.4 Alguns Obstáculos do Ensino por Investigação

Ensinar Ciências por investigação não é a única maneira, nem mesmo a melhor em todas as circunstâncias (DEBOER, 2006). Embora as abordagens do EI sejam boas estratégias para promoção da aprendizagem, muitas necessitam de aprimoramentos para se tornarem modelos ainda mais sofisticados e capazes de abarcar maiores benefícios (BEVINS; PRICE, 2016).

As dificuldades mais recorrentes à má implementação do EI são atreladas aos docentes e à estrutura dos currículos das escolas (DEBOER, 2006; MUNFORD; LIMA, 2007; GRANDY; DUSCHL, 2007; CRAWFORD, 2014; BEVINS; PRICE, 2016). Muitas das críticas enredam as concepções equivocadas a respeito da natureza e dos propósitos da investigação científica que estes possuem, bem como a sua falta de fundamentação teórica relacionada a esta abordagem e, por consequência, a execução de atividades mal-elaboradas junto aos procedimentos inadequados para se avaliar a aprendizagem.

Além da restrição de tempo, os docentes normalmente estão preocupados em cumprir cronogramas (carregados de conteúdo) e focados em preparar os estudantes para os grandes testes (provas e vestibulares), e em função deste contexto acabam por empregar o EI de uma forma superficial (com atividades relativamente simples, pouco estruturadas, com abordagens distorcidas e até mesmo mal elaboradas), abordando-as como sequências mecanicistas de etapas algorítmicas simples, omitindo e reduzindo, desta forma, a riqueza, o poder e a complexidade do processo de uma investigação (ABD-EL-KHALICK *et al.*, 2004; BEVINS; PRICE, 2016).

Como vimos, existem diversas maneiras para os estudantes se envolverem em atividades investigativas e também diferentes razões para o seu uso, no entanto, independente das abordagens de EI empregadas, esperamos que elas não sejam tomadas e definidas de maneira dogmática. As atividades do EI, assim como atividades de outros tipos de abordagens possuem limitações, e por conta deste caráter recomendamos que sejam estipulados objetivos, propósitos e resultados a serem alcançados, e consequentemente a partir destes, estabelecer critérios e procedimentos adequados para se avaliar a aprendizagem dos estudantes (DEBOER, 2006; MUNFORD; LIMA, 2007; BEVINS; PRICE, 2016).

Por fim, uma das razões mais importantes para o não sucesso do EI possa ser a má interpretação de sua natureza, pois ela requer direcionamento e motivação necessária para que os estudantes possam estar envolvidos de forma ativa em atividades que sejam adequadas aos níveis cognitivos correspondentes e que não sejam simplesmente baseadas em si mesmas, pois estarão sujeitas ao fracasso (DEBOER, 2006). Dentro desta concepção é necessário oportunizar aos docentes (desde iniciantes até os mais experientes) uma formação apropriada, de modo que sejam capazes de lidar com a diversidade dos contextos escolares e de implementar esta perspectiva de ensino no cotidiano escolar de acordo com a necessidade.

4. Síntese dos aspectos do EI

Neste capítulo procuramos apresentar uma revisão da literatura dos aspectos teóricos relacionados ao Ensino por Investigação. Na busca por respostas, destacamos a necessidade de apresentarmos discussões teóricas quanto às fundamentações do EI, de modo a compreender melhor esta abordagem de ensino desde a identificaçao do termo, dos primódios teóricos de Dewey e Schwab, as variações de seu uso, suas diferentes concepções, as intenções de seu uso e alguns obstáculos à sua implementação.

Como pudemos observar, as necessidades políticas e econômicas de cada momento histórico influenciaram e continuam influenciando os objetivos da Educação Científica e, por conta disto, notamos que o EI passou por diferentes concepções com o passar dos anos.

Embora Dewey e Schwab tenham sido importantes para o EI, não podemos nos limitar às suas ideias para orientar as propostas desta abordagem. Com o passar dos anos, seus direcionamentos foram sendo modificados por outros autores e pesquisas, que por sua vez se encontram inseridos em novos e diferentes contextos. Isso é comum acontecer por conta da natureza transitória da Ciência, assim como da necessidade de novos propósitos para superar os desafios encontrados nos processo de ensino.

Apresentamos um quadro resumo (Quadro 1) com algumas das concepções que o EI teve com o passar dos anos. Apresentamos neste quadro a evolução desta abordagem de meados do século XX até a conjuntura atual. A intenção é destacar alguns dos aspectos das atividades investigativas, como eram utilizadas, quais as finalidades ou intenções do seu uso, qual a concepção da Ciência e dos pricípios pedagógicos vigentes em cada momento histórico apresentado.

Quadro 1 – Percurso histórico do EI – início do séc. XIX até os dias atuais

Ensino por Investigação	1900 - 1950	1950-1960	1960-1980	1990 – 2000	2000 -
Atividades Investigativas e suas finalidades	Comprovar/ verificar conceitos a partir da experimentação Entender o motivo das coisas	Sequências fixas e rígidas pré estabelecidas pelo Método Científico Ensino como Investigação.	Discutir natureza da ciência e interações CTSA	Dominar habilidades de investigação	Desafios e problemas abertos e contextualizados, para estimular a curiosidade e a criatividade na elaboração de procedimentos e na busca de soluções de natureza teórica e/ou experimental.
Visão da Ciência	Atividade neutra sem relação social	Atividade neutra sem relação com a sociedade	HFSC CTSA	HFSC CTSA	HFSC CTSA
Currículo	Tradicionalismo acadêmico	Tradicionalismo ou Racionalismo Acadêmico	Ciência e Tecnologia	Elaborações dos Padrões Alfabetização Científica	Alfabetização Científica Sustentabilidade Diversidade étnica e cultural
Necessidades	Formar cidadão da elite acadêmica	Formar engenheiros e cientistas Estudantes se tornarem pequenos cientistas	Formar cidadãos capazes de solucionar problemas relevantes para a vida humana (impactos ambientais)	Tomar decisões em uma sociedade que apoia o avanço científico e tecnológico	Desenvolver competências e habilidades Formar cidadãos que consigam obter, produzir e analisar criticamente as informações
Princípios pedagógicos e psicologia da aprendizagem	Lógica indutiva Behaviorismo	Aquisição de conhecimento Behaviorismo	Construção do conhecimento Cognitivismo e socioculturalismo	Construtivismo	Construtivismo

Fonte: os autores.

Notamos que mesmo defendendo diferentes concepções que passaram por mudanças ao longo dos anos, Dewey ainda é mencionado como referência para os trabalhos atuais que discutem os fundamentos e princípios teóricos do EI. Entendemos que isso ocorre devido ao fato de pesquisadores o considerarem influente nesta abordagem de Ensino, em virtude de ser o responsável por adotar o termo *inquiry* no cenário educacional. Outro detalhe para a citação de Dewey em pesquisas mais atuais envolve as críticas ao ensino por transmissão e o envolvimento dos estudantes. Assim como Dewey, as pesquisas consideram que os estudantes devem participar de forma mais ativa no seu processo de aprendizagem e que quando envolvidos nas abordagens de ensino, sejam capazes de desenvolver o seu raciocínio e habilidades mentais.

Em relação às influências de Schwab e o cenário atual, é necessário contrastar duas concepções que envolvem o desenvolvimento e as finalidades do uso do EI: as diferenças entre as investigações realizadas por estudantes e cientistas e as distinções que envolvem a ciência escolar e ciência acadêmica. Embora saibamos que o EI seja pautado em perspectivas da investigação científica, estudantes e cientistas se distinguem em diferentes aspectos, como por exemplo, profissão e função social desempenhada, objetivos das atividades e da ciência desenvolvida, conhecimentos produzidos e a forma com que são elaborados, infraestrutura para desenvolver suas atividades, fundamentações teóricas, questões sociais. Comumente, a ciência praticada em universidades, laboratórios e instituições de pesquisa se distancia da ciência ensinada nas salas de aula das escolas, e o uso de atividades investigativas no Ensino de Ciências seria um modo capaz de minimizar esse distanciamento, oportunizando aspectos pertinentes à prática dos cientistas contextualizados ao nível e aos objetivos da educação básica.

Outra diferença a ser considerada é a tarefa desempenhada pelos estudantes e cientistas enquanto praticantes da ciência, bem como os objetivos da ciência escolar e da acadêmica. Quanto às tarefas, cientistas e estudantes são desafiados a resolverem problemas, entretanto, os estudantes não possuem o mesmo conhecimento teórico e técnico que os cientistas profissionais dominam, pois eles resolvem seus problemas com a finalidade voltada para demonstrar e explicar um determinado resultado que já é sabido pela Ciência. Já os cientistas têm uma formação consistente para apoiar a investigação e resolvem seus problemas com a necessidade de atribuir significados teóricos que possam ser aplicados em novas situações ou na elaboração de novos conhecimentos. Uma ressalva a ser feita é, mesmo com o objetivo da educação científica para a educação básica sendo a aprendizagem, nada impede que os estudantes, a partir de aulas investigativas, possam vir a desenvolver novos produtos ou conhecimentos científicos.

Concordamos que, independente da forma com que o EI seja utilizado, é importante que se tenha conhecimento de seus princípios filosóficos, junto aos estudos psicológicos e pedagógicos dos processos de ensino e aprendizagem, de modo que seu uso consiga ajudar a alcançar os resultados educacionais específicos. Ressaltamos que as propostas a serem elaboradas devem ser pensadas e planejadas em função de suas necessidades, das características e dos contextos escolares.

No contexto atual, reconhecemos que envolver os estudantes em atividades do EI requer desenvolver ambientes de aprendizagem que os estimulem no desenvolvimento de suas habilidades cognitivas, pensamento crítico, melhorara na capacidade de compreensão, colaboração, motivação, autoestima, tomada de decisão e autonomia para lidar com as novas situações que abarcam o mundo cada vez mais complexo.

Assim, com este trabalho buscamos apresentar reflexões teóricas acerca dos temas, componentes históricos, abordagens e estutura do Ensino por Investgicação, apresentando um panorama dos difrentes aspectos que possam auxiliar na orientação de outros trabalhos relacionados. Salientamos que um tema que ainda demanda atenção de mais pesquisas é a avaliação em abordagens de EI. A avaliação pode e deve ser fonte de interesse em pesquisas em EI, em função da sua irmportância em todo o processo de elaboração e análise de propostas investigativas.

Agradecimentos

O Autor1 agradece à Coordenação de Pessoal de Nível Superior – CAPES, pela bolsa durante o período do mestrado.

Referências

ABBAGNANO, N. **Dicionário de filosofia**. São Paulo: M. Fontes, 2007.

ABD-EL-KHALICK, F. BOUJAOUDE, S. DUSCHL, R. LEDERMAN, N. G. MAMLOK-NAAMAN, R. HOFSTEIN, A. NIAZ, M. TREAGUST, D. TUAN, H. Inquiry in science education: international perspectives. **Science Education**, [s.l.], v. 88, n. 3, p. 397-419, 2004.

ANDRADE, G. T. B. Percursos históricos de ensinar ciências através de atividades investigativas. **Ensaio Pesquisa em Educação em Ciências**, Belo Horizonte, v. 13, n. 01, p. 121-138, abr. 2011.

AUDI, R. **The Cambridge Dictionary of Philosophy**. Cambridge: Cambridge University Press, 1999.

BARROW, L. H. A brief history of inquiry: from dewey to standards. **Journal of Science Teacher Education**, [s.l.], v. 17, n. 3, p. 265-278, set. 2006.

BEVINS, S.; PRICE, G. Reconceptualising inquiry in science education. **International Journal of Science Education**, [s.l.], v. 38, n. 1, p. 1-13, jan. 2016.

BLACKBUR, S. **The Oxford Dictionary of Philosophy**. New York: Oxford Paperback Reference, 1996. p. 103.

BRASIL. Ministério da Educação. **Base Nacional Comum Curricular**. Ministério da Educação, Brasília, DF: MEC, 2018. Disponível em: http://basenacionalcomum.mec.gov.br/wp-content/uploads/2018/12/BNCC_19dez2018_site.pdf. Acesso em: 20 jan. 2019.

CHARLOT, B. **Da relação com o saber às práticas educativas**. São Paulo: Cortez, 2013. 228 p.

CLEMENT, L.; CUSTÓDIO, J. F.; ALVES FILHO, J. P. Potencialidades do ensino por investigação para promoção da motivação autônoma na educação científica. **Alexandria Revista de Educação em Ciência e Tecnologia**, Florianópolis, v. 8, n. 01, p. 101-129, maio 2015.

COLLINS, J. W.; O'BRIEN, N. P. **The Greenwood Dictionary of Education**. London: Greenwood Press, 2003.

CRAWFORD, B. A. Embracing the essence of inquiry: new roles for science teachers. **Journal of Research in Science Teaching**, [s.l.], v. 37, n. 9, p. 916-937, out. 2000.

CRAWFORD, B. A. From Inquiry to scientific pratices in the Science Classroom. *In*: LEDERMAN, N. G.; ABELL, S. K. (ed.). **Handbook of research on science education** (e-reader version). New York: Routledge, 2014, v. II. Localização 31131-32682. Disponível em: http://www.amazon.com/

Handbook-Research-Science-Education-II/dp/0415629551/ref=sr_1_2?ie=UTF8&qid=1437679561&sr=8-2&keywords=handbook+on+research+in+science+education.

DEBOER, G. E. Historical Perspectives on Inquiry Teaching in Schools. *In*: FLICK, L. B.; LEDERMAN, N. G. (ed.). **Scientific inquiry and nature of science**: implications for teaching, learning and teacher education. Norwell: Kluwer Academic Publishen, 2006. p. 17-35.

DEWEY, J. **Como pensamos**. São Paulo: Companhia Editora Nacional. 3ª ed. 1959.

DUSCHL, R. A.; GRANDY, R. Two views about explicitly teaching nature of science. **Science & Education**, [s./.], v. 22, n. 9, p. 2109-2139, 2012.

DUSCHL, R. Science education in three-part harmony: balancing conceptual, epitemic, and social learning goals. **Review of Research in Education**, [s./.], v. 32, n. 1, p. 268-291, fev. 2008.

ETYMONLINE. Dicionário online etymonline, 2018. Disponível em: https://www.etymonline.com/columns/post/abbr?ref=etymonline_footer. Acesso em: 02 maio 2018.

FERRAZ, A. T.; SASSERON, L. H. Propósitos epistêmicos para a promoção da argumentação em aulas investigativas. **Investigações em Ensino de Ciências,** Porto Alegre, v. 22, n. 01, p. 42-60, abr. 2017.

FESTENSTEIN, M. ***Stanford Encyclopedia of Philosophy***. *Disponível em: https://plato.stanford.edu/entries/dewey-political/*. Acesso em: 12 mar. 2018.

GRANDY, R. E.; DUSCHL, R. A. Reconsidering the character and role of inquiry in school science: analysis of a conference. **Science & Education**, [s./.], v. 16, p. 141-166, fev. 2007.

INQUIRY. Dicionário online bab, 2018a. Disponível em: https://pt.bab.la/dicionario/ingles-portugues/inquiry. Acesso em: 02 maio 2018.

INQUIRY. Dicionário online Cambridge, 2018b. Disponível em: https://dictionary.cambridge.org/dictionary/english-portuguese/inquiry. Acesso em: 02 maio 2018.

INQUIRY. Dicionário online dictionary, 2018c. Disponível em: http://www.dictionary.com/browse/inquiry?s=t. Acesso em: 02 maio 2018.

INQUIRY. Dicionário online etymonline, 2018d. Disponível em: https://www.etymonline.com/word/inquiry. Acesso em: 02 maio 2018.

INQUIRY. *In*: PARTRIDGE, Eric. **Origins**: A short Etymological Dictionary of Modern English. London and New York: Routledge, 2006, p 1568.

INVESTIGAÇÃO. *In*: ABBAGNANO, Nicola. **Dicionário de filosofia**. São Paulo: M. Fontes, 2007. p. 584.

KRASILCHIK, M. Reformas e realidade: o caso do Ensino de Ciências. **São Paulo em Perspectiva**, São Paulo, v. 14, n. 1, p. 85-93, 2000.

LACEY, A. R. **A Dictionary of Philosophy**. London: Routledge, 1996.

LEDERMAN, N. G. Nature of science: past, present, and future. *In*: ABELL, Sandra K.; LEDERMAN, N. G. (ed.). **Research on Science Education**. New York: Routledge, p. 831-879, 2007.

MUNFORD, D.; LIMA, M. E. C. de C. Ensinar ciências por investigação: em que estamos de acordo? **Ensaio Pesquisa em Educação em Ciências**, Belo Horizonte, v. 9, n. 1, p. 72-89, jan./jun. 2007.

ÖNDER, F.; ŞENYIĞIT, Ç.; SILAY İ. Effect of an inquiry-based learning method on students' misconceptions about charging of conducting and insulating bodies. **European Journal of Physics**, [*s.l.*], v. 39, n. 5, p. 1-14, jul. 2018.

POZO, J. I.; CRESPO, M. Á. G. A solução de problemas nas ciências da natureza. *In*: POZO, J. I. (org.). **A solução de problemas**: aprender a resolver, resolver para aprender. Porto Alegre: ArtMed, 1998. p. 67-102.

RODRIGUES, B. A.; BORGES, A. T. O Ensino de Ciências por investigação: reconstrução histórica. *In*: ENCONTRO DE PESQUISA EM ENSINO DE FÍSICA, 11, 2008, Curitiba. **Atas** [...]. Curitiba: SBF, 2008.

RUTTEN, N.; VEEN, J. T. V. D.; JOOLINGEN, W. R. Inquiry-Based Whole--Class Teaching with Computer Simulations in Physics. **International Journal of Science Education**, v. 37, n. 8, p. 1-21, abr. 2015.

SÁ, E. F.; LIMA, M. E. C. de C. e; AGUIAR JÚNIOR, O. A construção de sentidos para o termo ensino por investigação no contexto de um curso de formação. **Investigações em Ensino de Ciências**, Porto Alegre, v. 16, n. 01, p. 79-102, mar. 2011.

SASSERON, L. H. Alfabetização científica, ensino por investigação e argumentação: relações entre ciências da natureza e escola. **Ensaio Pesquisa em Educação em Ciências**, Belo Horizonte, v. 17, n. especial, p. 49-67, nov. 2015. Disponível em: http://www.scielo.br/pdf/epec/v17nspe/1983-2117-epec-17-0s-00049.pdf. Acesso em: 01 jun. 2018.

SASSERON, L. H. Ensino de Ciências por investigação e o desenvolvimento de práticas: uma mirada para a Base Nacional Curricular Comum. **Revista Brasileira de Pesquisa em Educação em Ciências,** Belo Horizonte, v. 18, n. 3, p. 1061-1085, set/dez. 2018.

SCHWAB, J. J. Inquiry, the science teacher, and the educator. **The School Review,** [s.l.], v. 68, n. 2, p. 176-195, 1960.

SCHWAB, J. J. The teaching of science as inquiry. **Bulletin of the Atomic Scientists,** [s.l.], v. 14, n. 9, p. 374-379, 1958.

SEDANO, L.; CARVALHO, A. M. P. Ensino de Ciências por investigação: oportunidades de interação social e sua importância para a construção da autonomia moral. **Alexandria Revista de Educação em Ciência e Tecnologia,** Florianópolis, v. 10, n. 1, p. 199-220, maio 2017.

SOLINO, A. P.; GEHLEN, S. T. A conceituação científica nas relações entre a abordagem temática freireana e o Ensino de Ciências por investigação. **Alexandria Revista de Educação em Ciência e Tecnologia,** Florianópolis, v. 7, n. 1, p.75-101, maio 2014a.

SOLINO, A. P.; GEHLEN, S. T. Abordagem temática freireana e o Ensino de Ciências por investigação: possíveis relações epistemológicas e pedagógicas. **Investigações em Ensino de Ciências,** Porto Alegre, v. 19, n. 01, p. 141-162, mar. 2014b.

SOLINO, A. P.; GEHLEN, S. T. O papel da problematização freireana em aulas de ciências/física: articulações entre a abordagem temática freireana e o Ensino de Ciências por investigação. **Ciência & Educação,** Bauru, v. 21, n. 4, p. 911-930, 2015.

TRIVELATO, S. L. F.; TONIDANDEL, S. M. R. Ensino por investigação: eixos organizadores para sequências de ensino de biologia. **Ensaio Pesquisa em Educação em Ciências,** Belo Horizonte, v. 17, n. especial, p. 97-114, nov. 2015.

WARTHA, E. J.; LEMOS, M. M. Abordagens investigativas no ensino de química: limites e possibilidades. **Amazônia Revista de Educação em Ciências e Matemática,** Belém, v. 24, n. 12, p. 05-13, jan./jul. 2016.

WINN, R. B. **John Dewey:** Dictionary of Education. New York: Philosophical Library, 1959.

ZÔMPERO, A. F.; LABURÚ, C. E. Atividades investigativas no Ensino de Ciências: aspectos históricos e diferentes abordagens. **Ensaio Pesquisa em Educação em Ciências,** Belo Horizonte, v. 13, n. 03, p. 67-80, dez. 2011.

Capítulo 13
MAPEANDO POLÍTICAS AMBIENTAIS NO FACEBOOK: O CASO DAS DISCUSSÕES EM TORNO DA EXPRESSÃO "IR PASSANDO A BOIADA"

Leonardo Wilezelek Soares de Melo
Universidade Estadual de Londrina – UEL
E-mail: leonardowdemelo@gmail.com

Moisés Alves de Oliveira
Universidade Estadual de Londrina – UEL
E-mail:moises@uel.br

Introdução

Em 22 de maio de 2020, o Supremo Tribunal Federal (STF) brasileiro autorizou a liberação do vídeo da reunião ministerial de 22 de abril de 2020, realizada pelo governo Bolsonaro. Entre diversas polêmicas emergentes dos discursos explanados, uma frase proferida pelo ex-ministro Ricardo Salles gerou repercussões nas discussões ambientais ao longo daquele ano. Durante um momento da reunião, o Ministro do Meio Ambiente comentou: "Precisa ter um esforço nosso aqui enquanto estamos nesse momento de tranquilidade no aspecto de cobertura de imprensa, porque só fala de Covid, e ir passando a boiada e mudando todo o regramento e simplificando normas" (URIBE, 2020, p. B6).

O conteúdo da frase foi diversamente repercutido pelas mídias, mas o ministro Ricardo Salles alegou ter sido mal interpretado, pois seu intuito teria sido destacar a necessidade de desregulamentação em todos os ministérios. Segundo ele, sua intenção era declarar que há muito trabalho a fazer e a expressão "ir passando a boiada" seria sinônimo de "dar de baciada": "Baciada significa fazer bastante. Fazer um monte de mudanças que são necessárias" (URIBE, 2020, p. B6).

Desregulamentações ambientais não são novidade no capitalismo contemporâneo. Conforme destacou Furtado (2018), o período após os anos 2000 tem sido marcado pelos regramentos ambientais pautados pelas métricas do mercado, "associados à construção de novos tipos de 'naturezas', cada vez mais privatizantes, distanciando-se de lógicas baseadas na noção dos comuns" (p. 124). No entanto, com o vazamento do vídeo da reunião ministerial, essa questão foi fortuitamente lançada às vistas midiáticas, escancarando seu enredamento com dois outros fatores notórios, a pandemia da COVID-19 e sua cobertura pelas mídias.

Em atenção à tríade "desregulamentação-pandemia-mídias", a presente pesquisa propôs um recorte para investigar as relações entre os desdobramentos do vazamento da reunião ministerial, momento marcado pela defesa explícita de pautas de desregulação, e as discussões sobre o clima global na mídia social *Facebook*. Empreendemos esse intento nos inspirando na tese desenvolvida por Latour (2020), de que os problemas contemporâneos ligados ao clima têm sido cercados por um sentimento coletivo de perda em relação a um terreno comum compartilhável. Logo, a expectativa de acompanhar a repercussão midiática de uma controvérsia envolvendo desregulamentações e ambiente foi considerada uma possibilidade viável para entender como esse debate tem sido desdobrado em espaços digitais. Com isso, projetamos compreender possíveis implicações emergentes dessas polêmicas para os âmbitos de educação ambiental.

Nesse seguimento, nosso objetivo foi investigar as circunstâncias de menção da expressão "ir passando a boiada" no *Facebook*, de modo a compreender quais os possíveis desdobramentos para o debate sobre o meio ambiente em uma mídia social. Nos procedimentos de pesquisa, utilizamos: Crowdtangle, Facebook, Voyant Tools, RAWGraphs e Gephi no intuito de recolher, analisar e representar dados e tendências emergentes, seguindo as recomendações metodológicas de Venturini (2010; 2012; 2015) e Richard Rogers (2013; 2016). A análise teve como fundamento teórico-metodológico as contribuições filosóficas da epistemologia política e da Teoria Ator-Rede (LATOUR, 2012).

No item a seguir, apresentaremos uma problemática ligada ao conceito de redes. Na sequência, buscaremos fundamentar as perspectivas teóricas e metodológicas que sustentaram a investigação, expondo os resultados obtidos com os procedimentos destacados. Posteriormente, discutiremos os resultados em função das perspectivas da epistemologia política conforme apresentadas por Bruno Latour (2012; 2014; 2018). Por fim, iremos propor as considerações finais em decorrência dos resultados e argumentos arregimentados. Como resultado, verificamos forte mobilização da expressão por parte de políticos e personalidades públicas, e influência menos destacada da comunidade científica, o que sinaliza um deslocamento de interesses da mobilização sobre pautas ambientais em mídias sociais.

A polissemia das redes

Antes de explanarmos sobre os encaminhamentos metodológicos da pesquisa, uma questão de fundamento sobre o conceito de redes demandou detalhamento. Ao propormos uma investigação que visou investigar redes sociais por meio da perspectiva ator-rede, precisamos estabelecer que o sentido do vocábulo "rede" admitido nesses dois casos (rede social e ator-rede) não é o mesmo, apesar de o compartilharem intrinsecamente.

Para a TAR, redes não são necessariamente uma materialidade física ou social, mas um conceito referente a movimentos que podem ser apreendidos da realidade, mas não são idênticos a ela. Assim como os mapas cartográficos não são isonômicos em relação aos territórios que representam, uma rede "é uma ferramenta que nos ajuda a descrever algo, não algo sendo descrito" (LATOUR, 2012, p. 192).

Segundo Bruno Latour comentou em entrevista a Dias et al. (2014), o conceito de "rede" para TAR funciona de modo especulativo como uma metáfora para descrever mediações. Segundo o autor: "Podemos fazer tudo o que queremos com a metáfora visual da rede na teoria ator-rede. O importante é haver os mediadores e intermediários" (p. 517).

Essa concepção difere do sentido atribuído ao vocábulo em "rede social". Nesse caso, "rede" expressa uma infraestrutura ou sociabilidade por onde coisas ou informações passam. Assim, as redes sociais se configuram pelo movimento de pontos e conexões que podem ser empiricamente identificáveis, diferindo do sentido admitido pela TAR, que busca conhecer os movimentos ocorridos entre esses pontos (CALLON, 2008; LEMOS, 2013).

Dessa forma, quando aproximamos esses dois sentidos de rede (redes sociais e ator-rede) na presente investigação, entendemos que sua vinculação se dá por uma correspondência potencial entre certas tendências de movimento presentes no primeiro e a centralidade do olhar para os processos de associação entre atores no segundo. Isso quer dizer que podemos apreender certas ressonâncias entre eles sem, no entanto, estabelecer uma hierarquia que os estabilize *a priori* em termos de significantes e significados (VENTURINI; MUNK; JACOMY, 2018).

Nesta pesquisa, apoiamo-nos em alguns procedimentos de construção e visualização de redes para proceder com os estudos realizados, tendo como fundamento primário a TAR. Discutiremos sobre esses métodos de pesquisa no tópico a seguir.

Metodologia

A metodologia da presente pesquisa foi desenvolvida em função de três fundamentos: a Teoria Ator-Rede (TAR); as Cartografias de Controvérsias (CC); e os Métodos Digitais (MD). Sobre os MD, utilizamos de algumas ferramentas particulares para obter, gerenciar e representar os dados atrelados às descrições realizadas, como o Crowdtangle, o Voyant Tools, o RAWGraphs, o Gephi, além do Excel.
Explanaremos sobre essas perspectivas e ferramentas nos tópicos seguintes.

Teoria Ator-Rede (TAR) e Cartografias de Controvérsias (CC)

O fundamento teórico elementar desta pesquisa foi a Teoria Ator-Rede (TAR). Essa é uma perspectiva empreendida na esfera dos Estudos de Ciência e Tecnologia (ECT), que em seu princípio teve como influências marcantes: a filosofia de Michel Serres; a etnometodologia de Garfinkel; a ontologia de Whitehead; a sociologia de Tarde; e o pós-estruturalismo. Surgiu como uma alternativa teórica às sociologias de Robert Merton e ao Programa Forte de Edimburgo, desenvolvendo uma visão do social caracterizada pela atenção dedicada às associações entre atores sociais, e pela aproximação em relação às dinâmicas materiais não-humanas existentes no mundo (LEMOS, 2013).

O fundamento metodológico da TAR pode ser resumido pelo *slogan*: siga os atores (ou actantes, quando quisermos englobar também os não-humanos) e registre suas trajetórias de existência. Dessa perspectiva, um ator pode ser considerado uma entidade sempre conectada — um ente móvel atrelado a um conjunto múltiplo de entes, sejam eles humanos ou não-humanos. Políticos, cientistas, discursos, florestas e a algorítmica das mídias sociais, todos esses seres podem ser admitidos como atores em potencial e ter suas trajetórias de existência descritas empiricamente. Logo, o principal objetivo de uma pesquisa ator-rede reside na produção de descrições textuais capazes de empreender esses múltiplos atores na forma de redes de mediações (LATOUR, 2012).

A efetivação prática desses preceitos teóricos pode ser consolidada por meio da metodologia nomeada de Cartografias de Controvérsias (CC). Essa foi inicialmente sugerida por Bruno Latour como uma versão educacional da TAR para inquirir âmbitos ligados às Ciências e às técnicas, mas logo se estendeu para outras áreas de pesquisa interessadas no acompanhamento de disputas públicas em geral. Do ponto de vista das CC, controvérsias são entendidas como fragmentos não estabilizados da realidade, ou seja, situações explícitas de desacordo ao redor de assuntos que mobilizaram interesses conflitantes (VENTURINI, 2010).

Sendo assim, o projeto das Cartografias de Controvérsias se resume em acompanhar essas situações abertas de contenda, de maneira a observá-las e descrevê-las em atenção aos diferentes graus de representatividade, influência e interesse dos atores envolvidos. Desse modo, as representações produzidas devem ser: adaptáveis o suficiente em relação às irregularidades do terreno de análise; redundantes o bastante para englobar o maior número possível de aspectos das associações; e flexíveis para que as representações se ajustem ao dinamismo das controvérsias. Os produtos desses procedimentos são comumente nomeados como "mapas" (VENTURINI, 2012).

Seguimos as recomendações de Venturini (2012; 2015) e organizamos as análises a partir das lentes de observação de controvérsias. Essas foram propostas como seções para se acompanhar a amplitude das controvérsias, em termos de analisar: *o quê* se esteve em disputa; *quem* esteve envolvido; *como* as disputas se degringolaram; *quando* os litígios se desenvolveram; e *onde* elas foram mobilizadas.

Além das lentes de observação, pautamos os procedimentos analíticos em alguns métodos de obtenção, gerenciamento e representação de dados. A utilização desses foi amparada pela perspectiva epistemológica dos Métodos Digitais (MD). Destacaremos essas delimitações no tópico a seguir.

Métodos digitais (MD) e as ferramentas utilizadas na investigação

A perspectiva dos Métodos Digitais (MD) foi desenvolvida por Richard Rogers (2013; 2016) no âmbito dos estudos da cultura digital. Um de seus argumentos fundacionais é a tese de que a Internet não é somente um reservatório de dados, mas também uma fonte ativa de pesquisa. Em consideração aos diversos mecanismos e plataformas de pesquisa *online*, a questão para os MD "não é mais o quanto a sociedade e a cultura estão online, mas como diagnosticar mudanças culturais e condições sociais por meio da internet" (ROGERS, 2016, p. 05).

Desse entendimento emergiu uma epistemologia particular, que transformou os estudos das culturas digitalizadas em uma epistemologia "com a *web*". Essa mudança foi implicada por uma ruptura em relação à noção do virtual como ambiente desterritorializado, uma vez que a instituição da "fundamentação da *web* em dados" passou a aterrar os usuários da internet em termos da geolocalização de suas máquinas e de sua configuração linguística. Assim, estudar a *web* deixou de ser somente uma investigação de artefatos digitalizados e angariou argumentos para se pensar os próprios fundamentos da *web* (ROGERS, 2013; 2016).

Importante destacar que o suporte dos MD para a TAR, fusão que embasou a parte experimental desta pesquisa, possui diferenças fundamentais em relação à teoria matemática dos grafos, parte importante da perspectiva conhecida como Análise de Redes Sociais (ANS). Destacamos quatro aspectos em que essas perspectivas podem divergir em função do conceito de "redes".

Em primeiro lugar, as redes descritas pela TAR não são imparciais como pontos isolados em grafos matemáticos. Isso ocorre porque as inscrições digitais que as arregimentam não estão desvinculadas da influência de um amplo sistema sociotécnico, além, é claro, da perspectiva observacional do pesquisador. Em segundo lugar, para a TAR os atores são entidades sempre móveis e heterogêneas, o que pode tornar dificultosa a tarefa de apreendê-los em termos de nós e agrupamentos singulares. Em terceiro lugar, a TAR é uma perspectiva marcada pela reversibilidade, pois um ator pode ser assimilado na forma de rede e vice-versa. Essa peculiaridade não está presente nos grafos matemáticos, pois cada um de seus fatores intrínsecos (nós e arestas) possui uma métrica distinta e própria. Em quarto lugar, a TAR é uma teoria da mudança, o que pode tornar o tempo um potencial empecilho nos processos de renderização das dinâmicas sociais na forma de grafos matemáticos (VENTURINI; MUNK; JACOMY, 2018).

Em consideração dessas divergências e dificuldades, ressaltamos que os grafos apresentados na sequência das análises não buscaram representar identicamente os atores-rede apreendidos. De outro modo, forneceram representações gráficas em função dos indícios probabilísticos de suas trajetórias e mediações.

Para a construção desses mapas, obtivemos os dados de mídias sociais com o Crowdtangle, uma ferramenta do *Facebook* que oferece informações diversas sobre atuação e desempenho nesses meios. Ela possui uma interface para inquirir vocábulos e palavras-chave de interesse e possibilita o *download* dos resultados em formato CSV (*Comma Separated Values*). O gerenciamento dos arquivos obtidos com o Crowdtangle foi realizado com o *Excel*.

Nos processos de visualização dos dados e tendências, usamos as possibilidades ofertadas pelo Voyant Tools para análise do conteúdo dos *posts*; o RAWGraphs para representar graficamente algumas tendências emergentes; e o Gephi para organizar os diagramas de rede das relações entre os atores. Nesse âmbito, seguimos algumas recomendações sugeridas por Bounegru et al. (2017).

No tópico a seguir apresentaremos as análises realizadas e os resultados obtidos.

Resultados e análises

No procedimento da investigação, pesquisamos as seguintes expressões na plataforma de buscas do Crowdtangle: ir passando a boiada, passando a boiada, passar a boiada. Delimitamos para retornarem resultados somente de grupos públicos do Facebook. Como data de checagem, determinamos o período entre 22 de maio (data da divulgação do vídeo da reunião ministerial) e 31 de dezembro de 2020.

A pesquisa inicial retornou uma sequência ininterrupta de *posts* mencionando essas expressões no período investigado. Solicitamos e recebemos por *e-mail* um arquivo *Comma Separated Value* (CSV) contendo o conjunto desses dados, que nos serviu de base para os movimentos analíticos sequentes. O arquivo geral continha informações sobre 12830 *posts*, que mobilizaram 261272 interações. A publicação com mais interações foi replicada no grupo "Mochileiros", com 3254 interações contabilizadas em 13/09/2021.

O que se falou sobre esse assunto?

Em nosso primeiro movimento, investigamos o conteúdo das menções, de modo a compreender como os discursos emergentes foram "tecidos em literaturas articuladas" (VENTURINI, 2010, p. 09, nossa tradução). Para atender esse objetivo, analisamos o corpo de mensagens das publicações por intermédio do Voyant Tools. No intuito de ponderar a influência dos vocábulos e tendências emergentes, projetamos uma análise quantitativa de conteúdo, seguindo os encaminhamentos de Bardin (2011). Fundamentamos a investigação em dois âmbitos: análise de ocorrência dos vocábulos; análise de coocorrência vocabular.

O *corpus* analisado continha 778137 formas únicas de palavras, com 27279 vocábulos únicos. Isso representou uma razão ocorrência/vocábulo (O/V) de 28,52. A densidade vocabular do *corpus* foi de 0,036, com uma média de 23,7 palavras por frase e uma mediana igual a 3. Esses resultados indicaram uma elevada repetição vocabular, além de uma concentração de vocábulos com até 3 ocorrências.

Sobre os dados de ocorrência, criamos uma nuvem de palavras (Figura 1) para representar os 75 vocábulos mais representativos no *corpus*, todos com mais de 498 aparições.

Figura 1: Nuvem das 75 palavras mais repetidas no *corpus*.

[Nuvem de palavras com destaque para: passar, bolsonaro, ambiente, governo, boiada, ministro, salles, ricardo, instituto, pandemia, brasil, associação, amazônia, entre outras]

Fonte: Crowdtangle

Nesse âmbito, as 10 palavras mais frequentes no *corpus* foram: "boiada" (n = 4778); "Salles" (n = 3745); "ambiente" (n = 3473); "ministro" (n = 3401); "instituto" (n = 2968); "Brasil" (n = 2952); "Bolsonaro" (n = 2865); "governo" (n = 2827); "passar" (n = 2795); "passando" (n = 1972). Esses resultados assinalaram a importância do ex-ministro Ricardo Salles para as mobilizações dessas expressões no Facebook, que se estenderam com frequência na forma de manifestações de repúdio em relação à gestão ambiental do governo federal. Isso ficou expresso pela repetição de frases como: "salles e sua boiada continuam passando" (n = 12); "salles tem se tornado uma nova forma de gestão pública" (n = 7); "salles passando a boiada forabolsonaro" (n = 6).

Em termos de uma análise quantitativa de conteúdo, em consonância às ponderações de Bardin (2011), os dados de ocorrência configuraram a relevância dos vocábulos sobressaltados para a constituição do *corpus*, uma vez que "a importância de uma unidade de registro aumenta com a frequência de aparição" (p. 138). Apesar desse realce, nem toda ocorrência vocabular detém o mesmo valor constitutivo para o *corpus*, o que nos levou a inquirir sobre as principais coocorrências emergentes.

já os dados de coocorrência, esses foram obtidos com o Voyant Tools. No intento de apresentar as tendências emergentes, produzimos um diagrama aluvial (Figura 2) por intermédio do RAWGraphs. Nessa elaboração, findamo-nos nas duplas de vocábulos com mais de 100 coocorrências. Como resultado, verificamos 10 vocábulos fonte (instituto, boiada, ambiente, salles, ministro, brasil, passar, passando, governo, bolsonaro), ligados a 123 vocábulos alvo diferentes.

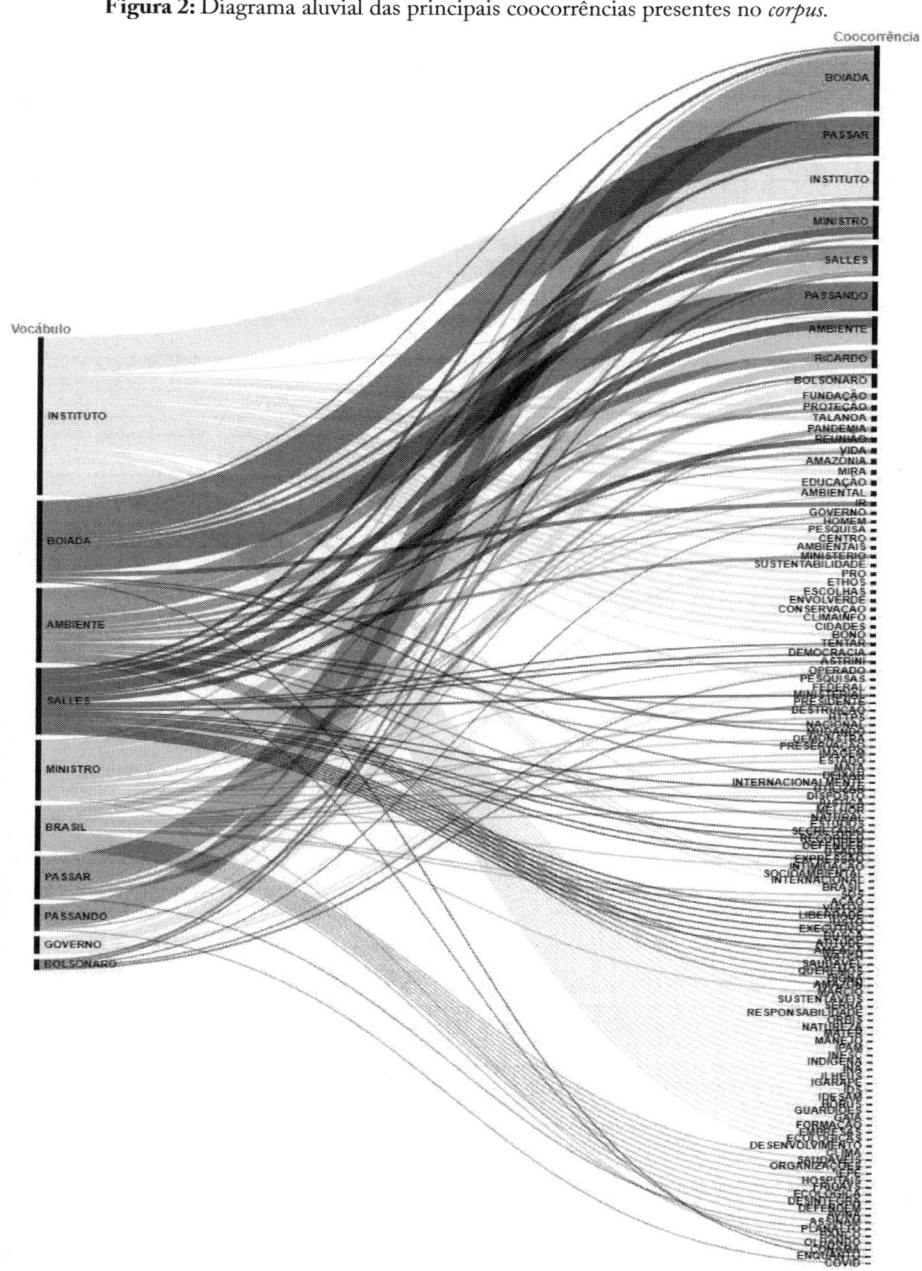

Figura 2: Diagrama aluvial das principais coocorrências presentes no *corpus*.

Fonte: produzido com o RAWGraphs

O vocábulo "instituto" se destacou por mobilizar o maior número de coocorrências entre vocábulos. Suas principais associações se deram com: "ele próprio"; "conservação"; "pesquisa"; "Amazônia"; "cidades". Boa parte dessas menções o conectou a vocábulos ligados a instituições sociais, técnicas e políticas, como o Instituto Nacional de Pesquisas Espaciais (INPE), o Instituto do Patrimônio Histórico e Artístico Nacional (IPHAN), o Instituto Chico Mendes, Instituto Talanoa, entre outros.

De maneira geral, os dados de ocorrência e coocorrência indicaram um enredamento de questões presente no corpo das mensagens, englobando desde o presidente Jair Bolsonaro, governo federal, Ministério do Meio Ambiente e o ex-ministro Ricardo Salles, até desastres e reivindicações ambientais e a pandemia da COVID-19. Esses resultados expressaram o caráter articulado do conteúdo das mensagens investigadas, denotando uma propriedade característica de controvérsias públicas: geração e estímulo de debates. Segundo Venturini (2010), isso ocorre pois: "Cada nova declaração, por mais marginal ou técnica, gera uma avalanche de respostas e discussões" (p. 08, nossa tradução).

Quem falou sobre o tema?

Nesta seção, findamo-nos nos dados referentes à identificação de grupos do Facebook, de modo a entender quem foram os atores impulsionadores das expressões delimitadas. Para analisar tendências, analisamos duas informações no conjunto de dados: percentual de ocorrências de *posts;* e de interações mobilizadas. As análises foram procedidas a partir de dados obtidos com o Crowdtangle.

Em quesito estatístico, calculamos o coeficiente de correlação de Pearson entre as variáveis de ocorrência de *posts* e impulsionamento de interações, segundo a seguinte definição:

$$p = \frac{\Sigma_i (x_i - \bar{x})(y_i - \bar{y})}{\sqrt{\Sigma_i (x_i - \bar{x})^2 \Sigma_i (y_i - \bar{y})^2}}$$

Verificamos correlação positiva e forte (ρ = 0,861205014) entre as duas variáveis, considerando a ocorrência de *posts* como independente. Isso assinalou que a mobilização de interações entre os atores nos grupos do Facebook tendeu a acompanhar a dinâmica de compartilhamento de *posts*.

Na Figura 2, apresentei um gráfico de barras produzido a partir dos dados referentes a grupos mobilizadores de mais de 0,5% de ocorrências e interações (n = 20).

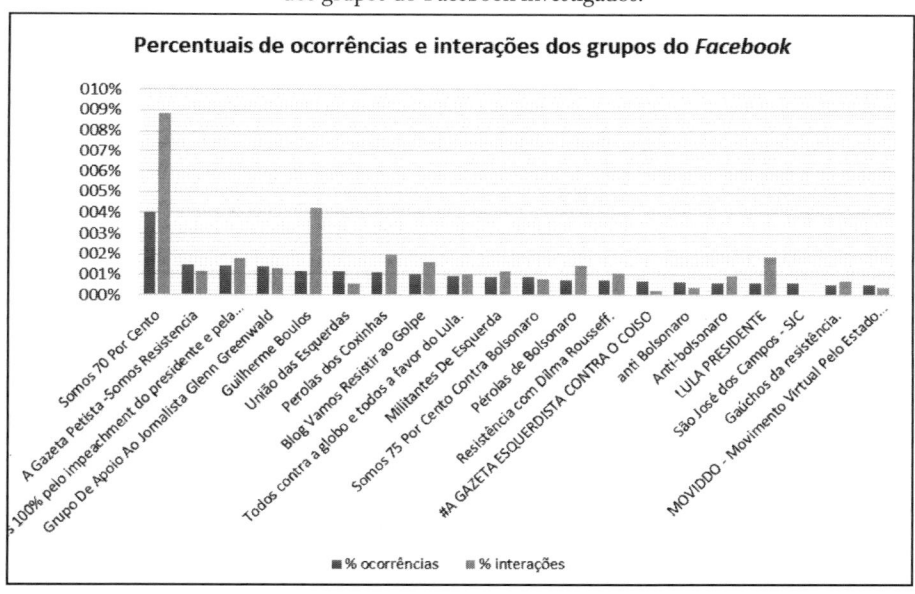

Figura 3: Gráfico dos percentuais de ocorrência e interações dos grupos do Facebook investigados.

Fonte: Crowdtangle.

Em âmbito qualitativo, notamos que o percentual majoritário das publicações e interações se deu por grupos referenciados como oposição ao governo de Jair Bolsonaro. Destacaram-se nesse sentido: apoiadores do Partido dos Trabalhadores e do ex-presidente Lula ("A Gazeta Petista — Somos Resistencia"; "Todos contra a globo e todos a favor do Lula"; "LULA PRESIDENTE"); grupos políticos de esquerda de maneira geral e em apoio a personalidades públicas progressistas ("Somos 70 Por Cento"; "Grupo de Apoio ao Jornalista Glen Greenwald"; "União das Esquerdas"; "Guilherme Boulos"; "Militantes de Esquerda"; "#A GAZETA ESQUERDISTA CONTRA O COISO"; "Ciro Gomes 2022"). Também observamos grupos ligados a pautas ambientais ("Meio Ambiente"; "Sustentabilidade e Cidadania"; "Cultura, Cidadania e Meio Ambiente"), defensores de uma terceira via política ("Somos 100% pelo impeachment do presidente e pela terceira via"; "Terceiro Via"); e apoiadores do ex-juiz Sérgio Moro ("Sergio Moro 2022"; "SERGIO MORO [OFICIAL]".

Em âmbito das Ciências, os grupos mais sobressalentes foram "*Divulgação Científica e Popularização da Ciência", com 0,35% das publicações compartilhadas e 0,98% das interações impulsionadas; e "Marcha pela Ciência no Brasil", com 0,21% e 0,26%. Esse resultado indicou uma baixa representatividade de atores ligados às Ciências nesse contexto midiático.

No tópico seguinte, esquadrinharemos sobre como esses atores mobilizaram o assunto.

Como as expressões foram abordadas pelos atores?

Nesta seção, nosso intuito foi investigar como os perfis e páginas compartilharam os conteúdos mencionando a frase "ir passando a boiada" e suas desambiguações. Para isso, pautamo-nos no conjunto geral de dados do Crowdtangle para analisar quais *links* foram replicados simultaneamente pelos diferentes atores que impulsionaram o assunto. Como produto desse momento investigativo, construímos o diagrama de redes dessas associações, por meio do *software* Gephi.

O Gephi viabiliza o estudo de dinâmicas de rede em função de seus mecanismos de produção e visualização de redes. O *software* oferece opções para "visualizar, especializar, filtrar, manipular e exportar todos os tipos de redes" (BASTIAN; HEYMANN; JACOMY, 2009, p. 361, nossa tradução), além de possibilitar o refinamento de *design* dos nós, arestas e rótulos das redes.

Na programação desse procedimento, gerenciamos os dados referentes aos nomes dos grupos e os *links* compartilhados por eles, além do total de interações mobilizadas. Usamos as funções "CONT.SE" e "SOMASE" do Excel para calcular, respectivamente: quais grupos e *links* apareceram com mais frequência no conjunto geral de dados; e qual a proporção de interações mobilizadas. Em termos da estrutura gráfica, os grupos e *links* representaram os nós do diagrama, e as dinâmicas de relação entre essas duas entidades equivaleram às arestas.

Na configuração do grafo, aplicamos o filtro de modularidade para visualizar os *clusters* emergentes e refinamos algumas opões de aparência para atribuir tamanhos proporcionais e colorações únicas aos nós, em função de seu grau de saída. Escolhemos a configuração *Force Atlas 2* como algoritmo de distribuição, sustentada pelo *plugin Circle pack layout*. Essa opção algorítmica propiciou formas intuitivas de espacialização do diagrama, pois sua "implementação de velocidades locais e globais adaptáveis oferece bons desempenhos para redes com menos de 100.000 nós, enquanto mantém um *layout* contínuo" (JACOMY; VENTURINI; HEYMANN, 2014, p. 11)

Isso ocorre, pois as opções de *layout* com vetores de força (como é o caso do *Force Atlas 2)* operam atribuindo uma força repulsiva e um sentido à sua disposição espacial dos nós, enquanto as arestas operam como molas conectoras. Assim, quando "o algoritmo é iniciado, ele muda a disposição dos nós até que encontre um equilíbrio que garanta o melhor balanceamento das forças", minimizando o cruzamento entre linhas e contribuindo para sua legibilidade (VENTURINI; MUNK; JACOMY, 2018, p. 21).

O diagrama geral resultante dessa configuração foi apresentado na Figura 3:

Figura 4: Diagrama de redes representando os agrupamentos emergentes em relação à replicação comum de *posts* entre perfis e páginas. Os percentuais na legenda equilavem aos *clusters* que englobaram mais de 3% dos grupos e *links*.

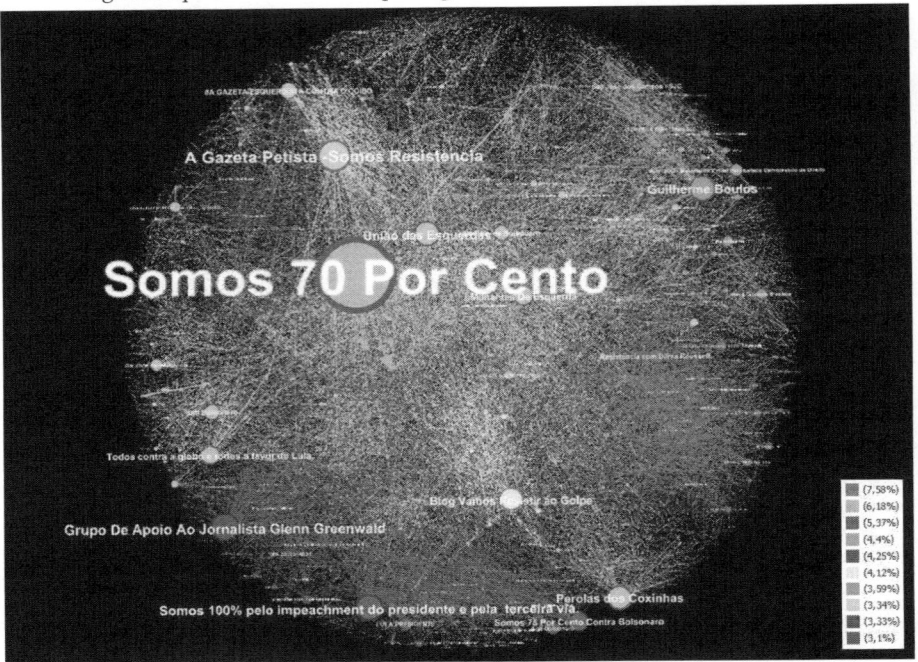

Fonte: Produzido com o Gephi.

Em análise desse diagrama, verificamos 10 agrupamentos concentrando 3% ou mais dos elementos conectados. Em termos de representatividade, esses *clusters* sobressalentes englobaram grupos apoiadores de pautas progressistas e de esquerda, oposições ao governo Bolsonaro, grupos ligados a questões ambientais e apoiadores do ex-juiz Sérgio Moro. Os perfis mais relevantes nesse âmbito foram: "Resistência com Dilma Rousseff" (destacado em vermelho); "Somos 70 Por Cento" (laranja); "Somos 100% pelo impeachment do presidente e pela terceira via" (azul escuro); "Guilherme Boulos" (verde claro); "Grupo de Apoio Ao Jornalista Glenn Greenwald" (violeta); "Blog Vamos Resistir do Golpe" (amarelo); "Não à Teocracia Brasileira" (rosa); "A Gazeta Petista — Somos Resistência" (azul claro); "SERGIO MORO [OFICIAL]" (verde escuro); "Religiosos de Esquerda" (marrom).

Grupos ligados às Ciências, como "*Divulgação Científica e Popularização da Ciência" e "Marcha Pela Ciência no Brasil", não se conjugaram destacadamente em *clusters* específicos. Isso significou que o compartilhamento de *links* por esses grupos foi diversificado e menos intenso, não constituindo tendências destacadas de agrupamento.

Esses resultados expressaram a atuação predominante de atores vinculados à política nacional na replicação do conteúdo investigado. Nesse sentido, os agrupamentos emergentes se mostraram enredados, não instituindo apenas movimentos internos de compartilhamento. Isso ficou evidenciado pela recorrência de pontes intercruzando diferentes *clusters*, na qual o exemplo mais relevante foi uma publicação postada no grupo "Marcha Mundial por Justiça Climática, Sustentabili., Contra Aquecimento Global", intitulada: "NOTA DE DESAGRAVO À TENTATIVA DE INTIMIDAÇÃO PELO MINISTRO RICARDO SALLES AO SECRETÁRIO-EXECUTIVO DO OBSERVATÓRIO DO CLIMA, MARCIO ASTRINI". Essa publicação teve 357 compartilhamentos, dos quais 110 ocorreram entre os grupos investigados.

Uma especificidade verificada nesta seção de análise foi a ampliação de sentido no uso da expressão "passando a boiada" e suas desambiguações. Com isso, queremos dizer que as menções não se restringiram ao contexto original proferido pelo ex-ministro Ricardo Salles, sendo também citadas para abordar temas ligados a educação, privatizações, reformas trabalhistas, entre outros. Além disso, foram citadas para atacar medidas de outros atores políticos, como o governador paulista João Dória e o governador mineiro Romeu Zema.

Os seguintes trechos de mensagens analisadas evidenciaram essa ampliação de sentido: "Hoje o funcionalismo público e os movimentos sociais foram para a Assembleia Legislativa do Estado dizer NÃO ao PL529 de Dória (PSDB). O governo pretende passar a boiada na pandemia"; "Junto com o Zema aproveitam a Pandemia para 'passar a boiada' e colocar granadas no bolso do trabalhador"; "Dessa vez é o Ministro da Educação que tá querendo passar a boiada. Isso mesmo, Bolsonaro e Weintraub utilizam a pandemia como pretexto para dar sequência a um plano antigo: retirar a autonomia universitária"; "Bom dia para vc que assiste pacatamente a maior operação de passar a boiada antes da reforma administrativa destinada apenas para pobres. Militares, PMs, Bombeiros, 606 procuradores em uma tacada só elevaram seus salários ao teto".

No tópico seguinte, buscaremos compreender os desdobramentos desse tema ao longo do tempo.

Quando se falou sobre o assunto no Facebook?

Neste segmento, nossa tenção foi verificar as menções ao "passando a boiada" e suas desambiguações ao longo de 2020. Para esse procedimento, baseamo-nos em dados de criação de *posts* obtidos com o Crowdtangle e produzimos um gráfico de linhas (Figura 5) a partir dos dados percentuais de ocorrência e interações.

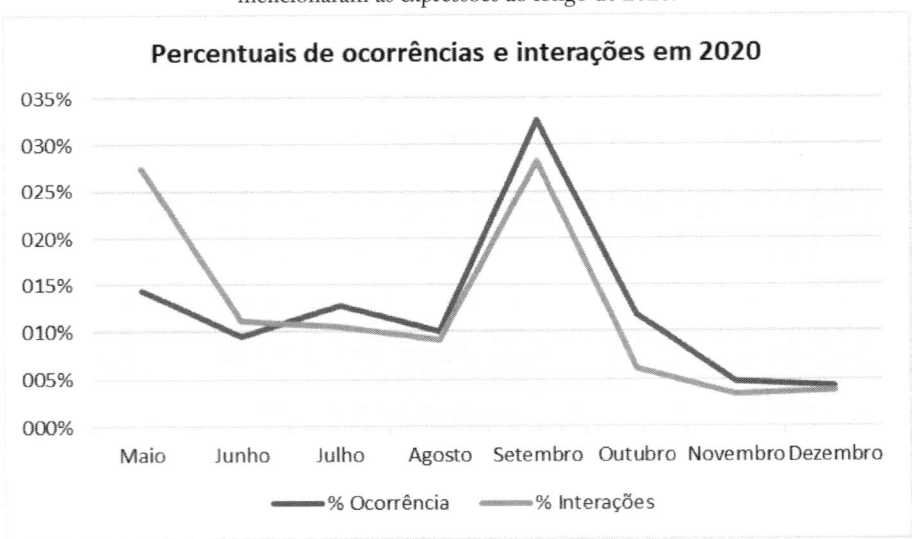

Figura 5: Percentuais de ocorrências e interações dos *posts* que mencionaram as expressões ao longo de 2020.

Fonte: Dados obtidos com o Crowdtangle.

Em termos quantitativos, identificamos uma correlação forte e positiva (ρ = 0,816867851) entre os dados quantitativos de ocorrência e interação ao longo de 2020. Setembro teve o maior destaque em ambos os parâmetros, somando 4177 publicações compartilhadas e 73927 interações. Isso pareceu ter relação com eventos específicos despontantes nesse mês e com publicações influentes replicadas.

A questão mais abordada em setembro foi a gravidade das queimadas no pantanal. A repercussão desse evento foi amplificada pelo compartilhamento de imagens de devastação e mortes de animais, bem como por publicações repetidamente replicadas em diversos grupos. Nesse sentido, as expressões foram mencionadas principalmente em sentido de altercação à gestão ambiental do ex-ministro Ricardo Salles. O seguinte trecho corroborou essa hipótese: "Não existe o interesse, na verdade ele tem outras visões sobre a fauna e flora, porque para ele floresta não dá dinheiro e sim os gados, uma vez ele disse 'vamos abrir espaço para a boiada passar'".

Tendo em conta essas análises, discutiremos sobre os resultados obtidos no tópico seguinte.

Discussões

Denotamos algumas tendências a partir das análises realizadas, sobre as quais discutimos em função da perspectiva de epistemologia política de Bruno Latour (1994; 2012; 2020a; 2020b).

Em primeiro lugar, percebemos que os *posts* que mencionaram a expressão "passando a boiada" e suas desambiguações tiveram como propensão associar a gestão ambiental do governo Bolsonaro a eventos calamitosos, como o caos ambiental na Amônia e no Pantanal e a pandemia da COVID-19. A expressão angariou sentido de reação e passou a ser utilizada por opositores do governo federal para atribuir responsabilidades sobre a gestão ambiental do ex-ministro Ricardo Salles.

Também notamos que os perfis que mais mobilizaram as expressões foram políticos e personalidades públicas, principalmente vinculadas a posicionamentos de oposição ao governo Bolsonaro. Dentre esses, destacaram-se perfis atrelados a partidos de esquerda. No entanto, o sentido de menção do "passando a boiada" não ficou unicamente vinculado às altercações diante das políticas federais de desregulamentação ambiental, tendo sido ampliado para abordar temas amplos, como reformas administrativas federais e estaduais, propostas educacionais, entre outros eventos.

Essas análises expressaram uma tendência de mobilização política da expressão "passando a boiada". Política, nesse caso, assumiu caráter denunciativo em relação a políticas públicas assumidamente desregulamentadoras. Em resumo: política em oposição a políticas na arena comum de uma mídia social. Essa conjuntura nos pareceu produtiva para uma discussão.

Primeiramente, imperativo esclarecer que quando falamos de política, referimo-nos a um valor não unicamente vinculado à busca incessante por consensos. De outro modo, conforme discutiram Callon, Lascoumes e Barthe (2009): "Política é a arte de lidar com divergências, conflitos e oposições" (p. 04, nossa tradução), e nesse âmbito, não está desassociada de dimensões técnicas ou científicas. Nesses termos, os conflitos ao redor de um debate não são extintos, mas deslocados para a dimensão das controvérsias, cenário propício para a multiplicação dos pontos de vista atrelados a um assunto de interesse. Dessa maneira: "A controvérsia permite a concepção e teste de projetos e soluções que integram uma pluralidade de pontos de vista, demandas e expectativas" (p. 32, nossa tradução).

Da perspectiva das controvérsias, a política pode ser assumida como valor mobilizador de meios e modos de fala, assumindo caráter de modo de ação ou prática para a vida cotidiana. Essa política, do aspecto de modo de existência mundano, é marcada pela sinuosidade de seus processos, característica que muitas vezes a torna achincalhada por certas particularidades de alguns de seus meios. Logo, ao afirmarmos que a expressão "passando a boiada" foi politizada, não pretendemos atribuir ao impulsionamento dessa expressão o estigma de mero sofisma — mesmo porque os velhos sofistas não merecem descrédito precipitado por seus métodos flexuosos de mobilização (LATOUR, 2019).

De outro modo, nossa hipótese é que a expressão "passando a boiada" foi absorvida por determinados movimentos políticos, principalmente atrelados a posicionamentos de oposição ao governo federal, como um modo produtivo para nutrir altercações. Em quesito discursivo, poderíamos dizer que o uso da expressão foi transformado em prática específica, nos moldes de Foucault (1996), a partir da qual os movimentos que a impulsionaram puderam consolidar sua regularidade discursiva. No vocabulário da TAR, sugerimos que seu uso possibilitou a inscrição do conteúdo das divergências emergentes em torno de questões ambientais e políticas.

Para além de mera etiqueta atrelada unicamente a medidas de desregulamentação, nossa tese é a de que o emprego das expressões atreladas ao "passando a boiada" possibilitou a convergência de interesses ligados não apenas a questões sociais, mas geossociais, conforme desenvolveu Latour (2020a)

Desregulamentações, meio ambiente, pandemia, cobertura das mídias, todos esses assuntos foram politicamente inscritos nas menções à expressão, transformando-a em mecanismo de ação para arregimentar ofensivas em relação ao governo federal e às desregulamentações como um todo.

Nesse seguimento, depreendemos que eventos calamitosos no ano de 2020, como as queimadas no pantanal, tiveram papel importante para a arregimentação desses posicionamentos. Quantitativamente, isso ficou evidenciado pela concentração de publicações e interações em setembro, mês em que foi registrado um recorde histórico de queimadas no pantanal — segundo dados do INPE apresentados pela Revista Fapesp (2020), foram 5820 focos ativos registrados até o dia 22 do mês.

A emergência de calamidades envolvendo esses não-humanos (Pantanal e Amazônia) pareceu ter impulsionado reações frontais, incorporando conjuntamente as dimensões ambiental e políticas atreladas aos acontecimentos calamitosos. Nesse sentido, questões da natureza e questões de valores foram fundidas no conteúdo dos impulsionamentos que mencionaram o "passando a boiada". Foi como se as assembleias de assuntos científicos e políticos tivessem sido unidas na mobilização da expressão no Facebook, nos parâmetros discutidos por Latour (2004):

> Concepções da política e concepções da natureza sempre formaram uma dupla tão rigidamente unida como os dois lados de uma gangorra, em que um se abaixa quando o outro se eleva e inversamente. Jamais houve outra política senão a *da* natureza e outra natureza senão a *da* política (p. 59, grifos do autor).

No entanto, se essa conjunção foi verificada no quesito do conteúdo das citações, em âmbito de representatividade, a expressão "passando a boiada" foi majoritariamente mencionada pelo lado político das assembleias de Latour (2004). Isso ficou evidenciado pela protuberância dos *posts* compartilhados por políticos e personalidades da vida pública, bem como pelas poucas publicações e interações replicadas por páginas atreladas às Ciências.

Isso não necessariamente significa dizer que as assembleias científicas foram pouco participativas no impulsionamento de reações diante das queimadas no pantanal e na Amazônia. É preciso levar em consideração a metodologia adotada, limitada à investigação dos desdobramentos de uma expressão de cunho popular ("passando a boiada") em um espaço não formal de discussão (Facebook). Ainda assim, talvez seja um indicativo do maior potencial de influência de políticos e personalidades públicas em mídias sociais, quando em comparação com a academia científica e seus espaços formais de discussão, mais lentos e restritos em termos de mobilização coletiva.

Mais investigações seriam necessárias para compreender essa questão. De todo modo, considerando a quantidade de discursos e debates mobilizados pelas mídias populares em referência a temas ambientais, argumentamos em favor da necessidade de se analisar as pedagogias e epistemologias inerentes às mídias digitais. Como espaços-rede complexos, eles vêm produzindo, inegavelmente, formas particulares de arregimentação de interesses em torno das políticas ambientais, pois seu espaçamento é "produzido por lugares, coisas, pessoas e objetos conectados ao redor do planeta. Por isso ele está sempre em construção" (LEMOS, 2013, p. 188). Desse aspecto, mostram-se intrincados e difíceis de captar em se tratando dos quadros de referências normativos das educações ambientais formais.

De toda maneira, os procedimentos dessa investigação nos permitiram acompanhar a mobilização do binômio natureza-cultura em seu estado de fundição em meio às disputas emergentes. Na profusão dos acontecimentos datados, notamos como os atores envolvidos, fossem eles políticos, biomas ou vírus, negociaram suas formas de atuação até a estabilização dos eventos em que estavam atrelados. Se pelas vias de um gerenciamento ambiental descabido, ou pela influência das mudanças climáticas globais, ocorreu de um bioma em chamas provocar mobilização coletiva em face de potenciais perdas incontornáveis, ao mesmo tempo, as políticas englobadas não ficaram suspensas. No âmago da controvérsia, esses humanos e não-humanos tiveram suas ações notadas e desdobradas em conjunto, denotando uma espécie de zona metamórfica, para falar como Latour (2020b):

> Quando se sustenta que existem, de um lado, um mundo natural e, de outro, um mundo humano, propõe-se simplesmente dizer, após o fato, que uma porção arbitrária dos atores será despojada de toda ação e que outra parte dos mesmos atores, também arbitrária, será dotada de uma alma (ou de uma consciência). Mas essas duas operações secundárias deixam

perfeitamente intacto o único fenômeno interessante: a substituição das formas de ação no seio da zona metamórfica por meio de transações entre potências de agir de múltiplas origens e formas.

No espaço dessa mídia social, esses múltiplos atores (actantes, para sermos mais exatos) tiveram suas trajetórias de existência mobilizadas pelas iniciativas de menção da expressão "passando a boiada". Assim, as discussões diante dos acontecimentos ambientais em 2020 não ficaram alojadas em esferas restritas, como se as desregulamentações ambientais tivessem implicações unicamente políticas e os desastres ambientais consequências unicamente naturais. No seio das controvérsias, percebemos como essas questões foram conjuntamente compostas, denotando o caráter inseparável das concepções de natureza e cultura. Conforme propôs Latour (2020b):

> Não tente definir apenas a natureza, porque você terá que definir também o termo "cultura" (o humano é o que escapa à natureza: um pouco, muito, apaixonadamente); não tente definir apenas "cultura", porque de imediato terá que definir também "natureza" (o humano é o que não pode "escapar totalmente" das restrições da natureza). O que significa que não estamos lidando com domínios, mas com um e o mesmo conceito separado em duas partes que se encontram ligadas, por assim dizer, por um forte elástico. Na tradição ocidental, jamais se fala de um sem falar do outro: não há outra natureza senão esta definição da cultura, e não há outra cultura senão esta definição da natureza (LATOUR, 2020b, p. 09).

Esse hibridismo remarca tanto uma crise dos mecanismos modernos de purificação quanto um desafio às educações ambientais no âmbito brasileiro. Se é verdade, segundo Silveira (2009), que "nos países periféricos à Modernidade de nuances européias, as experiências de parlamentos híbridos já se impõem" (p. 94), proposição que pudemos corroborar com os resultados destacados nesta pesquisa, então emerge uma demanda para se pensar meios e formas para se edificar uma educação ambiental que leve em conta essa complexidade.

O grande desafio de "desenvolver alternativas não-modernas à Modernidade" (Silveira, 2009, p. 94) talvez resida em como fazer para projetar isso de modo a não corroborar uma utopia da democracia e das instituições e, ao mesmo tempo, uma glorificação dos híbridos. Todavia, ponderamos que o reconhecimento empírico das bases desse problema, as quais procuramos evidenciar nesta pesquisa, parece ser um passo fundamental nesse sentido.

Conclusões

O desenvolvimento dessa pesquisa nos permitiu produzir e organizar algumas conclusões a partir dos resultados obtidos e de suas discussões.

Em primeiro lugar, notamos que as menções à expressão "passando a boiada" e suas desambiguações tiveram como cerne a tentativa de atribuir a responsabilidade de acontecimentos marcantes do ano de 2020 à gestão ambiental do governo Bolsonaro. Esses eventos estiveram ligados principalmente ao desmatamento na Amazônia, às queimadas no Pantanal e à pandemia da COVID-19. Contudo, o conteúdo das menções à expressão foi ampliado, em alguns casos, para âmbitos que não apenas os das políticas ambientais, como reformas administrativas estaduais ou federais.

Em segundo lugar, denotamos a dimensão política das mobilizações da expressão "passando a boiada", que a arregimentaram enquanto um discurso no qual altercações atreladas aos acontecimentos ocorridos foram inscritas. Desse modo, o sentido original da expressão proferido pelo ministro Ricardo Salles, como um sinônimo (para não falar eufemismo) para desregulamentações, foi amplificado pelas oposições ao governo Bolsonaro, tornando a expressão um mecanismo político de ação para mobilização de debates ambientais no Facebook. Considerando a presença tímida de atores ligados ao cenário educacional e científico, houve indícios de um deslocamento, da escola para as mídias sociais, na formação de espaços coletivos de crítica e mobilização política em relação a políticas ambientais.

Ademais, no acompanhamento dos desdobramentos da expressão "passando a boiada", percebemos como as discussões sobre meio ambiente foram acompanhadas de uma proliferação dos híbridos, destacados por Bruno Latour (2004). Isso quer dizer que as discussões trouxeram à tona variados tipos de actantes associados, como a floresta amazônica, o Pantanal, a COVID-19 e políticos diversos. Nesses entrecruzamentos, as diversas "potências de agir" dessas entidades, conforme nomeou Latour (2020b), tiveram suas trajetórias evidenciadas, denotando o caráter enredado dos movimentos instauradores de suas realidades.

O acompanhamento desses percursos é um desafio para as políticas e educações ambientais contemporâneas. A partir dos resultados obtidos, esperamos que esta pesquisa possa influenciar pesquisadores e interessados na busca por estudar controvérsias tecnocientíficas, em consideração às demandas por diversificação e ampliação de perspectivas que levem em conta todos os tipos de actantes emergentes controvérsias públicas. Essa expectação requer uma ampliação da concepção de social, como sugeriu Bruno Latour (2004), edificando uma constituição que possa englobar a multiplicidade do tecido social, ocupado não apenas pelas culturas e sociedades unicamente humanas, mas pela diversidade do conjunto naturezas-culturas que produz humanos e não-humanos em suas associações.

Referências

BASTIAN, M., HEYMANN, S., JACOMY, M. Gephi: an open source software for exploring and manipulating networks. International AAAI Conference on Weblogs and Social Media.

FOUCAULT, M. **A ordem do discurso**, 3. ed. São Paulo: Editora Loyola, 1996.

FURTADO, F. A construção da natureza e a natureza da construção: políticas de incentivo aos serviços ambientais no Acre e no Mato Grosso. **Estudos Sociedade e Agriultura**, v. 26, n. 1, p. 12-147, 2018.

JACOMY, M., VENTURINI, T., HEYMANN, S. ForceAtlas2, a continuous graph layout algorithm for handy network visualization designed for the Gephi software. **PlosOne**, v. 09, n. 06, p. 01-12, 2014.

LATOUR, B. **Políticas da natureza:** como fazer ciência na democracia. Bauru: EDUSC, 2004.

LAOUR, B. **Reagregando o social**. Salvador: Edufba, 2012.

LATOUR, B. **Onde aterrar?** Como se orientar politicamente no antropoceno, 1. ed. Rio de Janeiro: Bazar do Tempo, 2020a.

LATOUR, B. **Diante de gaia:** 8 conferências sobre a natureza no antropoceno, 1. ed. São Paulo: Ubu Editora, 2020b.

LEMOS, A. **A comunicação das coisas**: Teoria ator-rede e cibercultura, 1. ed. São Paulo: Annablume, 2013.

PESQUISA FAPESP. **Recorde de queimadas no Pantanal em 2020.** Disponível em: <https://revistapesquisa.fapesp.br/recorde-de-queimadas-no-pantanal-em-2020/> Acesso em 01 jun. 2021.

ROGERS, R. **Digital Methods.** Massachusetts: The MIT Press, 2013.

ROGERS, R. O fim do virtual: os métodos digitais. **Revista do Programa de Pós-Graduação em Comunicação**, v. 10, n. 03, p. 01-34, 2016.

SILVEIRA, P. C. B. Híbridos na paisagem: uma etnografia de espaços de produção e conservação. **Ambiente&Sociedade**, v. 12, n. 1, p. 83-98, 2009.

URIBE, G. **Folha de São Paulo,** 23 mai. de 2020. Disponível em: <https://www1.folha.uol.com.br/ambiente/2020/05/passar-a-boiada-quer-dizer-atualizar-normas-de-todos-os-ministerios-diz-salles.shtml>. Acesso em 07 jun. 2020.

VENTURINI, T. Diving in magma: how to explore controversies with actor-network theory. **Public Understanding of Science**, v. 19, n. 03, p. 258-273, 2010.

VENTURINI, T. Building on faults: how to represent controversies with digital methods. **Public Understanding of Science**, v. 21, n. 07, p. 796-812, 2012.

VENTURINI, T., RICCI, D., MAURI, M., KIMBELL, L., MEUNIER, A. Designing controverses and their publics. **Design Issues**, v. 31, n. 3, p. 74-87, 2015.

GRUPOS DE PESQUISAS DO PECEM

Capítulo 14

DUAS DÉCADAS DE EDUCIM: UMA HISTÓRIA DAS PESQUISAS REALIZADAS

Marinez Meneghello Passos
Universidade Estadual de Londrina – UEL
E-mail: marinezpassos@uel.br

Sergio de Mello Arruda
Universidade Estadual de Londrina – UEL
E-mail: sergioarruda@uel.br

Fabiele Cristiane Dias Broietti
Universidade Estadual de Londrina – UEL
E-mail: fabieledias@uel.br

Neste capítulo relatamos o que foi desenvolvido pelos colaboradores do Grupo de Pesquisa EDUCIM – Educação em Ciências e Matemática – da Universidade Estadual de Londrina (UEL) em duas décadas de atuação junto ao Programa de Pós-Graduação em Ensino de Ciências e Educação Matemática (PECEM). Nosso *corpus* foi constituído por 46 dissertações e 31 teses concluídas no período de 2004 a 2021, apesar de este período estar representado por 18 anos, cabe lembrar que as orientações das primeiras dissertações tiveram início em 2002, o que nos remete aos 20 anos de vigência do GQ (denominação carinhosa dada ao grupo), ou seja, duas décadas de pesquisa. As 77 dissertações e teses, em questão, foram analisadas de duas formas: primeiro, com base nas palavras-chave descritas por seus autores; segundo, considerando as questões e/ou objetivos de pesquisa explicitados em cada documento. Como será demonstrada no capítulo, há uma diversidade de temáticas investigadas em nosso grupo, o que provou possuir alta fertilidade na geração de ideias para pesquisas relacionadas ao Ensino de Ciências e de Matemática e para a formação de pessoas que se tornaram pesquisadores-professores e professores-pesquisadores.

Introdução

Neste capítulo relatamos a respeito das investigações desenvolvidas no âmbito do nosso grupo de pesquisa, chamado carinhosamente por GQ, em função de ter suas reuniões prioritariamente às quartas-feiras, que depois, por um de seus lideres ter o cargo de pró-reitor de extensão, as reuniões foram deslocadas para as quintas-feiras, e hoje, em virtude de um processo pandêmico (referente à Covid-19), tem suas reuniões realizadas nas sextas-feiras no primeiro semestre de cada ano e nas terças-feiras no segundo semestre. Tais alterações poderiam nos possibilitar as denominações GQ, GS e GT, todavia isso não altera nossos propósitos de pesquisa.

O grupo de que somos líderes, denominado Educação em Ciências e Matemática (EDUCIM), começou a ser constituído a partir de 2002, tendo sido posteriormente registrado no Conselho Nacional de Desenvolvimento Científico e Tecnológico (CNPq). Desde seu início esteve vinculado ao Programa de Pós-Graduação em Ensino de Ciências e Educação Matemática (PECEM) da Universidade Estadual de Londrina (UEL) e tem como orientadores vinculados a este programa – Sergio de Mello Arruda, Marinez Meneghello Passos e Fabiele Cristiane Dias Broietti – e possui o seguinte sítio para mais detalhes e informações: http://educim.com.br/.

Cabe informar também que esses orientadores atuam em outros programas de Pós-Graduação que listaremos a seguir: Sergio de Mello Arruda, no Programa de Pós-Graduação em Ensino (PPGEN) da Universidade Estadual do Norte do Paraná (UENP), câmpus Cornélio Procópio e no Programa de Pós-Graduação em Ensino de Matemática (PPGMAT) da Universidade Tecnológica Federal do Paraná (UTFPR), câmpus Londrina; Marinez Meneghello Passos, no Programa de Pós-Graduação em Ensino (PPGEN) da Universidade Estadual do Norte do Paraná (UENP), câmpus Cornélio Procópio; Fabiele Cristiane Dias Broietti, no Programa de Mestrado Profissional em Química em Rede Nacional (PROFQUI).

As reuniões do grupo EDUCIM ocorrem no Museu de Ciência e Tecnologia da UEL ou remotamente, em virtude do processo pandêmico em função da Covid-19 que vivenciamos e vivemos desde março de 2020. A quantidade de colaboradores, no ano de 2021, está em torno de 85 pessoas, entre pós-doutorados, pós-doutorandos, doutores, doutorandos, mestres e mestrandos.

Nosso *corpus* analítico, para esta elaboração, foi constituído por 46 dissertações e 31 teses concluídas no período de 2004 a 2021, todas vinculadas ao PECEM. Justificamos essa delimitação, pois apesar de termos outras dissertações defendidas (que estão vinculadas a outros programas em que atuamos), elas não foram consideradas pelo fato de este livro, em que temos o capítulo inserido, ser um tributo comemorativo aos 20 anos de existência do PECEM.

No primeiro movimento a matéria-prima em interpretação foram todas as palavras-chave explicitadas pelos autores das dissertações e teses, considerando-as cronologicamente – 2004 (ano da primeira defesa de mestrado) até 2021 (mês de outubro – vinculado ao limite de tempo da elaboração deste capítulo).

No segundo movimento, o *corpus* foi analisado com base nas questões e/ ou objetivos de pesquisa apresentados por seus autores nas dissertações e teses.

Nas próximas seções detalharemos o desenvolvimento dos dois processos e trazemos um relato geral das contribuições que a diversidade temática, em nosso grupo, provocou e convergiu para uma alta fertilidade na geração de ideias para pesquisas relacionadas ao Ensino de Ciências e de Matemática e a formação de pessoas que passaram a se dedicar com mais afinco aos processos investigativos.

As palavras-chave e sua representatividade

De posse dos 77 documentos, dedicamo-nos então ao estudo das palavras-chave que eles apresentam, por assumirmos que a frequência com que elas se apresentam indica uma aproximação teórica ou uma convergência de interesse pela mesma área de conhecimento.

Esse fato nos levou a assumir o mesmo que Passos, Nardi e Arruda (2008, p. 34) consideraram com relação ao estudo das palavras-chave presentes nos artigos publicados em periódicos da área de Educação Matemática em um período de três décadas:

> Ao observarmos a lista de palavras-chave e a frequência com que elas se apresentam nas revistas, vemos que essas palavras contribuíram para

identificar artigos que possuem elementos que tenham entre si algum parentesco ou que pertençam a uma mesma área de interesse, neste caso para fins de pesquisa.

A lista de palavras-chave encontradas nas dissertações e teses que levantamos possuía 196[1] palavras e/ou expressões, contudo para esse capítulo selecionamos somente aquelas que tinham duas ou mais remissões para não exceder a quantidade de páginas estipulada para esta elaboração. A seguir, elas foram organizadas em ordem alfabética e trazem o código da dissertação ou tese em que estavam inseridas.

1. Ação discente (2018-D37[2]) (2018-T19)

2. Ação(ões) docente(s)[3] (2018-D37) (2018-T18) (2019-T24) (2019-T25) (2019-T26) (2019-T27) (2020-D41) (2020-D42) (2021-D43) (2021-D44)

3. Análise textual discursiva (2009-D12) (2010-D15) (2011-D16) (2012-D18) (2014-T06) (2016-T10)

4. Aprendizagem (2017-D33) (2018-T17) (2018-T19) (2019-D39)

5. Aprendizagem informal (2014-D27) (2017-T12)

6. Aula(s) experimental(is) (2018-D35) (2020-D41)

7. Educação (2005-D03) (2008-D10)

8. Educação Matemática (2005-D03) (2005-D06) (2009-D12) (2011-D16) (2012-D18) (2012-D20) (2018-T21) (2019-D39)

---

[1] Cabe informar que tivemos 156 palavras-chave com uma única remissão. Trazemos na sequência algumas delas, para suprir a curiosidade do leitor: Análise qualitativa; Avaliação formativa; Axiologia relacional pedagógica; Cartografia das controvérsias; Comunidade de prática; Diálogos de ensino e aprendizagem; Educação inclusiva; *Facebook*; Geometria demonstrativa; Gestão de classe; Iniciação científica; Lousa digital; Mapa conceitual; Memórias; Modelo de Huberman; Perfil subjetivo; Questões do PISA; Redes sociais; Saber curricular; Sistema Blocado; Teatro e Ciência; Transitividade; *WhatsApp*; *YouTube*.

[2] Os códigos foram assim elaborados: primeiramente, temos o ano de conclusão do referido produto do *Stricto Sensu*, que chancelou um título de mestre ou de doutor; em seguida inserimos as letras D, para dissertação, e T, para Tese; na sequência registramos a numeração respectiva ao objeto em análise (dissertação, de 01 a 46, e tese, de 01 a 31).

[3] Justificamos que palavras e/ou expressões no singular e no plural foram consideradas em um mesmo descritivo, por exemplo, ação docente e ações docentes foram inseridas em um mesmo item, nesse caso de numeração 2. Outros casos podem ser observados nas numerações 6, 13, 18 35, 36 e 37.

9. Educação não formal (2009-D14) (2010-D15)

10. Ensino de Ciências (2004-D01) (2005-D03) (2005-D04) (2005-D05) (2009-D12) (2013-D21) (2014-D28) (2020-D42) (2021-D45)

11. Ensino de Física (2004-D02) (2019-T24)

12. Estágio (2007-D09) (2019-T24)

13. Estágio(s) supervisionado(s) (2007-D07) (2009-D14) (2011-T02) (2013-T04) (2018--D35) (2019-T25)

14. Evasão (2004-D02) (2019-D38)

15. Focos da Aprendizagem Científica (FAC) (2014-D27) (2017-T12) (2018-T14) (2018--T16) (2019-T27)

16. Focos da Aprendizagem para a Pesquisa (FAP) (2013-D22) (2018-D36)

17. Focos da Aprendizagem Docente (FAD) (FAD') (2013-D23) (2013-D24) (2014-T08) (2016-D30) (2016-T11) (2018-T20)

18. Formação de professor(es) (2004-D01) (2004-D02) (2009-D12) (2011-T01) (2011-T02) (2013-D26) (2014-T06) (2016-D31) (2019-T22) (2019-T23) (2020-D42) (2021-D46)

19. Formação docente (2012-D17) (2016-D30) (2019-D40) (2021-D46)

20. Formação inicial (2007-D07) (2013-T03) (2013-T04)

21. Formação inicial de professores (2009-D12) (2013-D23) (2014-D29) (2016-T11) (2017-T13) (2019-T24)

22. Formação inicial de professores de Biologia (2007-D09) (2014-T08)

23. Formação inicial de professores de Física (2005-D04) (2009-D14)

24. Formação inicial de professores de Matemática (2007-D08) (2012-D18) (2013-T05) (2016-T09)

25. Formação inicial de professores de Química (2012-D19) (2018-D35) (2018-T20) (2019--T25)

26. Identidade docente (2007-D09) (2017-T13)

27. Licenciatura em Ciências Biológicas (2013-T04) (2013-T05)
28. Matriz 3x3 (2013-D25) (2013-T04) (2014-D29) (2014-T06) (2014-T08) (2016-D31) (2016-T09) (2016-T10) (2016-T11) (2018-T18)
29. Matriz do Estudante (2018-T19) (2019-D38)
30. Metacognição (2017-D33) (2021-T31)
31. PIBID – Programa Institucional de Bolsa de Iniciação à Docência (2012-D19) (2013-D21) (2013-D23) (2013-D24) (2013-D26) (2013-T03) (2013-T05) (2016-D30) (2016-D31) (2016-T09) (2017-T13) (2018-D36) (2018-T20)
32. Proposta pedagógica (2018-T14) (2021-T30)
33. Psicanálise (2005-D03) (2005-D04) (2008-D10)
34. Química (2016-D30) (2018-D36) (2021-D46)
35. Relação(ões) com o saber (2005-D03) (2007-D07) (2007-D08) (2009-D11) (2009-D13) (2013-T03) (2014-D29) (2016-T10) (2016-D31) (2016-T09) (2016-T11) (2017-D33) (2017-T13) (2018-D37) (2018-T16) (2018-T18) (2018-T19) (2018-T20) (2018-T21) (2019-T26) (2020-T28)
36. Relação(ões) de saber (2013-D26) (2013-T05)
37. Saber(es) docente(s) (2005-D04) (2007-D07) (2007-D08) (2007-D09) (2008-D10) (2013-D25) (2013-T05) (2016-D31) (2019-T22) (2019-T23)
38. Sistema didático (2013-T03) (2013-T05)
39. Teoria Ator-Rede (2021-T29) (2021-T30)
40. Triângulo didático-pedagógico (2017-T13) (2018-T17) (2019-D38)

Ao consultarmos a lista com as 40 palavras-chave verifica-se a possibilidade de evidenciar inúmeras convergências entre elas. Retomando unicamente aquelas com mais de 2 remissões, nossa lista se reduz para 21 palavras e/ou expressões: Ação docente; Análise textual discursiva; Aprendizagem; Educação Matemática; Ensino de Ciências; Estágio supervisionado; Focos da Aprendizagem Científica; Focos da Aprendizagem Docente; Formação de professor; Formação docente; Formação inicial; Formação inicial de professores; Formação inicial de professores de Matemática; Formação inicial de professores de Química; Matriz 3x3; PIBID; Psicanálise; Química; Relação com o saber; Saber docente; Triângulo didático-pedagógico.

A fim de visualizarmos com agilidade essas informações inserimos o Quadro 1 que traz, na segunda coluna, a frequência com que essas 40 palavras foram citadas, neste caso não mantivemos a ordem alfabética, mas sim a ordem decrescente de citações. Podem-se observar as 21 palavras destacadas no parágrafo anterior, que se tornaram as primeiras a serem listadas no quadro; as demais, mantiveram a ordem alfabética, isto é, aquelas que possuem duas remissões.

Quadro 1 – As palavras-chave e a frequência descritiva

Palavras-chave	Quantidade de citações
1. Relação(ões) com o saber	21
2. PIBID – Programa Institucional de Bolsa de Iniciação à Docência	13
3. Formação de professor(es)	12
4. Ação(ões) docente(s)	10
5. Matriz 3x3	10
6. Saber(es) docente(s)	10
7. Ensino de Ciências	9
8. Educação Matemática	8
9. Análise textual discursiva	6
10. Estágio(s) supervisionado(s)	6
11. Focos da Aprendizagem Docente (FAD) (FAD')	6
12. Formação inicial de professores	6
13. Focos da Aprendizagem Científica (FAC)	5
14. Aprendizagem	4
15. Formação docente	4
16. Formação inicial de professores de Matemática	4
17. Formação inicial de professores de Química	4
18. Formação inicial	3
19. Psicanálise	3
20. Química	3
21. Triângulo didático	3

22. Ação discente	2
23. Aprendizagem informal	2
24. Aula(s) experimental(is)	2
25. Educação	2
26. Educação não formal	2
27. Ensino de Física	2
28. Estágio	2
29. Evasão	2
30. Focos da Aprendizagem para a Pesquisa (FAP)	2
31. Formação inicial de professores de Biologia	2
32. Formação inicial de professores de Física	2
33. Identidade docente	2
34. Licenciatura em Ciências Biológicas	2
35. Matriz do Estudante	2
36. Metacognição	2
37. Proposta pedagógica	2
38. Relação(ões) de saber	2
39. Sistema didático	2
40. Teoria Ator-Rede	2

Fonte: os autores

Mediante a análise das palavras-chave supracitadas, observa-se também uma consonância das pesquisas do grupo com as linhas de pesquisa do PECEM – A Construção do Conhecimento em Ciências e Matemática (CCCM) e A Formação de Professores em Ciências e Matemática (FPCM) –, o que evidencia a aderência das pesquisas do grupo com as linhas de pesquisa do programa.

Podemos nos deter, ainda, no período em que foram citadas, considerando os anos iniciais das defesas, lembrando que as primeiras ocorreram no ano de 2004. Façamos então uma retrospectiva, mantendo a ordem alfabética e o período que vai de 2004 a 2010: Análise Textual Discursiva, com 6 remissões, está presente nos registros desde o ano de 2009; Educação Matemática, com 8, desde 2005; Ensino de Ciências, com 9, desde 2004; Estágio(s) supervisionado(s), com 6, desde 2007; Formação de professores, com 12, desde 2004; Formação inicial, com 3, desde 2007; Formação inicial de professores, com 6, desde 2009; Formação inicial de professores de Matemática, com 4 desde 2007; Psicanálise, com 3, desde 2005; Relações com o saber, com 21, desde 2005; Saberes docentes, com 10, desde 2005.

Das palavras e ou expressões relacionadas no parágrafo anterior, algumas foram abandonadas, há diversos anos, pelos autores das dissertações e teses, aquela que mais nos chamou a atenção foi Psicanálise, que teve sua última ocorrência no ano de 2008. Ao retomarmos os movimentos investigativos do grupo por meio das Memórias (PASSOS *et al.*, 2007; PASSOS *et al.*, 2008), que são formas de registros que os colaboradores do GQ produzem para 'lembrarem' e 'contarem' o que ocorreu em cada reunião, constamos algumas justificações, entre as quais selecionamos três: as dificuldades em estudar os referenciais teóricos lacanianos; a não compreensão pelos referees dos periódicos a respeito do tema e, por conseguinte, a rejeição dos artigos enviados para avaliação; uma ampliação dos teóricos que fazem parte do aporte assumido pelos orientadores do EDUCIM.

Por outro lado, podemos nos deter naquelas que permaneceram sendo relacionadas por longa data, para isso trazemos a expressão Relações com o saber, citada primeiramente no ano de 2005 e, recentemente, no ano de 2020. O que constata uma tradição do grupo em pesquisas que se dedicam aos referenciais teóricos vinculados às ideias de Bernard Charlot e que estão explicitadas em diversos de seus livros, contudo um deles é o mais utilizado pelos pesquisadores do EDUCIM: Charlot (2000).

Para finalizarmos nossas considerações a respeito dessa leitura que pondera sobre os movimentos cronológicos das palavras-chave, vamos observá-las, neste momento, enfatizando a proximidade com os anos mais atuais, ou seja, próximos de 2021, ano em que estamos elaborando este capítulo. Para isso não vamos nos deter nas 20 mais citadas, mas sim na lista que contém as 40 palavras-chave, numeradas e relacionadas anteriormente. Justificamos essa opção, pelo fato de termos o objetivo de destacar aquelas que nos trazem 'novidades', ou seja, que representam a inserção de novos referenciais teóricos nos processos investigativos. Podemos dizer que 'a mais novinha' dessa lista é a de número 39: Teoria Ator-Rede, datada apenas no ano de 2021. Para complementar esses destaques vamos considerar agora uma leitura em ordem alfabética trazendo aquelas mencionadas a partir do ano de 2017: Ação discente; Ação docente; Aprendizagem; Aulas experimentais; Matriz do Estudante; Metacognição; Triângulo didático-pedagógico. Em virtude do corte temporal que realizamos, convidamos o leitor a retomá-las e considerar o período que melhor lhe agradar.

Apesar de termos optado por alguns encaminhamentos de leitura e interpretação dessa lista de palavras-chave, elas ainda podem ser sistematizadas de outra forma, considerando, por exemplo, os processos formativos docentes, que trazem especificidades de áreas de conhecimento, porém podemos inferir que eles são pertencentes a um campo único de interesse – a formação. O mesmo pode ser observado para a composição Matriz 3x3, Relação com o saber e Triângulo didático-pedagógico. Todavia, fica o desafio aos leitores, para retomarem a relação com as 40 palavras e/ou expressões e identificarem inúmeras outras aproximações teóricas e/ou metodológicas que perpassaram pelas duas décadas de elaborações, reflexões e conduções de pesquisas.

Por fim, informamos que diversas dessas propostas de pesquisa que culminaram em dissertações e teses, defendidas no PECEM no período de 2004-2021, estão diretamente relacionadas a marcos teórico e metodológico publicados por pesquisadores do EDUCIM, entre eles selecionamos: Arruda, Lima e Passos (2011); Arruda, Passos e Fregolente (2012); Arruda *et al.* (2013); Arruda e Passos (2015); Arruda e Passos (2017); Arruda, Portugal e Passos (2018); Passos, Corrêa e Arruda (2017); Arruda, Passos e Broietti (2021); Marrone Júnior, Arruda e Passos (2021).

Há também que se considerar as distintas inovações teórico-metodológicas desenvolvidas no grupo, entre elas: i) técnica de coleta e registro de dados realizada por meio de anotações dos acontecimentos das reuniões do grupo – Memórias; ii) Instrumento de pesquisa elaborado para investigar indícios de aprendizagem em Ciências e Matemática, na docência e na pesquisa e, posteriormente, estendido para todas as áreas de aprendizagem – Focos de Aprendizagem; iii) Instrumento de pesquisa que possibilita investigar as relações com o saber em sala de aula – Matriz (P), Matriz (E) e Matriz (S); e, iv) ação docente, discente e conexões que trata de um programa de pesquisa que investiga o que o professor faz em sala de aula e como sua ação se conecta às ações realizadas pelos estudantes. Estas inovações, de certo modo, ficam perceptíveis na indicação das palavras-chave pelos autores das produções.

As questões e/ou objetivos de pesquisa e a convergência de pensamentos

Em função de estarmos projetando representar duas décadas de pesquisas desenvolvidas no grupo EDUCIM, neste capítulo trouxemos uma questão e/ou objetivo que represente cada uma das pesquisas realizadas nestes 20 anos, 77 ao todo, entre dissertações e teses. Pelo observado, muitos dos pesquisadores formularam mais de uma questão e diversos objetivos, por isso selecionamos as questões e/ou objetivos, um ou outro, que traziam aproximações com o título da dissertação ou tese e com as palavras-chave. A organização que trazemos na continuidade é cronológica (das mais antigas para as mais recentes).

Após a apresentação, teceremos algumas considerações relativas a essas escolhas e possibilidades investigativas e os prováveis desdobramentos que elas nos colocam para a próxima década.

2004-D01 Seria possível, o estabelecimento de relações entre o tema desenvolvimento profissional do professor e a hipótese da captura do professor por certos discursos que circulam nas instituições nas quais eles atuam ou no meio em que trabalham?

2004-D02 Que dificuldades os alunos enfrentariam durante o curso de Física?

2005-D03 Este trabalho tem por objetivo compreender a relação de alguns estudantes com o saber em Ciências e Matemática, focalizando uma situação particular dessa relação, marcada pelo gostar de Matemática, de Química ou de Biologia.

2005-D04 Como é que se faz um professor, ou qual o melhor modelo de professor a ser formado?

2005-D05 Qual é a identidade ocupacional dos técnicos de laboratório?

2005-D06 Identificar os laços entre cursistas e professores, que se relacionam também em redes, envolvendo não somente contato pessoal, mas também virtual, são características da pós-modernidade?

2007-D07 O objetivo desta dissertação foi compreender como futuros professores de Biologia, na fase de transição de alunos aprendizes, desde o momento de estágio, a professores, no momento de ingresso efetivo na profissão, estabelecem a relação com o ensinar e se constituem profissionalmente.

2007-D08 Em que medida o estágio supervisionado contribui para a construção da identidade docente?

2007-D09 Quais os saberes docentes são desenvolvidos durante o Estágio Supervisionado?

2008-D10 Afinal, o que é ser professor? Por que optamos ser professor? E ainda, por que nos mantemos professores?

2009-D11 O que a observação astronômica causa no sujeito? Por que isto ocorre?

2009-D12 O que significa formação de professores na perspectiva de artigos publicados em periódicos nacionais da área de Ensino de Ciências?

2009-D13 Este trabalho, de cunho qualitativo, analisa o envolvimento e a permanência de cinco alunos em um curso introdutório de mecânica clássica [...].

2009-D14 O que diz o estagiário ao desenvolver atividades em um Museu de Ciência e Tecnologia como parte integrante da disciplina de estágio supervisionado?

2010-D15 Quais as expressões que caracterizam de maneira significativa o campo da Educação não formal?

2011-D16 De que modo os alunos compreenderam a proposta que lhes mostrou o método demonstrativo euclidiano referente à primeira Proposição de Euclides?

2011-T01 O objetivo desta pesquisa foi analisar e interpretar a ação de professores de Física do Ensino Médio em sala de aula.

2011-T02 Como licenciandos em Ciências Biológicas lidavam com a questão de ser professor e como enfrentaram os desafios da prática docente?

2012-D17 Como a prática teatral do espetáculo A Ciência em Peças pode contribuir, com seus participantes, para o aprendizado científico e para a formação do futuro professor?

2012-D18 Você quer ser professor de Matemática? Você mantém a decisão tomada na entrevista anterior?

2012-D19 Temos como propósito, portanto, evidenciar na fala dos participantes da pesquisa referências aos objetivos propostos, e por meio deles construirmos nossas considerações acerca do processo formativo, quando a este são incluídas as ações propostas pelo PIBID.

2012-D20 Como os educadores matemáticos brasileiros por meio de seus artigos caracterizam as configurações informais de aprendizagem?

2013-D21 Como a análise de expressões faciais poderia ser útil em situação de aprendizado ou na pesquisa em ensino?

2013-D22 De que forma os mestrandos e doutorandos manifestam o aprendizado da pesquisa em um grupo de pesquisa em Educação em Ciências e Matemática e como este aprendizado pode ser caracterizado?

2013-D23 [...] buscamos pesquisar: os tipos de saberes que o professor comunicou aos estudantes de licenciatura durante a atividade de supervisão.

2013-D24 Por meio dos FAD – Focos da Aprendizagem Docente, de que forma podemos caracterizar o aprendizado da docência (para licenciandos e supervisoras) no PIBID?

2013-D25 O que aconteceu com a prática docente, ou melhor, como o docente mobilizou seus saberes com essa mudança em sala de aula?

2013-D26 Quais os tipos de saberes que o professor comunicou aos estudantes de licenciatura durante a atividade de supervisão?

2013-T03 O objetivo desta pesquisa foi o de investigar o movimento dos professores supervisores como coformadores.

2013-T04 Nesta investigação buscamos entender os avanços ocorridos no perfil docente desses indivíduos e os fatores que interferem nesse processo, durante o período de estágio e durante a formação inicial, testamos a Matriz 3x3 sob uma nova perspectiva visando o estudo de seu potencial.

2013-T05 Nesta pesquisa temos a intenção de apresentar nossas compreensões das relações estabelecidas com o ensinar, com o saber e com o aprender que os estudantes desenvolveram durante os dois anos de participação no PIBID.

2014-D27 Qual é o papel do *Facebook* na aprendizagem?

2014-D28 O que é ensinar Ciências no *YouTube*?

2014-D29 Como deveriam ser ementas adequadas para a Educação Ambiental?

2014-T06 Que relações docentes são possíveis de se evidenciar em uma sala de aula com perspectivas de ser inclusiva?

2014-T07 Poderíamos explicar o aprendizado da linguagem Física tida pelos alunos abordados no curso em questão, tendo como apoio teórico para a interpretação dos dados as teorias da aprendizagem significativa e dos modelos mentais de Johnson-Laird?

2014-T08 Esta tese apresenta uma investigação qualitativa (com análise de dados qualiquantitativa) acerca da presença e da influência de sistemas axiológicos no processo de formação inicial de professores de Biologia, na perspectiva de estudantes e de formadores.

2016-D30 Como evidenciar o caráter afirmativo da identidade profissional propiciado pelo PIBID?

2016-D31 Como ficariam as descrições das relações com o saber nas células da Matriz 3x3 se incluíssemos os procedimentos da gestão do ensino organizados por Gauthier?

2016-T09 Nesta pesquisa, de cunho qualitativo, objetivou-se caracterizar uma intervenção realizada no âmbito do PIBID e compreender seu reflexo nas relações estabelecidas por um dos bolsistas com o saber, o aprender e o ensinar Matemática.

2016-T10 Quais são as ações de professores de Matemática em sala de aula e o que a Matriz 3x3 pode revelar a respeito delas?

2016-T11 Esta tese apresenta uma proposta para caracterizar o interesse pela docência em estudantes de cursos de licenciatura em Ciências Biológicas, Física e Química de uma Universidade pública do Paraná que participavam do PIBID nos respectivos subprojetos.

2017-D32 Quais evidências de aprendizagem científica e tecnológica docente e da pesquisa podem ser percebidas quando um professor utiliza a lousa digital?

2017-D33 Quais percepções e reflexões metacognitivas podem ser evidenciadas na aprendizagem de Física, pelos estudantes de Ensino Médio e como isso poderia ser analisado por meio das relações com o saber?

2017-D34 Quais Dimensões da Aprendizagem Científica (DAC) são contempladas em questões do PISA que abordam conteúdos químicos, de acordo com o NRC – *National Research Council* (2012)?

2017-T12 Nosso objetivo foi o de demonstrar como ocorre a aprendizagem científica em redes sociais, dedicadas à Astronomia no *Facebook*.

2017-T13 Quais aspectos influenciam a formação da identidade do futuro professor no contexto do PIBID?

2018-D35 Quais as percepções de licenciandos em Química ao planejar e executar aulas experimentais?

2018-D36 De que forma os membros do grupo PIBID/Química/UEL manifestam o aprendizado para a pesquisa e como este aprendizado pode ser caracterizado?

2018-D37 O que os alunos e os professores fazem, de fato, nas salas de aula de Matemática e quais categorias poderiam descrever suas ações? Que conexões podem ser estabelecidas entre as ações dos professores e dos alunos?

2018-T14 Temos por objetivo apresentar os Focos da Aprendizagem Científica como uma ferramenta para elaboração de planejamentos de aula, permitindo assim gerar um movimento reflexivo sobre os processos de ensino e aprendizagem, observados a partir da ferramenta de análise Matriz 3x3 e da nova proposta denominada Matriz de Interações.

2018-T15 Tendo por pressuposto as pesquisas envolvendo os Focos da Aprendizagem, de que forma poderia ser elaborada uma analogia para o ensino científico e como seria essa analogia?

2018-T16 O que é possível afirmar sobre a aprendizagem científica em uma turma do quarto ano de uma escola de 1º ciclo em Portugal?

2018-T17 A participação em grupos de *WhatsApp* possibilita aprendizagem em Ciências e Matemática?

2018-T18 Quais as categorias de ação docente identificadas nas aulas de professores e monitores da Escola Ciência Viva e do CIEC em sala de aula e no laboratório?

2018-T19 Quais são as categorias de ações discentes em aulas de Física, Matemática e Química?

2018-T20 Nosso objetivo foi o de identificar as Dimensões Relacionais da Docência (DRD) – de interesse, de conhecimento, reflexiva, comunitária e identitária – proporcionadas a estudantes de licenciatura em Química da UEL.

2018-T21 Nosso objetivo foi o de estabelecer compreensões a respeito dos sentidos que a Matemática assume ao longo das vidas de estudantes de um curso de licenciatura em Matemática.

2019-D38 Quais são os elementos caracterizadores da evasão e da permanência no curso de licenciatura em Química da UEL?

2019-D39 Que aspectos apresentados pelos autores/pesquisadores de artigos publicados no periódico Bolema nos anos de 2013 a 2017 caracterizam a aprendizagem Matemática?

2019-D40 Quais são as ações do licenciando em aulas simuladas de Química no estágio supervisionado antes e após a intervenção do professor formador?

2019-T22 De que maneira os Projetos Pedagógicos de Cursos (PPC) orientam a formação inicial de professores de Ciências Biológicas, corroborados pela percepção de seus gestores, na perspectiva da Matriz do Saber – M(S)?

2019-T23 Propôs-se um instrumento para análise textual discursiva das falas dos docentes a respeito da avaliação.

2019-T24 Quais são as ações docentes de estagiários de uma licenciatura em Física desenvolvidas durante as práticas de regência em escolas campo?

2019-T25 Quais as ações planejadas pelos licenciandos em aulas de Química? Quais são as ações executadas pelos licenciandos em aulas de Química?

2019-T26 O que o professor faz, de fato, em sala de aula e quais categorias poderiam descrever suas ações? As ações executadas pelos professores diferem em função do conteúdo que ministram?

2019-T27 A partir dos Focos da Aprendizagem Científica (FAC) seria possível obter um mapeamento das interações entre docente e discentes em aulas de Ciências com atividades experimentais?

2020-D41 O que os professores fazem, de fato, em aulas de Química no Ensino Médio? E quais categorias podem descrever suas ações?

2020-D42 O que professores de Ciências fazem, de fato, nas aulas analisadas? Quais categorias poderiam descrever suas ações?

2020-T28 Definimos como objetivo: caracterizar as relações de um grupo de aprendizes, em diferentes situações de aprendizagem (na escola, em casa, na casa dos colegas, na rua, no sítio, no local de trabalho e nas plataformas digitais), por meio de uma análise de sua autonomia a partir das variáveis interesse e liberdade.

2021-D43 Quais categorias descrevem as ações docentes nas aulas analisadas da licenciatura em Ciências Biológicas? Quais ações docentes estão relacionadas aos recursos didáticos utilizados nessas aulas?

2021-D44 O que os professores fazem, de fato, em aulas de Ciências (conteúdos de Física e Química) no 9º ano do Ensino Fundamental?

2021-D45 I) Quais são as características das publicações envolvendo Práticas Científicas? II) Quais são as compreensões acerca das Práticas Científicas expressas nas publicações? III) Em quais contextos os autores realizaram pesquisas envolvendo Práticas Científicas?

2021-D46 Esta pesquisa visa investigar, a partir dos depoimentos dos residentes, preceptores e docentes orientadores, se os objetivos propostos no PRP (Programa Residência Pedagógica) foram observados em seu desenvolvimento durante a vigência do primeiro edital (2018-2020).

2021-T29 Como os saberes, tanto docentes quanto discentes, atuavam na relação de ensino e aprendizagem?

2021-T30 Nosso objetivo geral foi compreender o processo de criação e manutenção do modelo curricular do IFPR.

2021-T31 De que forma as percepções a respeito do processo de aprendizagem em Física de estudantes do Ensino Médio, conectam-se aos elementos teóricos da experiência metacognitiva?

Quando observamos as áreas de conhecimento pesquisadas, ficam evidentes aquelas que estão relacionadas ao PECEM – Ensino de Ciências e Educação Matemática – e assim descritas nas questões e/ou objetivos de pesquisa da seguinte forma: Ciências; Biologia; Ciências Biológicas; Física; Química; Matemática.

Outro fato que nos 'salta aos olhos' são as menções às licenciaturas, formação inicial, estágio supervisionado, que nos remetem à lista[4] dos cursos de Graduação da UEL, dos 52 listados no catálogo acessado em outubro de 2021, 14 deles se apresentam na modalidade 'licenciatura'. Por isso, alguns processos formativos que perpassam pela formação inicial de forma geral, vinculados a cada um dos cursos de licenciatura ofertados por nossa universidade, entre eles: Ciências Biológicas; Física; Química; Matemática, passaram a ser focados pelas pesquisas do PECEM, como programa inserido nesta instituição de Ensino Superior.

Programas e os projetos de âmbito nacional ou estadual, também passaram a ser pesquisados pelos mestrandos e doutorandos, como o PRP – Programa Residência Pedagógica e o PIBID – Programa Institucional de Bolsas de Iniciação à Docência – , este último presente em diversas questões ou objetivos de pesquisa relacionados por nós, e que também teve 13 remissões nas palavras-chave no período que vai do ano 2012 ao ano de 2018 (ver item 31 da lista de palavras-chave apresentadas anteriormente). E que podem ser localizadas nos registros que trazem os seguintes códigos: 2012-D19; 2013-T05; 2016-T09; 2016-T11; 2017-T13; 2018-D36. E que está subentendido no uso da denominação "supervisores" (2013-T03), que representam os professores que recebiam o "pibidianos" nas escolas da região metropolitana de Londrina.

---

4 Informações acessadas no seguinte sítio eletrônico: http://www.uel.br/prograd/?content=catalogo-cursos/catalogo_2020/cursos_graduacao.html.

Quanto aos projetos, destacamos dois deles: o vínculo com o Museu de Ciência e Tecnologia da UEL, que foi investigado durante o desenvolvimento da dissertação codificada por 2009-D14; a peça teatral denominada A Ciência em Peça, cujos atores eram licenciandos dos cursos de Ciências Biológicas, Física e Química da UEL, e que foi pesquisada para a elaboração da dissertação 2012-D17.

Assim como indicado durante as possibilidades de leitura e interpretativa das palavras-chave, as questões e/ou objetivos de pesquisa permitem-nos inúmeras formas de organização, destaques, reflexões e relações teóricas, metodológicas, práticas e contextuais. Todavia, as páginas que temos disponíveis para a elaboração deste capítulo são limitadas, por isso convidamos o leitor a retomar o que apresentamos novamente e buscar elementos que lhe chamem a atenção.

Considerações finais

Para finalizar este capítulo retomaremos algumas informações já apresentadas e faremos uma leitura delas integrando-as com os objetivos de pesquisa do EDUCIM e as linhas de pesquisa traçadas para sua atuação. Porém, antes disso, informamos ao leitor que elaboramos um Apêndice, inserido logo após as Referências, que traz a lista das 46 dissertações e 31 teses, organizadas cronologicamente, para que vocês conheçam cada um dos autores e algumas informações técnicas a respeito do que foi produzido nestes 20 anos.

Reproduzimos a seguir a descrição do grupo EDUCIM, conforme apresentadas em alguns dos sítios de acesso ao grupo[5].

O grupo de pesquisa EDUCIM tem como objetivo geral investigar temas relacionados à formação de professores, ao ensino e à aprendizagem em Ciências e Matemática, tanto na educação formal quanto na educação informal.

O grupo tem mantido colaboração com pesquisadores de outras instituições do Brasil (principalmente paranaenses) e do exterior, como a Universidade

---

5   Diversas das informações que trouxemos nesta seção encontram-se no seguinte endereço eletrônico: http://educim.com.br/?page_id=2. Aproveitamos a oportunidade e deixamos aqui registrados também outros dois *links* relacionados ao grupo: página do grupo na Plataforma Lattes – dgp.cnpq.br/dgp/espelhogrupo/5371515613892916 – e página do programa de Pós-Graduação em Ensino de Ciências e Educação Matemática da UEL – http://www.uel.br/pos/mecem/.

de Aveiro (Portugal) e as universidades moçambicanas UniLicungo e UniRovuma.

Nos últimos anos dedicou-se, principalmente, a investigar a ação docente, a ação discente e suas conexões, procurando entender o que, de fato, professores e alunos fazem em sala de aula. Este programa de pesquisa, denominado PROAÇÃO, possui duas questões gerais: a) Quais ações docentes e discentes são observadas em aulas de Ciências e Matemática no ensino básico e superior, como elas podem ser interpretadas e de quais formas elas se conectam? b) Que implicações para o ensino, a aprendizagem e a formação de professores podem ser extraídas dos resultados encontrados?

As análises qualitativas (análise de discurso, análise de conteúdo, análise textual discursiva) têm sido adotadas como metodologias gerais para a interpretação dos dados.

O grupo está instalado nas dependências do Museu de Ciência e Tecnologia de Londrina (MCTL), órgão suplementar da UEL, situado no câmpus, sendo responsável pelas atividades do Setor de Pesquisa e Desenvolvimento do MCTL.

Dois instrumentos foram e ainda têm sido utilizados com frequência na elaboração das dissertações e das teses do grupo: a Matriz 3x3 e os Focos de Aprendizagem. Esses instrumentos têm contribuído em dois sentidos: a Matriz 3x3 tem permitido uma visão unificada sobre a maioria das pesquisas em curso no grupo, tratando-as como casos especiais da análise das relações epistêmicas, pessoais e sociais com o saber nas mais diversas configurações de aprendizagem; os Focos de Aprendizagem têm contribuído para a construção de uma visão mais ampla da aprendizagem e para a unificação entre os campos da aprendizagem informal e o campo da formação de professores.

Convidamos a todos e a todas que chegaram até a leitura da última frase deste capítulo a visitarem nossas produções nas abas Relação com o saber/Matriz 3x3 e Focos do *site* do EDUCIM, onde encontrarão as últimas publicações do grupo que tomaram tais instrumentos como base para a pesquisa.

Agradecimentos

Agradecemos ao apoio das seguintes instituições que financiaram o Grupo EDUCIM desde sua criação: Coordenação de Aperfeiçoamento de

Pessoal de Nível Superior (CAPES), Conselho Nacional de Desenvolvimento Científico e Tecnológico (CNPq), Fundação Araucária e VITAE.

Referências

ARRUDA, S. M.; LIMA, J. P. C.; PASSOS, M. M. Um novo instrumento para a análise da ação do professor em sala de aula. *Revista Brasileira de Pesquisa em Educação em Ciências*, v. 11, n. 2, p. 139-160, 2011.

ARRUDA, S. M.; PASSOS, M. M. A relação com o saber na sala de aula. In: IX COLÓQUIO INTERNACIONAL EDUCAÇÃO E CONTEMPORANEIDADE, 9., 2015, Aracaju. [**Anais...**]. Aracaju, 2015. p. 1-14. v. 1.

ARRUDA, S. M.; PASSOS, M. M. Instrumentos para a análise da relação com o saber em sala de aula. *Revista de Produtos Educacionais e Pesquisas em Ensino*, v. 1, n. 2, p. 95-115, 2017.

ARRUDA, S. M.; PASSOS, M. M.; FREGOLENTE, A. Focos da Aprendizagem Docente. *Alexandria*, v. 5, n. 3, p. 25-48, 2012.

ARRUDA, S. M.; PASSOS, M. M.; PIZA, C. A. de M.; FELIX, R. A. B. O aprendizado científico no cotidiano. *Ciência & Educação*, v. 19, n. 2, p. 481-498, 2013.

ARRUDA, S. M.; PASSOS, M. M; BROIETTI, F. C. D. The research program on teacher action, student action and their connections (PROACTION): fundamentals and methodological approaches. *Revista de Produtos Educacionais e Pesquisas em Ensino*, v. 5, n. 1, p. 215-246, 2021.

ARRUDA, S. M.; PORTUGAL, K. O.; PASSOS, M. M. Focos da aprendizagem: revisão, desdobramentos e perspectivas futuras. *Revista de Produtos Educacionais e Pesquisas em Ensino*, v. 2, n. 1, p. 91-121, 2018.

CHARLOT, B. *Da relação com o saber*: elementos para uma teoria. Porto Alegre: Artmed, 2000.

MARRONE JÚNIOR, J.; ARRUDA, S. M.; PASSOS, M. M. A dinâmica das controvérsias na transformação de um Projeto Pedagógico de Curso: um estudo à luz da Teoria Ator-Rede. *Research, Society and Development*, v. 10, n. 5, 2021, e38610515020.

PASSOS, M. M.; ARRUDA, S. M.; PRINS, S. A.; CARVALHO, M. A. "Memórias": uma metodologia de coleta de dados para um trabalho com orientadores de campo no estágio supervisionado em física. In: ENCONTRO NACIONAL DE PESQUISA

EM EDUCAÇÃO EM CIÊNCIAS, 6., 2007, Florianópolis. [**Anais...**]. Rio de Janeiro: ABRAPEC, 2007. p. 1-12.

PASSOS, M. M.; ARRUDA, S. M.; PRINS, S. A.; CARVALHO, M. A. Memórias: uma metodologia de coleta de dados, dois exemplos de aplicação. *Revista Brasileira de Pesquisa em Educação em Ciências*, v. 8, n. 1, p. 1-21, 2008.

PASSOS, M. M.; CORRÊA, N. N. G.; ARRUDA, S. M. Perfil metacognitivo (parte I): uma proposta de instrumento de análise. *Investigações em Ensino de Ciências*, v. 22, n. 3, p. 176-191, 2017.

PASSOS, M. M.; NARDI, R.; ARRUDA, S. M. Análises preliminares de revistas da área de Educação Matemática. *Revista Brasileira de Ensino de Ciência e Tecnologia*, v. 1, n. 2, p. 19-37, 2008.

APÊNDICE

Lista com as 46 dissertações e 31 teses organizadas cronologicamente

2004-D01[6] CLAUDIO JOSÉ SANTOS. Um estudo sobre o desenvolvimento profissional de professores de Ciências. 2004. 91f. Dissertação (Mestrado em Ensino de Ciências e Educação Matemática) – Universidade Estadual de Londrina, 2004. Orientador: Sergio de Mello Arruda.

2004-D02 MICHELE HIDEMI UENO. A tensão essencial na formação do professor de Física: entre o pensamento convergente e o pensamento divergente. 2004. 149f. Dissertação (Mestrado em Ensino de Ciências e Educação Matemática) – Universidade Estadual de Londrina, 2004. Orientador: Sergio de Mello Arruda.

2005-D03 ALESSANDRA GUIZELINI. Um estudo sobre a relação com o saber e o gostar de Matemática, Química e Biologia. 2005. 154f. Dissertação (Mestrado em Ensino de Ciências e Educação Matemática) – Universidade Estadual de Londrina, 2005. Orientador: Sergio de Mello Arruda.

2005-D04 ANA LUCIA PEREIRA BACCON. O professor como um lugar: um modelo para análise da regência de classe. 2005. 162f. Dissertação (Mestrado em Ensino de Ciências e Educação Matemática) – Universidade Estadual de Londrina, 2005. Orientador: Sergio de Mello Arruda.

2005-D05 FERDINANDO VINICIUS DOMENES ZAPPAROLI. Um estudo sobre a função do técnico de laboratório didático de Ciências. 2005. 97f. Dissertação (Mestrado em Ensino de Ciências e Educação Matemática) – Universidade Estadual de Londrina, 2005. Orientador: Sergio de Mello Arruda.

2005-D06 MARIA ANTONIA LEITE MONTEIRO CHIARATO. Aprendendo Matemática a distância: a circulação do conhecimento em um curso de formação de professores para as séries iniciais. 2005. 85f. Dissertação (Mestrado em Ensino de Ciências e Educação Matemática) – Universidade Estadual de Londrina, 2005. Orientador: Sergio de Mello Arruda.

---

[6] Para cada objeto listado no apêndice trouxemos o código do documento (já apresentado anteriormente), o nome do autor (mestre ou doutor) em letra maiúscula, o título da dissertação ou da tese, o ano de defesa, a quantidade de folhas, a denominação do programa PECEM, padronizado pela ABNT, e o orientador.

2007-D07 ELIANA DE MELLO. A relação com o saber e a relação com o ensinar no estágio supervisionado em Biologia. 2007. 225f. Dissertação (Mestrado em Ensino de Ciências e Educação Matemática) – Universidade Estadual de Londrina, 2007. Superior. Orientador: Sergio de Mello Arruda.

2007-D08 FRANCIELI CRISTINA AGOSTINETTO ANTUNES. A relação com o saber e o estágio supervisionado em Matemática. 2007. 163f. Dissertação (Mestrado em Ensino de Ciências e Educação Matemática) – Universidade Estadual de Londrina, 2007. Orientador: Sergio de Mello Arruda.

2007-D09 FRANCISCA MICHELLI LOPES. A construção dos saberes docentes e a relação de identificação no estágio supervisionado de Biologia. 2007. 155f. Dissertação (Mestrado em Ensino de Ciências e Educação Matemática) – Universidade Estadual de Londrina, 2007. Orientador: Sergio de Mello Arruda.

2008-D10 MARIA VALÉRIA NEGREIROS CESAR FAGÁ. Tornar-se e manter-se professor: algumas questões subjetivas. 2008. 179f. Dissertação (Mestrado em Ensino de Ciências e Educação Matemática) – Universidade Estadual de Londrina, 2008. Orientador: Sergio de Mello Arruda.

2009-D11 ALBERTO EDUARDO KLEIN. Os sentidos da observação astronômica: uma análise a partir da relação com o saber. 2009. 89f. Dissertação (Mestrado em Ensino de Ciências e Educação Matemática) – Universidade Estadual de Londrina, 2009. Orientador: Sergio de Mello Arruda.

2009-D12 ANGELA MENEGHELLO PASSOS. Um estudo sobre formação de professores de Ciências e Matemática. 2009. 135f. Dissertação (Mestrado em Ensino de Ciências e Educação Matemática) – Universidade Estadual de Londrina, 2009. Orientador: Sergio de Mello Arruda.

2009-D13 HENRIQUE CESAR ESTEVAN. Relações com o saber e o aprendizado em Física por meio da avaliação formativa em um curso de introdução à Mecânica Clássica. 2009. 152f. Dissertação (Mestrado em Ensino de Ciências e Educação Matemática) – Universidade Estadual de Londrina, 2009. Orientador: Sergio de Mello Arruda.

2009-D14 MARCELO ALVES DE CARVALHO. Um estudo sobre a inserção de atividades em educação não formal na disciplina metodologia e prática do ensino de Física da Universidade Estadual de Londrina. 2009. 143f. Dissertação (Mestrado em Ensino de Ciências e Educação Matemática) – Universidade Estadual de Londrina, 2009. Orientador: Sergio de Mello Arruda.

2010-D15 DENIS ROGÉRIO SANCHES ALVES. Um estudo sobre a educação não formal no Brasil em revistas da área de Ensino de Ciências. 2010. 91f. Dissertação

(Mestrado em Ensino de Ciências e Educação Matemática) – Universidade Estadual de Londrina, 2010. Orientador: Marinez Meneghello Passos.

2011-D16 EDELAINE CRISTINA DE ANDRADE. Análise de uma proposta aplicada em sala de aula sobre Geometria com foco na demonstração. 2011. 148f. Dissertação (Mestrado em Ensino de Ciências e Educação Matemática) – Universidade Estadual de Londrina, 2011. Orientador: Marinez Meneghello Passos.

2011-T01 ANA LÚCIA PEREIRA BACCON. Um ensino para chamar de seu: uma questão de estilo. 2011. 153f. Tese (Doutorado em Ensino de Ciências e Educação Matemática) – Universidade Estadual de Londrina, 2011. Orientador: Sergio de Mello Arruda.

2012-D17 ALEXANDRE FREGOLENTE. O espetáculo teatral. A Ciência em Peças, a oportunidade da aprendizagem científica dos licenciados em Física e Química e suas percepções sobre a formação docente. 2012. 66f. Dissertação (Mestrado em Ensino de Ciências e Educação Matemática) – Universidade Estadual de Londrina, 2012. Orientador: Marinez Meneghello Passos.

2012-D18 DIEGO FOGAÇA CARVALHO. O estágio curricular supervisionado e a decisão do licenciando em querer ser professor de Matemática. 2012. 138f. Dissertação (Mestrado em Ensino de Ciências e Educação Matemática) – Universidade Estadual de Londrina, 2012. Orientador: Marinez Meneghello Passos.

2012-D19 ENIO DE LORENA STANZANI. O papel do PIBID na formação inicial de professores de Química na Universidade Estadual de Londrina. 2012. 86f. Dissertação (Mestrado em Ensino de Ciências e Educação Matemática) – Universidade Estadual de Londrina, 2012. Orientador: Marinez Meneghello Passos.

2012-D20 TATIANY MOTTIN DARTORA. Educadores matemáticos brasileiros e as configurações informais de aprendizagem. 2012. 88f. Dissertação (Mestrado em Ensino de Ciências e Educação Matemática) – Universidade Estadual de Londrina, 2012. Orientador: Sergio de Mello Arruda.

2012-T02 VIRGINIA IARA DE ANDRADE MAISTRO. Formação inicial: o estágio supervisionado segundo a visão de acadêmicos do curso de Ciências Biológicas. 2012. 126f. Tese (Doutorado em Ensino de Ciências e Educação Matemática) – Universidade Estadual de Londrina, 2012. Orientador: Sergio de Mello Arruda.

2013-24 NAYARA MORYAMA. Aprendizagem da docência no PIBID-Biologia: uma caracterização por meio dos focos da aprendizagem docente. 2013. 102f. Dissertação (Mestrado em Ensino de Ciências e Educação Matemática) – Universidade Estadual de Londrina, 2013. Orientador: Sergio de Mello Arruda.

2013-D21 LEANDRO CHAGAS DA SILVA. Expressões faciais em situação de aprendizado no contexto do PIBID. 2013. 103f. Dissertação (Mestrado em Ensino de Ciências e Educação Matemática) – Universidade Estadual de Londrina, 2013. Orientador: Sergio de Mello Arruda.

2013-D22 LILIAN APARECIDA TEIXEIRA. Tornando-se pesquisadores: um estudo a partir da análise de memórias de um grupo de pesquisa em Educação em Ciências e Matemática. 2013. 183f. Dissertação (Mestrado em Ensino de Ciências e Educação Matemática) – Universidade Estadual de Londrina, 2013. Orientador: Marinez Meneghello Passos.

2013-D23 MARCUS VINÍCIUS MARTINEZ PIRATELO. Um estudo sobre o aprendizado docente no projeto PIBID/UEL: Licenciatura em Física. 2013. 135f. Dissertação (Mestrado em Ensino de Ciências e Educação Matemática) – Universidade Estadual de Londrina, 2013. Orientador: Sergio de Mello Arruda.

2013-D25 RODRIGO CESAR ELIAS. Implicações do sistema blocado de Física na ação didática do professor de Física. 2013. 54f. Dissertação (Mestrado em Ensino de Ciências e Educação Matemática) – Universidade Estadual de Londrina, 2013. Orientador: Sergio de Mello Arruda.

2013-D26 THOMAS BARBOSA FEJOLO. A formação do professor de Física no contexto do PIBID: os saberes e as relações. 2013. 131f. Dissertação (Mestrado em Ensino de Ciências e Educação Matemática) – Universidade Estadual de Londrina, 2013. Orientador: Sergio de Mello Arruda.

2013-T03 MARCELO ALVES DE CARVALHO. Um modelo para a interpretação da supervisão no contexto de um subprojeto de Física do PIBID. 2013. 170f. Tese (Doutorado em Ensino de Ciências e Educação Matemática) – Universidade Estadual de Londrina, 2013. Orientador: Sergio de Mello Arruda.

2013-T04 MARCIO AKIO OHIRA. Formação inicial e perfil docente: um estudo por meio da perspectiva de um instrumento de análise da ação do professor em sala de aula. 2013. 240f. Tese (Doutorado em Ensino de Ciências e Educação Matemática) – Universidade Estadual de Londrina, 2013. Orientador: Marinez Meneghello Passos.

2013-T05 VANESSA LARGO. O PIBID e as relações de saber na formação inicial de professores de Matemática. 2013. 220f. Tese (Doutorado em Ensino de Ciências e Educação Matemática) – Universidade Estadual de Londrina, 2013. Orientador: Sergio de Mello Arruda.

2014-D27 CLELDER LUIZ PEDRO. *Sites* de redes sociais como ambiente informal de aprendizagem científica. 2014. 144f. Dissertação (Mestrado em Ensino de Ciências e Educação Matemática) – Universidade Estadual de Londrina, 2014. Orientador: Sergio de Mello Arruda.

2014-D28 KHALIL OLIVEIRA PORTUGAL. O YouTube como uma configuração para o ensino e a aprendizagem de Ciências. 2014. 115f. Dissertação (Mestrado em Ensino de Ciências e Educação Matemática) – Universidade Estadual de Londrina, 2014. Orientador: Marinez Meneghello Passos.

2014-D29 REGINA PAULA DE CONTI. A Educação Ambiental nos cursos de formação inicial de professores: investigações à luz de um novo instrumento de análise. 2015. 83f. Dissertação (Mestrado em Ensino de Ciências e Educação Matemática) – Universidade Estadual de Londrina, 2015. Orientador: Marinez Meneghello Passos.

2014-T06 ANGELA MENEGHELLO PASSOS. Uma proposta para análise das relações docente em sala de aula com perspectivas de ser inclusiva. 2014. 131f. Tese (Doutorado em Ensino de Ciências e Educação Matemática) – Universidade Estadual de Londrina, 2014. Orientador: Sergio de Mello Arruda.

2014-T07 HENRIQUE CEZAR ESTEVAN BALLESTERO. Aprendizagem significativa da linguagem Física em um curso de introdução à Mecânica Clássica no Ensino Superior. 2014. 134f. Tese (Doutorado em Ensino de Ciências e Educação Matemática) – Universidade Estadual de Londrina, 2014. Orientador: Sergio de Mello Arruda.

2014-T08 LUCKEN BUENO LUCCAS. Axiologia relacional pedagógica e a formação inicial de professores de Biologia. 2014. 285f. Tese (Doutorado em Ensino de Ciências e Educação Matemática) – Universidade Estadual de Londrina, 2014. Orientador: Marinez Meneghello Passos.

2016-31 ELAINE DA SILVA MACHADO. Estudo dos saberes da ação pedagógica sob a perspectiva da Matriz 3x3. 2016. 96f. Dissertação (Mestrado em Ensino de Ciências e Educação Matemática) – Universidade Estadual de Londrina, 2016. Orientador: Sergio de Mello Arruda.

2016-D30 CÁSSIA EMI OBARA. Contribuições do PIBID para a construção da identidade docente do professor de Química. 2016. 175f. Dissertação (Mestrado em Ensino de Ciências e Educação Matemática) – Universidade Estadual de Londrina, 2016. Orientador: Fabiele Cristiane Dias Broietti.

2016-T09 DIEGO FOGAÇA CARVALHO. O PIBID e as relações com o saber, aprendizagem da docência e pesquisa: caracterização de uma intervenção na formação inicial de professores de Matemática. 2016. 245f. Tese (Doutorado em Ensino de Ciências e Educação Matemática) – Universidade Estadual de Londrina, 2016. Orientador: Marinez Meneghello Passos.

2016-T10 EDELAINE CRISTINA DE ANDRADE. Um estudo das ações de professores de Matemática em sala de aula. 2016. 189f. Tese (Doutorado em Ensino de Ciências e Educação Matemática) – Universidade Estadual de Londrina, 2016. Orientador: Sergio de Mello Arruda.

2016-T11 GEORGE FRANCISCO SANTIAGO MARTIN. Caracterização do interesse pela docência em estudantes participantes do PIBID dos cursos de Ciências Naturais. 2016. 126f. Tese (Doutorado em Ensino de Ciências e Educação Matemática) – Universidade Estadual de Londrina, 2016. Orientador: Sergio de Mello Arruda.

2017-D32 FABIO ROBERTO VICENTIN. A lousa digital e a aprendizagem do professor que ensina Matemática. 2017. 167f. Dissertação (Mestrado em Ensino de Ciências e Educação Matemática) – Universidade Estadual de Londrina, 2017. Orientador: Marinez Meneghello Passos.

2017-D33 NANCY NAZARETH GATZKE CORRÊA. Percepções e reflexões de estudantes de Ensino Médio no processo metacognitivo da aprendizagem em Física. 2017. 156f. Dissertação (Mestrado em Ensino de Ciências e Educação Matemática) – Universidade Estadual de Londrina, 2017. Orientador: Marinez Meneghello Passos.

2017-D34 PAULO DOS SANTOS NORA. As dimensões da aprendizagem científica em questões do PISA que abordam conteúdos químicos. 2017. 202f. Dissertação (Mestrado em Ensino de Ciências e Educação Matemática) – Universidade Estadual de Londrina, 2017. Orientador: Fabiele Cristiane Dias Broietti.

2017-T12 FERDINANDO VINÍCIUS DOMENES ZAPPAROLI. O aprendizado de Astronomia em redes sociais. 2017. 118f. Tese (Doutorado em Ensino de Ciências e Educação Matemática) – Universidade Estadual de Londrina, 2017. Orientador: Sergio de Mello Arruda.

2017-T13 ROBERTA NEGRÃO DE ARAÚJO. A formação da identidade docente no contexto do PIBID: um estudo à luz das relações com o saber. 2017. 165f. Tese (Doutorado em Ensino de Ciências e Educação Matemática) – Universidade Estadual de Londrina, 2017. Orientador: Marinez Meneghello Passos.

2018-D35 ANDRIELE FELICIO CORAIOLA. Formação inicial em Química e aulas experimentais: um estudo a partir de um instrumento para a análise da ação docente. 2018. 108f. Dissertação (Mestrado em Ensino de Ciências e Educação Matemática) – Universidade Estadual de Londrina, 2018. Orientador: Fabiele Cristiane Dias Broietti.

2018-D36 JEFERSON FERRETI RIBAS. A aprendizagem para a pesquisa em um grupo PIBID/Química. 2018. 122f. Dissertação (Mestrado em Ensino de Ciências e Educação Matemática) – Universidade Estadual de Londrina, 2018. Orientador: Fabiele Cristiane Dias Broietti.

2018-D37 MARIANA PASSOS DIAS. As ações de professores e alunos em salas de aula de Matemática: categorizações e possíveis conexões. 2018. 158f. Dissertação (Mestrado em Ensino de Ciências e Educação Matemática) – Universidade Estadual de Londrina, 2018. Orientador: Sergio de Mello Arruda.

2018-T14 JOÃO MARCOS MACHUCA DE LIMA. As interações em sala de aula: uma nova perspectiva a partir dos focos da aprendizagem científica. 2018. 152f. Tese (Doutorado em Ensino de Ciências e Educação Matemática) – Universidade Estadual de Londrina, 2018. Orientador: Marinez Meneghello Passos.

2018-T15 KHALIL OLIVEIRA PORTUGAL. Os focos do ensino científico: um instrumento para analisar o Ensino de Ciências. 2018. 148f. Tese (Doutorado em Ensino de Ciências e Educação Matemática) – Universidade Estadual de Londrina, 2018. Orientador: Sergio de Mello Arruda.

2018-T16 LILIAN APARECIDA TEIXEIRA. Um estudo a respeito da aprendizagem científica em uma escola de 1º ciclo em Portugal. 2018. 122f. Tese (Doutorado em Ensino de Ciências e Educação Matemática) – Universidade Estadual de Londrina, 2018. Orientador: Marinez Meneghello Passos.

2018-T17 LUCIANA PAULA VIEIRA DE CASTRO. O WhatsApp como ambiente de aprendizagem em Ciências e Matemática. 2018. 116f. Tese (Doutorado em Ensino de Ciências e Educação Matemática) – Universidade Estadual de Londrina, 2018. Orientador: Sergio de Mello Arruda.

2018-T18 MARCUS VINÍCIUS MARTINEZ PIRATELO. Um estudo sobre as categorias de ações docentes de professores e monitores em um ambiente integrado de 1º ciclo em Portugal. 2018. 267f. Tese (Doutorado em Ensino de Ciências e Educação Matemática) – Universidade Estadual de Londrina, 2018. Orientador: Sergio de Mello Arruda.

2018-T19 MARILY APARECIDA BENICIO. Um olhar sobre as ações discentes em sala de aula em um IFPR. 2018. 300f. Tese (Doutorado em Ensino de Ciências e Educação Matemática) – Universidade Estadual de Londrina, 2018. Orientador: Sergio de Mello Arruda.

2018-T20 MIRIAM CRISTINA COVRE DE SOUZA. Dimensões relacionais da docência proporcionadas a estudantes da licenciatura em Química da UEL. 2018. 179f. Tese (Doutorado em Ensino de Ciências e Educação Matemática) – Universidade Estadual de Londrina, 2018. Orientador: Marinez Meneghello Passos.

2018-T21 WELLINGTON HERMANN. Sentidos atribuídos por estudantes de um curso de licenciatura em Matemática para as relações que desenvolveram com a Matemática ao longo de suas vidas. 2018. 184f. Tese (Doutorado em Ensino de Ciências e Educação Matemática) – Universidade Estadual de Londrina, 2018. Orientador: Marinez Meneghello Passos.

2019-D38 ALEX STÉFANO LOPES. Permanência e evasão no curso de licenciatura em Química: um estudo à luz da Matriz do Estudante. 2019. 94f. Dissertação (Mestrado em Ensino de Ciências e Educação Matemática) – Universidade Estadual de Londrina, 2019. Orientador: Fabiele Cristiane Dias Broietti.

2019-D39 ANDRESSA CORDEIRO DE OLIVEIRA. Um estudo sobre a aprendizagem Matemática no periódico Bolema nos anos de 2013 a 2017. 2019. 106f. Dissertação (Mestrado em Ensino de Ciências e Educação Matemática) – Universidade Estadual de Londrina, 2019. Orientador: Marinez Meneghello Passos.

2019-D40 WILSON CARVALHO. Estudo da intervenção do professor formador nas ações dos licenciandos em Química. 2019. 169f. Dissertação (Mestrado em Ensino de Ciências e Educação Matemática) – Universidade Estadual de Londrina, 2019. Orientador: Marinez Meneghello Passos.

2019-T22 ANA RITA LEVANDOVSKI. A Formação Inicial de Professores de Ciências Biológicas: uma análise do Projeto Pedagógico de Curso a partir da Matriz do Saber. 2019. 217f. Tese (Doutorado em Ensino de Ciências e Educação Matemática) – Universidade Estadual de Londrina, 2019. Orientador: Marinez Meneghello Passos.

2019-T23 ARTHUR WILLIAM DE BRITO BERGOLD. Um instrumento para análise qualitativa do discurso dos docentes a respeito da avaliação. 2019. 141f. Tese (Doutorado em Ensino de Ciências e Educação Matemática) – Universidade Estadual de Londrina, 2019. Orientador: Sergio de Mello Arruda.

2019-T24 FELIPPE GUIMARÃES MACIEL. Um estudo sobre as ações de estagiários de uma licenciatura em Física nas atividades docentes do estágio supervisionado. 2019. 226f. Tese (Doutorado em Ensino de Ciências e Educação Matemática) – Universidade Estadual de Londrina, 2019. Orientador: Marinez Meneghello Passos.

2019-T25 NATANY DAYANI DE SOUZA ASSAI. Um estudo das ações pretendidas e executadas por licenciandos em Química no estágio supervisionado. 2019. 199f. Tese (Doutorado em Ensino de Ciências e Educação Matemática) – Universidade Estadual de Londrina, 2019. Orientador: Sergio de Mello Arruda.

2019-T26 RONAN SANTANA DOS SANTOS. Um estudo sobre as ações docentes em sala de aula em um curso de licenciatura em Química. 2019. 120f. Tese (Doutorado em Ensino de Ciências e Educação Matemática) – Universidade Estadual de Londrina, 2019. Orientador: Marinez Meneghello Passos.

2019-T27 SÉRGIO SILVA FILGUEIRA. Diálogos de Ensino e Aprendizagem e Ação Docente: Inter-relações em Aulas de Ciências com Atividades Experimentais. 2019. 155f. Tese (Doutorado em Ensino de Ciências e Educação Matemática) – Universidade Estadual de Londrina, 2019. Orientador: Sergio de Mello Arruda.

2020-D41 LARISSA CAROLINE DA SILVA BORGES. Um estudo das ações docentes em aulas de Química no Ensino Médio. 2020. 104f. Dissertação (Mestrado em Ensino de Ciências e Educação Matemática) – Universidade Estadual de Londrina, 2020. Orientador: Fabiele Cristiane Dias Broietti.

2020-D42 NATHÁLIA HERNANDES TURKE. Um estudo das ações docentes em aulas de Ciências nos anos finais do Ensino Fundamental. 2020. 166f. Dissertação (Mestrado em Ensino de Ciências e Educação Matemática) – Universidade Estadual de Londrina, 2020. Orientador: Marinez Meneghello Passos.

2020-T28 ELAINE DA SILVA MACHADO. Autonomia do aprendiz de Ciências sob as perspectivas da relação com o saber e das configurações de aprendizagem. 2020. 119f. Tese (Doutorado em Ensino de Ciências e Educação Matemática) – Universidade Estadual de Londrina, 2020. Orientador: Sergio de Mello Arruda.

2021-D43 GEOVANA CALDEIRA LOURENÇO. Um estudo das ações docentes relacionadas ao uso de recursos didáticos em aulas da licenciatura em Ciências Biológicas. 2021. 162f. Dissertação (Mestrado em Ensino de Ciências e Educação Matemática) – Universidade Estadual de Londrina, 2021. Orientador: Marinez Meneghello Passos.

2021-D44 NAIARA BRIEGA BORTOLOCI. Um estudo das ações docentes em aulas de Ciências no nono ano do Ensino Fundamental. 2021. 179f. Dissertação (Mestrado em Ensino de Ciências e Educação Matemática) – Universidade Estadual de Londrina, 2021. Orientador: Fabiele Cristiane Dias Broietti.

2021-D45 SANDRO LUCAS REIS COSTA. Práticas científicas no ensino de Ciências: características, compreensões e contextos das publicações. 2021. 107f. Dissertação (Mestrado em Ensino de Ciências e Educação Matemática) – Universidade Estadual de Londrina, 2021. Orientador: Fabiele Cristiane Dias Broietti.

2021-D46 LUARA WESLEY CANDEU RAMOS. Programa Residência Pedagógica (PRP): um estudo sobre a formação docente de química. 2021. 105f. Dissertação (Mestrado em Ensino de Ciências e Educação Matemática) – Universidade Estadual de Londrina, 2021. Orientador: Fabiele Cristiane Dias Broietti.

2021-T29 HUGO EMMANUEL DA ROSA CORRÊA. Controvérsias, actantes e atuações: um estudo do processo de transição para a flexibilização curricular. 2021. 135f. Tese (Doutorado em Ensino de Ciências e Educação Matemática) – Universidade Estadual de Londrina, 2021. Orientador: Sergio de Mello Arruda.

2021-T30 JAYME MARRONE JUNIOR. A dinâmica das controvérsias na transformação de um Projeto Pedagógico de Curso: um estudo à luz da Teoria Ator-Rede. 2021. 226f. Tese (Doutorado em Ensino de Ciências e Educação Matemática) – Universidade Estadual de Londrina, 2021. Orientador: Sergio de Mello Arruda.

2021-T31 NANCY NAZARETH GATZKE CORRÊA. Mapeamento da percepção do sistema metacognitivo na aprendizagem em Física: um estudo dos relatos de estudantes do Ensino Médio. 2021. 191f. Tese (Doutorado em Ensino de Ciências e Educação Matemática) – Universidade Estadual de Londrina, 2021. Orientador: Marinez Meneghello Passos.

Capítulo 15

DOZE ANOS DE PESQUISAS DO GEPPMAT: UM BREVE PANORAMA DE SUAS TESES E DISSERTAÇÕES

Geraldo Aparecido Polegatti
E-mail: geraldo.polegatti@jna.ifmt.edu.br

Angela Marta Pereira das Dores Savioli
E-mail: angelamartasavioli@gmail.com

Introdução

O Grupo de Estudo e Pesquisa do Pensamento Matemático (GEPPMat) está inserido com outros grupos de estudos no Programa de Pós-Graduação em Ensino de Ciências e Educação Matemática (PECEM) da Universidade Estadual de Londrina (UEL). Ativo desde março de 2009, o GEPPMat é coordenado pela professora doutora Angela Marta Pereira das Dores Savioli que, em conjunto com seus orientandos de mestrado e doutorado, realiza estudos nos campos de Ensino de Ciências e Educação Matemática que repercutem em suas produções científicas (teses, dissertações, artigos científicos, capítulos de livros, entre outros).

O GEPPMat abarca duas linhas de pesquisas do PECEM: a construção do conhecimento em Ciências e Matemática que busca investigar os fundamentos teóricos de teorias de aprendizagem entrelaçadas às metodologias de ensino, atrelando-se aos processos de construção do conhecimento por parte de discentes nas áreas de Ciências (Biologia, Física e Química), Matemática e Pedagogia e; a formação de professores em Ciências e Matemática que pesquisa tanto os fundamentos quanto o desenvolvimento do processo de construção e elaboração dos saberes docentes no ensino de Ciências e Matemática. Nessa investigação tem-se o objetivo de apresentar um breve panorama sobre os trabalhos (teses e dissertações) desenvolvidos pelos integrantes do GEPPMat desde sua fundação. Esse trabalho trata-se de uma pesquisa bibliográfica.

No GEPPMat se desenvolvem investigações a respeito do pensamento matemático na perspectiva dos teóricos Tall (2002; 2008; 2013; 2019; 2020), Resnick (1987), Sfard (1991), Dreyfus (2002), Dubinsky (2002), Lajoie e Mura (2004), dentre outros. São questões centrais nas discussões e pesquisas do grupo: caracterizações do pensamento matemático (avançado e elementar), em especial do pensamento algébrico; processos envolvidos no desenvolvimento do pensamento matemático; dificuldades na aprendizagem de conceitos matemáticos; características de pensamento algébrico evidenciadas por estudantes da Educação Básica, entre outros. No Quadro 1 apresenta-se de forma sucinta as teorias debatidas pelos integrantes do GEPPMat.

Quadro 1 – Os aportes teóricos debatidos no GEPPMat e seus aspectos básicos

Aportes teóricos	Aspectos básicos
Engenharia Didática (ED)	O trabalho didático do professor é equivalente ao desenvolvido por um engenheiro que utiliza conhecimentos científicos da área em estudo para elaborar seu projeto de ação que articula a complexidade que envolve o estudo do objeto com pesquisa experimental (ARTIGUE, 1996).
Ensino Exploratório (EE)	Segundo Oliveira, Menezes e Canavarro (2013, p. 3), a aprendizagem no ensino exploratório é um processo "[...] simultaneamente individual e coletivo, resultado da interação dos alunos com o conhecimento matemático, no contexto de uma certa atividade matemática, e também da interação com os outros (colegas e professor), sobrevindo processos de negociação de significados".
Teoria das Situações Didáticas (TSD)	O processo de aprendizagem pode ser desenvolvido por meio de situações reprodutíveis e identificáveis que ocorrem naturalmente ou são provocadas didaticamente, com a finalidade de promoverem a construção de um determinado conhecimento (BROUSSEAU, 1975).
Teoria Antropológica do Didático (TAD)	"Esta teoria é uma contribuição importante para a didática da matemática, pois, além de ser uma evolução do conceito de transposição didática, inserindo a didática no campo da antropologia, focaliza o estudo das organizações praxeológicas didáticas pensadas para o ensino e a aprendizagem de organizações matemáticas. A teoria antropológica do didático (TAD) estuda as condições de possibilidade e funcionamento de sistemas didáticos, entendidos como relações sujeito-instituição-saber (em referência ao sistema didático tratado por Brousseau, aluno-professor-saber)" (ALMOULOUD, 2010, p. 111).

Teoria dos Registros de Representação Semiótica (TRRS)	"A especificidade das representações semióticas consiste em serem relativas a um sistema particular de signos, a linguagem, a escrita algébrica ou os gráficos cartesianos, e em poderem ser convertidas em representações equivalentes em um outro sistema semiótico, mas podendo tomar significações diferentes para o sujeito que as utiliza. A noção de representação semiótica pressupõe, então, a consideração de sistemas semióticos diferentes e de uma operação cognitiva de conversão das representações de um sistema semiótico para outro" (DUVAL, 2009, p. 32). "A mobilização de distintos registros de um mesmo objeto matemático, destacada por Duval (2009), na maior parte dos casos, não ocorre de maneira espontânea e evidente para os estudantes. Ainda conforme a teoria mencionada, ressalta-se que para a compreensão de um conceito é essencial que os discentes transitem de um registro de representação semiótico a outro, de modo que saibam o seu significado e não confundam a representação com o objeto matemático em si" (SILVA; BISOGNIN, 2021, p. 3).
Teoria da Transposição Didática (TTD)	"O conceito de transposição didática foi produzido no próprio campo da didática e resiste à prova do tempo. A transposição é, todavia, múltipla: ela participa das *transformações* que as disciplinas e os programas provocam ao saber; mas também sofre a *interpretação* e o *exemplo* (em sentido geral, como imagem da disciplina) que os professores dão de uma disciplina em sua prática cotidiana. Os professores trabalham no nível de formulação de um conceito. Se permanecer indispensável que os programas transfiram os saberes, cabe aos professores em sua prática, inventar exercícios, colocar em marcha modalidades por meio das quais tais saberes tenham um sentido a vigiar a prática junto aos alunos. A transposição conduz então ao problema da transferibilidade daquilo que foi apreendido, ao enraizamento do que foi apreendido no interior dos saberes já possuídos, em vista a uma generalização, e, portanto, de uma transferibilidade" (D'AMORE, 2007, p. 228, grifo do autor).
Teoria dos Campos Conceituais (TCC)	"Resumindo, a teoria dos campos conceituais é uma teoria cognitivista neopiagetiana que pretende oferecer um referencial mais frutífero do que o piagetiano ao estudo do desenvolvimento cognitivo e da aprendizagem de competências complexas, particularmente aquelas implicadas nas ciências e na técnica, levando em conta os próprios conteúdos do conhecimento e a análise conceitual de seu domínio" (MOREIRA, 2018, p. 207).

Teoria da Reificação (TR)	Para Sfard (1991), a reificação ocorre a partir do momento em que se torna possível a visualização de um conceito como um objeto, ou seja, no campo do conhecimento matemático ela se dá quando um determinado conceito que é pensável, que existe na mente do indivíduo se transforma em objeto matemático.
Teoria APOE	"Dubinsky e seus colaboradores, para desenvolver a Teoria APOE, relacionaram os aspectos da abstração reflexionante (interiorização, coordenação, encapsulação, generalização e reversibilidade) com conceitos específicos da Matemática do Ensino Superior. Ao realizar essa relação, temos a construção de estruturas mentais – ação, processo, objeto e esquema – que caracterizam o uso da sigla APOE" (SOUZA, 2019, p. 40).
Pensamento Aritmético (PAr)	De acordo com Lins e Gimenez (1997, p. 33) o campo da Aritmética inclui entre outras coisas: "a) representações e significações diversas (pontos de referência e núcleos que ampliam a ideia simples do manipulativo); b) análise do porquê dos algoritmos e divisibilidade (elementos conceituais); c) uso adequado e racional de regras (técnicas, destrezas e habilidades); e d) descobertas ou teoremas (descobertas, elaboração de conjecturas e processos de raciocínio)".
Pensamento Algébrico (PA)	Segundo Martelozo, Savioli e Passos (2015, p. 108), o pensamento algébrico envolve: "estabelecimento de relações; utilização de diferentes notações para uma mesma situação-problema; estabelecimento de regularidades; algum processo de generalização; compreensão de propriedades matemáticas importantes como, por exemplo, a comutatividade na adição, agrupamento, classificação, ordenação etc...".
Pensamento Matemático Avançado (PMA)	Para Edwards, Dubinsky e McDonald (2005, p. 17) o PMA é "um pensamento que requer raciocínio dedutivo e rigoroso sobre noções matemáticas que não nos são inteiramente acessíveis através dos nossos cinco sentidos". "Assim, de acordo com a definição dos autores, conceitos matemáticos – mesmo que considerados avançados – que exigem do estudante raciocínio dedutivo e rigoroso sobre processos que são acessíveis através de exemplos do mundo físico (ao alcance dos nossos cinco sentidos) não mobilizam o PMA. Ainda consoante a esta teoria, não existe um momento específico no qual ocorra a transição do PME para o PMA" (KLAIBER, 2019, p. 42), pois o "PMA reside em um contínuo pensamento matemático que parece transcender, mas não ignora as experiências processuais ou intuições do pensamento matemático elementar" (EDWARDS, DUBINSKY e MCDONALD, 2005, p. 18, tradução de Klaiber (2019)).

Pensamento Computacional (PC)	Segundo Wing (2006, p. 33) "O Pensamento Computacional envolve a solução de problemas, a concepção de sistemas e a compreensão do comportamento humano, com base nos conceitos fundamentais da ciência da computação. O Pensamento Computacional inclui uma gama de ferramentas mentais que refletem a amplitude do campo da ciência da computação". "O Pensamento Computacional é o processo de pensamento envolvido na formulação de problemas e suas soluções para que as soluções sejam representadas de uma forma que possa ser efetivamente realizada por um agente de processamento de informações." (WING, 2010, p. 1, tradução de Bussmann (2019)).
Perfis Conceituais (PC)	"A abordagem dos perfis conceituais é fundamentada, precisamente, na ideia de que as pessoas apresentam diferentes formas de ver e conceitualizar o mundo e, portanto, diferentes modos de pensar são usados em diferentes contextos. A heterogeneidade do pensamento significa que, em qualquer cultura e em qualquer indivíduo, existem diferentes tipos de pensamento verbal, não só uma forma única, homogênea de pensamento (Tulviste, 1991). Perfis conceituais podem ser vistos como modelos da heterogeneidade dos modos de pensar acessíveis a pessoas com um *background* cultural para usar em uma variedade de contextos ou domínios (Mortimer, 1995, 2000). Modos de pensar são formas estáveis de conceitualizar um determinado tipo de experiência, relacionados a significados socialmente construídos que podem ser atribuídos a um determinado conceito" (MORTIMER et al., 2014, p. 14-15, tradução de Elias (2017)).
Modelo dos Campos Semânticos (MCS)	De acordo com Lins (2012, p. 18, grifo do autor) "'campo semântico' serve para articular 'produção de conhecimento', 'significado', 'produção de significado' e 'objeto'. A referência a 'no interior de uma atividade' serve para evitar o caso em que se esteja falando de futebol e de equações 'ao mesmo tempo' e terminemos fazendo referência a um campo semântico no qual pareça que se está produzindo significado para gol em relação a uma balança de dois pratos. Não que isto não possa acontecer, mas é melhor ter a possibilidade da leitura mais fina. É isto que o MCS oferece: um quadro de referência para que se possa produzir leituras suficientemente finas de processos de produção de significados".

Conhecimento do Conteúdo no Horizonte (HCK)	"HCK inclui conhecimento explícito de formas de e ferramentas para aprender na disciplina, os tipos de conhecimento e suas justificativas, e de onde as ideias vêm e como a 'verdade' ou validade é estabelecida. HCK também inclui a consciência de orientações e valores do núcleo disciplinar e das principais estruturas em uma disciplina. HCK permite aos professores 'ouvir' os alunos, para fazer julgamentos sobre a importância das ideias ou perguntas específicas, e para tratar a disciplina com integridade, todos os recursos para equilibrar a tarefa fundamental de conectar os alunos a um campo vasto e altamente desenvolvido" (JAKOBSEN et al., 2012, p. 4642, tradução nossa).
Desenvolvimento Profissional (DP)	"No desenvolvimento profissional dá-se grande importância à combinação de processos formais e informais. O professor deixa de ser objeto para passar a ser sujeito da formação. Não se procura a 'normalização', mas a promoção da individualidade de cada professor. Dá-se atenção não só aos conhecimentos e aos aspectos cognitivos, para se valorizar também os aspectos afetivos e relacionais do professor" (PONTE, 2017, p. 24, grifo do autor).
Identidade Profissional (IP)	"A identidade profissional docente se apresenta, pois, como uma dimensão comum a todos os docentes, e com uma dimensão específica, em parte individual e em parte ligada aos diversos contextos de trabalho. Trata-se de uma construção individual referida à história do docente e às suas características sociais, mas também de uma construção coletiva derivada do contexto no qual o docente se desenvolve" (GARCÍA, 2010, p. 19).
Conhecimento Matemático para o Ensino (MKT)	De acordo com Marins (2019, p. 56, grifo da autora) "O MKT foi desenvolvido com base na perspectiva de *Conhecimento Pedagógico de Conteúdo* de Shulman (1986). A partir dos trabalhos de Shulman, Ball e seus colaboradores buscaram investigar o que mais os professores podem saber a respeito da matemática, e de que modo utilizam esses conhecimentos em serviço, ou seja, pesquisaram sobre conhecimentos matemáticos necessários para realizar o trabalho de ensino de matemática. Desse modo, esses autores analisaram em detalhes as categorias do Conhecimento Específico de Conteúdo e do Conhecimento Pedagógico do Conteúdo de Shulman, desenvolvendo-as em alguns aspectos, e, assim, construíram subdomínios do Conhecimento Matemático para o Ensino".

Afetividade na Educação Matemática (AEM)	Para Goldin (2002), a afetividade atua como um sistema interno de forma a produzir representações com vistas a codificarem as informações advindas em meio aos processos de ensino e de aprendizagem (no caso da Matemática) com a função de ir além de acompanhar a cognição, ela tem protagonismo, auxilia no processamento das informações e motiva os indivíduos a quererem construir conhecimento, o afeto "[...] serve também como uma *linguagem evolutiva* extraordinariamente poderosa para a *comunicação*, que é essencialmente humana [...]" (GOLDIN, 2002, p. 61, grifo do autor), atua por intermédio de "[...] 'linguagem corporal', contato visual, expressões faciais, tom de voz e perfume, bem como linguagem falada, gritos, risos e outros ruídos e interjeições [...]" (GOLDIN, 2002, p. 61, grifo do autor, tradução de Martelozo (2019)).
Problematização	De acordo com Marengão (2020, p. 34), "É importante que a problematização não seja confundida com a contextualização do conteúdo. Problematizar vai além de trazer para a sala de aula problemas relacionados à realidade que cerca o estudante". Para Ricardo (2010), os problemas relacionados à Ciência precisam ser transformados em problemas para os estudantes. Segundo Ricardo (2005), a problematização e a contextualização estão entrelaçadas, ou seja, caminham juntas em processos de ensino e aprendizagem da Ciência, e se relacionam a um enfoque sócio histórico. Desse modo, "a problematização seria o caminho para a implementação de um ensino de Física contextualizado, ao tomar a realidade do estudante tanto como ponto de partida quanto de chegada da ação pedagógica, sendo, portanto, anterior à contextualização" (RICARDO, 2010, p. 10).

Etnomatemática	"Etnomatemática é a arte ou técnica de explicar e conhecer em diferentes ambientes culturais. Certamente, etno + matemáticas tem sido usada por muitos estudiosos, principalmente por antropólogos e educadores. Mas não concordo com esse uso. Matemática, como disciplina, emerge do ambiente cultural da bacia do Mediterrâneo e do antigo Iraque (bacia Mesopotâmica). Fora desse ambiente, foi organizada em toda a antiguidade greco-romana e na Idade Média, dando origem a uma disciplina, que ficou conhecida como Matemática. Essa foi espalhada pela Europa após o Renascimento e em todo mundo na era dos impérios coloniais europeus. Em diferentes etnias não foi desenvolvido tal sistema de conhecimento. Mas, em todos os sistemas culturais, em todas as partes do mundo, grupos de indivíduos com mitos e valores comumente aceitos e comportamentos compatíveis [*ethnos*] desenvolveram *Technés* apropriadas [maneiras, artes, técnicas] de *mathema* [explicação, compreensão, aprendizagem]. Foi dessa maneira que o nome Etnomatemática surgiu no meu pensamento" (D'AMBROSIO, 2018, p. 30, grifo do autor).
Três Mundos da Matemática (TMM)	"O *mundo conceitual-corporificado* é baseado na percepção e reflexão sobre as propriedades dos objetos, inicialmente vistos e sentidos no mundo real, mas depois imaginados na mente. O *mundo operacional-simbólico* que cresce a partir do mundo corporificado através da ação (tal como a contagem) e é simbolizado como conceitos pensáveis (como o número) que funcionam tanto como processos para fazer como conceitos para pensar (proceitos). O *mundo axiomático-formal* (baseado em definições e provas formais), que inverte a sequência de construção de significado, desde definições baseadas em objetos conhecidos até conceitos formais baseados em definições e conjuntos teóricos" (TALL, 2008, p. 8, grifo do autor, tradução nossa).
Educação Química (EQ)	Com base em Rosa e Rossi (2012), Fary (2021, p. 18-19) salienta que "a EQ envolve um amplo espectro de significações e negociações dos processos formativos e de constituição de subjetividades, sejam elas participantes da dinâmica escolar formal, ou ainda, com os saberes e ensinos informais, que ultrapassam os muros da instituição escolar. Por isso optamos pela denominação Educação Química em vez de Ensino de Química".

Fonte: Os autores

Perante a diversidade teórica do Quadro 1, as discussões no GEPPMat fluem de forma dinâmica envolvendo leituras de artigos ou capítulos de livros pontuais, ou seja, sempre busca se englobar temas relacionados à pesquisa de algum dos componentes do grupo. São assuntos variados que permeiam as teorias descritas no Quadro 1, procura-se por elos e articulações entre essas teorias ou com algumas das metodologias de ensino (Resolução de Problemas, Modelagem Matemática, História da Matemática, Investigação Matemática, entre outras), presentes no Ensino de Ciências ou na Educação Matemática. Os textos são indicados por cada integrante interessado em debater o assunto. Nesse sentido, realizam-se análises críticas de variados temas da área com vistas ao desenvolvimento coletivo das pesquisas dos componentes do GEPPMat.

Os momentos de apresentação de trabalho são producentes para o aprimoramento das investigações dos sabatinados. Ou seja, o componente do grupo (mestrando ou doutorando) envia seu texto (dissertação ou tese) com antecedência para que todos possam ler e dialogar no dia marcado no cronograma do grupo para a discussão. A ideia central **é promover a desconstrução** crítica do trabalho em tela ao elencar questões, apresentar sugestões, apontar fragilidades e/ou potencialidades teóricas, indicar correção gramatical da escrita, verificar coerência e coesão do texto, entre outras.

De acordo com Descartes (2016, p. 11) "[...] a diversidade de nossas opiniões não vem de uns serem mais razoáveis do que outros, mas só de conduzirmos nossos pensamentos por caminhos diversos e não considerarmos as mesmas coisas". Assim, os momentos de debate de cada tese ou dissertação que está em construção são intensos, às vezes tensos, e funcionam como processos de validação pelos pares do grupo. Compreende-se que cada trabalho publicado carrega o nome do GEPPMat e que todos os envolvidos refletem esses diálogos em seus trabalhos. A seguir, apresenta-se os aportes metodológicos dessa pesquisa.

Aportes metodológicos

Ao longo dos primeiros 12 (doze) anos de atividades do GEPPMat foram produzidas 18 (dezoito) dissertações, 13 (treze) teses, 45 (quarenta e cinco) artigos científicos publicados em periódicos da área de Ensino, 11 (onze) capítulos de livros e 78 (setenta e oito) artigos completos publicados em eventos (congressos, simpósios, colóquios, entre outros) da área de Ensino de Ciências e Educação Matemática.

Essa pesquisa caracteriza-se como bibliográfica, na qual, de acordo com Severino (2007), o pesquisador busca em registros bibliográficos (livros, artigos, dissertações, teses, entre outros) que trazem dados teóricos já caracterizados, debatidos ou conceituados por outros investigadores e que compõem a literatura científica da área do conhecimento em tela. Das leituras e análises dos textos publicados, no caso teses e dissertações, emergem reflexões do pesquisador bibliográfico, que podem produzir ou estimular outras discussões, teorizações, argumentações e críticas construtivas, sempre com o objetivo de contribuir para o desenvolvimento da área em estudo.

Os textos das dissertações e teses foram coletados na plataforma digital Sucupira, em meio ao Catálogo de Teses e Dissertações da CAPES (CTDC) entre os dias 29 e 30 de agosto de 2021. Os textos de três teses defendidas ao final de 2020 e de duas finalizadas em maio de 2021, nos foram enviadas pelos autores via e-mail para comporem essa investigação, pois seus textos não estão disponíveis no CTDC. Para a dinâmica das análises e suas apresentações, separamos inicialmente os trabalhos em dois grupos: dissertações e teses.

Após leituras dos resumos dos trabalhos, no grupo das dissertações, dividimos os textos em três subgrupos definidos pelo nível escolar dos participantes da pesquisa: Ensino Fundamental composto por cinco investigações, Ensino Médio com duas pesquisas e Ensino Superior com 11 (onze) trabalhos. Com relação às teses, há seis pesquisas com a participação de acadêmicos do Ensino Superior (quatro na Licenciatura em Matemática, uma na Licenciatura e no Bacharelado em Matemática e outra na Licenciatura em Química), dois trabalhos voltados para o Ensino de Ciências, sendo um na área de Física e o outro em Química, uma investigação com a participação de estudantes da Educação Básica e quatro trabalhos de cunho teórico (que promove o diálogo entre teorias) no campo da Educação Matemática, ou seja, que proporcionam o debate e a conjunção entre alguns dos aportes teóricos **já previsto**s no Quadro 1. A seguir, apresenta-se um breve panorama das dissertações concluídas por integrantes do GEPPMat.

Por entre as dissertações publicadas por pesquisadores do GEPPMat

Tendo como público alvo estudantes do Ensino Fundamental na modalidade da Educação de Jovens e Adultos (EJA), uma das pesquisas buscou identificar indícios de PA e de possíveis erros nas produções escritas de sete discentes da nona série da EJA, por meio de uma sequência didática envolvendo resoluções de equações do primeiro grau e sob a luz da ED. Dentre as resoluções apresentadas, houve indícios de PA tanto na utilização de linguagem simbólica, quanto no seguimento de padrões e regularidades nos processos de resoluções dos participantes. Houve predominância de erros por defasagem em conhecimentos prévios como, por exemplo, ao precisar resolver utilizando as quatro operações fundamentais, por falta de atenção nas resoluções, por não conseguir interpretar o(s) problema(s) ou por não apresentar a solução.

Outro trabalho ao investigar o desenvolvimento do PA nas resoluções de tarefas de 35 (trinta e cinco) estudantes do quinto ano de uma escola pública, mostra que apesar das resoluções nem sempre estarem corretas e de que não apresentarem uma linguagem simbólica algébrica em suas escritas, mesmo assim, as descrições realizadas pelos estudantes participantes apontam indícios de PA, que se fez presente nos modos como os participantes descrevem suas resoluções, principalmente, nas tentativas de expressarem as estruturas aritméticas envolvidas nas resoluções das atividades propostas pelo pesquisador. Na mesma linha de investigação de indícios de PA, outra pesquisa aponta que mesmo estudantes do quinto ano que ainda não tiveram contato com a linguagem algébrica desenvolveram, em suas resoluções das atividades, características do PA.

Ainda com relação ao desenvolvimento de PA em estudantes do Ensino Fundamental, uma das investigações procurou por indícios de PA em atividades realizadas por estudantes do sexto ano de uma escola pública. Dentre as resoluções, destaca-se o entrelaçamento de uma linguagem matemática convencional com outra que utiliza-se de símbolos não convencionais. Houve a compreensão dos conceitos envolvidos nas situações problema, a utilização da ideia de proporção direta, bem como a utilização de operações inversas nos processos de resolução de equações e as devidas relações entre grandezas desconhecidas, sem a necessidade de recorrer a determinados valores já especificados.

Tendo como base teórica a ED e a TRRS, um dos trabalhos buscou identificar como estudantes do Ensino Médio lidam com o conceito de função matemática. Para tanto é utilizada para o desenvolvimento das atividades uma sequência didática que apresenta dois tipos de registros (gráfico e algébrico) no processo de ensino e aprendizagem do objeto matemático função. Nas resoluções, a linguagem algébrica ganha destaque, bem como alguns erros: por falta da compreensão das características de uma função matemática, na transição do registro algébrico para o gráfico e vice-versa, na determinação do domínio da função e na representação de funções que possuem domínios discretos.

Outro trabalho investigou como professores de Matemática e estudantes do Ensino Médio, de uma mesma escola pública resolvem as mesmas questões sobre Álgebra, selecionadas pelo pesquisador, a partir de provas de vestibulares para o ingresso em universidades públicas. Os resultados apontaram que tanto os professores quanto seus estudantes participantes apresentam modos de resolução, com base na Matemática trabalhada no Ensino Médio e, com indícios de PA transitando pela linguagem natural entrelaçada com alguns símbolos algébricos.

Adentrando ao âmbito do Ensino Superior e, tendo como participantes da pesquisa acadêmicos de uma Licenciatura em Matemática, um dos trabalhos, ao realizar um estudo sobre o objeto matemático Parábola, em suas representações de lugar geométrico e como uma seção do cone, aponta que os acadêmicos participantes compreendem que as duas formas de representações condizem ao mesmo objeto matemático (Parábola). Para realizar as análises dos dados coletados o estudo promove uma conjunção entre a TSD e a TRRS e com aportes da ED e da História da Matemática. Por sua vez, a ED se faz presente em outra pesquisa que buscou verificar as associações que alguns estudantes podem desenvolver, com relação aos conceitos de indução infinita e indução empírica, em meio aos estágios de transição entre as provas pragmáticas e as suas provas conceituais.

Com base na TR (Quadro 1), um dos trabalhos, ao investigar como acadêmicos de Licenciatura em Matemática de uma instituição pública lidam com o conceito matemático de Grupo, o qual, aponta que a maioria do conhecimentos mobilizados pelos participantes tem caráter operacional sendo que a concepção estrutural do objeto matemático (grupo) em estudo apareceu de forma sucinta. As fases de interiorização e condensação obtiveram destaque nas análises das produções dos acadêmicos. De acordo com Bussmann (2009), a "interiorização é o estágio no qual o estudante consegue uma familiaridade com o novo conteúdo" (p. 21), e "na condensação o estudante começa a pensar sobre o processo como um todo sem ficar preso a detalhes, ou seja, é o momento em que ele começa a fazer compactações das sequências de operações. É neste ponto que nasce o conceito" (p. 22).

Em uma das pesquisas realizadas com acadêmicos de Licenciatura e Bacharelado em Matemática de uma instituição pública, o autor utiliza como base teórica a APOE e a TR para analisar as resoluções dos acadêmicos em atividades envolvendo os conceitos de Grupo e de Isomorfismo de Grupos. Para o autor, os participantes apresentam dificuldades de lidar com variados conjuntos, entre eles os conjuntos numéricos, e com relação à definição de função. O autor ainda ressalta que alguns dos participantes não realizaram a transição do Pensamento Matemático Elementar (PME) para o PMA.

Há dois trabalhos envolvendo a teoria APOE e acadêmicos de Licenciatura em Matemática. Um deles investigou dificuldades e concepções dos participantes sobre os conceitos de Dependência e Independência Linear, a qual aponta que esses acadêmicos possuem uma noção elementar de tais conceitos. Já o outro pesquisou as concepções dos participantes a respeito do conceito de Anel em meio à disciplina de Estruturas Algébricas do curso dos acadêmicos envolvidos. Com relação às concepções de Anel apresentadas pelos estudantes, segundo o autor, um participante foi capaz de manipular e utilizar o conceito, outro foi capaz de realizar ações conscientes sobre o conceito, quatro acadêmicos lidam de forma elementar, cinco estudantes apresentaram somente o estágio inicial do conceito de Anel e nenhum acadêmico demonstrou ter construído sua concepção na forma de esquema.

Em outras três pesquisas envolvendo acadêmicos de Licenciatura em Matemática, investigou-se indícios de PMA a partir de atividades propostas pelos pesquisadores. Em uma delas utilizou-se questões do Exame Nacional de Desempenho dos Estudantes (ENADE), nas quais os participantes apresentaram os mesmos processos de resolução evidenciados nas respostas padrões das referidas questões e, nenhum participante mobilizou todos os processos do PMA (visualização, representação simbólica, mudança de representações e tradução entre elas, modelação, sintetização e generalização). Uma dessas pesquisas trouxe atividades sobre Transformações Lineares e a outra envolvendo a Teoria dos Conjuntos, em ambas, as resoluções dos participantes apontam que não houve mobilizações de todos os processos de PMA, o que evidencia que os docentes da Licenciatura em Matemática devem buscar trabalhar atividades com vistas ao desenvolvimento dos processos do PMA nas resoluções dos seus acadêmicos.

Em outro trabalho com discentes de Licenciatura em Matemática, envolvendo o objeto matemático Sistemas de Equações Lineares, a minoria dos participantes conseguiu sintetizar, formalizar e generalizar pensamentos matemáticos com vistas a atingir o processo de abstração em Matemática como apresenta Dreyfus (2002). Uma das pesquisas aponta as dificuldades que os participantes (acadêmicos de Licenciatura em Matemática) apresentaram ao elaborar demonstrações matemáticas. A seguir, apresenta-se diálogos de forma sucinta entre as teses defendidas pelos integrantes do GEPPMat.

Em meio aos diálogos entre as teses dos integrantes do GEPPMat

Das 13 (treze) teses defendidas pelos integrantes do GEPPMat, 12 (doze) pesquisas se relacionam com o processo de formação inicial ou continuada de professores. Na área de Ensino de Ciências são duas, no caso, docentes de Física em Marengão (2020) e graduados em Química no trabalho de Fary (2021). A formação de professores de Matemática desponta em nove trabalhos, e a formação de professores indígenas em Ciências da Natureza (Biologia, Física e Química) e Matemática na investigação de Polegatti (2020). Nesse contexto, o público alvo desses trabalhos vai ao encontro da linha de pesquisa do PECEM que trata da formação de professores em Ciências e Matemática.

Por outro lado, os trabalhos de Elias (2017), Gereti (2018), Martelozo (2019), Klaiber (2019), Bussmann (2019), Kirnev (2019), Souza (2020) e Polegatti (2020) abarcam também a segunda linha de pesquisa do PECEM que busca investigar a construção do conhecimento em Ciências e Matemática. No Quadro 2, em ordem cronológica de defesa, apresenta-se os autores, título de seus respectivos trabalhos, bem como os principais aportes teóricos que embasam cada uma das referidas pesquisas, em acordo com o Quadro 1.

Quadro 2 – Os autores, os títulos e principais aportes teóricos das teses no GEPPMat

Autor	Título da pesquisa (ano defesa)	Principais aportes teóricos (Quadro 1)
Henrique Rizek Elias	Fundamentos teórico-metodológicos para o ensino do corpo dos números racionais na formação de professores de Matemática. (2017)	HCK, DP e PC
Cleberson Pereira Arruda	O que dizem os professores formadores sobre a identidade profissional, saberes e práticas: o caso da Licenciatura em Matemática do IFG. (2018)	DP e IP
Laís Cristina Viel Gereti	Delineando uma pesquisa: legitimidades para a disciplina de Cálculo na formação do professor de Matemática. (2018)	DP e MCS
Daniele Peres da Silva Martelozo	Interações entre cognição e afetividade na aprendizagem da Matemática. (2019)	TMM e AEM
Alessandra Senes Marins	Conhecimentos profissionais mobilizados/desenvolvidos por participantes do PIBID em práticas de ensino exploratório de Matemática. (2019)	EE e MKT
Michelle Andrade Klaiber	Introdução à Álgebra Linear em um curso de Licenciatura em Química: o desenvolvimento do pensamento matemático avançado por meio de uma experiência de ensino. (2019)	EE e PMA
Christian James de Castro Bussmann	Pensamento Matemático-Computacional: uma teorização. (2019)	PC e PMA
Débora Cristiane Barbosa Kirnev	Um estudo da mobilização de processos mentais entre o pensamento matemático elementar e o pensamento matemático avançado. (2019)	PMA
Mariany Layne de Souza	Teoria APOE e Teoria Antropológica do Didático: um olhar para o ensino de Álgebra Linear na formação inicial de professores de Matemática. (2020)	MKT, APOE e TAD
Leonardo Santiago Lima Marengão	Concepções de professores de Física de Ensino Médio sobre problema e problematização. (2020)	Problematização
Geraldo Aparecido Polegatti	Jornadas pelos Três Mundos da Matemática sob perspectiva do Programa Etnomatemática na Licenciatura Intercultural Indígena. (2020)	Etnomatemática e TMM

Bruna Adriane Fary	Educação Química no Antropoceno. (2021)	EQ
Marcelo Silva de Jesus	A Matemática que se sente na pele: um estudo do pensamento matemático de alunos surdocegos. (2021)	MCS

Fonte: Os autores

De acordo com Elias (2017), é primordial que a formação em Matemática do professor de Matemática, em processo de formação inicial, privilegie os diálogos com os conhecimentos que envolvem os conteúdos matemáticos abordados no currículo da Educação Básica. Ou seja, os desenvolvimentos das disciplinas de conteúdo matemático presentes na Licenciatura em Matemática precisam ser espaços, essencialmente, que fomentem o debate do conhecimento matemático presente no currículo da Educação Básica com o conhecimento matemático tratado no Ensino Superior, "no sentido de problematizar a Matemática Escolar e de se discutir com os licenciandos modos de se fazer matemática, evidenciando a matemática como uma atividade humana" (p. 297).

Para tanto, Arruda (2018), destaca em seu trabalho que a prática do professor formador precisa ser desenvolvida por meio de ações que condizem à mediação das discussões que emergem dos processos de formação inicial e continuada de professores de Matemática. O autor ainda ressalta que é um desafio a ser superado o aprimoramento da relação entre teoria e prática do professor formador, perante sua práxis, já que essa dinâmica relacional (teoria e prática) do professor formador reflete na formação dos acadêmicos envolvidos no processo. Ou seja, Arruda (2018), reforça que é preciso avançar no ensino da articulação que há entre a teoria e a prática para futuros professores de Matemática, pois embasado em sua investigação o autor conclui que ainda "se privilegiou mais a teoria que a prática, e precisa buscar a inter-relação entre esses dois elementos no processo de ensino e aprendizagem" (p. 136).

Fomentando o debate sobre a formação inicial de professores de Matemática, Gereti (2018) propõe que se faz necessária a distinção entre a Matemática desenvolvida pelo professor da Educação Básica (matemática escolar) e a Matemática trabalhada por matemáticos (matemática acadêmica), bem como há de se reformular o currículo da Licenciatura em Matemática transformando as disciplinas curriculares em projetos. Segundo Gereti (2018, p. 132):

Devemos, então, pensar em modos de produção de significados ao invés de conteúdos, e, (por que não?) em projetos não-disciplinares em parcerias com as escolas. São necessárias mais pesquisas sobre isso. Pesquisas que investiguem os significados produzidos na escola e nas disciplinas matemáticas da graduação, e percebam que se tratam de coisas diferentes. Pesquisas que analisem as justificações dadas para uma mesma crença-afirmação. Pesquisas que investigam que significados não matemáticos estão sendo produzidos na escola, e que não são aceitos na matemática do matemático.

D'Ambrosio (2016) amplia esses questionamentos para além dos cursos de Licenciatura em Matemática com vistas à reformulação da universidade como um todo, principalmente, do papel do professor universitário, no caso o do professor formador de professores de Matemática. Para o autor, é preciso rever todos os pressupostos que compõem as universidades, dentre eles o professor universitário deve atuar como um professor pesquisador sempre pensando e articulando conhecimentos novos aos já conhecidos. O professor formador deve ser "o líder natural de novos projetos que respondem aos interesses dos docentes e dos alunos; professor universitário que é um mero transmissor de conhecimento congelado em livros, vídeos e discos é uma espécie em extinção. Esse professor será substituído, com vantagens, por tecnologia" (p. 222).

Corroborando com a discussão, Marins (2019), informa que para o desenvolvimento da prática se faz necessário que o professor escolha atividades desafiantes e interessantes para dialogar com os estudantes, que busque utilizar material manipulável como afirma Tall (2013), que atue no monitoramento das atividades procurando desenvolver um ambiente harmonioso dentre as discussões e deixando aos estudantes o papel de protagonistas na construção do conhecimento em tela. Para a autora, o professor pode antecipar a possível solução ou possíveis soluções de cada atividade e, no transcorrer de cada processo de ensino e aprendizagem elencar e sequenciar de forma lógica as resoluções dos estudantes procurando conectá-las. Essas serão objetos de discussões com a finalidade de validação. Os professores formadores e os futuros professores precisam assumir o papel de sujeitos nas ações formativas (MARINS, 2019).

Ainda com relação à prática docente, Martelozo (2019), destaca que todo professor precisa considerar que há a presença de elementos afetivos por parte dos estudantes interagindo com os elementos cognitivos em processos de aprendizagem da Matemática. São elementos afetivos que podem trazer conflitos entre o que o estudante já tenha estudado com o que está sendo apresentado como novo conhecimento matemático a ser construído. O professor precisa estar atento ao que os estudantes descrevem, como que eles fizeram tal atividade, e mais, porque fizeram dessa maneira, ouvir dos estudantes suas explicações e conduzi-los a descreverem seus raciocínios. Segundo a autora, dessa interação entre o professor e o estudante podem "emergir 'já-encontrados' e 'já-encontrados afetivos', sendo essa forma de comunicação, muitas vezes, determinante para o progresso na aprendizagem, bem como para um meta-afeto poderoso" (p. 128, grifo da autora).

Polegatti (2020) amplia o campo de discussão da formação de professores de Matemática trazendo para o debate o ambiente de formação inicial de professores indígenas de Matemática. Para o autor, o papel primordial do professor formador de professores indígenas de Matemática deve ser o de "instigar cada um desses acadêmicos, a enxergarem a sua Matemática Indígena e aprimorar o que estamos propondo, de como ela pode ser entrelaçada no processo de ensino e aprendizagem da Matemática" (p. 342). Ou seja, em consonância com o que já foi salientado por Elias (2017), Arruda (2018) e Marins (2019), Polegatti (2020), destaca que os acadêmicos indígenas precisam assumir a condição de protagonismo em seu processo de formação e, que tragam os seus modos de fazer matemática para serem dialogados com os conteúdos matemáticos presentes tanto no currículo da graduação como no da Educação Básica.

Há três pesquisas relacionadas ao campo da Álgebra, sendo duas envolvendo acadêmicos de Licenciatura em Matemática e a outra com estudantes de Licenciatura em Química. Para Kirnev (2019), os acadêmicos participantes mobilizaram processos mentais do PME para o PMA no desenvolvimento das atividades propostas, por meio da prova em fases, que se referem às Estruturas Algébricas. Dentre as contribuições de seu trabalho, de acordo com Kirnev (2019, p. 141),

> de modo geral, a pesquisa possibilita que professores de disciplinas relacionadas com as Estruturas Algébricas entendam quais são as principai

dificuldades dos alunos durante as resoluções de tarefas, bem como a identificação de erros inerentes a essas resoluções. Também é possível ter parâmetros de processos mentais dos estudantes que são utilizados para resoluções dessas tarefas. Além disso, a metodologia empregada nessa pesquisa pode ser aplicada em um plano de ensino, com adaptações, de modo que sejam realizadas provas em fases, em diferentes momentos e conteúdos diversos, levando para a prática de sala de aula momentos que possibilitem aos alunos refletirem sobre suas resoluções de tarefas.

Com relação ao ensino de Álgebra Linear na Licenciatura em Matemática, Souza (2020), salienta que se faz necessário pensar e planejar o processo de ensino e aprendizagem dessa disciplina, para os futuros professores de Matemática, de forma que a prática profissional do professor esteja entrelaçada. Ou seja, teoria e prática caminhando conjuntamente no transcorrer das discussões com o professor formador. A autora ainda aponta que uma forma diferenciada de atuação do professor responsável por ministrar essa disciplina, está presente no possível diálogo entre a APOE e a TAD como bases teóricas que se convergem no planejamento, desenvolvimento e avaliação enquanto possibilidade de investigação, de cada processo de ensino e aprendizagem.

Souza (2020) sugere três ciclos de pesquisa que podem conduzir a articulação teórica entre a APOE e a TAD. Primeiro é preciso saber quais as referências básicas são indicadas pela instituição para a disciplina em estudo, no caso Álgebra Linear, essa ação está relacionada com a TAD. Em seguida, busca-se analisar os aspectos de ao menos um dos livros didáticos que emergiu das referências básicas, observando as praxeologias e suas atividades propostas com base na decomposição genética elaborada previamente pelo professor formador, nessa ação busca-se explorar os seus elementos técnicos e tecnológicos. Elaborar um percurso de estudo e de pesquisa que envolva o processo de formação inicial de professores de Matemática, com vistas ao desenvolvimento do conhecimento matemático em estudo (Álgebra Linear). E por fim, analisar as produções escritas dos acadêmicos envolvidos.

Klaiber (2019) debate uma experiência de ensino com vistas ao desenvolvimento de PMA em acadêmicos da Licenciatura em Química de uma instituição pública e, tendo como objetos de estudo conteúdos relacionados à disciplina de Álgebra Linear. Para a autora, devido às particularidades de cada turma de estudantes, sua pesquisa não pode ser generalizada. Klaiber (2019) ressalta que a forma como o professor conduz as atividades, possibilita aos estudantes maior participação e alteração em suas rotinas de estudo e ação em sala de aula. As discussões e sínteses realizadas pelo professor e estudantes "[...] se revelaram fundamentais para o aprofundamento dos processos e conceitos matemáticos envolvidos e para a introdução de novos conceitos" (p. 298). Para a autora, o trabalho em grupo é um "[...] facilitador da aprendizagem, possibilitando aos estudantes compartilhar diferentes estratégias para facilitar a compreensão de uma questão, bem como o planejamento de sua resolução" (p. 298).

Ainda com relação ao pensamento matemático e tendo como perspectiva epistemológica o MCS, Jesus (2021), debate características do pensamento matemático de dois alunos da Educação Básica surdocegos por meio da relação entre pensamento e linguagem tendo como cenário o processo de desenvolvimento de crianças com deficiência, proposto por Vygotsky.

Com relação ao ensino de Física no Ensino Médio, tendo como base a pesquisa na ação de professores de Física de uma escola pública, Marengão (2020), salienta que os docentes participantes compreendem que ensinar Física por meio de problemas auxilia os estudantes no processo de construção do conhecimento envolvido, porém o autor ressalta que os problemas devem ser utilizados "posteriormente à apresentação da teoria e não como elementos para a introdução de conceitos" (p. 75). Com relação à problematização, ela não pode ser confundida com o ato do professor elencar perguntas aos estudantes. Para o autor, os professores participantes ainda relutam para incrementar mudanças em suas práxis visando uma educação problematizadora, "talvez por que elas estejam em concordância com as suas concepções, gerando assim um certo conforto no momento da atuação em sala ou mesmo por permitir uma adaptação ao sistema, especialmente no ambiente do ensino privado" (p. 75).

Ainda no campo do Ensino de Ciências, Fary (2021), propõe que é papel do professor de Ciências no Ensino Fundamental, ou de Química no Ensino Médio, por intermédio da EQ, desenvolver estratégias de ensino que conduzam ao debate sobre a constituição de saberes químicos oriundos de práticas, técnicas e políticas pautadas na Educação Ambiental, de forma que esses saberes sejam entrelaçados nos processos de ensino e de aprendizagem dos conteúdos de Ciências ou de Química presentes nos currículos escolares com vistas a mitigar a utilização de agrotóxicos, plásticos, polímeros, entre outros.

Bussmann (2019) realizou uma pesquisa de cunho teórico buscando estabelecer um diálogo entre o PMA e o PC emergindo dessa teorização o PMC (siglas conforme o Quadro 1). Para o autor, o PC não é exclusividade de quem trabalha ou pesquisa na área de Ciências da Computação, "mas sim como um processo cognitivo que pode ser utilizado em qualquer área do conhecimento" (p. 19). Dreyfus (2002) nos informa que a diferença entre o PME e o PMA está nos processos que advêm da abstração, ou seja, entre o PME e o PMA há uma linha tênue que os separa, assim pode tanto haver indícios de PMA em tópicos elementares de Matemática quanto indícios de PME em tópicos avançados de Matemática. Nesse cenário, de acordo com Bussmann (2019, p. 24):

> [...] adotamos somente o termo Pensamento Matemático-Computacional, pois acreditamos que é possível utilizá-lo em qualquer área do conhecimento, bem como em qualquer nível de ensino. Nesse sentido, acreditamos que o Pensamento Matemático-Computacional está em estágio de teorização podendo contribuir para a elaboração de atividades tanto na Educação Básica quanto para o Ensino Superior, pois entendemos que é possível discutir elementos abstratos em ambos os níveis.

Assim como o trabalho em grupo é destacado por Klaiber (2019), de acordo com Bussmann (2019), o desenvolvimento do PMC em atividades de ensino e aprendizagem de qualquer área do conhecimento deve acontecer de forma coletiva e com discussão de todos os participantes. Segundo Bussmann (2019), o movimento do PMC em processos de aprendizagem: se inicia com a construção simbólica (construção da notação e fazendo relações entre conceito e simbologia); prossegue com a construção mental (com base em sistemas de representações aritmética, algébrica, geométrica, entre outras) promovendo representações concretas e, buscando por interações e observação de padrões; fase de refinamento envolvendo ações que possuem padrões, reflexões, diálogos e arguições; fase de conjunção promovendo conexões entre assuntos da área do conhecimento em estudo evidenciando a evolução do pensamento científico e; fase de abstração que engloba a construção da definição e o estudo de teoremas.

Considerações finais

O objetivo desse trabalho é o de apresentar um panorama das dissertações e teses desenvolvidas pelos integrantes do GEPPMat em seus primeiros doze anos de atividade. Diante do que foi apresentado, considera-se o GEPPMat como um grupo de pesquisa contemporâneo, dinâmico e complexo, seus componentes vão para além de aplicações de teorias da aprendizagem entrelaçadas com metodologias de Ensino em Ciências e Educação Matemática. Suas pesquisas contribuem para o aprimoramento das teorias envolvidas por meio da articulação entre elas.

Ressaltam-se os momentos de apresentação e sabatina dos trabalhos que estão em construção, para serem desconstruídos de forma construtiva, apontando as inconsistências e as consistências teóricas, elencando questionamentos sobre a articulação entre teorias proposta por cada pesquisador, trazendo outras ideias para confrontar ou reforçar o trabalho em debate, sugerindo textos (artigos científicos, capítulos de livros, livros, teses e dissertações) que podem auxiliar o autor no processo de constituição da investigação.

Nesse contexto de discussões, de alguma forma as pesquisas desenvolvidas pelos integrantes do GEPPMat se interagem, ou seja, há elos pontuais entre os trabalhos. Um deles está relacionado com a formação inicial de professores da área de Ciências (no caso Física e Química) e Matemática. Como se pode observar a maioria dos trabalhos analisados, ou apresenta de forma direta como público alvo a formação inicial de professores, ou de forma indireta com a participação de estudantes da Educação Básica e seus professores. Outro elo diz respeito às articulações teóricas que perpassam pelo pensar Matemática ou pelo pensar Ciência. O pensamento matemático com suas caracterizações (elementar, avançado, aritmético, algébrico, geométrico, computacional), o pensamento científico no âmbito da Física e da Química, e as duas formas de pensar interagindo-se por entre teorias de aprendizagem entrelaçadas com metodologias de ensino, em Ciências e Educação Matemática.

Por fim, salienta-se que embora neste trabalho mostrou-se um panorama referente aos primeiros doze anos, o GEPPMat permanece com suas atividades, de modo que outros trabalhos estão sendo desenvolvidos e que, conjuntamente aos que foram aqui abordados, farão parte da história desse grupo de pesquisa.

Referências

ALMOULOUD, S. A. **Fundamentos da didática da matemática.** Curitiba: Editora da UFPR, 2010.

ARRUDA, C. P. **O que dizem os professores formadores sobre a identidade profissional, saberes e práticas: o caso da Licenciatura em Matemática do IFG.** 2018. 159 p. Tese (Doutorado em Ensino de Ciências e Educação Matemática) – Programa de Pós-Graduação em Ensino de Ciências e Educação Matemática, Universidade Estadual de Londrina, Londrina, 2018.

ARTIGUE, M. Engenharia Didáctica. In: BRUN, J. (Org.). **Didáctica das matemáticas.** Lisboa: Instituto Piaget, 1996.

BALL, D. L.; THAMES, M. H.; PHELPS, G. Content knowledge for teaching: What

makes it special? **Journal of Teacher Education**, n. 59, p. 389-407, 2008.

BROUSSEAU, G. Étude **de l'influence des conditions de validation sur l'apprentissage de un algorithme.** Bordeaux: IREM de Bordeaux, 1975.

BUSSMANN, C. J. C. **Conhecimentos mobilizados por estudantes do curso de Matemática sobre o conceito de grupo.** 2009. 90 p. Dissertação (Mestrado em Ensino de Ciências e Educação Matemática) – Programa de Pós-Graduação em Ensino de Ciências e Educação Matemática, Universidade Estadual de Londrina, Londrina, 2009.

BUSSMANN, C. J. C. **Pensamento Matemático-Computacional:** uma teorização. 2019. 125 p. Tese (Doutorado em Ensino de Ciências e Educação Matemática) – Programa de Pós-Graduação em Ensino de Ciências e Educação Matemática, Universidade Estadual de Londrina, Londrina, 2019.

D'AMBROSIO, U. **Educação para uma sociedade em transição.** 3ªed.. São Paulo: Livraria da Física, 2016.

D'AMBROSIO, U. Como foi gerado o nome etnomatemática ou alustapasivistykselitys. In: FANTINATO, M. C.; FREITAS, A. V. (Orgs.). **Etnomatemática:** concepções, dinâmicas e desafios. Jundiaí: Paco, p. 21-30, 2018.

D'AMORE, B. **Elementos de Didática da Matemática.** São Paulo: Livraria da Física, 2007.

DESCARTES, R. **Discurso do método:** meditações. São Paulo: Martin Claret, 2016.

DREYFUS, T. Advanced Mathematical Thinking. In: TALL, D. O. **Advanced Mathematical Thinking.** New York: Kluwer Academic, 2002, p. 25-40.

DUBINSKY, E. Reflective Abstraction in Advanced Mathematical Thinking. In: TALL, D. O. **Advanced Mathematical Thinking.** New York: Kluwer Academic, 2002, p. 95-126.

DUVAL, R. **Semiósis e Pensamento Humano:** Registros Semióticos e Aprendizagens Intelectuais. São Paulo: Livraria da Física, 2009.

EDWARDS, B. E.; DUBINSKY, E.; McDONALD, M. A. Advanced Mathematical Thinking. **Mathematical Thinking and Learning**, v. 7, n. 1, p. 15-25, 2005.

ELIAS, H. R. **Fundamentos teórico-metodológicos para o ensino do corpo dos** *números racionais na formação de professores de matemática*. 2017. 325 p. Tese (Doutorado em Ensino de Ciências e Educação Matemática) – Programa de Pós-Graduação em Ensino de Ciências e Educação Matemática, Universidade Estadual de Londrina, Londrina, 2017.

FARY, B. A. **Educação Química no Antropoceno.** 2021. 127 p. Tese (Doutorado em Ensino de Ciências e Educação Matemática) – Programa de Pós-Graduação em Ensino de Ciências e Educação Matemática, Universidade Estadual de Londrina, Londrina, 2021.

GARCÍA, M. C. O professor iniciante, a prática pedagógica e o sentido da experiência. **Revista Formação Docente**, Belo Horizonte, v. 02, n. 03, p. 11-49, ago./dez. 2010.

GERETI, L. C. V. **Delineando uma pesquisa:** legitimidades para a disciplina de Cálculo na formação do professor de Matemática. 2018. 164 p. Tese (Doutorado em Ensino de Ciências e Educação Matemática) – Programa de Pós-Graduação em Ensino de Ciências e Educação Matemática, Universidade Estadual de Londrina, Londrina, 2018.

GOLDIN, G. A. Affect, meta-affect, and mathematical belief structures. In: LEDER, G. C.; PEHKONEN, E.; TÖRNER, G. (Eds). **Beliefs: A Hidden Variable in Mathematics Education?** Holanda: Springer, 2002. p. 59-72.

JAKOBSEN, A.; THAMES, M. H.; RIBEIRO, C. M.; DELANEY, S. Using Practice to Define and Distinguish Horizon Content Knowledge. In: ICME (Ed.), *12th International Congress In Mathematics Education*. Seoul: ICME, 2012, p. 4635-4644.

JESUS, M. S. **A Matemática que se sente na pele: um estudo do pensamento matemático de alunos surdocegos.** 2021. 270 p. Tese (Doutorado em Ensino de

Ciências e Educação Matemática) – Programa de Pós-Graduação em Ensino de Ciências e Educação Matemática, Universidade Estadual de Londrina, Londrina, 2021.

KIRNEV, D. C. B. **Um estudo da mobilização de processos mentais entre o pensamento matemático elementar e o pensamento matemático avançado.** 2019. 164 p. Tese (Doutorado em Ensino de Ciências e Educação Matemática) – Programa de Pós-Graduação em Ensino de Ciências e Educação Matemática, Universidade Estadual de Londrina, Londrina, 2019.

KLAIBER, M. A. **Introdução à Álgebra Linear em um curso de Licenciatura em Química:** o desenvolvimento do pensamento matemático avançado por meio de uma experiência de ensino. 2019. 329 p. Tese (Doutorado em Ensino de Ciências e Educação Matemática) – Programa de Pós-Graduação em Ensino de Ciências e Educação Matemática, Universidade Estadual de Londrina, Londrina, 2019.

LAJOIE, C.; MURA, R. Difficultés liées à l'apprentissage des concepts de sous-groupe normal et de groupe quociente. **Recherches en Didactique des Mathématiques.** v. 22, n. 1, 2004, p. 45-80.

LINS, R. C.; GIMENEZ, J. **Perspectivas em Aritmética e Álgebra para o Século XXI.** Campinas: Papirus, 1997.

LINS, R. C. O modelo dos campos semânticos: estabelecimentos e notas de teorizações. In: ANGELO, C. L. et al. (Orgs). **Modelo dos Campos Semânticos e Educação Matemática:** 20 anos de história. São Paulo: Midiograf, 2012, v. 1, p. 10-20.

MARENGÃO, L. S. L. **Concepções de professores de Física de Ensino Médio sobre problema e problematização.** 2020. 101 p. Tese (Doutorado em Ensino de Ciências e Educação Matemática) – Programa de Pós-Graduação em Ensino de Ciências e Educação Matemática, Universidade Estadual de Londrina, Londrina, 2020.

MARINS, A. S. **Conhecimentos profissionais mobilizados/desenvolvidos por participantes do PIBID em práticas de ensino exploratório de Matemática.** 2019. 225 p. Tese (Doutorado em Ensino de Ciências e Educação Matemática) – Programa de Pós-Graduação em Ensino de Ciências e Educação Matemática, Universidade Estadual de Londrina, Londrina, 2019.

MARTELOZO, D. P. S.; SAVIOLI, A. M. P. D.; PASSOS, M. M. Caracterizações do pensamento algébrico manifestadas por estudantes em uma tarefa da *Early Algebra*. **R. B. E. C. T.**, v. 8, n. 3, maio/ago. 2015, p. 104-135.

MARTELOZO, D. P. S. **Interações entre cognição e afetividade na aprendizagem da Matemática.** 2019. 137 p. Tese (Doutorado em Ensino de Ciências e Educação

Matemática) – Programa de Pós-Graduação em Ensino de Ciências e Educação Matemática, Universidade Estadual de Londrina, Londrina, 2019.

MOREIRA, M. A. **Teorias de Aprendizagem**. Rio de Janeiro: E.P.U., 2018.

MORTIMER, E. F. et al. Conceptual Profiles: Theoretical- Methodological Bases of a Research Program. In: MORTIMER, E. F.; EL-HANI, C. N. (Eds) *Conceptual Profile*: a theory of teaching and learning scientific concepts. New York: Springer, 2014.

OLIVEIRA, H.; MENEZES, L.; CANAVARRO, A. P. Conceptualizando o ensino exploratório da Matemática: Contributos da prática de uma professora do 3.º ciclo para a elaboração de um quadro de referência. **Quadrante**, Lisboa, v. 22, n. 2, p. 1-25, 2013.

POLEGATTI, G. A. **Jornadas pelos Três Mundos da Matemática sob perspectiva do Programa Etnomatemática na Licenciatura Intercultural Indígena.** 2020. 360 p. Tese (Doutorado em Ensino de Ciências e Educação Matemática) – Programa de Pós-Graduação em Ensino de Ciências e Educação Matemática, Universidade Estadual de Londrina, Londrina, 2020.

PONTE, J. P. **Investigações matemáticas e investigações na prática profissional.** São Paulo: Livraria da Física, 2017.

RESNICK, L. B. **Education and learning to think**. Washington DC: National Academy Press, 1987.

RICARDO, E.C. **Competências, interdisciplinaridade e contextualização:** dos Parâmetros Curriculares Nacionais a uma compreensão para o ensino das ciências. 257 p. Tese (Doutorado em Educação Científica e Tecnológica) – Programa de Pós-Graduação em Educação Científica e Tecnológica, Universidade Federal de Santa Catarina, Florianópolis, 2005.

RICARDO, E. Problematização e contextualização no ensino de física. In: Carvalho, A. M. P. (org.). **Ensino de Física.** São Paulo: Cengage Learning, 2010.

ROSA; M. I. P; ROSSI, A. V. **Educação Química no Brasil**: memórias, políticas e tendências. Campinas: Editora Átomo, 2012.

SEVERINO, A. J. **Metodologia do trabalho científico.** São Paulo: Cortez, 2007.

SFARD, A. On the dual nature of mathematical conceptions: reflections on process and objects as different sides for the same coin. **Educational Studies in Mathematics**, v. 22, p. 1-36, 1991.

SHULMAN, L. S. Those who understand: knowledge growth in teaching. **Educational Researcher,** v.15, n. 2, p. 4-14, 1986.

SILVA, C. F.; BISOGNIN, V. Teoria de Registros de Representações Semióticas e sistemas lineares: contribuições de uma sequência didática. **REVEMAT,** v. 16, jan./dez. 2021, p. 1-21.

SOUZA, M. L. **Teoria APOE e Teoria Antropológica do Didático:** um olhar para o ensino de Álgebra Linear na formação inicial de professores de Matemática. 2020. 163 p. Tese (Doutorado em Ensino de Ciências e Educação Matemática) – Programa de Pós-Graduação em Ensino de Ciências e Educação Matemática, Universidade Estadual de Londrina, Londrina, 2020.

TALL, D. O. **Advanced mathematical thinking.** Kluwer Academic Publisher: United Kingdom, 2002.

TALL, D. O. Introducing Three Worlds of Mathematics. **For the Learning of Mathematics,** 2004, p. 29-33.

TALL, D. O. The Transition to Formal Thinking in Mathematics. **Mathematics Education Research Journal,** 2008, p. 1-18.

TALL, D. O. **How Humans Learn to Think Mathematically:** Exploring the three worlds of mathematics. Cambridge University Press, 2013.

TALL, D. O. The Evolution of Calculus: A Personal Experience 1956-2019. **Conference on Calculus in Upper Secondary and Beginning University Mathematics,** Norway, 2019, p. 1-18.

TALL, D. O. Making Sense of Mathematical Thinking over the Long Term: The Framework of Three Worlds of Mathematics and New Developments. *Draft.* To appear in Tall, D. & Witzke, I. (Eds.): **MINTUS:** Beiträge zur mathematischen, naturwissenschaftlichen und technischen Bildung. Wiesbaden: Springer, 2020, p. 1-26.

WING, J. M. Computational Thinking. In: **Communications of the ACM.** New York: v. 49, n. 3, 2006, p. 33-35.

WING, J. M. The Landscape of Computational Thinking. In: Committee for the Workshop on Computational Thinking: National Research Council. **Report of a Workshop on the Scope and Nature of Computational Thinking,** National Academies Press, Washington, 2010, p. 8-10.

BIOGRAFIA DOS AUTORES

Álvaro Lorencini Júnior

Docente do PECEM. Professor do Departamento de Biologia Geral do Centro de Ciências Biológicas da Universidade de Londrina. Desenvolve pesquisas na área de Formação de Professores de Ciências e Biologia, Didática das Ciências, Educação para a Sexualidade e Educação Ambiental.

Amâncio António de Sousa Carvalho

Docente e Coordenador na Universidade de Trás-os-Montes e Alto Douro (ESS-UTAD) - Portugal. Membro integrado do Centro de Investigação em Estudos da Criança (CIEC). A linha de pesquisa centra-se na área da Saúde Coletiva/Saúde Pública.

Ana Paula Hilário Gregório

Egresso de doutorado do PECEM. Professora do Instituto Federal do Paraná (IFPR) - Campus Pitanga. Atua nas seguintes linhas de pesquisa: Multimodalidade Representacional e Ensino e Aprendizagem de Conceitos Científicos.

Andréia Büttner Ciani

Egressa do PECEM. Atualmente é professora da Universidade Estadual do Oeste do Paraná. Desenvolve estudos e pesquisas no campo de Educação Matemática, principalmente nos seguintes temas: Avaliação da Aprendizagem, Análise da Produção Escrita, Educação Matemática Realística e Ensino de Cálculo Diferencial e Integral.

Andreia de Freitas Zômpero

Docente do PECEM. Professora do Departamento de Biologia Geral do Centro de Ciências Biológicas da Universidade de Londrina. Pesquisadora em Ensino por Investigação e Educaçao para Saúde.

Angela Marta Pereira das Dores Savioli

Docente do PECEM. Professora da Universidade Estadual de Londrina. Desenvolve pesquisas na área de Educação Matemática e Álgebra, mais especificamente, em Pensamento Matemático Elementar e Avançado.

Bruna Lauana Crivelaro

Egressa do mestrado do PECEM. Licenciada e Bacharel em Ciências Biológicas pela Universidade Estadual de Londrina. Professora de Ciências e Biologia da Educação Básica.

Bruno Rodrigo Teixeira

Docente do PECEM no período 2017-2021. Professor do Departamento de Matemática da Universidade Estadual de Londrina. Atualmente desenvolve pesquisas relacionadas à Formação de Professores de Matemática.

Carlos Eduardo Laburú

Docente do PECEM. Professor do Departamento de Física do Centro de Ciências Exatas da Universidade de Londrina. Pesquisador Produtividade em Pesquisa CNPq nível 1C. Desenvolve pesquisas relacionadas à busca de elementos teóricos nos estudos da semiótica que auxiliem a entender a natureza, as causas e os efeitos das dificuldades dos estudantes em dar sentido às representações simbólicas científicas e como superá-las.

Dirceu dos Santos Brito

Egresso de mestrado e doutorando do PECEM e professor da Educação Básica vinculado à Secretaria de Educação do Estado do Paraná. Pesquisador da área de Modelagem Matemática e com pesquisas que ainda se vinculam às linhas de pesquisa do PECEM.

Edilaine Regina dos Santos

Docente do PECEM no período 2017-2021. Professora do Departamento de Matemática da Universidade Estadual de Londrina. Atualmente desenvolve pesquisas relacionadas à Formação de Professores de Matemática.

Fabiele Cristiane Dias Broietti

Docente do PECEM. Professora do Departamento de Química do Centro de Ciências Exatas da Universidade de Londrina. Desenvolve pesquisas relacionadas à Construção do conhecimento em Ciências e Matemática e a Formação de Professores em Ciências e Matemática.

Geraldo Aparecido Polegatti

Egresso de doutorado do PECEM. Professor de Matemática do Instituto Federal de Mato Grosso no campus de Juína. Desenvolve pesquisas no escopo do Programa Etnomatemática relacionadas ao quadro teórico dos Três Mundos da Matemática no processo de formação de professores de Matemática.

Irinéa de Lourdes Batista

Docente do PECEM. Professora do Departamento de Física da Universidade Estadual de Londrina. Atua nas áreas de pesquisa em História e Filosofia da Ciência e Formação de Professores.

Joseana Stecca Farezim Knapp

Docente do PECEM. Professora do Departamento de Biologia Geral do Centro de Ciências Biológicas da Universidade de Londrina. Desenvolve pesquisas relacionadas à História e Filosofia da Biologia e Ensino de Ciências e Formação de Professores de Ciências e Biologia.

Juliana Marciotto Jacob

Doutoranda do PECEM. Professora no SENAI-SP. Pesquisa sobre experiências metacognitivas e aprendizagem docente.

Leonardo Wilezelek Soares de Melo

Doutorando do PECEM. Mestre em Ensino de Ciência e Tecnologia pela UTFPR. Licenciado e Bacharel em Química pela UTFPR. Desenvolve pesquisas associadas a Estudos Sociais das Ciências, História e Epistemologias das Ciências e Métodos Digitais.

Lígia Ayumi Kikuchi

Egressa de mestrado e doutorado do PECEM. Professora da Rede Estadual de Ensino – Secretaria de Estado de Educação do Mato Grosso do Sul (SED-MS). Desenvolve pesquisas relacionadas ao Ensino de Física, História da Ciência e Formação de Professores de Física.

Lourdes Maria Werle de Almeida

Docente do PECEM. Professora do Departamento de Matemática do Centro de Ciências Exatas da Universidade de Londrina. Desenvolve pesquisas relacionadas à modelagem matemática na Educação Matemática e à formação de professores. É bolsista de produtividade do CNPq.

Marcelo Alves Barros

Ex-docente do PECEM. Professor do Instituto de Física da USP de São Carlos (IFSC). Dentre os temas e interesses principais de pesquisas destacam-se: formação de professores, ensino de física, metodologias ativas de aprendizagem, ensino híbrido, sala de aula invertida e avaliação.

Márcia Cristina de Costa Trindade Cyrino

Docente do PECEM. Professora Titular do Departamento de Matemática do Centro de Ciências Exatas da Universidade de Londrina. Desenvolve pesquisas relacionadas à Formação de Professores que Ensinam Matemática. Atualmente é bolsista produtividade 1D do CNPq e membro do comitê assessor da área de Ciências Humanas da Fundação Araucária.

Mariana A. Bologna Soares de Andrade

Docente do PECEM. Professora do Departamento de Biologia Geral do Centro de Ciências Biológicas da Universidade de Londrina. Desenvolve pesquisas relacionadas à História e Filosofia da Biologia e Ensino de Ciências e Formação de Professores de Ciências e Biologia.

Marinez Meneghello Passos

Docente Sênior do PECEM. Desenvolve pesquisas relacionadas às Análises Qualitativas, Metacognição, Formação de Professores em Ciências e Matemática e Ensino e Aprendizagem de Matemática e Ciências.

Moisés Alves de Oliveira

Docente do PECEM. Professor do Departamento de Química do Centro de Ciências Exatas da Universidade de Londrina. Desenvolve pesquisas relacionadas aos Estudos Culturais das Ciências e das Educações.

Pamela Emanueli Alves Ferreira

Docente do PECEM. É professora associada na Universidade Estadual de Londrina e pesquisadora do Grupo de Estudo e Pesquisa em Educação Matemática e Avaliação (GEPEMA). Atuas nas áreas de Educação Matemática; Avaliação Escolar; Tarefas de Matemática; Educação Matemática Realística; Formação de professores em Matemática.

Paulo Sérgio de Camargo Filho

Docente do PECEM. Professor do Departamento de Física da Universidade Tecnológica Federal do Paraná (UTFPR) e Pesquisador Associado à Harvard John A. Paulson School Of Engineering And Applied Sciences. Desenvolve pesquisa em criatividade; Makerspaces; project-based learning; team-based learning; aprendizagem científica procedimental e atitudinal.

Paulo Venâncio de Souza

Egresso do PECEM. Professor da Educação Básica da rede particular. Atua no Ensino Médio e cursos Pré-Vestibulares.

Regina Luzia Corio de Buriasco

Docente Sênior do PECEM. É professora sênior da Universidade Estadual de Londrina e pesquisadora do Grupo de Estudo e Pesquisa em Educação Matemática e Avaliação (GEPEMA). Atua nas áreas de Educação Matemática, atuando principalmente com Avaliação da Aprendizagem Escolar, Educação Matemática Realística, Formação de Professores.

Sergio de Mello Arruda

Docente Sênior do PECEM. Desenvolve pesquisas relacionadas à Ação docente, ação discente e suas conexões, Formação de professores em Ciências e Matemática, Ensino-aprendizagem em Ciências e Matemática e Relação com o saber em sala de aula.